燃焼工学

第 3 版

水谷幸夫 著

森北出版株式会社

● 本書の補足情報・正誤表を公開する場合があります．当社 Web サイト（下記）で本書を検索し，書籍ページをご確認ください．
https://www.morikita.co.jp/

● 本書の内容に関するご質問は下記のメールアドレスまでお願いします．なお，電話でのご質問には応じかねますので，あらかじめご了承ください．
editor@morikita.co.jp

● 本書により得られた情報の使用から生じるいかなる損害についても，当社および本書の著者は責任を負わないものとします．

[JCOPY] 〈(一社)出版者著作権管理機構 委託出版物〉
本書の無断複製は，著作権法上での例外を除き禁じられています．複製される場合は，そのつど事前に上記機構（電話 03-5244-5088, FAX 03-5244-5089, e-mail: info@jcopy.or.jp）の許諾を得てください．

第3版への序

　本書の初版を出版したのが1977年，第2版を出版したのが1989年，今年は2001年で，理工学分野の出版物としての鮮度と価値を維持するためには，第3版の出版が必要な時期となった．初版出版当時と比べると，燃焼工学と燃焼科学も学問分野として成熟し，発表される論文の数も年々増加の一途をたどっている．国際燃焼学会（The Combustion Institute）の専門書出版奨励運動もあって，特に英語圏では，大学院レベルの教科書が選択に困るほど出版されるようになってきた．そろそろ，学問分野としても，また大学（大学院）教育の一分野としても，燃焼工学の体系が固まってきてもよい時期である．それにこの時期，地球環境やエネルギー資源の問題を専門家として正しく理解できる技術者が一人でも増えることが望まれる．そこで，内容の充実に狙いを据えて，第3版の執筆に踏み切った次第である．

　本書は燃焼工学の入門書として，学部や大学院の教科書としてだけではなく，エネルギー管理に関係する方々が，燃焼に関して視野を広げるのにも役立つよう計画されている．すなわち，第2章の燃焼計算を学びながら，必要に応じて燃焼の各分野を参照できるようにしたつもりである．しかし，中心となるこの部分の式の展開が理解しにくいとの批判も耳にするので，全面的に書き直した．その際，エネルギー管理士を目指す読者の便宜のために，記述を「エネルギー管理技術【熱管理編】（省エネルギーセンター刊）」に合わせるようにした．さらに，内容の充実をはかるため「省エネルギー燃焼」と「燃焼場の計測と可視化」の章を追加したが，個々の技術ではなく，技術の原理を体系的に記述したので，知識の整理に役立つものと思う．

　「液体燃料の燃焼」を扱った第5章では，独善的な記述を反省して，噴霧の着火に関する5.7節を全面的に書き直した．さらに，「大気汚染とその防止」を扱った第9章にダイオキシンとPCBに関して簡単な説明をした9.6節を付け加えた．これ以外にも，気のついた誤りや不適切な記述は修正し，最新の文献や参考書を追加した．ただ，執筆に当たって参照・引用した便覧や参考書は，たとえ新版が出版されていても，旧版のままにしておいた．それらを購入

もしくは参照されるときには，新版の有無を確認して頂きたい．

なお，紙面の関係とプログラムコードの利用のし易さを考えて，化学平衡計算に関する付録Aはホームページ (http://www.morikita.co.jp/soft/6702/) に移し，ダウンロードして利用する形式にした．同様に，燃焼関係の日本工業規格（JIS）のリストを載せた付録Cもホームページに移した．章末の演習問題の解答を記した付録Eは，付録Cとして残したが，さらに詳しい解説を求める読者の声と，旧版の読者の利益を考えて，解法の懇切な説明を追加したものを，ホームページで閲覧もしくはダウンロードできるようにした．

2001年11月

水 谷 幸 夫

第 2 版への序

　本書が世に出て，かれこれ12年になる．その間，第一次オイルショック，自動車の排ガス規制，第二次オイルショック，さらには貿易摩擦と円高に揺れた産業界もようやく落ち着きを取り戻し，世界を先導して情報化社会の時代に突入せんとしている．エネルギーと環境汚染の問題は解決した訳ではないが，将来の見通しがつけやすくなり，近未来と遠未来の予測を見比べながら，経済法則に従って社会が動いているように見える．

　その間，本書はそれなりの役割を果たしてきたと自負している．ただ，執筆した当時の燃焼工学の状態があまりにも混とんとしていたために，ねらいが中途半端になって，入門書としては難解に過ぎ，専門書としては不完全で，いずれにも適さないものになっていた．また，定説化した知識だけでは内容を埋めることができず，結果として誤った記述になってしまった部分もある．このままでは益よりも害をなす恐れが出てきたので，思い切って全面的な改定に踏み切った次第である．

　改定に当たっては，ねらいを入門書に定め，記述をできるだけ平易にするように心がけた．燃焼工学では数学的な記述を避けては通れないが，その部分をスキップしても理解に支障を来さないように工夫した．また，演習問題を精選し，単に理解を深めるのみならず，代替燃料や省エネルギーの問題を実感できるようなものとした．

　さらに，第1版では抜けていた大気汚染の章を増補した．燃焼計測，燃焼機器，燃焼騒音と振動，シミュレーションなどの章の追加も検討したが，ページ数の関係で見送り，必要最低限のものは各章に分散して収容することとした．

　なお，入門書とはいっても，内容の刷新には努力をしたつもりである．

1989年9月

水　谷　幸　夫

目　　次

第1章　燃　料　論 …………………………………………… 1
　1.1　固体燃料 ………………………………………… 1
　1.2　液体燃料 ………………………………………… 9
　1.3　気体燃料 ………………………………………… 17
　　　文　　献 ………………………………………… 24
　　　参　考　書 ……………………………………… 25
　　　演習問題 ………………………………………… 25

第2章　燃焼の基礎および燃焼計算 ……………………… 26
　2.1　燃焼序説 ………………………………………… 26
　2.2　燃焼反応 ………………………………………… 29
　2.3　無次元数 ………………………………………… 33
　2.4　燃焼計算 ………………………………………… 35
　2.5　燃焼温度 ………………………………………… 48
　2.6　不完全燃焼損失と燃焼効率 …………………… 52
　2.7　熱勘定と炉の熱効率 …………………………… 53
　　　文　　献 ………………………………………… 58
　　　参　考　書 ……………………………………… 58
　　　演習問題 ………………………………………… 58

第3章　燃焼の熱力学と化学平衡 ………………………… 61
　3.1　燃焼の熱力学 …………………………………… 61
　3.2　断熱燃焼過程におけるエネルギーバランス
　　　　とエクセルギーバランス ……………………… 66
　3.3　化学平衡と平衡断熱燃焼温度 ………………… 71
　　　文　　献 ………………………………………… 75
　　　参　考　書 ……………………………………… 76

演習問題………………………………………………………………… 76

第4章　気体燃料の燃焼 …………………………………………………… 78
　4.1　気体燃料の燃焼形態………………………………………… 78
　4.2　層流予混合燃焼……………………………………………… 79
　4.3　乱流予混合燃焼……………………………………………… 93
　4.4　保　　　炎…………………………………………………… 100
　4.5　点火・着火および爆発……………………………………… 106
　4.6　消炎現象……………………………………………………… 114
　4.7　拡散燃焼……………………………………………………… 116
　　　文　　　献…………………………………………………… 127
　　　参　考　書…………………………………………………… 129
　　　演習問題……………………………………………………… 129

第5章　液体燃料の燃焼 …………………………………………………… 132
　5.1　液体燃料の燃焼形態………………………………………… 132
　5.2　液体燃料の微粒化…………………………………………… 136
　5.3　油滴の蒸発と燃焼…………………………………………… 144
　5.4　噴霧の蒸発率と燃焼率……………………………………… 150
　5.5　噴霧における火炎の伝ぱ…………………………………… 152
　5.6　噴霧の燃焼…………………………………………………… 158
　5.7　噴霧の着火…………………………………………………… 161
　　　文　　　献…………………………………………………… 165
　　　参　考　書…………………………………………………… 166
　　　演習問題……………………………………………………… 166

第6章　固体燃料の燃焼 …………………………………………………… 169
　6.1　固体燃料の燃焼形態と燃焼方式…………………………… 169
　6.2　石炭粒子の燃焼……………………………………………… 170
　6.3　火格子燃焼…………………………………………………… 178
　6.4　流動床燃焼…………………………………………………… 180

6.5	微粉炭燃焼	182
6.6	石炭の特殊な燃焼技術	183
	文　　献	185
	参 考 書	185
	演習問題	185

第7章　衝撃波とデトネーション … 187

7.1	ガスの一次元定常流れ	187
7.2	衝撃波と膨張波	189
7.3	デトネーションとデフラグレーション	191
7.4	デトネーション波の構造	193
7.5	デトネーションの開始	194
	文　　献	195
	参 考 書	195
	演習問題	195

第8章　火炎の発光と熱放射 … 197

8.1	火炎の発光	197
8.2	火炎の熱放射	201
8.3	火炎熱放射の計算	202
8.4	火炎の射出率	209
	文　　献	210
	参 考 書	211
	演習問題	211

第9章　大気汚染とその防止 … 212

9.1	一酸化炭素と未燃炭化水素	212
9.2	すす及び粒状物質	214
9.3	窒素酸化物	217
9.4	硫黄酸化物	222
9.5	金属とその化合物	223

9.6　ダイオキシンとPCB ……………………………… 224
　　　　文　献 ………………………………………………… 225
　　　　参考書 ………………………………………………… 226
　　　　演習問題 ……………………………………………… 226

第10章　省エネルギー燃焼 ……………………………………… 228
　10.1　低空気比燃焼 ………………………………………… 228
　10.2　熱のカスケード利用 ………………………………… 229
　10.3　炉内ガスと排ガスの熱的遮断 ……………………… 230
　10.4　その他の省エネルギー燃焼技術 …………………… 233
　　　　文　献 ………………………………………………… 234
　　　　参考書 ………………………………………………… 234

第11章　燃焼場の計測と可視化 ………………………………… 235
　11.1　温度場の計測と可視化 ……………………………… 235
　11.2　流れ場の計測と可視化 ……………………………… 245
　11.3　濃度場の計測と可視化 ……………………………… 247
　11.4　噴霧の計測と可視化 ………………………………… 251
　　　　文　献 ………………………………………………… 255
　　　　参考書 ………………………………………………… 255

付録A　化学種の熱化学的性質表 ………………………………… 257
　　　　文　献 ………………………………………………… 257
付録B　主要な物理定数と単位 …………………………………… 268
付録C　演習問題の解答 …………………………………………… 271

索　　引 ……………………………………………………………… 275

第 1 章
燃 料 論

　燃料とは，それ自身の持つ化学エネルギーや核エネルギーを熱エネルギーに変えることのできる物質の総称である．その中には分子の分解によって熱を発生する一元推進剤や二基系固体推進剤，核分裂や核融合によって熱エネルギーを発生する核燃料など，特殊な物質も含まれるが，燃焼工学で燃料と呼ぶのは，空気または酸素の存在下で持続的に酸化反応を起こして熱エネルギーを発生する物質である．

　燃料をエネルギー資源として見ると，地球上に大量に存在し，安価に供給されるものでなければならないので，化石燃料とバイオマス（植物資源），ならびにそれらを精製もしくは加工したものに限られる．ただ，将来は太陽エネルギーもしくは核エネルギーを使って水から作られた水素がこれに加わる可能性がある．化石燃料には，埋蔵されているエネルギー量の順に，石炭類，石油，オイルシェール，天然ガス，オイルサンドがある．

　燃料は，**固体燃料**，**液体燃料**，**気体燃料**に大別される．

1.1 固体燃料

　固体の状態で使用される燃料を**固体燃料**といい，バイオマス（木材を含む），石炭系燃料，ならびにそれらの加工燃料（二次燃料と呼ぶ）が主体である．オイルシェールやオイルサンドは固形で埋蔵されているが，そのままの形で使用に供されることはほとんどなく，乾留または抽出によりシェールオイル，ビチューメンと呼ばれる液体燃料の形にして提供されるので，液体燃料として分類することとする．

　固体燃料は回収，輸送，貯蔵，取り扱いに困難があり，かつ清浄に燃焼させることが難しいという欠点があって，エネルギー資源としてのシェアが低下していたが，エネルギー供給の安定化のため，政策的にシェアの回復がはかられている．

　固体燃料の主成分は炭素と少量の水素で，それ以外に灰分と酸素，窒素，硫

表 1.1　固体燃料の発熱量と用途

分類	名称	高発熱量* MJ/kg	用途
一次燃料	石炭類		
	無煙炭	34〜35.5	一般用燃料, ボイラ, 鉄道
	瀝青炭	31〜37	一般用燃料, ボイラ, コークス製造, ガス製造, 化学原料用, 鉄道
	褐炭	23〜31.5	一般用燃料, ボイラ, 鉄道
	亜炭	23〜31.5	一般用燃料
	泥炭(草炭)	<24	家庭用燃料
	まき	17〜21	家庭用燃料
二次燃料	コークス	25〜29.5	製鉄, 鋳物, ガス製造, 金属精錬
	半成コークス	21〜29.5	一般用燃料, ガス製造
	亜炭コークス	14.5〜21	一般用燃料
	石油コークス	32.7〜37.5	セメント焼成, ボイラ
	木炭	28〜31.5	家庭用燃料
	練炭	14.5〜31.5	家庭用燃料, 一般用燃料
	有煙練炭	21〜31.5	一般用燃料

＊　まきを除く一次燃料に対しては純炭ベースの値．

黄を含んでいる．おもな固体燃料の高発熱量と用途を表1.1に示しておく．

1.1.1 石炭

A．石炭の分類　石炭は植物が地下に埋没し，地熱や地圧による石炭化作用を受けて水分，炭酸ガス，メタンなどを放出し，酸素含有量を減じて炭素分に富む物質になったものである．一般に，石炭化が進むにつれて炭素含有量が増加する反面，酸素含有量が減少し，水素含有量はほぼ一定に保たれる．石炭化の進行程度によって，国内炭は表1.2のように分類される（JIS M 1002）．石炭は国によって分類法が異なるが，多少の無理は承知の上で国際分類法と日本，西ドイツ，合衆国の分類法とを対比すると，表1.3のようになる．特に日本は石炭の成因までが異なるので，対応は完全ではない．表中，**純炭発熱量**というのは，石炭から水分と灰分を除いた可燃分に対する高発熱量である．粘結性，燃料比，揮発分などについては後述する．

通常，石炭と呼ばれるのは無煙炭から褐炭までであるが，狭い意味で石炭と言えば瀝青炭と亜瀝青炭のみを指す．石炭は用途によって，**燃料炭**と**原料炭**とに分かれるが，前者は燃料用として取引される非粘結炭，後者はコークスの原料用として取引される粘結炭である．

表 1.2 国内炭分類表*

名称	粘結性	級	純炭発熱量 MJ/kg	燃料比	用途
無煙炭 (せん石)	非粘結	A_1		>9	一般燃料用, ボイラ用, 鉄道用
		A_2		>4	
瀝青炭	強粘結	B_1	>35.2	>1.5	製鉄用コークス製造, 都市ガス製造, 化学工業原料
		B_2		<1.5	
	粘結	C_1	>33.9	>1	同上
	弱粘結	C_2		<1	一般燃料用, 発電用, 鉄道用, 工場ボイラ用
亜瀝青炭	弱粘結	D_1	>32.7	>1	一般燃料用, 都市ガス製造, 化学工業原料
	非粘結	D_2		<1	一般燃料用, 発電用, 鉄道用, 工場ボイラ用
		E	>30.6		
褐炭 (亜炭)	非粘結	F_1	>28.5		同上
		F_2	>24.3		一般燃料用

* JIS M 1002 に準拠.

表 1.3 石炭の分類表

国際分類法			国別分類法		
クラス番号	揮発分 %	高発熱量 MJ/kg	日本	西ドイツ	合衆国
0	0〜3		無煙炭 A_1 せん石 A_2	Anthrazit	Metaanthracite
1 A	3〜6.5				Anthracite
1 B	6.5〜10				
2	10〜14			Magerkohle	Semianthracite
3	14〜20			Esskohle	Low volatile bituminous
4	20〜28		瀝青炭 B_1, B_2, C_1, C_2	Fettkohle	Medium volatile bituminous
5	28〜33			Gaskohle	High volatile bituminous A
6	>33 (33〜40)	35.4〜32.4	亜瀝青炭 D_1, D_2		High volatile bituminous B
7	>33 (33〜44)	32.4〜30.1	亜瀝青炭 E	Gas Flammkohle	
8	>33 (34〜46)	30.1〜25.5	褐炭 F_1		High volatile bituminous C
9	>33 (36〜48)	<25.5	亜炭 F_2		Subbituminous

B. 石炭の埋蔵量と埋蔵状態 埋蔵量には地質学的に地球上に存在すると推定される**原始埋蔵量**と, 技術的, 経済的に採取可能な**可採埋蔵量**とがあり, 後者の内, 試掘などによって確認されたと見なされる分を**確認埋蔵量**と呼ぶ.

確認埋蔵量は探査努力と技術的・経済的環境の推移により，年々変化する．確認埋蔵量を現在の年間採取量（生産量）で割ったものを**可採年**と呼び，安定供給の目安になる．石油の場合は世界平均でこれが30年を切らないように探査努力と採取技術の改良が行われ，エネルギー価格を中心とする経済的環境が推移している．そして，これが20年を切ることは危険とされる．

石炭の確認埋蔵量は1兆300億トンで，発熱量で比較して石油の約4倍であるが，推定可採量はこの5.6倍，石油の11.5倍にも上ると言われている．確認埋蔵量を年間採取量（35.7億トン）で割った可採年は288年である．石炭は地球上にほぼ一様に分布しており，産地に大きな偏りがないのが利点である．ただ，国内炭は原植物の種類や年代が国外炭と異なり，性質に差があると言われる．

C 石炭の分析

a．工業分析 乾留や燃焼など，石炭を工業的に利用する際に目安となる性質を表示するための分析方法で，**水分，灰分，揮発分，固定炭素**を定量する（JIS M 8812）．到着した大量の石炭から，できるだけ平均的な組成を持つように分析試料をサンプリングし，さらに平均的な組成を崩さないように余剰分を捨て去る**縮分**操作を行う．これを**到着炭**試料と呼ぶ．この到着炭を塩化ナトリウム飽和溶液を入れた室温の恒湿容器中に放置して調湿した後に，250 μm（60メッシュ）のふるい通過の粒度に粉砕したものを**分析試料**とする．なお，到着炭が一定湿度と平衡するまでの減量を初期質量の百分率で表したものを**湿分**または**付着水分**と呼ぶ．

水　分 調湿試料1gを107±2℃の恒温槽中に1時間入れて乾燥させた場合の減量を調湿試料の質量に対する百分率で表示したものである．

湿分と水分を合わせて到着炭質量に対する百分率で表したものを**全水分**（または**到着水分**）と呼び，次式で計算される（JIS M 8811）．

$$\text{全水分}[\%] = \text{湿分}[\%] + \text{水分}[\%] \times \{100 - \text{湿分}[\%]\}/100 \quad (1.1)$$

灰　分 試料1gに空気を通しながら電気炉で815℃までプログラム加熱して完全燃焼させ，残留する無機物の量を調湿試料の質量に対する百分率で表したものである．

揮発分 試料1gをふた付き白金るつぼに入れ，空気を断って900±20℃で7分間加熱したときの減量を求め，調湿試料の質量に対する百分率から水分[%]を減じたものである．

固定炭素 調湿試料の質量から水分,灰分,揮発分の質量を差し引いた残量の割合で,次式で与えられる.

$$固定炭素[\%] = 100 - \{水分[\%] + 灰分[\%] + 揮発分[\%]\} \quad (1.2)$$

固定炭素と揮発分の質量比を**燃料比**と呼ぶ.すなわち,

$$燃料比 = 固定炭素[\%]/揮発分[\%] \quad (1.3)$$

b. 元素分析 炭素,水素,窒素,燃焼性硫黄,灰分の含有量を分析し,無水試料に対する質量比で表示する(JIS M 8813).熱管理における燃焼計算の目安になる.

炭 素 純炭の70〜80%を占める石炭の主成分である.

水 素 瀝青炭で純炭の5〜6%を占める.水素[%]−酸素[%]/8を**有効水素**と呼ぶこともあるが,根拠が明確でない.

窒 素 分析されるのはアンモニアに変え得るものだけで,0.5〜2%含まれている.燃焼させると,かなりの割合(30〜60%)で窒素酸化物に変わるので,燃料の清浄燃焼性を左右する重要因子である.

酸 素 $100 - \{炭素[\%] + 水素[\%] + 窒素[\%] + 燃焼性硫黄[\%] + 灰分[\%]\}$ で与えられ,純炭の $10 \sim 20[\%]$ を占める.

燃焼性硫黄 硫黄は無機性硫黄と有機性硫黄に分けられる.前者の一部と後者の大部分は燃焼して二酸化硫黄になるので燃焼性硫黄と呼ばれ,残りを**不燃性硫黄**と呼ぶ.通常,燃焼性硫黄は0.8〜2%含まれる.

各炭種の石炭に対して工業分析と元素分析を行った例を表1.4に示す.同じ

表 1.4 石炭の分析結果と性状

炭種	産地	工業分析[%]				燃料比	元素分析[%]*					高発熱量** MJ/kg	粉砕性 HGI	灰融点 ℃
		水分	灰分	揮発分	固定炭素		C	H	O	N	S			
無煙炭	ホンゲイ(ベトナム)	—	19.8	6.6	71.9	10.9	73.6	2.5	2.6	0.9	0.37	29.3	69	>1450
瀝青炭	太平洋炭(日本)	5.3	13.9	43.9	36.9	0.84	62.9	5.1	14.2	1.1	0.26	26.0	37	1360
	大同(中国)	2.9	8.9	28.2	60.0	2.13	77.9	4.5	7.0	0.9	0.7	31.2	52	1260
亜瀝青炭	ベルガ(アラスカ)	23.5†	10.5	47.5	42.0	0.88	69.1	5.5	24.6	0.8	0.19	25.9	27	1360
褐炭	ヤルーソ(豪)	67.5†	1.2	52.8	46.0	0.87	67.8	4.8	26.7	0.6	0.25	25.9	88	>1450

* 無煙炭と瀝青炭に対しては無水ベース,亜瀝青炭と褐炭に対しては純炭ベース
** 亜瀝青炭と褐炭に対しては無水ベース † 外値(100%外)

産地の石炭でも品質が同じではないので,単なる例として見ていただきたい.揮発分が6.6%から52.8%まで広範囲に変化することが,あらゆる石炭を燃焼させる汎用炉を製作できない最大の理由と言われている.

D．石炭の性質

a．比重と気孔率　**真比重**は無煙炭で 1.5～1.8,歴青炭で 1.2～1.7,褐炭や亜炭で 0.8～1.5 である.石炭は多数の気孔をもつ網目状の構造をしており,**見掛け比重**は歴青炭で 0.75～0.80,褐炭や亜炭で 0.55～0.75 である.両比重の逆数の差が**気孔率**［L/kg］で,表面反応速度に関係する.**かさ比重**は石炭を貨車などに積み込んだときに占める体積で,0.55～0.8 程度である.

b．熱的性質　比熱と熱伝導率は石炭塊や石炭粒子の燃焼性に関係する量で,歴青炭に対し,$1.00～1.09\,\mathrm{kJ/(kg\cdot K)}$,$0.14～0.27\,\mathrm{J/(m\cdot s\cdot K)}$ である.石炭化度が進むと,前者は増加し,後者は減少する.**着火温度**は無煙炭に対し 400～500℃,歴青炭に対し 300～400℃,褐炭と亜炭に対し 250～300℃ とされているが,条件によって数値が異なるので,単なる目安に過ぎない.

c．粉砕性　微粉炭燃焼のために石炭を粉砕する際の難易度を表す指数で,ハードグローブ法（JIS M 8801）に基づいて決定される.試験機で規定通り粉砕し,200 メッシュ（74 μm 目）のふるいに掛けたときの通過質量割合（ふるい下と呼ぶ）を W［%］とすれば,**ハードグローブ指数**（H.G.I.）は $(13+6.93W)$ で与えられる.標準炭で 100 となり,大きいほどよい.小形炉では石炭粉砕動力が経済性を左右するので,重要な量である.表 1.4 にはこの値も記入されている.

d．発熱量　発熱量は調湿試料 1 g をボンベ形熱量計で完全燃焼させた上,もとの温度に戻し,水温上昇から決定する（JIS M 8814）.したがって,燃焼によって生成した水蒸気が凝縮する際に吐き出す蒸発の潜熱を含んだ高発熱量（総発熱量）が測定される.石炭では恒湿ベース,コークスでは無水ベースで表示される.表 1.4 にはこの値も記入されている.

e．灰の融点　燃焼炉の中で石炭灰が溶けて,**スラグ**として表面や底面を流れるか,微細な**フライアッシュ**となって,浮遊もしくは表面に付着するかは重要である.石炭灰の成分には SiO_2,Al_2O_3 といった酸性分,Fe_2O_3,MgO,CaO,酸化アルカリといったアルカリ性成分,それに SO_3 がある.灰の融点は 1100～1500℃ であるが,酸性分の多い灰は融点が高く,アルカリ性成分の

多い灰は低い．また，炉内が酸化雰囲気であれば還元雰囲気に比べて灰の融点が 50～120°C 高くなる．スラグを積極的に利用する湿式（融灰式）燃焼法以外は，灰の融点が 1300°C 以上であることが望ましい．特に，火格子燃焼法では，融点が低いと灰の塊が空気の偏流を作って，**クリンカ障害**を起こす．

f．粘結性 空気を断って原料炭を加熱すると（乾留），軟化・溶融して分解し，ガスやタールを発生して，後に固いコークスを残す．この性質を**粘結性**という．石炭は生成するコークスの固さによって，**強粘結炭，弱粘結炭，非粘結炭**に分けられるが，強粘結炭はコークス製造用の原料炭として，非粘結炭は燃料炭として利用される．石炭化の進んだ歴青炭に強粘結炭が多い．粘結性は**るつぼ膨張指数**（ボタン指数）で表示されるが，これは規定の条件で試料を加熱して得られる残さ（コークスボタン）の形を標準輪郭と比較して決定される．

E．石炭の形状 石炭は不定形塊状をしているが，塊の大きさが 50 mm（2 in）以上のものを**塊炭**，50～38 mm を**中塊炭**，38～25 mm を**小塊炭**，25 mm 以下を**粉炭**，ふるい分けせず，すべてが混ざったものを**切込み炭**と呼ぶ．

F．石炭の風化と自然発火 石炭を大気中に放置すると，しだいに酸化し，表面の光沢がなくなって変色・粉化するとともに，発熱量や粘結性が低下する．この現象を**風化**と呼ぶ．また，貯蔵法が悪いと，緩慢酸化によって発生する熱が内部に蓄積されて温度が上昇し，ついには発火に至ることがある．これを**自然発火**と呼ぶ．自然発火を避けるためには，貯蔵に乾燥した場所を選び，たい積をなるべく低くする；炭質や粒度の異なるものの混合を避ける；定期的に炭層内部の温度を測定する，などの注意が必要である．

褐炭や亜炭は自然発火の危険性が高く，輸送が困難である．

1.1.2 亜 炭

褐炭に属するものの内，石炭化度が特に低く，褐色または黒褐色のものを**亜炭**と呼び，石炭とは区別して扱う．ヨーロッパやオーストラリアに産するブラウンコールやリグナイトもこれに属する．採掘時には 40％ 程度の水分を含むが，大気中で乾燥すると水分 15％ 程度になる．乾燥後の発熱量は 17～29 MJ/kg，灰分 10～40％ で，火炎温度は低い．揮発分が多いため，着火が容易で，燃焼速度が大きい．低温乾留して亜炭コークスとすることもある．

1.1.3 泥炭（草炭）

泥炭（草炭）は採掘時に40～70％の水分を含み，燃料として使用できないが，大気中で1～2箇月乾燥すると，水分は20～30％まで下がり，燃料として使用可能となる．工業用燃料として使用するには，圧搾して水分を除くと同時に，かさを減らすか，加圧成型をする必要がある．灰の融点が低く，悪臭とばい煙を生じやすい．

1.1.4 コークス

原料炭を1000°C内外の温度で乾留したもので（**高温乾留**），燃料として使用されることはほとんどなく，冶金，製鉄，鋳造の目的に使用される．コークスの工業分析値と性質が表1.5に示されているが，石炭に比べて揮発分が大幅に減少して，燃料比が高くなっている割には，灰分はほとんど変化していない．

コークスの**強度**は落下試験または回転試験によって測定される（JIS K 2151）．前者は鋳物用コークスに，後者は製鉄用コークスに適用され，いずれも強度指数90以上を要求される．また，冶金，製鉄用コークスでは**反応性**が問題になるが，これは一定条件下でコークス層にCO_2を通したときにCOに還元される割合をもって表す．

表1.5 コークスの性質と工業分析値

原料	種類	工業分析値 %					高発熱量 MJ/kg	見掛け比重	真比重
		水分	灰分	揮発分	固定炭素	硫黄			
石炭	鋳物用コークス	0.2～0.3	10～14	1～3	85	0.5～0.7	27.2～29.3	1.2～1.4	1.8～2.0
	製鉄用コークス	0.3～0.6	15～18	2～4	80～85	0.5～0.6	27.2	1.0～1.1	1.8～1.9
石油	ディレードコークス	6～8	0.2～0.5	10～13	86～89	1.5	35.6	—	—
	フルードコークス	6～8	0.5	4～7	93～96	1.5	33.5	—	—

1.1.5 半成コークス

原料炭を600°C前後の温度で乾留して得られるコークスで（**低温乾留**），10％程度の揮発分を保有するために着火が容易で，炎をあげて燃焼する．水分2～5％，灰分15～30％，揮発分2～12％，高発熱量25.1～29.3 MJ/kgである．付加価値の割に製造コストがかさむので，ほとんど製造されなくなった．

1.1.6 石油コークス

原油を減圧下で分溜した後の残さ（減圧残油）を熱分解，接触分解，水素化分解して軽質油を製造した残りかすで，産出工程により**ディレードコークス**と

フルードコークスに分かれる．それぞれの工業分析値と性質を表1.5に示しておく．粉砕して微粉炭燃焼させることもできるが，揮発分が13%以下と無煙炭なみに低いので，注意が必要である．揮発分の少ないフルードコークスは重油と混焼するのが無難である．その際，バーナへの供給に先立って微粉炭を重油と混合しておく**湿式助燃法**と，重油は石炭とは別に噴霧器で炉内に噴射する**乾式助燃法**とがある．石油コークスはS分1.2〜7%，N分0.2〜3%と高公害燃料なので，セメント焼成炉で多く用いられる．灰分は0.2〜5%（多くは<1%），高発熱量は 32.7〜37.5 MJ/kg である．

1.1.7 練　　炭

木炭，無煙炭，コークス粉などの炭素質燃料の粉末を圧縮成型した加工炭で，粘結剤を使用する**粘結剤練炭**と，使用しない**無粘結剤練炭**に分けられる．さらに，発煙の有無によって**有煙練炭**と**無煙練炭**に分けられるが，前者は工業用，後者は家庭用で，発熱量は 21.8〜31.4 MJ/kg 程度である．発熱量当たりの単価が高いのと，一酸化炭素中毒の危険があるのとで，製造量が激減している．

1.2　液体燃料

液体の状態で使用される燃料を**液体燃料**といい，石油系燃料（原油とその分留成分）が主体である．それ以外に，オイルシェールの乾留によって得られる**シェールオイル**，オイルサンドから抽出される**ビチューメン**，石炭を液化工程に掛けて得られる**石炭液化油**（合成燃料油），微粉炭を重油や水と混合して流体化した**石炭・油混合燃料**（**COM**）と**石炭・水混合燃料**（**CWM**），天然ガスや石炭から合成される**メタノール**などがある．

1.2.1　石油系燃料

A．石油系燃料の分類　　地下から採取されたままの石油を**原油**と言い，産地によって組成や性質が大きく異なっている．それにもかかわらず石油系燃料の性質が一定しているのは，製油所で分留，分解，混合の複雑なプロセスを経て，規格どおりの製品に仕上げられるためである．この点が掘り出したままに近い形で供給される石炭と異なる点で，産地を気にせずに使える大きな理由である．

石油系燃料の主成分は炭化水素であるが，これは**パラフィン**（直鎖/分枝飽

和化合物)，**ナフテン**（単環/多環飽和環状化合物)，**アロマティック**（単環/多環芳香族化合物)，それに**オレフィン**（アルキレン)，**アセチレン**（アルキン)に大別される．前3者は原油に含まれており，後2者は精製プロセスで生成するが，原油がどの炭化水素を主成分とするかで，パラフィン基原油，ナフテン基原油(アスファルト基原油)，混合基原油などと呼ばれる．軽質成分に富み，硫黄含有量の少ない原油が喜ばれる．

精製プロセスを経た石油製品にはナフサ（粗ガソリン)，ガソリン，灯油，軽油，重油，アスファルト，ピッチ，石油コークスがある．その性質と用途を表1.6に示す．

表 1.6　石油製品の性質と用途

名　称	沸点範囲 °C	比　重	高発熱量 MJ/kg	用　途
ナフサ	<250	0.65～0.75	46.1	化学原料，ガス製造，発電，ジェット燃料
ガソリン	<200	0.65～0.75	46.1	火花点火機関用燃料
灯　油	180～300	0.79～0.85	41.9	家庭用燃料，ジェット/石油機関燃料
軽　油	250～360	0.83～0.88	41.9	高速ディーゼル/焼玉機関燃料
重　油	>350	0.83～0.97	37.7～41.9	ディーゼル機関燃料，一般用燃料，発電
アスファルト			41.7	ボイラ，焼成，低速ディーゼル機関燃料
ピッチ			35.6	ボイラ
石油コークス			32.7～37.5	セメント焼成，ボイラ

a．ナフサ（粗ガソリン）　240℃までに96％以上が留出し終わる軽質成分を指す．ガス製造，ガソリンやジェット燃料の製造，化学工業用原料，溶剤製造などに使われるが，110℃以上で留出する**重質ガソリン**は低公害燃料として，発電用に多く使われる．

b．ガソリン　沸点範囲はナフサとほぼ同じながら，火花点火機関に適するように分留性状やオクタン価を調整した製品である（JIS K 2202)．

c．灯　油　引火点が常温（40℃）以上になるように調整された軽質油である（JIS K 2303)．灯用・加熱用に精製度を上げた**白灯油**（JIS 1号)と，動力用にアロマティックの含有量を増した**茶灯油**（JIS 2号)とがある．

d．軽　油　ほとんどが高速ディーゼル機関に使われ，セタン価と流動点に注意して調整される（JIS K 2204)．流動点の高い方から，特1号，1号，2号，3号，特3号が規定されている．

e．重　油　安定な直溜残油と不安定な分解残油を混合し，軽油を加えて

粘度を調整したディーゼル機関用と加熱用の燃料である（JIS K 2205）．粘度の低い方から**A重油**，**B重油**，**C重油**と呼ばれるが，JIS 規格ではこれを1種，2種，3種とし，さらに硫黄分によって1種を1号（<0.5%）と2号（<2.0%），動粘度によって3種を1号（低粘度）〜3号（高粘度）に細分している．

B．石油の埋蔵量と埋蔵状態 石油の確認埋蔵量は1兆800億バーレル，年間採取量は245億バーレルで，可採年は44年となっている．最近の可採年の最低値は1979年の27年，最高値は1998年の44年である．なお，**バーレル**は樽一杯分の量で，石油に対しては159 L，低発熱量にして9.16 GJを意味する．

埋蔵状態は地域的に偏っており，中東の66%，中南米の12%で世界の確認埋蔵量の80%近くを占める．以下，旧共産圏の8%，アフリカの6%の順になっている．

C．石油系燃料の性質

a．炭素/水素比 石油系燃料で燃焼に必要な空気量や発熱量に関係する重要な数値は炭素/水素比（c/h）で，炭化水素ではメタンの 3.0 kg/kg からアセチレンの 11.9 kg/kg まで，広範囲に分布している．石油系燃料の平均値はオレフィンやナフテンと同じ 5.96 kg/kg であるが，重質燃料ほど c/h は大きくなる．c/h と量論空燃比 $(A/F)_{st}$ の関係を図1.1に示しておく．

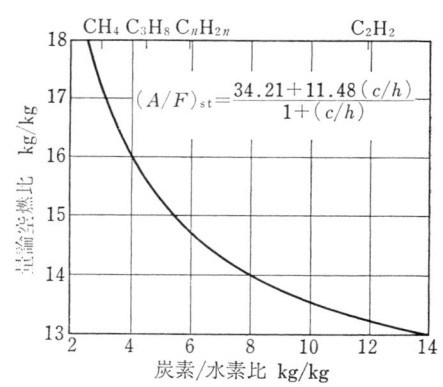

図 1.1 炭素/水素比と量論空燃比との関係

b．比重 石油系燃料の最も重要な性質は比重であり，比重が分かれば，他の性質はだいたい見当がつく．わが国では15℃の油の密度を4℃の水の密度との比で表した**比重（15/4℃）**が用いられるが，米国では**比重（60/60°F）**が用いられる．また A.P.I.（American Petroleum Institute）の決めた**API度**

$$\text{API 度} = \frac{141.5}{\text{比重}(60/60°F)} - 131.5 \tag{1.4}$$

や，ヨーロッパでは**ボーメ度** $Bé$ で比重を表すことも多い．ボーメ度は水より軽い液体に対しては，次式で定義される．

表 1.7 石油系燃料の熱的性質に対する経験式

項　　　　目	経　　験　　式	適　用　範　囲	精　度
高　発　熱　量	$51.9-8.8d^2$ [MJ/kg] $51.9d-8.8d$ [MJ/L]	$d=0.51\sim0.99$	1%
蒸 気 の 比 体 積	$8.32\times10^4(\theta+273)\dfrac{1.03-d}{p\cdot d}$ [m³/kg]	$d=0.51\sim0.80$	10%
液 の 熱 伝 導 率	$1.17\times10^{-4}(1000-0.54\theta)/d$ [kJ/(kg·K)]	$d=0.78\sim0.95$ $\theta=0\sim200°C$	10%
液　の　比　熱	$(1.69+0.0034\theta)/\sqrt{d}$ [kJ/(kg·K)] $(1.69+0.0034\theta)\sqrt{d}$ [kJ/(L·K)]	$d=0.72\sim0.96$ $\theta=0\sim400°C$	5%
蒸 発 の 潜 熱	$(250-0.4\theta)/d$ [kJ/kg] $250-0.4\theta$ [kJ/L]	$d=0.64\sim0.91$ $\theta=40\sim300°C$	10%
液のエンタルピ	$(1.69\theta+0.00170\theta^2)\sqrt{d}$ [kJ/L]	$d=0.72\sim0.96$ $\theta=0\sim400°C$	5%
蒸気のエンタルピ	$250+(1.69\sqrt{d}-0.38)\theta$ $+1.70\times10^{-3}\sqrt{d}\theta^2$ [MJ/m³]	$d=0.64\sim0.91$ $\theta=40\sim300°C$	5%

d: 比重 (15/4°C), θ: 温度 [°C], p: 圧力 [Pa].

$$Bé = \frac{140}{比重(60/60°F)} - 130 \tag{1.5}$$

表1.7に比重 (15/4°C) d,温度 θ [°C],圧力 p [Pa] の関数として表した石油系燃料の熱的性質に関する経験式を示しておく.また,欧米の便覧[1]には石油系燃料の性質が API 度やボーメ度の関数として与えられていることが多い.

c．引火点　液面上の蒸気が希薄可燃限界濃度に達するときの温度で,これ以上の液温では引火の危険がある.試験器内のカップに試料を入れて緩やかに昇温させ,規定の温度間隔ごとに液面に炎を近付けて,試料の蒸気に引火する最低の液温をさがす (JIS K 2253/2265/2274/2539).

d．流動点　試験管に入れた試料を予熱しておき,冷却空洞に挿入して徐冷する.油温が2.5°C 低下するたびに試験管を取り出して,試料が流動しなくなる最高液温（凝固点）をさがす.そしてそれより 2.5°C 高い温度をもって流動点とする (JIS K 2269).燃料の輸送や微粒化に関係する.

e．粘度　燃料の輸送や微粒化には**動粘度**が関係する.動粘度の SI 単位は m²/s であるが,CGS 単位の St (ストークス [cm²/s]) が普及している.1 m²/s=10^4 St=10^6 cSt（センチストークス）である.ポンプ輸送には 500～1000 cSt 以下,微粒化には噴霧器の種類にもよるが 15～100 cSt 以下の動粘度

が要求される．動粘度の測定には調温した一定量の試料が細管を通して流出する時間を測定する**細管式粘度計**が使われる（JIS K 2283）．工業用には同じ原理の**セイボルト粘度計**や**レッドウッド粘度計**が使われ，セイボルトユニバーサル［s］とかレッドウッド［s］と［cSt］との換算表が与えられている（JIS K 2283）．

石油系燃料のある温度における粘度から他の温度における粘度を推定するための粘度 - 温度図表が発表されており，その中ではセイボルト［s］と温度との関係を与える **ASTM 図表**[2]がよく使われる．図 1.2 に石油系燃料の動粘度と温度との関係の一例を示す．C重油や超重質油ではポンプ輸送や微粒化のために加熱の必要なことが分かる．

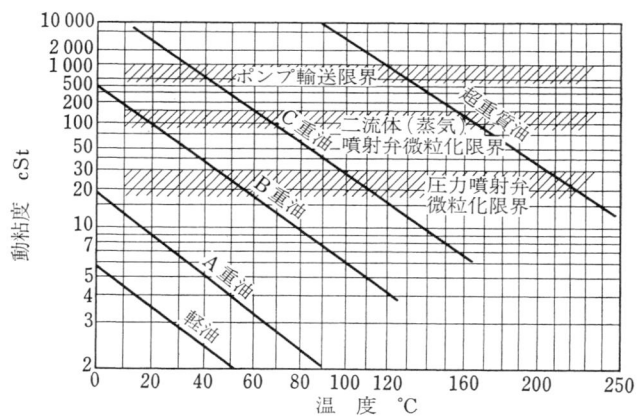

図 1.2　石油系燃料の動粘度と温度との関係

f．ばい煙生成性と火炎の射出率　**ばい煙生成性**は拡散火炎においてばい煙の生成なく燃焼する最大流速か最大火炎長さによって比較される．ばい煙が発生し始める流速あるいは火炎長さが大きいほど，その燃料のばい煙生成性が低いという．温度はばい煙の生成にほとんど影響を与えないが，圧力の影響は大きく，圧力の増加とともにばい煙が生成しやすくなる．燃料の種類によるばい煙生成性の順位はつぎの通りである．

芳香族＞アルキン＞オレフィン＞ナフテン＞i-パラフィン＞n-パラフィン
一般に炭素/水素比の大きいものはばい煙を発生しやすい．

火炎の射出率は火炎中に存在するすすの量に関係する．すすが存在しないと

火炎は**不輝炎**（青炎）となり，熱の放射は主として炭酸ガス，水蒸気，一酸化炭素に依存することになる．一方，すすが多量に存在すると火炎は**輝炎**となり，すすからの固体放射で火炎は黄色，黄赤色または白色になる．火炎の射出率は炭素/水素比が高いほど，また沸点が高いほど大きくなる．

g．分留性状 石油系燃料は一般に多成分の混合物であるので，徐々に温度を上げて，各温度における留出割合を求めると，**蒸留曲線**が得られる[3]．10%留出する温度を10%点，90%留出する温度を90%点などと呼ぶ．

D．火花点火機関用燃料 火花点火機関用の燃料としては，通常，ガソリンが使われる．自動車用と航空用とがある（JIS K 2202）．分留性状は低温始動性，蒸発損失，ベーパロック，ホットスターティング，ホットアイドリング，気化器氷結，暖気性，加速性，燃料消費量，潤滑油希釈性，機関の汚れなど，種々の性能に関係する．

火花点火機関用燃料の重要な性質に**ノック性**がある．火花点火機関においては火炎が火花間隙から燃焼室壁までスムーズに伝ぱする状態を**正常燃焼**と言うが，燃料の**自発着火性**が高いと，火炎が到達する以前に混合気の一部（エンドガス）が自発的に着火して，圧力振動とガス流動を発生させる．それが衝撃音を発すると同時に，燃焼室壁への熱伝達率を高めて，過熱や効率低下を引き起こす．この現象を**ノッキング**と呼ぶ．したがって，ガソリンは自発着火性の低いものがよく，自発着火性の低い i-オクタンと高い n-ヘプタンを**標準燃料**に選び，それらを混合した**副標準燃料**と比較して，ガソリンのノック性を決める．対応する副標準燃料中の i-オクタンの体積百分率を**オクタン価**と呼ぶ．リサーチ法，モータ法，航空法，過給法の4種の試験法が規定され（JIS K 2280/2259/2281/2282），最初の二つが自動車用ガソリンに適用される．

自動車用ガソリンにはオクタン価95以上の1号（プレミアム級）と85以上の2号（レギュラ級）が規定されている．オクタン価を高める**アンチノック剤**として，四エチル鉛または四メチル鉛が添加されることがある．

E．ディーゼル機関用燃料 高速ディーゼル機関用燃料としては軽油が使われるが，問題になるのは輸送と微粒化に関係する粘度と流動点，燃焼室や燃料噴射ノズルへの沈着物（カーボンフラワ）に関係する残留炭素と灰分，腐食と大気汚染に関係する硫黄分，ノック性に関係する自発着火性である．

ディーゼル機関では燃料の**自発着火性**が悪いと，噴射開始から着火までの遅

れ時間が長くなり，その間に噴射された燃料が一斉に発火するので，急激な圧力上昇が生じて，火花点火機関のノッキングと同じ症状を呈する．したがって，ディーゼル機関用燃料には自発着火性のよいものが適しているわけで，自発着火性の高いセタンと，低い α-メチルナフタレンもしくはヘプタメチルノナン（HMN）を**標準燃料**として，両者を混合した**副標準燃料**と比較して自発着火性を決める．対応する副標準燃料中のセタンの容積百分率を**セタン価**と呼ぶが，セタン-HMN 系副標準燃料では次式でセタン価を決める（JIS K 2280）．

$$\text{セタン価} = \text{セタン}[\%] + 0.55 \times \text{HMN}[\%] \qquad (1.6)$$

また，50%点と API 度から規定の式を使って推定されるセタン価のことを**セタン指数**と呼ぶ（JIS K 2204）．

中・低速ディーゼル機関用燃料には重油が使われる．小・中形エンジンでは軽質のA重油を燃料とするが，大形エンジンではB重油やC重油，場合によってはアスファルトを予熱して用いる．中・低速ディーゼル機関では自発着火性は重要ではなく，セタン価25程度のもので十分であるが，大気汚染の点から硫黄分と窒素分の含有量には注意しなければならない．

F．ガスタービン燃料 陸・舶用ガスタービンには，小形のものでは灯油，軽油，A重油が，大形のものでは B・C 重油が使われる．一方，航空用ガスタービンとそれを転用したピークロード用ガスタービンには灯油，または灯油とナフサの混合油（ジェット燃料）を用いるが，低温流動性と発煙性が問題にされる（JIS K 2209）．

1.2.2 シェールオイルとビチューメン

オイルシェール（油母頁岩）は水藻が石炭化したもので，灰分が過半を占めて，自然できないものが多い．採掘後レトルトで乾留するか，地下乾留を行うことにより，**シェールオイル**と呼ばれる窒素分の多い重質油（流動点30℃，40～50℃での動粘度 20 cSt 程度）が得られる．元素分析結果の一例は（C 85.1, H 11.6, N 1.9, O 0.8, S 0.9%）である．

オイルサンド（**タールサンド**）はビチューメンと呼ばれる重質油を 4～20% 含んだ砂で，露天掘り後抽出，もしくは地下回収法により超重質油（流動点 3～20℃，50℃ における動粘度 500 cSt 内外）が得られる．元素分析結果の一例は（C 83.8, H 10.3, N 0.4, S 4.4%）で，硫黄含有量の多さが目立つ．

可採埋蔵量はオイルシェールで石油と同程度，オイルサンドで40%程度であ

るが，アメリカ大陸に偏在しており，地下回収技術も確立していない．

1.2.3 石炭液化油（合成燃料油）

石炭の液化は乾留法，直接液化法，間接液化法のいずれかの方法で行われる．**乾留法**はコークスまたは石炭ガスの副生品としてコールタールを得るもので，油の得率は石炭ガス中の軽油分を含めても15%以下である．**直接液化法**は抽出水添液化法とも呼ばれ，溶剤の存在下で石炭の熱分解を行わせてアスファルト状の**SRC**（**溶剤抽出炭**）とした上で，高温・高圧下で水素添加を行って，平均分子量200～400の油を得る．**間接液化法**は**合成液化法**とも呼ばれ，石炭をいったん高カロリーガスにした上で，ガソリンや軽油を合成したり（フィッシャー・トロプシ法），メタノールを合成したり，さらにはメタノールのガソリン転化を行ったりする（モービル法）．

将来性のあるのは直接液化法で，SRC法を例にとれば，溶剤抽出によってアスファルト状のSRC-Ⅰが得られ，これに水素添加を行うことにより軽質（流動点$-30℃$）のSRC-Ⅱが得られる．元素分析結果は（C 85.5，H 8.9，N 1.0，O 4.4，S 0.2%）で，軽質油としては炭素/水素比が高く，窒素分が多い．油の得率は石炭 1 kg 当たり 0.36 kg 程度と言われる．

1.2.4 石炭・油混合燃料（COM）

重油中に質量でほぼ等量の微粉炭を混入して，流体化した燃料である．ただ，熱量比にすると COM 中の石炭の割合は 40% 程度で，若干の石油節約となるに過ぎない．むしろ，流体化によって，石炭の輸送性と貯蔵性の悪さを軽減することと，既設の重油専焼施設を利用して石炭を燃焼させることにそのねらいがある．COM は重油と石炭の混合燃料であるから，その両方の有害成分を含んでおり，灰や排煙の処理，燃焼ガスの燃焼室内滞留時間に微粉炭なみの配慮が要求される．

1.2.5 石炭・水混合燃料（CWM）

CWM は高濃度石炭・水スラリとも呼ばれるが，その名のとおり，石炭70，水30，それに微量の添加剤から成る混合物を，十分な流動性が得られる粒度に微粉砕した燃料で，必要に応じて脱灰，脱硫工程を組み込むことができる．水を含むため火炎の安定性が悪く，燃焼には若干の困難を伴うが，中・小形重油専焼ボイラの石炭だきへの転換にはもっとも適した燃料加工技術と期待されている．

1.2.6 メタノール

メタノールは天然ガスや石炭から容易に合成できる．低発熱量が 19.94 MJ/kg と石油系燃料の約半分であるのに，蒸発の潜熱は 1.10 MJ/kg と 3 倍以上あるので，蒸発時間が延びる傾向がある．しかし，分子内に酸素を持っている関係で量論空燃比も 6.46 kg/kg と約半分なので，火炎温度は同じか，やや低い程度である．窒素も硫黄も含まない清浄燃料で，分子内に酸素を持つため，すすも発生しない．ただ，CO，未燃炭化水素，アルデヒドの排出量は多い．

メタノールは親水性と親油性を合わせ持つので，水や石油と容易に混合でき（同時混合は不可），内燃機関用燃料に適する上に，軽質油から重質油まで，あらゆる用途に代替使用が可能である．

1.3 気体燃料

気体の状態で使用される燃料を気体燃料と呼ぶ．気体燃料は，①1 箇所のガス源から容易に多数の炉やバーナに供給できる，②小形バーナでもばい煙を出すことなく完全燃焼できる，③空気や酸素と任意の割合に混合できる，④負荷（燃焼率）の可変範囲（**ターンダウン比**）が広い，⑤微妙な調節が容易にできる，⑥灰分や有害物質の排出量が少ない，などの利点がある半面，輸送や貯蔵の面で不便な点が少なくない．

気体燃料には，地下から採取される一次燃料として**天然ガス**と**石油ガス（石油蒸気）**があり，固体燃料や液体燃料から人工的に製造される二次燃料として，石炭を原料とする**石炭転換ガス**と石油を原料とする**石油転換ガス**がある．また，配管網を通して需要家に供給される燃料ガスのことを**都市ガス**と呼び，一次燃料も二次燃料も含まれる．

1.3.1 天然ガス

A．天然ガスの分類　　地下から直接採取されるガスで，主成分はメタンである．清浄で，石油ガスに次いで発熱量が高いが，火炎の安定性や点火性がやや悪く，他の燃料からこれに切り替えたときに注意を要する．以前はパイプラインで輸送可能な範囲（3000 km 以内）で使用されていたが，−162℃ 以下に冷却・液化し，**液化天然ガス（LNG）**としてタンカー輸送する技術が開発されてからは（1959年），石油に次ぐエネルギー源として，広く利用されるようになった．

表 1.8 天然ガスと LNG の組成と発熱量

ガス種	産地	組成 % (by vol.)								高発熱量
		CH_4	C_2H_6	C_3H_8	C_4H_{10}	$C_5\sim$	CO_2	N_2	O_2	MJ/m^3_N
水溶性ガス	茂原（日本）	98.0	—	—	—	—	0.5	1.4	0.1	38.9
	アラスカ（米）*	99.8	0.1	0.0	—	—	—	0.1	—	39.8
石炭系ガス	クリーブランド(米)	93.3	3.5	0.7	0.2	0.0	1.8	—	—	38.5
	北海（英）	94.0	3.3	0.6	0.2	0.2	0.5	1.2	—	38.9
石油系ガス	アファン（ナイジェリア）	81.0	6.5	5.9	3.3	1.4	1.7	0.2	—	49.0
	アンパ（ブルネイ）*	88.8	5.6	3.7	1.8	—	—	0.1	—	45.2

* LNG.

　天然ガスは地質学的に水溶性ガス，石炭系ガス，石油系ガスに分けられ，さらに石油ガス（C_2以上の成分）を多く含むかどうかによって**湿性ガス**と**乾性ガス**に分けられる．**水溶性ガス**は地下水に溶解しており，可燃成分はほぼ純粋のメタンである．乾性ガスに属する．**石炭系ガス**は石炭層と共存する乾性ガスで，天然ガスの大部分を占める．**石油系ガス**は油田地帯に産するガスで，**構造性ガス**（ガス田ガス）と**石油随伴ガス**に分けられる．総体に石油ガスの含有率が高いが，構造性ガスには乾性ガスに属するものも多い．

　表1.8に天然ガスの組成と発熱量の例を示しておく．乾性ガスは発熱量が低く，体積当たりの発熱量の高い石油ガスを多く含む湿性ガスは発熱量が高い．

　B．天然ガスの埋蔵量と埋蔵状態　　天然ガスの確認埋蔵量は石油換算で1290億トンで石油の約86％である．それに対して年間生産量は石油換算で約19.3億トンであるから，可採年は約67年と，石油の44年を大きく上回っている．埋蔵状態は，石油と同等か，それ以上に大きく偏っており，中東と旧共産圏で世界の確認埋蔵量の71％を占める．LNGの生産は米国(アラスカ)，ブルネイ，UAE，インドネシア，マレーシア，カタール，オーストラリアなどで行われており，LNG基地の半数近くが日本向けに稼働，世界の貿易量の多くを日本が輸入している．米国は世界最大の天然ガス輸入国である（大部分はカナダから）．

1.3.2　石油ガス（石油蒸気）

　プロパン，プロピレン，ブタン，ブチレンを中心とし，少量のエタン，エチレン，ブタジエンの混ざった混合ガスである．C_3成分を中心としたものでも，1.5 MPa程度に加圧するか，$-49°C$以下に冷却するすることにより，簡単に液化できる．液化されたものを**液化石油ガス（LPG）**と呼ぶ．使用に便利な気

表 1.9 液化石油ガスの JIS 規格*

種類		蒸気圧** MPa	硫黄分 %(by mass)	組成 %(by vol.)				用途
				エタン+エチレン	プロパン+プロピレン	ブタン+ブチレン	ブタジエン	
1種	1号	<1.53	<0.015	<5	≧80	≦20	≦0.5	家庭用燃料 業務用燃料
	2号				60~80	≦40		
	3号				<60	≦30		
2種	1号	<1.55	<0.02	—	≧90	≦10	—	工業用燃料 工業用原料 自動車用燃料
	2号				50~90	≦50		
	3号	<1.25			<50	50~90		
	4号	<0.52			≦10	≧90		

* JIS K 2240.   ** 40°C における絶対圧力.

体燃料の特質と,輸送や貯蔵に便利な液体燃料の特質を兼ね備えている.用途は家庭用燃料,工業用燃料,化学原料,都市ガス,自動車用燃料,発電用の順になっている.JIS では家庭用の1種と,工業用・自動車用の2種を規定している(JIS K 2240).その概要を表1.9に示す.

石油ガスは湿性天然ガスから分離するか,石油精製・石油化学の工程から回収するという方法で製造される.石油の副産物であるため,供給や価格の安定性に欠けるきらいがあるが,有害成分をほとんど含まず,発熱量が高い.また,バーナ用としては火炎安定性が高く,自動車用としてはオクタン価が高くて,使いやすい優秀燃料である.

1.3.3 石炭転換ガス

A. ガス化の方法　石炭のガス化は乾留法,部分酸化法,水素化分解法,水蒸気改質法,接触ガス化法のいずれかの方法で行われる.

a. ガス化反応　石炭やコークスのガス化は,つぎのいずれかの化学反応を利用して行われる.

$$\text{石炭} \rightarrow H_2, C_mH_n, CO, C \tag{R1}$$

$$C + O_2 \rightarrow CO_2 + 394 \text{ kJ/mol} \tag{R2}$$

$$C + \tfrac{1}{2}O_2 \rightarrow CO + 111 \text{ kJ/mol} \tag{R3}$$

$$C + CO_2 \rightarrow 2CO - 172 \text{ kJ/mol} \tag{R4}$$

$$C + H_2O \rightarrow CO + H_2 - 131 \text{ kJ/mol} \tag{R5}$$

$$C + 2H_2O \rightarrow CO_2 + 2H_2 - 90 \text{ kJ/mol} \tag{R6}$$

$$CO + H_2O \rightarrow CO_2 + H_2 + 41 \text{ kJ/mol} \quad (R7)$$

$$C + 2H_2 \rightarrow CH_4 + 75 \text{ kJ/mol} \quad (R8)$$

$$CO + 3H_2 \rightarrow CH_4 + H_2O + 206 \text{ kJ/mol} \quad (R9)$$

反応 (R1) は石炭の熱分解で,揮発分とチャー (C) が発生する.反応 (R2) と (R3) はチャーの完全燃焼反応と不完全燃焼反応,反応 (R4) はチャーによる CO_2 の還元反応で**発生炉ガス反応**と呼ばれ,以前コークスのガス化によく使われた.反応 (R5) と (R6) は**水性ガス反応**とよばれ,これも以前はコークスのガス化に利用された.反応 (R7) は CO の**水素転換反応**,反応 (R8) と (R9) は**水素化反応**で,高圧下でメタンを作るのに利用できる.

なお,製鉄用の高炉ではガス発生炉と同様,反応 (R1)〜(R4) が生じ,一種の発生炉ガスが副生するが,これを**高炉ガス (BFG)** と呼び,製鉄所内で燃料として使用される.高炉の操業状態によって高発熱量が $2.5 \sim 3.8 \text{ MJ/m}^3_N$ と,広範囲に変化するので,コークス炉ガスと併用される.

表1.10に**コークス炉ガス,発生炉ガス,高炉ガス,水性ガス**の組成と高発熱量の例を示しておく.コークス炉ガスを除いて,コークス原料の例である.表中,m^3_N は "ノーマル m^3" と読み,標準状態 (0℃,1 atm) で 1 m^3 を占めるガスの量,すなわち $1/0.0224 = 44.6$ mol を意味する.

表 1.10 従来からある石炭転換ガスと副生ガス

名 称	組 成 % (by vol.)							高発熱量
	CO_2	CH_4	$C_2H_4 + C_2H_6$	CO	H_2	N_2	O_2	MJ/m^3_N
コークス炉ガス	2	28	3	7	55	5	—	18.8
発 生 炉 ガ ス	5	1	—	26	10	58	—	5.0
高 炉 ガ ス	21	—	—	21	3	55	—	3.0
水 性 ガ ス	11	1	—	31	52	5	—	11.0

b. 乾留法 コークス炉でコークスを製造する際の副生品として燃料ガスを製造するもので,生成するガスを**コークス炉ガス (COG)** と呼ぶ.一部が乾留炉自体で消費され,残りは製鉄所の所内使用に回される.かっては揮発分の多いガス用炭をレトルトに入れて水蒸気を吹き込みながら乾留し,都市ガス用のガス (レトルトガス) を製造した時期もあったが,いまは行われない.コークス炉ガスは高い発熱量を持った優秀な燃料ガスで,製鉄所では単独使用するほか,他の発熱量の低い副生ガスの助燃に使っている.

1.3 気体燃料

c．部分酸化法 これは水蒸気の存在下で石炭の不完全燃焼を起こさせる方法で，ガス化炉内では主として反応 (R1)～(R7) が起こる．さらに生成した H_2 が反応 (R8) と (R9) によって CH_4 も作る．低温でガス化するほどメタンの発生量が増し，生成するガスの発熱量が高くなるが，タールなども生成され，炭素のガス化率は低下する．高温では CO の割合が増して発熱量は低下するが，炭素のガス化率は増加する．

ガス化剤に水蒸気と空気を使うか，水蒸気と酸素を使うかで，生成するガスの窒素含有率，ひいては発熱量が大きく変化する．前者を**低カロリーガス化**，後者を**中カロリーガス化**と呼び，高発熱量は低カロリーガスで 2～7 MJ/m^3_N，中カロリーガスで 8～13 MJ/m^3_N の範囲にある．前者は主として燃料用，後者は原料用もしくは燃料用のガス製造に使われる．

d．水素化分解法 水添ガス化法とも呼ばれ，メタンの生成を目的とするものである．700～850℃, 3～7 MPa の条件で，水素をガス化剤として反応(R1), (R8), (R9) を起こさせる．タールやチャーも生成するので，炭素のガス化率は高くない．このガスを原料として**合成天然ガス**（SNG）と呼ばれる高カロリーガス（高発熱量 33～42 MJ/m^3_N）の製造が行われる．

e．水蒸気改質法 これは水蒸気をガス化剤として石炭やコークスを分解する方法で，反応 (R1) と (R5)～(R9) を起こさせる．動作は以前の水性ガス炉と類似しているが，燃焼によって炉内の練瓦を予熱するのではなく，固体流動熱媒体や間接外部加熱によって温度と圧力を制御して，メタンの収率の高い，最適のガス化条件を維持する点が異なる．

f．接触ガス化法 触媒を用いて，部分酸化，水素化分解，水蒸気改質の反応を，温和な条件で，効率よく行わせる方法である．当然，外部加熱のためのエネルギーも少なくてすむ．

B．ガス化炉の形式と生成ガス 現在稼働中もしくは試験中のガス化プロセスはほとんどが部分酸化法である．したがって，燃焼炉に対応したガス化炉の形式があり，石炭の粘結性，灰の融点，燃料比，熱破砕性，ガスの希望性状に応じて選択される．ガス化炉には固定床式，噴流床式，流動床式，熔融床式がある．さらに，地下の炭層に平行に穴を掘り，両端の立て坑とともにガス化炉として使う地下ガス化法もある．

a．固定床式ガス化炉 塊炭を上から供給し，下からガス化剤を吹き込みな

がらガス化する．熱効率は高いが，粉炭や粘結炭は使用できない．

b．噴流床式ガス化炉 微粉炭をガス化剤とともに高温の炉内に吹き込み，ガス化する．あらゆる石炭が使用可能で，炭素のガス化率も高い．反応温度が高いので，メタンをほとんど含まないガスが得られる．

c．流動床式ガス化炉 砂などの層の下からガス化剤を吹き込んで，沸騰状態に似た流動床を形成させ，砂との割合が適当になるように粉炭を供給してガス化する．粘結性が低く，反応性の高い石炭に適する．ガスにチャーが混ざるので，分離が必要である．炉の大形化が容易で，石炭の処理量が多い．

d．熔融床式ガス化炉 微粉炭をガス化剤とともに融灰（スラグ），熔融金属，熔融塩の表面に吹き付け，表面で急速にガス化する方法である．いかなる石炭でもガス化できる．

e．石炭転換ガスの組成と発熱量 以上，各形式のガス化炉から得られる石炭転換ガスの組成と発熱量の例を表1.11に示す．

表 1.11 石炭転換ガスの組成と発熱量

炉型式	プロセス	組成 % (by vol.)*					高発熱量	熱効率
		CO	H_2	CH_4	CO_2	N_2	MJ/m^3_N	% (cold)
固定床	Lurgi Slagging	56	29	7	4	4	13.6	—
噴流床	Shell	64	32	—	1	1	12.2	81
流動床	HYGAS	7	30	25	28	10	14.7	—
熔融床	Saarberg Otto	58	33	—	9	—	11.5	71

* 3% 以下の不純物を含む．

1.3.4 石油転換ガス

原理的にはいかなる石油系燃料でもガス化できるが，実際には石油ガス（LPG），天然ガソリン，ナフサなどの軽質成分と，常圧残油，減圧残油などの重質油がガス化の対象となる．将来はシェールオイル，ビチューメン，各種超重質油も対象となろう．

以前はオイルガス製造装置として，コークスに対する水性ガス炉と同様，燃焼による蓄熱と，ガス化による吸熱を交互に繰り返すサイクリック式ガス化装置（熱分解方式あるいは接触分解方式）がよく使われたが，現在は連続式のガス化装置に変わっている．

石油のガス化の原理と方法は，基本的には石炭のガス化と変わらない．したがって，ガス化の方法には熱分解法，部分酸化法，水素化分解法，水蒸気改質

法がある．

a．熱分解法 重質油をコーキングと呼ばれる強力な熱分解に掛けると，C-C 結合の切断が起こり，多量のガス，軽質油，コークスが生成する（**ディレードコーカ/フルードコーカ**）．

b．部分酸化法 1300〜1500℃で原料油をガス化剤（酸素＋水蒸気）と反応させると，CO と H_2 を主成分とするガスが得られる．油の性状は選ばない．

c．水素化分解法 ガス化剤として水素を用い，メタンに富むガスを得る．

d．水蒸気改質法 触媒の存在下で LPG や軽質油を水蒸気と反応させる．700〜900℃の高温で CO と H_2 を主成分とするガスを得るプロセスと，400〜650℃ の低温でメタンに富むガスを得るプロセスとがある．

e．石油転換ガスの組成と発熱量 以上の各ガス化法によって得られる石油転換ガスの組成と高発熱量の例を表1.12に示す．

表 1.12 石油転換ガスの組成と発熱量

ガス化方法	プロセス	原料	組成 % (by vol.)*						高発熱量
			H_2	CO	CO_2	CH_4	C_mH_n	N_2	MJ/m^3_N
熱分解法	—	重質油	20	7	3	28	35	6	40.6
部分酸化法	シェル	重質油	46	47	4	—	—	2	11.8
水素化分解法	GRH	ナフサ	39	3	9	35	13	1	28.0
水蒸気改質法	ICI	ナフサ	60	10	16	14	—	—	14.5
同上	CRG	ナフサ	17	1	19	63	—	—	27.3

* 1% 以内の不純物を含む．

1.3.5 副生燃料ガス

製鉄所，製鋼所，製油所ではさまざまなプロセスや装置から副生燃料ガスが発生する．これらは所内熱源として消費されるが，一部，都市ガスに回される．

まず製鉄所では，すでに述べた**コークス炉ガス**（**COG**）と**高炉ガス**（**BFG**）が，製鋼所では LD 転炉から**転炉ガス**（**LDG**），電気炉の一種であるアーク炉からは**アーク炉ガス**（**EFG**）が出る．

一方，製油所では常圧蒸留装置，ガス分留装置，水素化脱硫装置，接触改質装置，流動接触分解装置などから**製油所オフガス**と呼ばれる副生ガスが発生する．装置や操業条件によってガスの組成や発熱量が大幅に異なるので，ヘッダーシステムで混合・平均化してから供給される．

表 1.13 副生燃料ガスの組成と発熱量

名 称	組 成 ％ (by vol.)							高発熱量 MJ/m^3_N
	CO_2	CH_4	C_mH_n	CO	H_2	N_2	O_2	
LD転炉ガス	15	0	0	62	2	21	0	8.1
アーク炉ガス	33	0	0	57	9	0	0	8.4
製油所オフガス	1	18	33	0	46	2	0	40.6

副生ガスの組成と高発熱量の例を表1.13に示しておく．オフガスは平均化後のものである．COG と BFG については表1.10を参照されたい．

1.3.6 都市ガス

以上述べた各種気体燃料をガス事業者が適当に混合して，配管網を通じて需要家に供給する場合に，これを都市ガスと呼ぶ．発熱量は $15～100\ MJ/m^3_N$ にわたっており，燃焼特性も様々である．都市ガスの組成は時々に変動するし，ガス事業者や場所によっても異なるので，ガス器具に対するガスの互換性は重要である．そこでガスを燃焼特性によって 4A，4B，4C，5AN，5A，5B，5C，6A，6B，6C，7C，11A，12A，13A に分類し，対応する器具に対しては，ガスの組成が変わっても，良好な燃焼を保証するようにしている．最初の数字はガス器具で発生させ得る熱量の指数，A，B，C は燃焼速度の指数に対応する記号で，数字が大きいほど発生熱量は多く，A→C の順に火炎の安定性は高くなるが，逆火しやすくなる．13A は天然ガスを基本とするガスで，LNG の普及とともに増える傾向にある．

最近，ガス事業者が LNG を工業用途に供給する傾向が目立ち，ガスの利用技術も酸素富化燃焼，触媒燃焼，パルス燃焼，ガスエンジン，燃料電池，コジェネレーションと多様化してきた．将来，需要家へのエネルギー供給を熱供給と電力供給とに判然と分けられなくなる可能性もある．

文　献

(1) たとえば Perry, R. H. and Chilton, C. H. (Ed.), Chemical Engineers' Handbook, 5th Edition, (1973), McGraw-Hill.
(2) ASTM D 341.
(3) ASTM D 86：D 216.
(全体) 火力原子力発電協会，火力原子力発電，**39**-4 (1988)，422；**39**-5 (1988)，525；**39**-6 (1988)，671；**39**-7 (1988)，781；**39**-8 (1988)，919.

参 考 書

日本エネルギー経済研究所計量分析部（編），EDMC/エネルギー・経済統計要覧（2001年版），(2001)，省エネルギーセンター．
日本機械学会（編），機械工学便覧，A6 熱工学，(1987)．日本機械学会．
燃料協会（編），最新燃料便覧，(1984)，コロナ．
日本火災学会（編），火災便覧（新版），(1984)，共立出版．
日本化学会（編），化学便覧 基礎編（改訂3版），(1984)，丸善．
化学工学協会（編），化学工学便覧（改訂3版），(1978)，丸善．
川瀬義和・ほか4名（編），石油精製技術便覧（第3版），(1981)，産業図書．
日本石油株式会社（編），石油便覧1977，(1977)，石油春秋社．
石油学会（編），石油事典，(1973)，朝倉書店．
Zaba, J and Doherty, W. T. (Ed.), Practical Petroleum Engineers' Handbook, 5th Edition, (1970), Gulf Publishing Co.

演 習 問 題

（1） 石炭を工業分析して，つぎの分析データを得た．
　① 調湿試料 1.030 g を用いて水分測定を行った場合の減量：0.023 g
　② 調湿試料 1.070 g を用いて灰分測定を行った場合の残量：0.179 g
　③ 調湿試料 0.998 g を用いて揮発分測定を行った場合の減量：0.333 g
　これから，（a）水分，（b）灰分，（c）揮発分，（d）固定炭素，（e）燃料比を決定せよ．

（2） 比重（15/4℃）が 0.80 の石油系燃料がある．この燃料の API 度とボーメ度とを計算せよ．また，熱的性質を推定せよ．ただし，比重（15/4℃）と比重（60/60°F）とはほぼ等しいとせよ．

（3） 火花点火機関と高速ディーゼル機関では燃料の自発着火性に対する要求が逆になる理由を述べよ．

（4） 石油の可採年が長期間30年前後で推移しているが，このことから石油は永久に無くならないと推論してよいか．

（5） 石炭は産地が変われば，同じ炉で燃焼できないこともあるのに，石油製品については，ほとんど産地を気にしなくてよい理由を述べよ．

第 2 章
燃焼の基礎および燃焼計算

　限られた貴重なエネルギー源である化石燃料を有効かつ無害に使いこなしていくことが，技術者に課せられた使命である．そのためには燃焼に関する正確な知識に基づいて，誤りなく燃焼計算を行い，省エネルギー燃焼や低公害燃焼が実現できるような燃焼管理を行わなければならない．本章では燃焼計算を理解するために必要な燃焼の基礎知識を記述した後，燃焼機器の操業管理に不可欠な燃焼計算と，省エネルギーの基本となる熱勘定について説明する．

2.1 燃焼序説
　燃焼とは多量の発熱を伴う発熱化学反応で，反応によって発生する熱エネルギーや活性化学種によって自発的に反応が継続される現象と定義される．この中には分子の分解反応や分子内反応によって熱エネルギーを発生する発熱分解反応，水素-臭素間の酸化・還元反応など，特殊な燃焼反応も含まれる．しかし，工業的には，空気や酸素による燃料の高度の発熱性酸化反応で，自己継続的であるものを**燃焼**と定義してよいであろう．
　燃焼の方法や形態は燃料の形態，すなわち燃料が気体か，液体か，それとも固体かによって大きく変わってくる．

2.1.1 気体燃料の燃焼
　燃料と燃焼用空気とをあらかじめ混合してからバーナや燃焼室に供給する方法を**予混合燃焼**と呼ぶ．それに対して，燃焼と燃焼用空気を別々に供給する方法を**拡散燃焼（非予混合燃焼）**と呼ぶ．前者はどの部分をとっても燃料と空気の**混合比**が変わらず，同じような燃え方をする（**均質燃焼**）．それに対して後者は燃料流と空気流の境界で拡散と混合が生じ，燃焼可能な混合比になったところから燃焼する．したがって燃え方は場所によって異なる（**不均質燃焼**）．
　予混合燃焼は予混合気の中に火炎面と呼ばれる高温の反応面が形成されて，自力で伝ぱして行くのが特色である．火炎の伝ぱは混合比が高すぎても，低すぎても起こらない．火炎が伝ぱする混合比の範囲を**可燃濃度範囲**と呼び，温度

表 2.1 大気中における各種燃料の可燃濃度範囲*

物質名	希薄可燃限界濃度 % (v/v)	過濃可燃限界濃度 % (v/v)	物質名	希薄可燃限界濃度 % (v/v)	過濃可燃限界濃度 % (v/v)
水素	4.0	75	ブテン	1.6〜1.7	9.7〜10
一酸化炭素+水蒸気	12.5	74	1,3-ブタジエン	2.0	12
メタン	5.0	15.0	ベンゼン	1.3	7.9
エタン	3.0	12.4	トルエン	1.2	7.1
プロパン	2.1	9.5	キシレン	1.1	6.4〜6.6
ブタン	1.8	8.4	シクロヘキサン	1.3	7.8
ヘキサン	1.2	7.4	アセトアルデヒド	4.0	36
エチレン	2.7	36	アセトン	2.6	13
アセチレン	2.5	100(81)†	アンモニア	15	28
プロピレン	2.0	11			

* 1 atm, 25°C, 上向き火炎伝ばの場合. †かっこ外は分解反応, かっこ内は酸化反応による可燃限界.

と圧力,さらには火炎の伝ばする方向によっても変わってくる.混合比の下限を**希薄可燃限界濃度**,上限を**過濃可燃限界濃度**と呼ぶ.代表的な気体燃料に対する両可燃限界濃度を表2.1に示しておく.一酸化炭素は少量の水素または水蒸気があると非常に燃焼性がよくなるので,そのときの値を記入した.またアセチレンは無酸素状態でも発熱分解反応によって火炎を作るので,2種類の過濃可燃限界濃度が記入されている.大まかに見ると,メタン,エタン等の炭化水素は量論混合比の1/2濃度から2倍濃度あたりまでが可燃濃度範囲ということになっている.

拡散燃焼においても火炎面は形成されるが,この火炎は伝ばしない.したがって安全で使いやすい燃焼法であるが,混合に時間と距離が必要で,火炎が長く伸びてしまう欠点がある.この欠点を軽減するために,燃料の代わりに過濃可燃限界付近の濃混合気を供給する方法があり,**部分予混合燃焼**と呼ぶ.

いずれの燃焼法においても,流れの中に静止した定常火炎を作る**バーナ燃焼**と,容器の中に発生・移動・消滅する非定常火炎を作る**容器内燃焼**とがある.また,容器に予混合気を封入して加熱すると,ある温度以上で温度に応じた遅れ時間の後に全体がほとんど同時に着火して,**爆発**と呼ばれる現象を起こす.

2.1.2 液体燃料の燃焼

超重質油を除いては,液相のまま急速に酸化反応を起こす液体燃料はなく,液面から蒸発した燃料蒸気が酸素と出会って拡散燃焼するか,蒸発器で発生した燃料蒸気が空気と混合して予混合燃焼する.したがって,液体燃料の燃焼は

気体燃料のそれと本質において変わりはない．しかし，蒸発過程と燃焼過程とが結合していることが多く，それだけ現象が複雑になる．

液体燃料の燃焼方法は蒸発過程によって，液面燃焼，灯心燃焼，噴霧燃焼，蒸発燃焼に分けられる．**液面燃焼**は火炎から燃料表面にふく射や対流で熱が伝えられて蒸発が起こり，発生した蒸気が空気と接触して，油面の上部で拡散燃焼を行うものであるが，火災時に見られるのみで，実用例はほとんどない．**灯心燃焼**は毛細管現象によって灯心と呼ばれる布の一端から燃料を吸い上げて他端に移動させ，そこで燃焼熱を受けて蒸発した蒸気を拡散燃焼させるものである．**噴霧燃焼**は燃料を数 μm から数百 μm の無数の油滴に微粒化し，蒸発表面積を飛躍的に増加させて燃焼させるもので，最も一般的な燃焼方法である．**蒸発燃焼**は熱面で燃料を蒸発させて予混合燃焼や部分予混合燃焼させるもので，熱面には火炎により加熱される蒸発管や，電気加熱される蒸発面が使われる．ポットバーナも液面燃焼というよりは，蒸発燃焼に近い動作をする．ガスタービンでは圧縮機からの高温空気の中に燃料を噴射して蒸発させ，蒸発燃焼と同じ燃焼のさせ方をする**予蒸発・予混合燃焼**という方法が試みられている．

2.1.3 固体燃料の燃焼

固体燃料は火格子燃焼（固定床燃焼），微粉燃焼（噴流床燃焼），流動床燃焼のいずれかの方法で燃焼させられるが，そのいずれにおいても蒸発・熱分解によって発生した揮発分が気相反応するとともに，残った固定炭素（チャー）が**表面燃焼**する．なお，酸素不足で表面燃焼すると CO が発生するが，これは気相反応で CO_2 まで酸化される．**火格子燃焼**は静止した燃料塊の層を燃焼用空気が通過する間に燃焼が起こるもので，火格子と呼ぶ金属製の格子の上に燃料を広げて下から空気を吹き込む．焚火や火災も火格子燃焼の一種である．**微粉燃焼**は微粉砕された燃料を一次空気に乗せて吹き込み，二次空気と混合させながら燃焼させるものである．**流動床燃焼**は空気を吹き込まれて流動状態にある砂などの流動床に燃料粒子を散布して層内と層上部で燃焼させるものである．

特殊な燃焼にろうそくの**灯心燃焼**，火災時のいぶり燃焼，固体推進剤燃焼などがある．ろうそくは流動点の高い液体燃料の特殊な利用法と見ることができ，**いぶり燃焼**は炎を伴わない熱分解と表面燃焼の複合形態，**固体推進剤燃焼**は熔融・蒸発・熱分解・気相反応の各層が密着した一次元火炎と見なしうる．

2.2 燃焼反応

以上のように，いかなる燃料であろうと，熔融，蒸発，熱分解という準備期間を経た後は，気相反応か表面反応，あるいはその両方によって燃焼反応が進行する．実際の燃焼反応は非常に複雑で，数十から数百の反応が並行して，あるいは順次に起こっている．しかし，化学反応は流動，混合，熱伝導，拡散などの現象に比べると非常に速いのが普通で，その大まかな性質さえ知っていれば，反応機構の詳細に立ち入らなくても，燃焼現象を議論できることが多い．そこで，反応機構の詳細は他の参考書[1]に譲ることにし，水素-酸素反応を例にとって，燃焼反応の大まかな性質を説明する．

2.2.1 気相反応

A．反応の機構　水素，炭素（グラファイト），メタンなどが完全燃焼するときの反応式として，

$$H_2 + 1/2 O_2 = H_2O \quad \text{(R1)}$$
$$C + O_2 = CO_2 \quad \text{(R2)}$$
$$CH_4 + 2O_2 = CO_2 + 2H_2O \quad \text{(R3)}$$

のような式が与えられている．ところが，これらの式は反応の初めと終りの状態を等号で結んだだけのもので，途中でどのような現象が起こるのか，全く表現されていない．このような反応式のことを**総括反応式**または**化学量論式**と呼ぶ．実際には何十，何百という反応（**素反応**と呼ぶ）が同時に，あるいは順次に起こって，最終的に上に書いたような反応が起こったように見えるわけである．

上述のことを，反応 (R1) を例にとって説明する．この反応は，重要なものだけをとっても，つぎの5個の反応によって進行する．

$$\mathbf{OH} + H_2 \rightarrow H_2O + \mathbf{H} \quad [連鎖移動反応] \quad \text{(R4)}$$
$$\mathbf{H} + O_2 \rightarrow \mathbf{OH} + \mathbf{O} \quad [連鎖分枝反応] \quad \text{(R5)}$$
$$\mathbf{O} + H_2 \rightarrow \mathbf{OH} + \mathbf{H} \quad [連鎖分枝反応] \quad \text{(R6)}$$
$$\mathbf{H} + O_2 + M \rightarrow HO_2 + M \quad [気相停止反応] \quad \text{(R7)}$$
$$\mathbf{H, O, OH} \rightarrow 安定分子 \quad [表面停止反応] \quad \text{(R8)}$$

反応 (R7) のMは**第三体**と呼ばれ，励起状態の HO_2 の振動エネルギーを取って，安定化させる役目をする分子で，分子でさえあれば，何であってもよい．これらの反応は矢印の方向に進む（**順反応**）だけでなく，逆方向にも進む

(**逆反応**)．したがって，燃焼反応はいつまでも完了せず，燃焼ガスの中に反応の中間生成物が含まれる．この現象は高温ほど目立つので，**熱解離**と呼ばれる．また，長時間の後には，すべての素反応の順反応と逆反応とが釣り合って，解離状態のまま，ガスの組成が一定値に近付くが，この状態を**化学平衡**と呼ぶ．熱解離は2000Kを越えると急に目立つようになるが，そのために燃焼熱が完全には解放されず，それだけ燃焼ガス温度が低くなる．

反応 (R4)～(R8) は反応しやすいラジカル (OH) や原子 (H, O)［**活性化学種**と呼ばれ，太字で表示した］が生成・交替・増殖することによって継続され，破壊される量が増殖量を上回ると停止する．このような一連の素反応を**連鎖反応**と呼び，交替・増殖することによって連鎖反応を維持する活性化学種のことを**連鎖担体**と呼ぶ．反応 (R4) は連鎖担体が交替するだけで，その数は増減しないので，**連鎖移動反応**と呼ぶ．それに対して，反応 (R5) と (R6) では連鎖担体の増殖が行われるので，これらを**連鎖分枝反応**と呼ぶ．反応 (R7) では気相反応によって連鎖担体が破壊されて，比較的活性度の低い HO_2 に変わるので，これを**気相停止反応**と呼ぶ．また，連鎖担体が壁面に拡散すると，接触反応 (R8) によって破壊されて，安定分子に変わる．これを**表面停止反応**と呼ぶ．このように，連鎖体担は核分裂における熱中性子と類似の働きをする．

なお，連鎖反応が始まるためには，安定分子から連鎖担体を創造する反応が必要であるが，そのような反応を**連鎖創始反応**と呼び，次のようなものである．

$$H_2 + O_2 \rightarrow HO_2 + \mathbf{H} \quad [連鎖創始反応] \quad (R9)$$

$$H_2 + O_2 \rightarrow H_2O_2 \begin{array}{l} \rightarrow H_2O + \mathbf{O} \\ \rightarrow 2\mathbf{OH} \end{array} [連鎖創始反応] \quad (R10)$$

B．反応の速度　素反応には反応 (R10) の後半のような**単分子反応**，反応 (R4)～(R6) のような**二分子反応**，反応 (R7) のような**三分子反応**があり，それらの反応式を

$$A \rightarrow B + \cdots \quad (R11)$$

$$A + B \rightarrow C + \cdots \quad (R12)$$

$$A + B + C \rightarrow D + \cdots \quad (R13)$$

化学種 A, B, … のモル濃度を [A], [B], … [mol/m³]，時間を t [s] とすると，それぞれの**反応速度**，すなわち生成物のモル濃度の増加率は次のように書け

る．

$$\frac{d[B]}{dt}=k_1[A] \tag{2.1}$$

$$\frac{d[C]}{dt}=k_2[A][B] \tag{2.2}$$

$$\frac{d[D]}{dt}=k_3[A][B][C] \tag{2.3}$$

比例定数 k_1, k_2, k_3 は**反応速度定数**と呼ばれ，圧力に無関係に，温度だけの関数である．一般には，次のような絶対温度Tの指数関数（**修正アレニウス関数**と呼ばれる）で与えられる．

$$k=fT^n \exp\left(-\frac{E}{RT}\right) \tag{2.4}$$

f は**頻度因子**，E は**活性化エネルギー**［J/mol］と呼ばれる．R は一般ガス定数［=8.314 J/(mol・K)］，n は定数で，$-2 \sim 2$ の範囲で0.5刻みの値を取ることが多い．

C．反応の実用的取り扱い　　反応（R4）〜（R10）のような反応式を何十と書き並べ，それぞれの順反応と逆反応に対して式(2.1)〜(2.4)のような反応速度式を与えて，並列に時間積分をしてゆくのが，厳密な反応速度の計算法である．しかし，反応によって速度に何桁もの違いがあり，対流，拡散，熱伝導，放射，それに乱流運動が並行して起こる状態で，このような計算を行うのは大変であるし，その必要もないことが多い．特に装置が大きくて対流や乱流運動に時間がかかり，しかも温度が高くて反応時間が短いときには，燃料と酸素の分子が出会えば，瞬間に反応を完了すると考えても，大きな誤差は生じない．この場合，反応面は無限に薄い空間曲面になるので，このようなモデルを**火炎面モデル**と呼ぶ．燃料と空気とがあらかじめ混合された予混合気では，もちろんこのモデルは使えないので，**火炎伝ぱ**という概念を導入しなければならない．

厳密な反応計算と火炎面モデルとの中間に，反応（R1）〜（R3）のような総括反応式に対して，式(2.2)と(2.4)を参考に，反応速度の経験式を与える方法がある．すなわち，多数の素反応から成り立っている燃焼反応を**一段不可逆総括反応**

$$F+O \rightarrow P \tag{R14}$$

で置き換えて，アレニウスの反応速度則に類似した経験式

$$-\frac{d[F]}{dt} = f[F]^m[O]^n T^k \exp\left(-\frac{E}{RT}\right) \qquad (2.5)$$

で反応速度を表現する．ただし，F，O，P は燃料，酸素，生成物の平均分子式であり，f, m, n, k, E は経験定数で，温度，圧力，混合気組成によって変化する．特に，m と n が反応 (R1)〜(R3) のような総括反応式中の係数 (**量論係数**) とは関係がなく，温度や圧力によってその値が変化する点に注意されたい．$(m+n)$ のことを**総括反応次数**と呼び，炭化水素系の燃料では 2 に近い値をとる．また，E のことを**総括活性化エネルギー**と呼び，水素，一酸化炭素，メタン，エタン，ブタン，アセチレン，それにメタノール，n-ヘプタン，n-ヘキサン，i-オクタン，灯油の蒸気に対して，それぞれ 239，327，121，205，209，130，173，253，212，136，193 kJ/mol なる値が推奨されている[2]．

2.2.2 表面反応

A．反応の機構　表面反応を起こすのはチャー，すなわち固定炭素なので，簡単のためにこれを純炭素と見なして，純炭素表面の酸化反応を考える．表面近傍には空気中の O_2, N_2, H_2O, 燃焼によって生成した CO, CO_2, それに熱解離や反応途中で生じた酸素原子（O）が存在する．この内，O_2, O, CO_2, H_2O は次のような反応を行って炭素を酸化する．

$$C + O_2 \rightarrow CO_2 \qquad (R15)$$

$$C + 1/2 O_2 \rightarrow CO \qquad (R16)$$

$$C + O \rightarrow CO \qquad (R17)$$

$$C + CO_2 \rightarrow 2CO \qquad (R18)$$

$$C + H_2O \rightarrow CO + H_2 \qquad (R19)$$

上記表面反応で生じる生成物の内，CO_2 の一部はふたたび表面反応に参加するが，CO と H_2 は表面から離れて拡散しながら，つぎのような気相反応によって CO_2 と H_2O にまで酸化される．

$$CO + 1/2 O_2 \rightarrow CO_2 \qquad (R20)$$

$$H_2 + 1/2 O_2 \rightarrow H_2O \qquad (R21)$$

$$CO + H_2O \rightarrow CO_2 + H_2 \qquad (R22)$$

B．反応の速度　表面反応速度は単位表面積当たりの炭素の消費率 $\dot{m}_C$ [kg/m²·s] で表されるのが普通で，表面近傍に酸素が十分に存在する場合には

$$\dot{m}_C = k_s p_s(O_2) \tag{2.6}$$

酸素がほとんど存在せず，CO_2 による酸化が行われている場合には

$$\dot{m}_C = k_s p_s(CO_2) \tag{2.7}$$

ここで，p_s はかっこ内の分子の炭素表面での分圧 [Pa]，k_s は**表面反応速度定数** [kg/(m²·s·Pa)] で，次式で与えられる．

$$k_s = F_s \exp\left(-\frac{E_s}{R T_s}\right) \tag{2.8}$$

ただし，T_s は表面温度，R は一般ガス定数（$=8.314$ J/(mol·K)），F_s と E_s は頻度因子と活性化エネルギーである．

なお，炭素の表面は多孔質で，気孔の中まで O_2 や CO_2 が入り込んで反応する．したがって，実際の表面積は見掛けよりはるかに大きいので，式 (2.8) の F_s を大き目にとって，その影響を補正する必要がある．

2.3 無次元数

流れ学，伝熱学，気体力学においては，いくつかの量を組み合わせて無次元数を作り，無次元数間の関係式を立てることによって，機器の寸法，流体の相や性質，温度や圧力に左右されない一般化された議論を可能にしている．このような関係式を**相似則**と呼ぶ．燃焼工学においてはアレニウスの温度関数やふく射法則のように非線形性の強い項が関係式に入ってくるので，一般性のある相似則を見いだすことは不可能に近い．しかし，議論を単純な現象に限ったり，適用範囲を限定すれば，ある程度の相似則は成立する．また，相似則を別にしても，関係式の適用範囲を明確にするのに無次元数は非常に便利である．以下に，燃焼工学で使われる無次元数を簡単に説明する．

a．ダンケラー数

$$Da_1 = \frac{\tau_f}{\tau_e} \tag{2.9}$$

$$Da_2 = m_f \frac{H_l}{c_p T_1} \tag{2.10}$$

ここで，Da_1 は**第一ダンケラー数**，Da_2 は**第二ダンケラー数**，τ_f は流れの特性時間（$\propto 1/u$），τ_e は化学反応の特性時間（$\propto 1/$反応率），u は流速，m_f と H_l は燃料の質量分率と低発熱量，c_p と T_1 は混合気の定圧比熱と初期温度である．特に第一ダンケラー数は着火や消炎の目安とされる．

b．グラスホフ数 $$Gr = L^3 g \beta \frac{\Delta T}{\nu^2} \tag{2.11}$$

周囲との温度差による浮力と粘性力との比である．ここで，L は代表寸法，g は重力加速度，β は体膨張係数，ΔT は温度差，ν は動粘度である．

c．ジェット数 $$Je = \left(\frac{\rho_l D_n v_l^2}{\sigma_l}\right)\left(\frac{\rho_g}{\rho_l}\right)^{0.55} \tag{2.12}$$

液噴流と周囲気体との間の摩擦力による粉砕作用の強さを表す．ρ_l, σ_l, v_l は液の密度，表面張力，速度，D_n はノズル直径，ρ_g はガスの密度である．

d．カルロヴィッツ数 $$K = \frac{g_u \delta}{u} \tag{2.13}$$

流速勾配 g_u による消炎作用，すなわち火炎の伸長度を表す．δ は層流予混合火炎の予熱帯厚さである．

e．コヴァツネー数 $$\Gamma = \frac{\tau_c}{\tau_t} = \frac{\delta_r}{S_L} \Big/ \frac{l_T}{u'} \tag{2.14}$$

乱流中で波打ちながらも層流予混合火炎が存続するか，コロイド状に粉砕されるかの判定に使われる．ここで，τ_t は乱流運動の特性時間，δ_r と S_L は層流火炎の反応帯厚みと燃焼速度，l_T と u' は乱れのミクロスケールと強さである．

f．ルイス数 $$Le = \frac{Sc}{Pr} = \frac{a}{D} \tag{2.15}$$

熱と物質の拡散速度の比を表す．これが1のとき，濃度場と温度場が相似になる．2つの場が相似であることが分かれば，測定や計算は一方だけで済ませられる．ここで，D と a は分子拡散係数と熱拡散率で，λ を熱伝導率とすると，$a = \frac{\lambda}{c_p \rho}$ である．Pr と Sc については h 項と j 項を参照されたい．

g．ヌッセルト数 $$Nu = \frac{\alpha L}{\lambda} \tag{2.16}$$

対流による熱伝達率の変化を表す．ここで，α は熱伝達率である．

h．プラントル数 $$Pr = \frac{\nu}{a} \tag{2.17}$$

運動量と熱の拡散速度の比で，これが1のとき，速度場と温度場が相似になる．

i．レイノルズ数 $$Re = \frac{uL}{\nu} \tag{2.18}$$

慣性力と粘性力の比で，種類や寸法の異なる粘性流体の流れの相似性を表す．

なお，u を u' に，L を乱れのミクロスケール l_T やマクロスケール L_E に変えると，**乱流レイノルズ数**といって乱流渦の相似性を表す無次元数となる．

j．シュミット数
$$Sc = \frac{\nu}{D} \tag{2.19}$$

運動量と物質の拡散速度の比で，これが1のとき速度場と濃度場が相似になる．

2.4 燃焼計算
2.4.1 燃焼に要する酸素量と空気量

乾燥された燃料（無水燃料）は炭素（C）と水素（H）を主成分とし，それ以外に若干の硫黄（S），酸素（O），窒素（N），灰分（ガス化しない不燃成分）などを含んでいる．燃料が燃焼する場合，いったん燃料がこれらの構成元素に分解されて，別々に酸化され，生成ガスを作ると考えても，燃焼に必要な酸素量や空気量，燃焼生成ガスの発生量を論じる分には，何の問題も生じない．ただ，燃料中での各元素の結合エネルギーが考慮されていないので，発生熱量（燃焼熱）に関しては，正確な議論はできない．

これらのことを考慮して作成された，燃料構成元素の完全燃焼表（必要な酸素と空気の量，ならびに生成する CO_2，H_2O，SO_2 の量）を表2.2に示す．たとえば炭素 C は 12.01 kg 当たり O_2 を 2×16.00 kg もしくは 22.41 m^3_N 必要とするので，1 kg 当たりでは $2 \times 16.00 \div 12.01 = 2.66$ kg もしくは $22.41 \div 12.01 = 1.87$ m^3_N の酸素を消費する．同時に炭素 1 kg 当たり $(12.01 + 2 \times 16.00) \div 12.01 = 3.66$ kg もしくは $22.41 \div 12.01 = 1.87$ m^3_N の二酸化炭素を生成物として生成する．酸素 O は燃焼時に $1/2\ O_2$ に変わり，外部から供給す

表 2.2 燃料構成元素の完全燃焼表

元素	原子量	完全燃焼反応	必要酸素量		必要空気量		生成物量	
			kg/kg	m^3_N/kg	kg/kg	m^3_N/kg	kg/kg	m^3_N/kg
C	12.01	$C + O_2 = CO_2$	2.66	1.87	11.48	8.89	3.66	1.87
H	1.01	$H + 1/4\ O_2 = 1/2\ H_2O$	7.94	5.56	34.21	26.48	8.94	11.12
S	32.06	$S + O_2 = SO_2$	1.00	0.70	4.30	3.33	2.00	0.70
O	16.00	$O - 1/2\ O_2 = 0$	−1.00	−0.70	−4.31	−3.34	0	0
N	14.01	$N = 1/2\ N_2$	0	0	0	0	1.00	0.80

べき酸素量あるいは空気量を減じるので，必要酸素量は酸素 1.00 kg 当たり -1.00 kg もしくは $-1/2 \times 22.41 \div 16.00 = -0.70$ m³$_N$ と，負の値になる．また，窒素 N は燃焼時に $1/2$ N$_2$ に変わるだけなので酸素は必要とせず，生成物として窒素 1.00 kg 当たり 1.00 kg もしくは $1/2 \times 22.41 \div 14.01 = 0.80$ m³$_N$ の窒素ガスを生成する．灰分は燃焼にいっさい関与せず，気相の燃焼生成物を作ることもないので，表からは省いてある．

いま，燃料 1 kg に含まれる炭素，水素，燃焼性硫黄，酸素，窒素，灰分の質量分率を c, h, s, o, n, a [kg/kg] とすると，燃料が完全燃焼するのに必要な酸素の量（**理論酸素量**または**量論酸素量**と呼ぶ）O_0 は，表 2.2 を使って，つぎのように計算される．

$$O_0 = 2.66c + 7.94h + (s-o) \quad [\text{kg/kg fuel}] \tag{2.20}$$

$$O_0 = 1.87c + 5.56h + 0.70(s-o) \quad [\text{m}^3_N/\text{kg fuel}] \tag{2.21}$$

なお，c, h, s, o の値には小数を使い，パーセントの数値を使わないよう注意されたい．

表 2.3 標準乾き空気の組成　　　　　　　　　（平均分子量 28.97）

成 分 名	酸素	窒素	炭酸ガス	アルゴン	水素
分 子 式	O$_2$	N$_2$	CO$_2$	Ar	H$_2$
質量分率 %	23.20	75.47	0.046	1.28	0.001
体積分率 %	20.99	78.03	0.030	0.933	0.01

注）ほかにネオン，ヘリウム，クリプトン，キセノンが含まれるが，含有率は 0.001% 以下である．

表 2.3 に標準乾き空気の組成が示されている．それによると，標準乾き空気中の酸素の質量分率は 0.232 [kg/kg]，体積分率は 0.210 [m³/m³] であるから，燃料が完全燃焼するのに必要な空気の量（**理論空気量**または**量論空気量**と呼ぶ）A_0 は，

$$A_0 = O_0/0.232 = 11.48c + 34.2h + 4.31(s-o) \quad [\text{kg/kg fuel}] \tag{2.22}$$

$$A_0 = O_0/0.210 = 8.89c + 26.5h + 3.33(s-o) \quad [\text{m}^3_N/\text{kg fuel}] \tag{2.23}$$

なお，s と o の係数には両者の平均値をとった．また "m³$_N$" は「ノーマル m³」と読み，体積ではなく 0℃，1 atm で 1 m³ を占めるガスの量，すなわち $1/0.02241 = 44.6$ mol を意味する．

たとえば，水素ガス（H$_2$）では $h=1.0, c=s=o=n=a=0.0$ であるから，式 (2.20) より $O_0 = 7.94 \times 1.0 = 7.94$ kg/kg，式 (2.22) より $A_0 = 7.94/$

$0.232 = 34.2$ kg/kg となる．また，炭化水素 (C_mH_n) では $c=12.01m/(12.01m+1.01n)$, $h=1.01n/(12.01m+1.01n)$, $s=o=n=a=0.0$ であるから，

$$O_0 = \frac{2.66 \times 12.01m + 7.94 \times 1.01n}{12.01m + 1.01n} \cong 8.00 \times \frac{4m+n}{12.01m+1.01n} \text{ [kg/kg]} \quad (2.24)$$

$$A_0 = \frac{8.00}{0.232} \times \frac{4m+n}{12.01m+1.01n} \cong 34.5 \times \frac{4m+n}{12.01m+1.01n} \text{ [kg/kg]} \quad (2.25)$$

気体燃料の場合，構成元素の質量分率 c, h, o などを使うよりは，混合気体である燃料ガス中の各成分ガスの体積分率 {H_2}, {CO}, {CH_4} [m³/m³] などを使う方が便利なことが多い．そこで，燃料ガスを構成する成分ガスの完全燃焼表を表 2.4 に示しておく．たとえば水素 (H_2) は 1 m³$_N$ 当たり 1/2 m³$_N$ の酸素 (O_2) と反応して，1 m³$_N$ の水蒸気 (H_2O) を生成物として生成する．したがって，理論（量論）酸素量 O_0 は 0.5 m³$_N$/m³$_N$ である．標準乾き空気中の酸素の体積分率は 21.0％なので，理論（量論）空気量 A_0 は $0.5 \div 0.210 = 2.38$ m³$_N$/m³$_N$ となる．この内 0.5 m³$_N$ の酸素ガスを除いた $2.38 - 0.5 = 1.88$ m³$_N$/m³$_N$ は窒素ガスを中心とする不燃ガスであり，これに生成した水蒸気 1 m³$_N$ を加えた 2.88 m³$_N$/m³$_N$ が理論的に発生する燃焼ガスの総体積，すなわち**理論湿り燃焼ガス体積** V_{w0} ということになる．燃焼ガスをガス分析に掛けるときには除湿剤を通して水蒸気を取り除き，これを**理論乾き燃焼ガス体積** V_{d0} と称するが，この操作で 1 m³$_N$ の燃焼生成ガス（水蒸気）が除去され，$V_{d0} = 2.88 - 1.00 = 1.88$ m³$_N$/m³$_N$ となる．

燃料ガスに含まれる酸素 O_2 は外部から供給すべき酸素量あるいは空気量を減じるので，必要酸素量は -1 m³$_N$ となる．すなわち理論（量論）酸素量 $O_0 = -1.0$ m³$_N$/m³$_N$, 理論（量論）空気量 $A_0 = -1.0 \div 0.210 = -4.76$ m³$_N$/m³$_N$ である．ところが，この酸素が作り出す生成物は空気中の酸素ガスの場合と同様，他の成分ガスの生成物としてカウントされるので，理論湿り燃焼ガス体積 V_{w0} は（供給しなくて済んだ空気中の不燃成分），すなわち $-(4.76-1.0) = -3.76$ m³$_N$/m³$_N$, 理論乾き燃焼ガス体積 V_{d0} も同じく -3.76 m³$_N$/m³$_N$ ということになる．燃料ガスに含まれる窒素 N_2 と二酸化炭素 CO_2 は燃焼時に酸素を必要とせず，そのままの形で生成物に加わって理論湿り燃焼ガスと理論乾き燃焼ガスの体積を 1.0 m³$_N$/m³$_N$ だけ増加させる．燃料ガス中の水蒸気も

表 2.4 気体燃料を構成する成分ガスの完全燃焼表

燃料	燃焼反応	O_0 m³/m³	A_0 m³/m³	V_{w0} m³/m³	V_{d0} m³/m³	H_h MJ/m³$_N$	H_l MJ/m³$_N$
水素	$H_2 + 0.5 O_2 = H_2O$	0.5	2.38	2.88	1.88	12.75	10.79
一酸化炭素	$CO + 0.5 O_2 = CO_2$	0.5	2.38	2.88	2.88	12.63	12.63
メタン	$CH_4 + 2 O_2 = CO_2 + 2 H_2O$	2.0	9.52	10.52	8.52	39.72	35.79
アセチレン	$C_2H_2 + 2.5 O_2 = 2 CO_2 + H_2O$	2.5	11.91	12.41	11.44	58.00	56.04
エチレン	$C_2H_4 + 3 O_2 = 2 CO_2 + 2 H_2O$	3.0	14.29	15.29	13.29	62.95	59.03
エタン	$C_2H_6 + 3.5 O_2 = 2 CO_2 + 3 H_2O$	3.5	16.67	18.17	15.17	69.64	63.76
プロピレン	$C_3H_6 + 4.5 O_2 = 3 CO_2 + 3 H_2O$	4.5	21.44	22.94	19.94	91.82	85.93
プロパン	$C_3H_8 + 5 O_2 = 3 CO_2 + 4 H_2O$	5.0	23.82	25.82	21.82	99.00	91.15
1-ブチレン	$C_4H_8 + 6 O_2 = 4 CO_2 + 4 H_2O$	6.0	28.59	30.59	26.59	121.3	113.4
n-ブタン	$C_4H_{10} + 6.5 O_2 = 4 CO_2 + 5 H_2O$	6.5	30.97	33.47	28.47	128.4	118.5
ベンゼン	$C_6H_6 + 7.5 O_2 = 6 CO_2 + 3 H_2O$	7.5	35.73	37.23	34.23	147.3	141.4
炭化水素	$C_mH_n + (m+n/4)O_2 = mCO_2 + (n/2)H_2O$	$m+n/4$	4.76($m+n/4$)	4.76m +1.44n	4.76m +0.94n	—	—
酸素	$O_2 - O_2 = 0$	−1.0	−4.76	−3.76	−3.76	0	0
窒素	$N_2 = N_2$	0	0	1	1	0	0
二酸化炭素	$CO_2 = CO_2$	0	0	1	1	0	0
水蒸気	$H_2O = H_2O$	0	0	1	0	0	−1.96

同様であるが，こちらは理論乾き燃焼ガスの体積は増加させない．

　この表を使って理論酸素量 O_0 と理論空気量 A_0 とを計算すると，つぎのようになる．

$$O_0 = 0.5\{H_2\} + 0.5\{CO\} + 2.0\{CH_4\} + \cdots\cdots - \{O_2\} \quad [\text{m}^3_N/\text{m}^3_N] \quad (2.26)$$

$$A_0 = O_0/0.210 = 2.38\{H_2\} + 2.38\{CO\} + 9.52\{CH_4\} + \cdots\cdots - 4.76\{O_2\} \quad [\text{m}^3_N/\text{m}^3_N] \quad (2.27)$$

なお，$\{H_2\}$，$\{CO\}$ などの値には小数を使い，パーセントの数値を使わないよう注意されたい．

　燃料の分析データが与えられず，高発熱量 H_h もしくは低発熱量 H_l [MJ/m³$_N$] だけが分かっている場合に理論空気量 A_0 を概算する経験式が，気体燃

料に対して与えられている[3].

$$A_0 = 0.228H_h - 0.19 \ [\text{m}^3/\text{m}^3] \tag{2.28}$$
$$A_0 = 0.263H_l - 0.32 \ [\text{m}^3/\text{m}^3] \tag{2.29}$$

液体燃料や固体燃料に対しても，次式を用いて H_h もしくは H_l [MJ/m^3_N] から A_0 の値 [$\text{m}^3_\text{N}/\text{kg}$] を概算できる．

液体燃料に対して：$A_0 = 0.248H_l + 0.02 \ [\text{m}^3_\text{N}/\text{kg}]$ (2.30)
木材に対して：$A_0 = 0.248H_l + 0.27 \ [\text{m}^3_\text{N}/\text{kg}]$ (2.31)
石炭に対して：$A_0 = 0.256H_h - 0.20 \ [\text{m}^3_\text{N}/\text{kg}]$ (2.32)
$\qquad\qquad\quad A_0 = 0.260H_l - 0.09 \ [\text{m}^3_\text{N}/\text{kg}]$ (2.33)

2.4.2 混合比と混合気濃度の表示法

混合比と混合気濃度の表示法としては，**a．燃空比** (F/A)，**b．空燃比** (A/F)，**c．当量比** ϕ，**d．空気比**（空気過剰率）α などがあり，以下のように定義される．

a．燃空比 (F/A) [kg/kg]：気体燃料の予混合燃焼では燃料と空気の質量比，拡散燃焼や液体・固体燃料の燃焼では燃料と空気の供給質量比と定義される．理論（量論）混合比を燃空比で表したものを**理論(量論)燃空比** $(F/A)_\text{st}$ と呼び，$1/A_0$ に等しい．

b．空燃比 (A/F) [kg/kg]：燃空比 (F/A) の逆数である．**理論（量論）空燃比** $(A/F)_\text{st}$ は A_0 に等しい．C_nH_{2n} なる平均分子式を持つ石油系燃料の理論（量論）空燃比 $(A/F)_\text{st}$ は 14.8 である．

燃空比と空燃比は絶対的な混合の比率を表すものであるが，当該混合気が理論混合比に比べてどの程度濃いか薄いかを相対的に表示したいときには，当量比と空気比が使われる．

c．当量比 ϕ：1 kg の空気に対して理論量の何倍の燃料が供給されたかを表す量で，

$$\phi = \frac{(F/A)}{(F/A)_\text{st}} \tag{2.34}$$

と定義される．$\phi < 1$ の燃焼を希薄燃焼，$\phi > 1$ の燃焼を過濃燃焼という．

d．空気比 α：1 kg の燃料に対して理論量の何倍の空気が供給されたかを表す量で，

$$\alpha = \frac{(A/F)}{(A/F)_{st}} = \frac{1}{\phi} \tag{2.35}$$

と定義される．内燃機関では**空気過剰率**と呼ぶことが多い．理論（量論）空気量 A_0 が分かっている場合に空気比 α の値が指定されると，燃料 1 kg 当たりの供給空気量 A は，

$$A = \alpha \cdot A_0 \tag{2.36}$$

なお，習慣上，空気比に "m" という記号を割り当てる場合が多いが，本書では質量分率と区別するために "α" を割り当てた．

気体燃料では燃料と空気の体積比 [m³/m³] や燃料の体積百分率 [%] が使われることもある．

2.4.3 発 熱 量

1 kg もしくは 1 m³$_N$ の燃料が断熱的に完全燃焼し，もとの温度まで冷却される際に発生する熱量を**発熱量**と呼ぶ．燃焼前後の温度が常温の場合，燃焼過程で反応または蒸発により発生した水蒸気の蒸発の潜熱も放出されるが，これを含めた熱量を**高発熱量（総発熱量）** H_h，含めない熱量を**低発熱量（真発熱量）** H_l と呼ぶ．通常，水蒸気の蒸発の潜熱は利用できないので後者が使われることが多いが，国や分野によっては前者が使われ，熱効率に 10 ％程度の差が生じる．$(H_h - H_l)$ の値は 1 kg もしくは 1 m³$_N$ の燃料から発生する水蒸気量 G_s が分かれば，それに蒸発の潜熱 r（25℃において 2.44 MJ/kg）を掛けることによって得られるが，石油系燃料では H_l のほぼ 10 ％に当たる．

燃焼に関係のある分子や化合物の発熱量を他の熱化学的性質と併せて表 2.5 に示しておく．

気体燃料は多数の成分ガスの混合気体であることが多いが，その発熱量は表 2.4 の高発熱量と低発熱量の欄を用いてつぎのように計算される．

$$H_h = 12.75\{H_2\} + 12.63\{CO\} + 39.72\{CH_4\} + \cdots \quad [MJ/m^3_N] \tag{2.37}$$

$$H_l = 10.79\{H_2\} + 12.63\{CO\} + 35.79\{CH_4\} + \cdots - 1.96\{H_2O\} \quad [MJ/m^3_N] \tag{2.38}$$

液体燃料や固体燃料は複雑な分子構造を持ち，多成分から成るので，元素分析データ（c, h, s, o）を用いて発熱量を計算することはできない．したがって，実測による以外にないが，0.4 MJ/kg 程度の誤差を覚悟するなら，つぎの**デューロンの経験式**を用いて概算できる．

表 2.5 主要燃料の熱化学的性質表*

燃料名	分子式	状態	標準生成熱** [kJ/mol]	[MJ/kg]	高発熱量** [kJ/mol]	[MJ/kg]	低発熱量** [kJ/mol]	[MJ/kg]	沸点† [°C]
水素	H_2	気体	0	0	285.8	141.8	241.8	120.0	-252.7
グラファイト	C	固体	0	0	393.5	32.76	393.5	32.76	
硫黄	S	〃	0	0	296.8	9.259	296.8	9.259	
一酸化炭素	CO	気体	-110.53	-3.946	283.0	10.10	283.0	10.10	-191.5
メタン	CH_4	〃	-74.87	-4.667	890.3	55.50	802.3	50.01	-161.5
エタン	C_2H_6	〃	-84.0	-2.794	1561	51.90	1429	47.51	-89.0
プロパン	C_3H_8	〃	-104.5	-2.370	2219	50.33	2043	46.34	-42.1
n-ブタン	C_4H_{10}	〃	-126.5	-2.176	2877	49.49	2657	45.71	-0.5
〃	〃	液体	-147.5	-2.538	2856	49.13	2636	45.35	
n-ペンタン	C_5H_{12}	気体	-146.5	-2.030	3536	49.01	3272	45.35	36.1
〃	〃	液体	-173.2	-2.401	3509	48.64	3245	44.98	
n-ヘキサン	C_6H_{14}	気体	-167.1	-1.939	4195	48.68	3887	45.10	68.7
〃	〃	液体	-198.6	-2.305	4163	48.31	3855	44.74	
n-ヘプタン	C_7H_{16}	気体	-187.5	-1.871	4854	48.44	4502	44.93	98.4
〃	〃	液体	-224.0	-2.235	4817	48.08	4465	44.56	
n-オクタン	C_8H_{18}	気体	-208.5	-1.825	5512	48.25	5116	44.79	125.7
〃	〃	液体	-250.0	-2.189	5471	47.89	5075	44.42	
n-デカン	$C_{10}H_{22}$	気体	-249.5	-1.754	6830	48.00	6346	44.60	174.1
〃	〃	液体	-300.9	-2.115	6778	47.64	6294	44.24	
n-ドデカン	$C_{12}H_{26}$	気体	-289.7	-1.701	8148	47.84	7576	44.48	216.3
〃	〃	液体	-350.9	-2.060	8087	47.48	7515	44.12	
n-ヘキサデカン (セタン)	$C_{16}H_{34}$	気体	-374.8	-1.655	10781	47.61	10033	44.30	286.8
〃	〃	液体	-456.1	-2.014	10699	47.25	9951	43.95	
エチレン	C_2H_4	気体	52.47	1.870	1411	50.30	1323	47.17	-103.7
プロピレン	C_3H_6	〃	20.2	0.480	2058	48.91	1926	45.78	-47.0
アセチレン	C_2H_2	〃	226.73	8.708	1300	49.91	1256	48.22	83.6
ベンゼン	C_6H_6	〃	82.9	1.061	3302	42.27	3170	40.58	80.1
〃	〃	液体	49.0	0.627	3268	41.83	3136	40.14	
シクロヘキサン	C_6H_{12}	気体	-123.3	-1.465	3953	46.97	3689	43.83	80.7
〃	〃	液体	-156.3	-1.857	3920	46.58	3656	43.44	
メタノール	CH_4O	気体	-201.6	-6.292	763.6	23.83	675.6	21.08	64.7
〃	〃	液体	-239.1	-7.462	726.1	22.66	638.1	19.91	
エタノール	C_2H_6O	気体	-234.8	-5.097	1410	30.60	1278	27.74	78.3
〃	〃	液体	-277.1	-6.015	1367	29.68	1235	26.82	

* 25°C における蒸発の潜熱は気体と液体の標準生成熱の差である.
** 0.1 MPa, 25°C における値.
† 1 atm (=0.1013 MPa) における値.

$$H_\mathrm{h} = 33.8c + 144.3(h - o/7.94) + 9.42s \quad [\mathrm{MJ/kg}] \tag{2.39}$$

$$H_l = H_\mathrm{h} - 2.44 G_\mathrm{s} = H_\mathrm{h} - 2.44(8.94h + w)$$
$$= 33.8c + 122.5h - 18.2o + 9.42s - 2.44w \tag{2.40}$$

ただし，w は全水分で，元素分析以後に付け加わったものとして扱っている．式(2.39)の $(h - o/7.94)$ は**有効水素**と呼ばれることがあるが，習慣によるもので特に意味はない．

2.4.4 燃焼ガスの発生量と組成

1 kg の燃料が燃焼したときに生成する燃焼ガスの質量 G_w [kg/kg] を**湿り燃焼ガス質量**，体積 V_w [$\mathrm{m^3_N}$/kg] を**湿り燃焼ガス体積**と呼ぶ．また，燃焼ガスから水蒸気を取り除いた質量 G_d [kg/kg] を**乾き燃焼ガス質量**，体積 V_d [$\mathrm{m^3_N}$/kg] を**乾き燃焼ガス体積**と呼ぶ．さらに理論混合比で燃焼させたときのそれぞれの値を G_w0，V_w0，G_d0，V_d0 と書き表し，**理論湿り燃焼ガス質量**，**理論湿り燃焼ガス体積**などと呼ぶ．仕事や伝熱に関与するのは湿り燃焼ガスであるが，ガス分析は水蒸気を除去してから行うので，仮想的な乾き燃焼ガス量を考える必要が出てくる．

湿り燃焼ガス質量 G_w と理論湿り燃焼ガス質量 G_w0 は，反応前後の質量保存則より，

$$G_\mathrm{w0} = 1 + A_0 = 1 + 11.48c + 34.2h + 4.31(s - o) \quad [\mathrm{kg/kg}] \tag{2.41}$$

$$G_\mathrm{w} = 1 + A = 1 + a \cdot A_0 = 1 + a[11.48c + 34.2h + 4.31(s - o)] \quad [\mathrm{kg/kg}] \tag{2.42}$$

乾き燃焼ガス質量 G_d と理論乾き燃焼ガス質量 G_d0 は，上式から水蒸気の発生量 G_s ($= 8.94h + w$) を差し引けばよいから，

$$G_\mathrm{d0} = G_\mathrm{w0} - (8.94h + w) = 1 + 11.48c + 25.3h + 4.31(s - o) - w \quad [\mathrm{kg/kg}] \tag{2.43}$$

$$G_\mathrm{d} = G_\mathrm{w} - (8.94h + w) = 1 - 8.94h - w + a[11.48c + 34.2h + 4.31(s - o)] \quad [\mathrm{kg/kg}] \tag{2.44}$$

つぎに，湿り燃焼ガス体積 V_w と乾き燃焼ガス体積 V_d について考える．いままでは完全燃焼の場合のみを取り扱ったが，ここでは不完全燃焼によって一酸化炭素が発生することも考慮する．そのため燃料中の炭素のうち一酸化炭素に変わった割合 ξ をつぎのように定義する．

表 2.6 燃焼ガス成分の発生量[*]

成分名	分子式	燃料 1 kg 当たり発生量 [m^3_N]
二酸化炭素	CO_2	$(22.41/12.01)c(1-\xi) = 1.87c(1-\xi)$
一酸化炭素	CO	$(22.41/12.01)c\xi = 1.87c\xi$
水蒸気	H_2O	$(22.41/2.02)h + (22.41/18.02)w = 11.12h + 1.24w$
窒素	N_2	$0.790\,\alpha A_0 + (22.41/28.02)n = 0.790\,\alpha A_0 + 0.80n$
酸素	O_2	$0.21(\alpha-1)A_0 + 0.5(22.41/12.01)c\xi = 0.21(\alpha-1)A_0 + 0.93c\xi$
二酸化硫黄	SO_2	$(22.41/32.06)s = 0.70s$

[*] A_0 は理論空気量 [m^3_N/kg] で,ほかの単位の値を使ってはいけない.

$$\xi = \frac{(CO)}{(CO)+(CO_2)} \quad (2.45)$$

ただし,(CO) と (CO_2) は乾き燃焼ガス中の CO と CO_2 の体積分率 [m^3/m^3] で,百分率値ではなく,小数で与える点に注意されたい.

　液体または固体燃料を空気比 α (>1) で燃焼させた場合の各燃焼ガス成分の発生量を計算するための表を表 2.6 に示す.燃料 1 kg 中に含まれた c kg の炭素が完全燃焼すると,$22.41(c/12.01)$ m^3_N の CO_2 が生成される.そのとき不完全燃焼が起こると,ξ の割合の C が CO に,残り $(1-\xi)$ の割合が CO_2 になるが,CO と CO_2 を合わせた体積はもとと変わらない.h kg の水素からは $22.41(h/2.02)$ m^3_N の水蒸気が発生するが,燃料中の全水分 w kg が蒸発して $22.41(w/18.02)$ m^3_N の水蒸気となり,これに加わる.燃料 1 kg 当たり $A = \alpha A_0\,m^3_N$ の空気が供給されるが (A_0 は式(2.23)で計算する),それに含まれる 79.0% の窒素すべてと,燃料中の窒素分 n がガス化して発生した $22.41(n/28.02)$ m^3_N の窒素ガスが生成物に回る.過剰に与えた酸素は $0.21(\alpha-1)A_0\,m^3_N$ であるが,これに炭素の不完全燃焼が生じたために使い残された酸素 (CO の発生体積の 1/2) が加わって生成物に回る.燃料中の硫黄分 s から発生する SO_2 の体積は $22.41(s/32.06)$ m^3_N である.

　燃料 1 kg から発生する湿り燃焼ガスの体積 $V_w\,m^3_N$ は,表 2.6 に含まれる全成分ガスについての和であるから (式中の A_0 には式(2.23)を代入する),

$$V_w = (\alpha - 0.210)A_0 + (1.87 + 0.93\xi)c + 11.12h + 0.80n + 0.70s + 1.24w$$
$$[m^3_N/kg] \quad (2.46)$$

乾き燃焼ガスの体積 $V_d\,m^3_N$ は,水蒸気の欄を除いて加算した成分ガス体積の和であるから,

$$V_\mathrm{d} = (a - 0.210)A_o + (1.87 + 0.93\xi)c + 0.80n + 0.70s \quad [\mathrm{m^3_N/kg}] \qquad (2.47)$$

理論湿り燃焼ガス体積 V_wo と理論乾き燃焼ガス体積 V_do は，両式に式(2.23)を代入した上で $a = 1, \xi = 0$ とおいて，

$$V_\mathrm{wo} = 8.89c + 32.1h + 0.80n - 2.63o + 3.33s + 1.24w \quad [\mathrm{m^3_N/kg}] \qquad (2.48)$$

$$V_\mathrm{do} = 8.89c + 20.9h + 0.80n - 2.63o + 3.33s \quad [\mathrm{m^3_N/kg}] \qquad (2.49)$$

ここで，完全な元素分析の結果を使う式(2.47)の計算からではなく，煙道ガスの分析結果と燃料中の炭素分率 c を用いるだけで，乾き燃焼ガス体積 V_d が容易に見積もれることを示そう．CO と CO_2 の発生量の和は $[(CO) + (CO_2)] V_\mathrm{d}$ であるが，表2.6によると，これは $1.87c(1 - \xi) + 1.87c\xi = 1.87c$ に等しいから，V_d は次式で計算することができるはずである．

$$V_\mathrm{d} = \frac{1.87c}{(CO) + (CO_2)} \quad [\mathrm{m^3_N/kg}] \qquad (2.50)$$

これに表2.6の水蒸気量を加えると，次のように V_w の式が得られる．

$$V_\mathrm{w} = \frac{1.87c}{(CO) + (CO_2)} + 11.12h + 1.24w \quad [\mathrm{m^3_N/kg}] \qquad (2.51)$$

乾き燃焼ガス中の成分ガスの体積分率 $(CO_2), (CO), (N_2), (O_2), (SO_2)$，ならびに水蒸気と乾き燃焼ガスの体積割合 (H_2O) は，表2.6の各成分ガス発生量を式(2.47)もしくは式(2.50)で計算される V_d で割ることにより求められる．また，式(2.46)もしくは式(2.51)で計算される V_w で割れば，湿り燃焼ガスの体積構成が得られる．

気体燃料に対しては，燃料中の成分ガスの体積分率（$\{H_2\}, \{CO\}$ など）を用いて，燃料ガス $1\,\mathrm{m^3_N}$ 当たりの燃焼ガス発生体積を計算する方が好都合である．この場合に対して，燃焼ガス成分の発生量を計算すると，表2.7のようになる．二酸化炭素と一酸化炭素は C を一つ持つ燃料ガス成分からは同じ体積が，N_C 個持つ成分からは N_C 倍の体積が発生する．燃料ガスに含まれる全成分にわたる N_C の平均値を N_Cm とすると，$1\,\mathrm{m^3_N}$ の燃料ガスから発生する $CO_2 + CO$ の合計体積 $V_\mathrm{d}[(CO_2) + (CO)]$ は，

$$\begin{aligned}
V_\mathrm{d}[(CO_2) + (CO)] &= N_\mathrm{Cm} \\
&= \{CO_2\} + \{CO\} + \{CH_4\} + 2\{C_2H_2\} + 3\{C_3H_6\} + 4\{C_4H_{10}\} \\
&\quad + \cdots\cdots
\end{aligned}$$

$$(2.52)$$

2.4 燃焼計算

表 2.7 燃焼ガス成分の発生量(気体燃料)*

成分名	分子式	燃料 $1\,\mathrm{m^3_N}$ 当たり発生量 $[\mathrm{m^3_N}]$
二酸化炭素と一酸化炭素	CO_2+CO	$\{CO\}+\{CO_2\}+\{CH_4\}+2\{C_2H_2\}+2\{C_2H_4\}+2\{C_2H_6\}+3\{C_3H_6\}$ $+3\{C_3H_8\}+4\{C_4H_8\}+4\{C_4H_{10}\}+6\{C_6H_6\}+\cdots\cdots\,(\equiv N_{Cm})$
水蒸気	H_2O	$\{H_2\}+\{H_2O\}+2\{CH_4\}+\{C_2H_2\}+2\{C_2H_4\}+3\{C_2H_6\}+3\{C_3H_6\}$ $+4\{C_3H_8\}+4\{C_4H_8\}+5\{C_4H_{10}\}+3\{C_6H_6\}+\cdots\cdots\,(\equiv N_{Hm}/2)$
窒素	N_2	$0.790\,\alpha A_0+\{N_2\}$
酸素	O_2	$0.210(\alpha-1)A_0+\xi N_{Cm}/2$

*A_0 は理論空気量 $[\mathrm{m^3_N/m^3_N}]$ で,ほかの単位の値を使ってはいけない.

水蒸気は H を二つ持つ成分からは同体積,N_H 個持つ成分からは $1/2N_H$ 倍発生する.全成分にわたる N_H の平均値を N_{Hm} とすると,$1\,\mathrm{m^3_N}$ の燃料ガスから発生する H_2O の合計体積 $V_d\,(H_2O)$ は,

$$V_d(H_2O)=(1/2)N_{Hm}$$
$$=\{H_2\}+\{H_2O\}+2\{CH_4\}+3\{C_2H_6\}+4\{C_3H_8\}+5\{C_4H_{10}\}+\cdots\cdots \quad (2.53)$$

窒素は供給空気量 αA_0 中の窒素 79% と燃料ガス中の $\{N_2\}$ が燃焼ガスに移行する.酸素は過剰に供給した酸素 $0.210\,(\alpha-1)\,A_0$ と不完全燃焼で発生した CO 体積 ξN_{Cm} の半分の和となる.なお,A_0 には式(2.27)で計算される値 $[\mathrm{m^3_N/m^3_N}]$ と異なる単位の値を用いてはいけない.

燃料 $1\,\mathrm{m^3_N}$ から発生する湿り燃焼ガス体積 V_w は表 2.7 中の全ガスの体積和であるから,

$$V_w=(\alpha-0.210)A_0+(1+\xi/2)N_{Cm}+N_{Hm}/2+\{N_2\}\;[\mathrm{m^3_N/m^3_N}] \quad (2.54)$$

また,乾き燃焼ガス体積 V_d は,水蒸気を除いた各成分ガス体積の和であるから,

$$V_d=(\alpha-0.210)A_0+(1+\xi/2)N_{Cm}+\{N_2\}\;[\mathrm{m^3_N/m^3_N}] \quad (2.55)$$

理論湿り燃焼ガス体積 V_{w0} と理論乾き燃焼ガス体積 V_{d0} は,両式に式(2.27),式(2.52),式(2.53)を代入した上で $\alpha=1$,$\xi=0$ とおいて,

$$V_{w0}=2.88\{CO\}+2.88\{H_2\}+\{CO_2\}+\{H_2O\}+\{N_2\}+10.52\{CH_4\}+\cdots\cdots$$
$$-3.76\{O_2\}\;[\mathrm{m^3_N/m^3_N}] \quad (2.56)$$

$$V_{d0}=2.88\{CO\}+1.88\{H_2\}+\{CO_2\}+\{N_2\}+8.52\{CH_4\}+\cdots\cdots$$
$$-3.76\{O_2\}\;[\mathrm{m^3_N/m^3_N}] \quad (2.57)$$

また,式(2.52)を変形することによっても,煙道ガス分析データの

(CO_2) と (CO) から乾き燃焼ガス体積 V_d を計算する式が，次のように得られる．

$$V_d = \frac{N_{Cm}}{(CO_2)+(CO)} \quad [m^3{}_N/m^3{}_N] \qquad (2.58)$$

これに式(2.53)で計算される水蒸気の発生量 $V_d(H_2O)$ を加えると，湿り燃焼ガス体積 V_w は，

$$V_w = \frac{N_{Cm}}{(CO_2)+(CO)} + \frac{1}{2}N_{Hm} \quad [m^3{}_N/m^3{}_N] \qquad (2.59)$$

乾き燃焼ガス中の成分ガスの体積分率（CO_2），（CO），（N_2），（O_2），ならびに水蒸気と乾き燃焼ガスの体積割合（H_2O）は，表2.7の各成分ガス発生量を式(2.55)もしくは式(2.58)で計算される V_d で割ることにより求められる．また，式(2.54)もしくは式(2.59)で計算される V_w で割れば，湿り燃焼ガスの体積構成が得られる．

組成の分からない気体燃料に対しては，高発熱量 H_h または低発熱量 H_l [$MJ/m^3{}_N$] を用いて理論燃焼ガス体積を概算するつぎの経験式がある[3]．

$$V_{w0} = 0.219 H_h + 0.73 \fallingdotseq 0.253 H_l + 0.61 \quad [m^3{}_N/m^3{}_N] \qquad (2.60)$$

$$V_{d0} = 0.153 H_h + 0.96 \fallingdotseq 0.177 H_l + 0.88 \quad [m^3{}_N/m^3{}_N] \qquad (2.61)$$

また，組成の分からない液体燃料や固体燃料に対しても，H_h もしくは H_l [MJ/kg] を用いて理論燃焼ガス体積を概算する経験式が同様に与えられている[3]．

液体燃料に対して： $V_{w0} = 0.265 H_l + 0.04 \quad [m^3{}_N/kg] \qquad (2.62)$

木材に対して： $V_{w0} = 0.265 H_l + 0.65 \quad [m^3{}_N/kg] \qquad (2.63)$

石炭に対して： $V_{w0} = 0.217 H_h + 1.25 \fallingdotseq 0.279 H_l + 0.05 \quad [m^3{}_N/kg] \qquad (2.64)$

$$V_{d0} = 0.246 H_h + 0.07 \fallingdotseq 0.256 H_l + 0.09 \quad [m^3{}_N/kg] \qquad (2.65)$$

2.4.5 燃焼管理のための空気比計算法

煙道ガスもしくは排ガスの分析データを用いて，炉や内燃機関がどのような空気比 α で運転されているかを知ることは燃焼技術の重要な課題である．オルザートの吸収式分析計で排ガス分析を行うと，乾き燃焼ガス中の成分ガスの体積分率（CO_2），（O_2），（CO），（N_2）が得られるし，二三の連続自動分析計を組み合わせても同様のデータが記録される．燃料の元素分析データ c，h，s，o，n，a が与えられていれば，式(2.50)に c，（CO_2），（CO）の値を代入

することにより，乾き燃焼ガス体積 V_d が得られる．1 kg の燃料からできる CO, N_2, O_2 の体積は $V_\mathrm{d}(\mathrm{CO})$, $V_\mathrm{d}(\mathrm{N_2})$, $V_\mathrm{d}(\mathrm{O_2})$ であるが，これらの値は表 2.6 に与えられているので，等置することにより，

$$V_\mathrm{d}(\mathrm{CO}) = 1.87 c\xi \tag{2.66}$$

$$V_\mathrm{d}(\mathrm{N_2}) = 0.790 \alpha A_0 + 0.80 n \tag{2.67}$$

$$V_\mathrm{d}(\mathrm{O_2}) = 0.210(\alpha-1) A_0 + 0.93 c\xi \tag{2.68}$$

これら3式から $c\xi$ と A_0 を消去し，α について解くと，次式が得られる．

$$\alpha = \frac{(\mathrm{N_2}) - 0.80 n/V_\mathrm{d}}{(\mathrm{N_2}) - 3.76[(\mathrm{O_2}) - 0.5(\mathrm{CO})] - 0.80 n/V_\mathrm{d}} \tag{2.69}$$

上式中の V_d には式(2.50)を代入すればよい．$n \ll 1$ ならば，上式は簡単になって，

$$\frac{1}{\alpha} \equiv \phi = 1 - \frac{3.76[(\mathrm{O_2}) - 0.5(\mathrm{CO})]}{(\mathrm{N_2})} \tag{2.70}$$

$(\mathrm{CO}) \fallingdotseq 0$, $(\mathrm{N_2}) \fallingdotseq 0.79$ としてよい場合には，さらに簡単になって，

$$\frac{1}{\alpha} \equiv \phi \simeq 1 - \frac{(\mathrm{O_2})}{0.21} \tag{2.71}$$

この結果によれば，$(\mathrm{O_2})$ の連続測定を行うだけで，α の値を常時表示させることができる．

気体燃料の場合には，成分ガスの体積分率 $\{\mathrm{H_2}\}$, $\{\mathrm{CO}\}$, $\{\mathrm{CH_4}\}$ などが与えられていて，式(2.52)で N_Cm が計算できるならば，煙道ガスもしくは排ガスの分析データの内，$(\mathrm{CO_2})$ と (CO) の値を式(2.58)に代入することにより V_d が計算できる．表2.7を用いると，

$$V_\mathrm{d}(\mathrm{CO}) = \xi N_\mathrm{Cm} \tag{2.72}$$

$$V_\mathrm{d}(\mathrm{N_2}) = 0.790 \alpha A_0 + \{\mathrm{N_2}\} \tag{2.73}$$

$$V_\mathrm{d}(\mathrm{O_2}) = 0.210(\alpha-1) A_0 + \xi N_\mathrm{Cm}/2 \tag{2.74}$$

これら3式から ξN_Cm と A_0 を消去し，α について解くと，次式が得られる．

$$\frac{1}{\alpha} \equiv \phi = 3.76 \frac{(\mathrm{O_2}) - 0.5(\mathrm{CO})}{(\mathrm{N_2}) - \dfrac{\{\mathrm{N_2}\}}{V_\mathrm{d}}} \tag{2.75}$$

V_d には式(2.58)を代入すればよい．上式には $(\mathrm{N_2})$ と $\{\mathrm{N_2}\}$ が含まれている点に注意されたい．

2.5 燃焼温度
2.5.1 断熱燃焼温度

燃焼過程の間に，炉壁への熱伝達や，ふく射による熱損失がないときの燃焼ガスの最終温度を**断熱燃焼（ガス）温度**（もしくは**断熱火炎温度**）と呼ぶ．この場合，どのような燃焼反応を考えるかによって最終温度が違ってくるが，燃料中の可燃成分が表2.2もしくは表2.4に示したような完全燃焼反応を起こして，二酸化炭素，水蒸気，二酸化硫黄を生成するときの最終温度を**理論断熱燃焼（ガス）温度（理論断熱火炎温度）** T_{bt} と呼ぶ．実際には完全燃焼は起こらず，せいぜい化学平衡までしか反応は進まないが，そのときの最終温度を**平衡断熱燃焼（ガス）温度** T_{be} と呼ぶ．これについては次章で説明することとし，ここでは理論断熱燃焼温度を計算する方法について説明する．

燃料1kgが完全燃焼して，水蒸気が凝縮しなければ，低発熱量 H_l [kJ/kg] だけが解放される．燃焼が断熱的に行われるならば，この熱はすべて湿り燃焼ガス（質量 G_w [kg/kg]）の温度上昇に使われ，その顕熱に変わる．燃焼前の温度を $T_0 (=298\text{ K}=25℃)$，温度 T_0 と T_{bt} の間での燃焼ガスの定圧比熱 c_p の平均値を c_{pm} [kJ/(kg·K)] とする（298 K→3000 Kの温度変化で炭酸ガスや

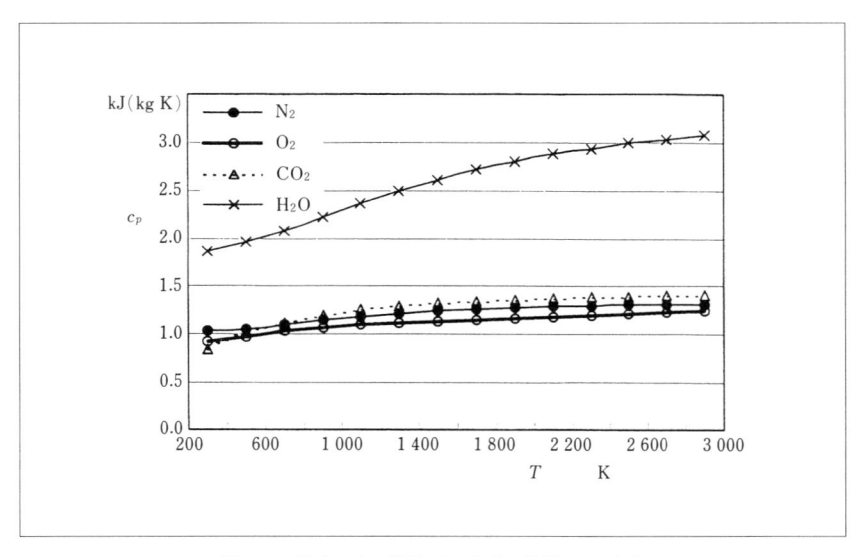

図 2.1 温度による燃焼ガス成分の比熱 c_p の変化

水蒸気の c_p は 1.66～1.68 倍に増加する：図 2.1)．熱のバランスから

$$G_w c_{pm}(T_{bt} - T_0) = H_l$$

$$\therefore \quad T_{bt} = \frac{H_l}{G_w c_{pm}} + T_0 \tag{2.76}$$

気体燃料の場合は燃料 $1 m^3{}_N$ 当たりの低発熱量 $H_l [kJ/m^3{}_N]$ が与えられることが多いが，この場合は $0℃$，$1 atm$ における燃料の密度 $\rho_{f0} [kg/m^3{}_N]$ を使って，$1 kg$ 当たりの低発熱量 $H_l [kJ/kg]$ に換算すればよい．あるいは式(2.76)を湿り燃焼ガス体積 $V_w [m^3{}_N/m^3{}_N]$ と，燃焼ガス $1 m^3{}_N$ 当たりの熱容量と定義される定圧比熱 $c_{pm}{}' [kJ/(m^3{}_N \cdot K)]$ を使って書き直す．

$$T_{bt} = \frac{H_l}{V_w c_{pm}{}'} + T_0 \tag{2.77}$$

式(2.76)を計算するに当たっての問題は，c_{pm} が燃焼ガスの組成と温度によって変化することである．c_{pm} の見積もりに必要となる温度 $T_0 (=298 K)$ と $T [K]$ の間の完全燃焼ガス成分の平均定圧比熱を表 2.8 に示しておく．

計算に当たっては，T_{bt} を適当な値に仮定して，表 2.8 から i 番目の燃焼ガス成分の温度 $T_0 \sim T_{bt}$ における平均定圧比熱 $c_{pi}(T_0 \sim T_{bt})$ を読み取る（必要なら内そうを行う）．そして，これをその成分の質量分率 $m_i [kg/kg]$ で荷重平均することにより，燃焼ガスの平均定圧比熱を求める．すなわち，

$$c_{pm} = \sum_i (c_{pi} m_i) \tag{2.78}$$

この c_{pm} を用いて式(2.76)から T_{bt} を計算し，それが先に仮定した値と一

表 2.8　完全燃焼ガス成分の $T_0 (=298.15 K) \sim T [K]$ 間の平均定圧比熱

$T [K]$	O_2		N_2		H_2		H_2O		CO_2		SO_2	
	kg*	$m^3{}_N$*	kg*	$m^3{}_N$*	kg*	$m^3{}_N$*	kg*	$m^3{}_N$*	kg*	$m^3{}_N$*	kg*	$m^3{}_N$*
1000	1.011	1.443	1.092	1.364	14.62	1.315	2.056	1.653	1.081	2.123	.7658	2.189
1200	1.031	1.472	1.113	1.391	14.74	1.326	2.124	1.707	1.121	2.200	.7870	2.249
1400	1.048	1.496	1.132	1.415	14.89	1.340	2.191	1.761	1.153	2.263	.8036	2.297
1600	1.063	1.517	1.149	1.436	15.07	1.355	2.256	1.813	1.179	2.316	.8169	2.335
1800	1.075	1.535	1.164	1.455	15.25	1.372	2.317	1.862	1.202	2.360	.8278	2.366
2000	1.087	1.551	1.178	1.472	15.43	1.388	2.374	1.908	1.221	2.397	.8370	2.392
2200	1.097	1.566	1.189	1.486	15.62	1.405	2.427	1.951	1.237	2.429	.8449	2.415
2400	1.107	1.580	1.200	1.499	15.80	1.421	2.476	1.990	1.252	2.458	.8517	2.434
2600	1.116	1.594	1.209	1.511	15.97	1.436	2.520	2.026	1.264	2.482	.8576	2.451
2800	1.125	1.606	1.217	1.522	16.13	1.451	2.562	2.059	1.275	2.504	.8630	2.466
3000	1.134	1.618	1.225	1.531	16.29	1.465	2.600	2.090	1.285	2.524	.8677	2.480

* kg 欄の単位は $kJ/(kg \cdot K)$，$m^3{}_N$ 欄の単位は $kJ/(m^3{}_N \cdot K)$．

表 2.9 理論断熱燃焼温度の計算表

項目	単位	CO_2	H_2O	O_2	N_2
生成量	kg/kg$_{CH4}$	2.743	2.246	1.197	17.084
G_w	〃	23.270			
質量分率 m_i	kg/kg	0.1179	0.0965	0.0514	0.7342
c_{pi} (298〜2000 K)	kJ/(kg·K)	1.221	2.374	1.087	1.178
$\sum_i (c_{pi} m_i)$	〃	1.294			

致すればよい．一致しなければ，算出された T_{bt} の値を新しい仮定値として，c_{pi} の読み取りからやり直す．

一例として，メタン（CH_4）を空気比 1.3 で燃焼させた場合の T_{bt} を計算してみる．簡単のために，酸素以外の乾き空気成分を窒素と見なすと，完全燃焼反応は，

$$CH_4 + 1.3 \times 2[O_2 + (0.790/0.210)N_2]$$
$$= CO_2 + 2H_2O + 0.6O_2 + (2.6 \times 0.790/0.210)N_2 \quad (R23)$$

とりあえず，$T_{bt} = 2000$ K と仮定する．上の完全燃焼反応式を用いて燃料 1 kg から発生する湿り燃焼ガス成分の質量 [kg/kg] を計算すると，表 2.9 の第 1 欄のようになる．その総和をとると第 2 欄の湿り燃焼ガス質量 G_w が得られる．各成分の質量を G_w で割れば，質量分率 m_i がでる．各成分の 298 K〜2000 K の間の平均定圧比熱 c_{pi} を表 2.8 から読み取る．式 (2.78) に基づいて m_i と c_{pi} の積の総和をとると，$c_{pm} = 1.294$ KJ/(kg·K) が得られる．これらの計算結果をメタンの低発熱量 $H_l = 50.01$ MJ/kg $= 50.01 \times 10^3$ kJ/kg とともに式 (2.76) に代入すると，

$$T_{bt} = \frac{50.01 \times 10^3}{23.27 \times 1.294} + 298 = 1959 \text{ K}$$

この値は仮定値 2000 K と一致しないので，$T_{bt} = 1959$ K と仮定して計算をやり直すと，$T_{bt} = 1964$ K が得られる（c_{pi} の読み取りは内挿による）．さらに $T_{bt} = 1964$ K として計算を繰り返すと，$T_{bt} = 1964$ K となって収束する．

燃焼前の温度が T_0 以外の温度 T_u であるときは，未燃混合気の比熱を c_{pu} [kJ/(kg·K)] として，式 (2.76) を次のように書き直せばよい．

$$T_{bt} = \frac{H_l + G_w c_{pu}(T_u - T_0)}{(G_w c_{pm})} + T_0 \quad (2.79)$$

この式は T_0 を基準温度とする未燃混合気の顕熱が低発熱量に加わるとして作

られている.

なお，空気比が1以下の過濃混合気に対しては，理論燃焼温度という概念は適用できず，したがって T_{bi} の値は計算できない（酸素不足分だけ二酸化炭素が一酸化炭素に変わると仮定して，理論燃焼温度の定義を拡張することはできる）．また，燃焼温度が 2000 K を越えると熱解離の影響が目立つようになり，それまで 20 K 以内に収まっていた理論燃焼温度と平衡燃焼温度との差が急増し始める．このような場合には第3章で述べる化学平衡計算によって燃焼温度を決定するのが最良である．

2.5.2 損失を伴う場合の燃焼温度

燃焼炉においては，炉壁や加熱壁（管）を通しての熱貫流，被加熱物への熱伝達，火炎や燃焼ガスからのふく射放熱などがあるために，燃料の単位量当たりの燃焼ガスのエンタルピー H_b は同量の未燃ガスのエンタルピー H_u より下がってしまう．また，ブンゼン火炎のようなものでも，少なくとも火炎や燃焼ガスからのふく射放熱はあるから，厳密には断熱条件が成立しない．このように火炎や燃焼ガスから放熱がある場合の燃焼温度 T_b について考える．

燃料の単位量当たり Q_l [kJ/kg]（式(2.77)に対しては [kJ/m³ₙ]）の放熱があるとすると，これは燃料の低発熱量が H_l から $(H_l - Q_l)$ に変わったのと同等の効果を燃焼ガス温度にもたらすから，式(2.76)の H_l を $(H_l - Q_l)$ に置き換えて，

$$T_b = \frac{H_l - Q_l}{G_w c_{pm}} + T_0 \qquad (2.80)$$

式(2.77)でも同様である．また，燃焼前の温度が標準温度 $T_0 (= 298 \text{ K})$ ではなく，任意の温度 T_u の場合には，式(2.79)を用いて，

$$T_b = \frac{(H_l - Q_l) + G_w c_{pu}(T_u - T_0)}{G_w c_{pm}} + T_0 \qquad (2.81)$$

一例として，2.5.1 で計算した初期温度 298 K，空気比 1.3 のメタン-空気混合気を燃焼させる問題から断熱条件を取り除いて，低発熱量の50％に相当する放熱がある場合の燃焼ガス温度 T_b を計算してみる．$T_b = 1200$ K と仮定して表2.9の c_{pi} の欄を修正すると，$c_{pi}(298 \text{ K} \sim 1200 \text{ K}) = 1.121, 2.124, 1.031, 1.113$ kJ/(kg·K) となり，$c_{pm} = \sum_i (c_{pi} m_i) = 1.207$ kJ/(kg·K) が得られる．$H_l = 50.01 \times 10^3$ kJ/kg, $Q_l = 0.5 H_l = 50.01 \times 10^3 / 2$ kJ/kg, $G_w = 23.27$ kg/kg を式(2.80)に代入すると，

$$T_b = \frac{50.01 \times 10^3/2}{23.27 \times 1.207} + 298 = 1188 \text{ K}$$

この値は仮定値 1200 K とほぼ一致しているから，計算をやり直す必要はない．これから，50%放熱時の理論燃焼ガス温度は断熱時より 1964－1188＝776 K 低下することが分かる．

燃焼装置では火炎や燃焼ガスからの放熱だけでなく，不完全燃焼による発生熱量の減少も起こる．燃焼効率を η_c とすると，発生熱量は $\eta_c H_l$ となるので，これを式 (2.76)，式 (2.77)，式 (2.79) の H_l に代入すればよい．例えば式 (2.79) は次のようになる．

$$T_b = \frac{\eta_c H_l - Q_l + G_w c_{pu}(T_u - T_0)}{G_w c_{pm}} + T_0 \tag{2.82}$$

もち論，不完全燃焼による燃焼ガス組成の変化を考慮して c_{pm} の値を修正しておくことが望ましい．

2.6 不完全燃焼損失と燃焼効率

燃焼装置に供給された燃料の低発熱量 H_l と実際に燃焼過程で発生した熱量 Q_c との差 $\Delta H_l (= H_l - Q_c)$ を**不完全燃焼損失**，$\eta_c = Q_c/H_l$ を**燃焼効率**という．未燃分の一部は**排気中未燃成分**として排気とともに排出され，他は**燃えがら中未燃分**として燃えがらとともに排出される．燃えがら中未燃分には火格子を通して灰溜まりにこぼれ落ちる石炭とチャー，ならびに微粉炭燃焼や噴霧燃焼で灰（排気中のフライアッシュを除く）に含まれる可燃分（残炭）がある．

排気中に含まれる未燃分としては一酸化炭素，未燃炭化水素（UHC），すすとチャー（排気中のフライアッシュに含まれる可燃分を含む），水素などがある．未燃炭化水素にはメタン，エチレン，エタン，プロパン，ブタンなどが含まれるが，これらをエチレン（C_2H_4）で代表させると，

$$\Delta H_l = V_d [12.63(CO) + 59.03(UHC) \\ + 33.9(C) + 10.79(H_2)] + 33.9 \Delta c \text{ [MJ/kg fuel]} \tag{2.83}$$

ここで，(C) は乾き燃焼ガス 1 m^3_N に含まれるすすとチャーの質量 [kg/m^3_N]，Δc は燃えがら中未燃分の質量 [kg/kg fuel] で，それらの低発熱量を 33.9 MJ/kg とした．また，CO，C_2H_4，H_2 の低発熱量は表 2.4 からとった．

ガス分析等により不完全燃焼損失 ΔH_l の値が計算できれば，燃焼効率 η_c は

$$\eta_c = Q_c/H_l = 1 - \frac{\Delta H_l}{H_l} \tag{2.84}$$

から求められる．η_c の大体の範囲は火格子燃焼炉や流動床炉で0.8～0.97，微粉炭炉や重質油燃焼炉で0.9～0.98，ガス燃焼炉で0.95～0.99といったところで，燃料の質やNOx低減対策などによっても，値が変わってくる．

2.7 熱勘定と炉の熱効率

2.7.1 熱 勘 定

熱力学の第一法則に基づいて入熱と出熱との関係を計算することを熱勘定という．**入熱**は燃料，空気，水蒸気，被加熱物が持ち込む熱量であり，**出熱**は被加熱物，排気，燃えがらなどの持ち去る熱量と放熱によって炉から直接失われる熱量の和である．図2.2に示すように，炉を境界（一点鎖線）で囲み，これを通過する熱量を勘定する．その際，次のことに注意が必要である．

(1) 基準温度 θ_0 [℃] を統一する（一般には外気温度をとる [JIS Z 9202]）．

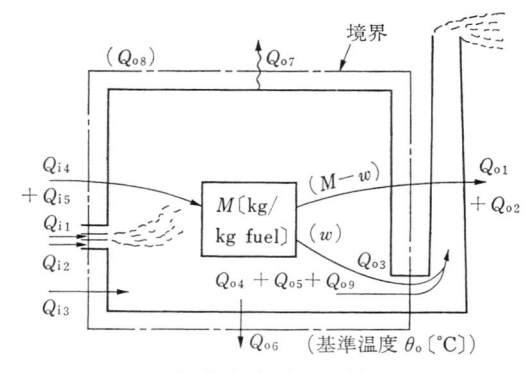

図 2.2 熱勘定の方法

(2) 熱量の単位を統一する（一般には燃料の単位量当たりの値 [kJ/kg fuel] または [kJ/m³N fuel] をとるが，1時間当たりや1操業周期当たりの値をとることもある）．

(3) 燃焼過程で生成する水蒸気（燃料中の水分も含む）の蒸発の潜熱の取り扱いに注意する．低発熱量を採用すれば無視できるが，高発熱量を採用すれば出熱に計上しなければならない．また，低発熱量を採用する場合でも，燃焼に関係のない水蒸気の蒸発の潜熱は入熱と出熱に計上しておかなければならない．

A．入 熱 Q_i

a．燃料の持ち込む熱量 Q_{i1}　燃料の発熱量と温度 θ_0 を基準とした顕熱

(感エンタルピ)との和として与えられる．すなわち，高発熱量を採れば，
$$Q_{11}=H_h+c_{pf}(\theta_f-\theta_0) \quad [\text{kJ/kg fuel}] \tag{2.85}$$
低発熱量を採れば，
$$Q_{11}=H_l+c_{pf}(\theta_f-\theta_0) \quad [\text{kJ/kg fuel}] \tag{2.86}$$
ただし，c_{pf} は燃料の定圧比熱 [kJ/(kg·K)]，θ_f は燃料の送入温度 [℃] である（Q_{11} と H_h または H_l の単位が kJ/m³$_N$ fuel のときは，c_{pf} の単位も kJ/(m³$_N$·K) とする．以後，この注意を繰り返すことは省略する）．

b．空気の持ち込む熱量 Q_{12}　温度 θ_0 を基準とした送入空気の顕熱で，
$$Q_{12}=Ac_{pa}(\theta_a-\theta_0) \quad [\text{kJ/kg fuel}] \tag{2.87}$$
ただし，A は送入空気量 [kg/kg fuel]（または [m³$_N$/m³$_N$ fuel]），θ_a と c_{pa} は空気の送入温度 [℃] と定圧比熱で，$\theta_a=0\sim200$℃ の範囲で $c_{pa}=1.01$ kJ/(kg·K) または 1.29 kJ/(m³$_N$·K) としてよい．

c．水蒸気の持ち込む熱量 Q_{13}　空気中の湿分は無視することが多いが，ガス化炉のように水蒸気を吹き込む場合には，その保有熱（顕熱と潜熱の和）を算入しなければならない．G_s と θ_s を水蒸気の送入量 [kg/kg fuel]（または [kg/m³$_N$ fuel]）と温度 [℃]，r を温度 θ_0 [℃] における蒸発の潜熱 [kJ/kg]，c_{ps} を定圧比熱 [kJ/(kg·K)] とすると，
$$Q_{13}=G_s[c_{ps}(\theta_s-\theta_0)+r] \quad [\text{kJ/kg fuel}] \tag{2.88}$$
$\theta_0=25$℃ のとき $r=2442$ kJ/kg，$c_{ps}=2.02$ kJ/(kg·K) である．送入水蒸気の状態が広範囲に変わるときは，蒸気表[4]から送入水蒸気と温度 θ_0 の飽和水の比エンタルピー h_s と h_0 [kJ/kg] を求め，次式で Q_{13} を計算するのがよい．
$$Q_{13}=G_s(h_s-h_0) \quad [\text{kJ/kg fuel}] \tag{2.89}$$
ただし，$\theta_0=25$℃ のとき，$h_0=105$ kJ/kg である．

d．被加熱物の持ち込む顕熱 Q_{14}　炉に装入する際の，温度 θ_0 を基準とした被加熱物の顕熱で，被加熱物の質量と定圧比熱を M [kg/kg fuel] と c_{pm} [kJ/(kg·K)]，装入温度を θ_{m1} とすると，
$$Q_{14}=Mc_{pm}(\theta_{m1}-\theta_0) \quad [\text{kJ/kg fuel}] \tag{2.90}$$

e．被加熱物の化学反応による発熱量 Q_{15}　鉄や鋼は加熱中に酸化されて炉内で発熱する．このように炉内で発熱反応を起こすような被加熱物は，燃料と同様，装入時に化学反応熱を持ち込むと考えた方が分かりやすい．そこで，
$$Q_{15}=M|\Delta h_r| \tag{2.91}$$

ただし，Δh_r は被加熱物 1 kg 当たりの化学反応熱 [kJ/kg] で，吸熱反応の場合は $Q_{i5}=0$ とおく．

B．出　　熱　Q_o．

a．被加熱物の持ち出す保有熱 Q_{o1}　炉から取り出す際の，温度 θ_0 を基準とした被加熱物の保有熱である．θ_{mo} を被加熱物の取り出し温度 [℃]，w を乾燥による被加熱物の減量率 [kg/kg] とすると，

$$Q_{o1}=M(1-w)[c_{pm}(\theta_{mo}-\theta_0)+r']\ [\text{kJ/kg fuel}] \tag{2.92}$$

ここで，r' は熔融等の相変化の潜熱で，吸熱を正にとる．

b．被加熱物の化学反応による吸熱量 Q_{o2}　石灰やセメントのように炉内で吸熱反応を起こすような被加熱物は，取り出し時に化学反応熱を持ち出すと考えた方が分かりやすい．そこで，Δh_r を化学反応による被加熱物 1 kg 当たりの吸収熱量 [kJ/kg] として，

$$Q_{o2}=M\Delta h_r\ [\text{kJ/kg fuel}] \tag{2.93}$$

c．被加熱物から蒸発した水蒸気の持ち出す保有熱 Q_{o3}　水蒸気が炉を去るときの温度は排気温度 θ_g [℃] に等しいので，

$$Q_{o3}=wM[c_{ps}(\theta_g-\theta_0)+r]\ [\text{kJ/kg fuel}] \tag{2.94}$$

d．燃焼ガスの持ち出す熱量 Q_{o4}　高発熱量を用いる計算では，温度 θ_0 を基準とした湿り燃焼排気の顕熱と，燃焼過程で生成する水蒸気の蒸発の潜熱の和である．低発熱量を用いる計算では，すでに発熱量から水蒸気の潜熱を除いてあるので，算入する必要はない．したがって，高発熱量使用時には

$$Q_{o4}=G_d c_{pg}(\theta_g-\theta_0)+(G_w-G_d)[c_{ps}(\theta_g-\theta_0)+r]\ [\text{kJ/kg fuel}] \tag{2.95}$$

低発熱量使用時には

$$Q_{o4}=G_d c_{pg}(\theta_g-\theta_0)+(G_w-G_d)c_{ps}(\theta_g-\theta_0)\ [\text{kJ/kg fuel}] \tag{2.96}$$

ただし，G_d と G_w は乾き燃焼ガス量と湿り燃焼ガス量 [kg/kg fuel]，c_{pg} は乾き燃焼ガスの定圧比熱で，2.5 節の計算例から 1.2～1.3 kJ/(kg・K) 程度である．

e．不完全燃焼損失 Q_{o5}　Q_{o5} は 2.6 節の ΔH_l と同一であるから，

$$Q_{o5}=V_d[12630(\text{CO})+59030(\text{UHC})+33900(\text{C})+10790(\text{H}_2)]\ [\text{kJ/kg fuel}] \tag{2.97}$$

(UHC)，(C)，Δc があまり大きくなければ，V_d には式 (2.50) あるいは式

(2.56) をそのまま代入できる．もし，(C) と Δc が無視できない程度ならば，式 (2.50) の c の代わりに $[c-(C)V_d-\Delta c]$ を代入して得られる V_d の値を式 (2.97) に代入すればよい．(UHC) の影響を補正することも，もちろん可能である．

f．燃えがらの持ち出す保有熱 Q_{o6} 温度 θ_0 を基準にした燃えがらの持ち出し顕熱と，その中に含まれる未燃分 Δc [kg/kg fuel] の低発熱量の和で，

$$Q_{o6}=(a+\Delta c)c_{pe}(\theta_e-\theta_0)+33900\Delta c \text{ [kJ/kg fuel]} \tag{2.98}$$

ただし，a は灰分量 [kg/kg fuel]，c_{pe} と θ_e は燃えがらの比熱 [kJ/(kg·K)] と取り出し温度 [℃] である．

g．放熱損失 Q_{o7} 炉壁を通しての熱貫流量，熱放射による損失熱量，それに水冷の場合には冷却水の持ち出し熱量の合計量である．

h．蓄熱損失 Q_{o8} 装置が熱容量を持つことによる熱損失で，連続操業のときは無視してよいが，断続操業や回分式操業では全入熱の30～50％にも及ぶことがある．被加熱物搬入用の台車やチェーンの加熱に使われる熱量もこれに含まれる．

i．吹き込み水蒸気の持ち出す保有熱 Q_{o9} 炉に吹き込まれた水蒸気（G_s [kg/kg fuel]）の全量または一部 G_s' [kg/kg fuel] が排気とともに排出されるときには，それが持ち出す保有熱を出熱に算入しなければならない．送入空気の温度が高く，多量の湿分を含むときには，これも G_s に含める必要がある．

$$Q_{o9}=G_s'[c_{ps}(\theta_g-\theta_0)+r] \text{ [kJ/kg fuel]} \tag{2.99}$$

または，排気中の分圧と温度に対応する水蒸気の比エンタルピーを h_s として，

$$Q_{o9}=G_s'(h_s-h_0) \text{ [kJ/kg fuel]} \tag{2.100}$$

C．熱勘定表と熱勘定図 以上の計算は，一般に数時間以上の連続作業における測定の平均値に基づいて行われるが，断続作業の場合はその一周期にわたる計測値を使用する．その結果は表の形で示されるのが普通で，**熱勘定表**と呼ぶ．これをさらに理解しやすくするために図示することがあり，**熱勘定図**と呼ぶ．一例として，鋼塊連続加熱炉の熱勘定図を図2.3に示す．帯の幅が熱量に対応するように描かれている点に注意されたい．なお，入熱 $Q_i(=Q_{i1}+Q_{i2}+\cdots+Q_{i5})$ と出熱 $Q_o(=Q_{o1}+Q_{o2}+\cdots+Q_{o9})$ とは当然，一致していなければならない．

2.7.2 熱 効 率

被加熱物の加熱,乾燥,蒸発,熔融,動力発生等,炉や熱機関の操業目的に有効に使われた熱量のことを**有効熱量** Q_e と呼ぶ.炉の**熱効率** η_t は Q_e [kJ/kg fuel] と入熱 Q_i [kJ/kg fuel] の比として,

$$\eta_t = \frac{Q_e}{Q_i} \quad (2.101)$$

と定義される.しかし,実用的には Q_e と燃料の低発熱量 H_l [kJ/kg] の比,

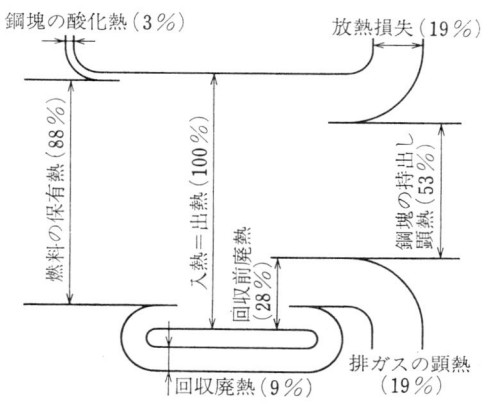

図 2.3 鋼塊連続加熱炉の熱勘定図

$$\eta_t^* = \frac{Q_e}{H_l} \quad (2.102)$$

を**熱効率**と呼んで,こちらを使うことが多い.η_t は加熱装置としての炉の伝熱能力や動力発生装置としての熱機関のエネルギー変換能力を表し,η_t^* は燃料の発熱量の有効利用率を表す.一連の製造設備に対しては,**熱量原単位**といって,最終製品の単位量当たりの総消費熱量を用いることが多い.

有効熱量 Q_e としては,次のようなものを単独で,あるいは組み合わせて使う.

(1) 被加熱物の吸熱反応熱　セメント焼成,石灰石焼成など,被加熱物の吸熱反応を伴う加熱過程に使用する.式 (2.93) の Q_{e2} に等しい.

(2) 出入口での流体の保有熱量差　流体加熱に使用する.相変化がなければ顕熱差でよい.出入口での比エンタルピー差に流量 M [kg/kg fuel] を掛けて求めるが,比エンタルピーは相変化を考慮したものでなければならない.

(3) 乾燥水分の蒸発熱　被加熱物の乾燥を目的とし,蒸発した水分が排気とともに炉外に排出される場合には,wMr [kJ/kg fuel],もしくは式(2.94) の Q_{e3} を有効熱量とする.

(4) 出入口における被加熱物の保有熱量差　固体被加熱物を高温の固体または熔融体の形で取り出す必要がある場合には,式 (2.92) の Q_{e1} と式

(2.90)の Q_{14} の差 $(Q_{o1}-Q_{14})$ を有効熱量とする．

(5) **最高温度時と装入時の被加熱物の保有熱量差** 耐火物や陶磁器の焼成，金属の焼鈍など，取り出し時には高温でなくともよい場合には，熱効率が不当に低く出るのを防ぐために，取り出し時でなく，最高温度時の状態をとる．

(6) **仕事に変換された熱量** 熱機関に適用する．補機の消費仕事や摩擦仕事を有効熱量に含めるか，含めないかで値が大きく変わってくる．

熱効率の値はボイラでは90％に達するものも多いが，工業炉では60％以下のものが大部分で，10％以下というものも少なくない．異種装置間の格差が大きいが，同種装置でも古いものと新しいものとでは，かなりの差が見られる．

文　献

(1) 疋田・秋田，改定　燃焼概論〈標準応用化学講座19〉，(1982)，コロナ．
(2) Kanury, A. M., Introduction to Combustion Phenomena, (1977), Gordon and Breach.
(3) 中央熱管理協議会(編)，熱管理便覧（改訂3版），(1972)，丸善．
(4) 日本機械学会(編)，1980 SI 日本機械学会蒸気表，(1981)，日本機械学会．

参 考 書

吉田高年(編)，燃焼工学，(1971)，共立出版．
設楽正雄，エネルギー概論（増補改定版），(1980)，オーム．
架谷昌信・木村淳一(編著)，燃焼の基礎と応用，(1986)，共立出版．
省エネルギーセンター(編)，新訂 エネルギー管理技術［熱管理編］，(2003)，省エネルギーセンター．
日本機械学会(編)，機械工学便覧，A6 熱工学，(1987)，日本機械学会．
日本化学会(編)，化学便覧 基礎編（改定3版），(1984)，丸善．
化学工学協会(編)，化学工学便覧（改定4版），(1978)，丸善．
燃料協会(編)，最新燃料便覧，(1984)，コロナ．

演 習 問 題

(1) ある炉に灯油 1 kg 当たり空気を 18 kg の割で供給したという．このとき燃空比，空燃比，当量比，空気比はいかほどか．ただし，灯油の元素分析を行ったところ $c=0.846$, $h=0.154$ で，それ以外の成分は検出されなかったという．
(2) メタンを空気比 1.1 で燃焼させたい．そのためには，メタン 1 m³ 当たり何 m³ の空気を供給しなければならないか．
(3) 高炉ガス［CO_2 11％, CO 27％, H_2 2％, N_2 60％ (by vol.)］の高発熱量と低発

熱量 [MJ/m³_N]，理論酸素量と理論空気量 [m³/m³]，理論湿り燃焼ガス量と理論乾き燃焼ガス量 [m³/m³]，初期温度 298 K，空気比 1.2 で燃焼させたときの理論断熱火炎温度 [K] を計算せよ．

(4) メタンを燃料とする炉があり，煙道から抽出した乾き燃焼ガスの分析を行ったところ，$(CO_2)=0.086$，$(CO)=0.009$，$(O_2)=0.043$，$(N_2)=0.862$ で，すすや未燃炭化水素は検出されなかったと言う．
  (a) この炉はいかなる空気比で動作しているか．
  (b) メタン 1 m³_N 当たりの乾き燃焼ガスと湿り燃焼ガスの発生量は何 m³_N か．
  (c) この炉はいかなる燃焼効率で動作しているか．

(5) 平炉と，その排ガスの顕熱で動作する廃熱ボイラについて熱勘定を行ったところ，下表の結果を得た．この結果に基づいて，平炉と廃熱ボイラを総合した熱勘定図を描け．また，平炉排ガスを廃熱ボイラに導く管路で，排ガスの顕熱の 10% の冷却損失がある場合はどのようになるか．

平炉				廃熱ボイラ			
入　熱	%	出　熱	%	入　熱	%	出　熱	%
燃料の保有熱	58.0	溶鋼の顕熱	36.0	平炉排ガスの顕熱	97.0	水蒸気の保有熱	37.0
空気の顕熱	0.5	スラグ顕熱	8.0	給水の顕熱	3.0	排ガスの顕熱	57.0
鋼原料の顕熱	14.0	分解熱	5.0			その他	6.0
鋼の酸化熱	27.5	排ガス顕熱	27.5				
		その他	23.5				
計	100	計	100	計	100	計	100

(6) 2.0 MPa，370℃ の水蒸気を 30 ton/h の割りで発生するボイラがある．このボイラの石炭燃焼量が 5.5 ton/h であるとき，その熱効率を計算せよ．ただし，石炭の低発熱量は 20.9 MJ/kg，発生水蒸気の比エンタルピー 3183 kJ/kg，20℃ の給水の比エンタルピー 84 kJ/kg とする．

(7) C_nH_{2n}（n は正の整数）なる平均分子式を持ち，低発熱量 $H_l=41.8$ MJ/kg の炭化水素燃料を燃焼させる炉があり，空気比 α のいかんにかかわらず，煙道入口における廃ガス温度は 900℃ になるという．炉への入熱が有効熱量と廃ガス損失（燃焼ガスの持ち出す熱量）だけに振り分けられるとして，この炉の熱効率を α で表現する式を導け．ただし，燃料と空気の供給温度は 0℃，廃ガスの定圧比熱 c_q は α に無関係に 1.21 kJ/(kg·K) で，炉内では完全燃焼が行われるものとする．

(8) メタノール（CH_4O）は有力な代替燃料として注目されている．そこで，軽質石油成分を代表する n-ヘキサン（C_6H_{14}）と燃焼性を比較する次の質問に答えよ．ただし，メタノール（液）と n-ヘキサン（液）の低発熱量はそれぞれ 19.91 と 44.74 MJ/kg，液相の密度は 792 と 659 kg/m³ である．
  (a) 同じ熱量を貯えるのに，メタノールは n-ヘキサンの何倍の容積のタンクを必要とするか．また，単位発熱量当たりの質量は何倍か．
  (b) 両燃料の 1 kg あたりの必要空気量（理論空気量）は何 kg か．
  (c) 両燃料 1 kg を空気比 1.3 で燃焼させるとき発生する湿り燃焼ガス量は何 kg か．また，それを発熱量 1 MJ 当たりに直すと何 kg か．

(d) 両燃料を空気比 1.3 で燃焼させたときの断熱火炎温度は何 ℃ か．ただし，燃焼前の温度は 25℃，湿り燃焼ガスの平均定圧比熱は 1.29 kJ/kg とする．

(e) 両燃料の 1 kg 当たり発熱量が大幅に異なるのに，断熱火炎温度にそれほど大差がない理由をどう考えるか．

(9) 石炭（簡単のためにグラファイトと灰分だけから成るとする）を酸素と水蒸気をガス化剤としてガス化したところ，{H_2}=0.40，{CO_2}=0.30，{CO}=0.25，{CH_4}=0.04，{N_2}=0.01 の燃料ガスが発生したという．これに関して，以下の問いに答えよ．

(a) 燃料ガスの高発熱量と低発熱量 [MJ/m³$_N$] はいくらか．

(b) 燃料ガス 1 m³$_N$ 中に含まれる炭素の量は何 kg か．

(c) グラファイト 1 kg から発生する燃料ガスの量は何 m³$_N$ か．

(d) 石炭のガス化に際して，何 % のエネルギーが失われるか．ただし，酸素の分離や水蒸気の発生に要するエネルギーは無視する．

(e) CO_2 や CO が生成して，燃焼熱が失われているはずなのに，エネルギー損失が案外少ない理由を推論せよ．

(10) 単位燃料量当たり炉や熱機関から排出される排気の量は空気比 α によって変化するので，窒素酸化物（NO_x）等の排出濃度は排気中の O_2 濃度が一定値（例えば乾き燃焼ガス中に 5%（by vol.））のときの値に引き直して表示されることが多い．空気比 3 で灯油を燃焼させるガスタービンを想定して，その排気中に 50 ppm（1 ppm=体積分率百万分の 1）の NO_x が含まれるとする．灯油の平均分子式を C_nH_{2n} として，以下の問いに答えよ．

(a) ガスタービンの排出する乾き燃焼ガスの量 V_d は灯油 1 kg 当たり何 m³$_N$ か．ただし，灯油は完全燃焼するものとする．

(b) 乾き燃焼ガス中の酸素濃度が 5%（by vol.）となる空気比 α はいくらか．

(c) そのときの乾き燃焼ガスの発生量は灯油 1 kg 当たり何 m³$_N$ か．

(d) (O_2)=5% に引き直した NO_x 排出濃度は何 ppm か．

第 3 章
燃焼の熱力学と化学平衡

燃焼は化学エネルギーを熱エネルギーに変換するプロセスの一つであり，それを十分に理解するためには熱力学の知識が不可欠である．熱力学の助けを借りれば，化学反応によって発生もしくは吸収される熱量，燃焼ガスの熱力学的性質，反応過程におけるエネルギーと物質（元素）の保存，化学平衡，燃焼によって失われる有効エネルギー（エクセルギー損失），省エネルギーの理論的根拠などが比較的容易に理解できる．ただ，燃焼工学にぜひ必要というわけでもないので，読むのを後回しにしていただいて結構である．

3.1 燃焼の熱力学
3.1.1 反応の確率と反応熱

$$A + B = C \quad (R1)$$

のように反応する分子AとBが互いに近付く場合，分子の周囲には図3.1に模型的に示したような特異なポテンシャル場が存在する．ポテンシャルの山，すなわち**反応殻**を突破してポテンシャルの谷に落ち込み，AとBとが結合するためには，相対運動のエネルギー，すなわち**衝突エネルギー**がある臨界値以上に高くなければならない．しかし，高すぎると過励起の状態となり，ふたたびポテンシャルの山を越えて離れていって

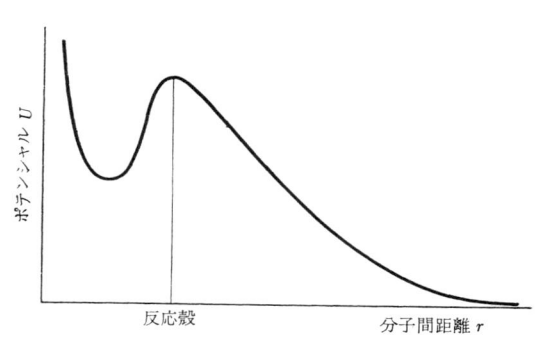

図 3.1 2分子間のポテンシャル場

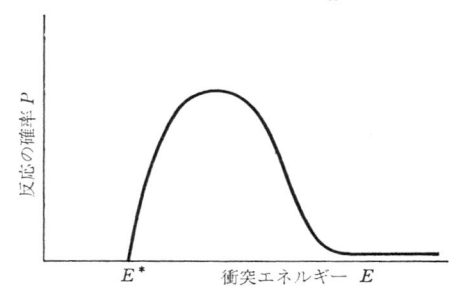

図 3.2 衝突エネルギーと反応の確率

しまう．衝突によりAとBとが反応してCを生成する確率Pと衝突エネルギーEとの関係を模型的に示すと，図3.2のようになる．すなわち，反応が起こるためには，E^*以上の衝突エネルギーが必要である．この臨界エネルギーに相当する分子速度c^*は，

$$E^* = (1/2)m(c^*)^2 \tag{3.1}$$

で与えられる．ただし，mは分子の質量である．

ところで，気体運動論で周知のように，気体分子は**マクスウェルの速度分布**

$$\frac{dn}{n_T} = 4\pi\left(\frac{M}{2\pi RT}\right)^{3/2} c^2 \exp\left(-\frac{Mc^2}{2RT}\right)dc \tag{3.2}$$

を持っている．ここで，dnはcと$c+dc$の間の速度を持つ分子の数，n_Tは分子の総数，Mは分子量，Rは一般ガス定数，Tは絶対温度である．上式からE^*以上の運動エネルギーを持つ分子の数n^*を計算すると，

$$\frac{n^*}{n_T} = \int_{c^*}^{\infty} \frac{dn}{n_T} = \frac{2}{\sqrt{\pi}}\left(\frac{E^*}{RT}\right)^{1/2} \exp\left(-\frac{E^*}{RT}\right) \tag{3.3}$$

したがって，温度が高くなるほど，反応にあずかる分子の数n^*は増加する．ここで，$T^{-1/2}$は指数関数部分に比べてTの緩やかな関数であることを考えると，近似的には

$$\frac{n^*}{n_T} \propto \exp\left(-\frac{E^*}{RT}\right) \tag{3.4}$$

となり，よく知られたアレニウスの反応速度則中の温度関数が得られる．このことから，**活性化エネルギーEは分子がポテンシャルの山，すなわち反応殻を突破するために持つべき臨界エネルギーに対応することが分かる．

このようにポテンシャルの山，すなわち反応殻を突破して衝突分子間の化学反応が起こる際のポテンシャルの変化する様子を図3.3に示す．ただしE^*は活性化エネ

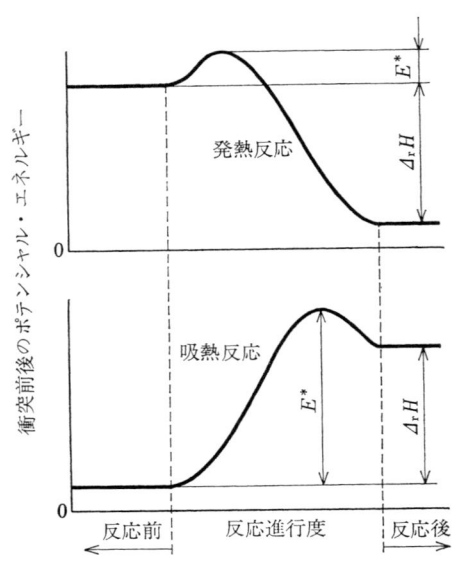

図3.3 活性化エネルギーと反応熱

ルギー，$\Delta_r H$ は反応熱（吸熱反応を正とする）である．図から，一般に発熱反応では E^*，すなわちポテンシャル障壁が低く，低温でも反応が起こり得るが，吸熱反応は逆で，低温で起こりにくいことが分かる．もちろん，分子の総数 n_T が多いほど，したがって各分子の濃度が高いほど，反応の頻度は高くなる．これがアレニウスの反応速度則の理論的根拠である．

3.1.2 反応熱

化学反応によって発生する熱量について考える．いま，

$$aA + bB + \cdots = xX + yY + \cdots \tag{R2}$$

なる化学反応が定温・定圧下で起こったとする．このとき，反応系が周囲から化学種 A の a mol 当たり $\Delta_r H$ [J] の熱を吸収したとすると，これを**反応熱（反応エンタルピー）**と呼ぶ．したがって，吸熱反応では $\Delta_r H$ は正で，右辺の生成物質は左辺の反応物質よりも $\Delta_r H$ だけ高いエンタルピーを持つことになる．逆に発熱反応では $\Delta_r H$ は負で，$|\Delta_r H|$ だけ低いエンタルピーを持つことになる．

ところで，化学反応の数は無数にあるから，すべての化学反応について反応熱を調べることは不可能に近い．しかし，反応熱は反応の途中経路に無関係であるという**ヘスの法則**があるので，単一元素だけから成り，広範囲の条件で安定な一連の**標準物質**を定めておき，標準物質から任意の化合物を作る反応（**生成反応**と呼び，左辺には標準物質 A, B, $\cdots$ だけが現れ，右辺には問題の化合物 X だけが**量論係数** $x = 1$ で現れる反応で，

$$aA + bB + \cdots = X \tag{R3}$$

のような反応式を持つもの）の反応熱 $\Delta_f H$（X の**生成熱**または**生成エンタルピー**と呼ぶ）を定めておけば，どのような化学反応の反応熱 $\Delta_r H$ でも理論的に求めることができる．標準物質としては H_2, N_2, O_2, C（グラファイト），S（結晶硫黄）などを採る．標準圧力 $p_0 (= 0.1\,\mathrm{MPa})$ における生成熱を**標準生成熱**と呼び，$\Delta_f H^0$ と表す．主要化合物の $\Delta_f H^0$ の値は **JANAF の熱化学的性質表**[1]（付録 A に抜粋）に温度の関数として与えられている．また，主要燃料に対する $\Delta_f H^0$ の値（25℃のみ）が表 2.5 に与えられている．

なお，標準物質のモルエンタルピー H [J/mol] は標準状態（0.1 MPa, 25℃）において零と定められている．したがって，標準状態で反応（R3）が生じたとすれば，生成する化合物 X のモルエンタルピー $H^0(T_0)$ は，反応前のモ

ルエンタルピーに反応中に系が周囲からもらった反応熱を加えて,

$$H^0(T_0) = (a \times 0 + b \times 0 + \cdots) + \Delta_f H^0(T_0) = \Delta_f H^0(T_0) \quad (3.5)$$

したがって,標準状態における任意の化合物のモルエンタルピーは標準温度 $T_0(=25℃)$ における標準生成熱 $\Delta_f H^0(T_0)$ に等しい.そこで,C_p^0 を標準圧力($=0.1$ MPa)でのモル定圧比熱とすると,温度 T におけるモルエンタルピー $H^0(T)$ は

$$H^0(T) = \int_{T_0}^{T} C_p^0 dT + \Delta_f H^0(T_0) \quad (3.6)$$

上式の右辺第1項の積分値は $H^0 - H^0(T_0)$ として JANAF の表に含まれている.このようにすると,すべての物質のモルエンタルピーが共通の基準で与えられるようになり,化学反応の計算に便利である.

ここで,任意の反応(R2)の**標準反応熱**(標準圧力における反応熱)$\Delta_r H^0$ を計算してみよう.簡単のために反応は標準温度 T_0 で起こるとする.すると,反応前の系のエンタルピーは $a\Delta_f H^0_A(T_0) + b\Delta_f H^0_B(T_0) + \cdots$.反応後のそれは $x\Delta_f H^0_X(T_0) + y\Delta_f H^0_Y(T_0) + \cdots$.両者の差は反応中に系が周囲からもらった反応熱 $\Delta_r H^0(T_0)$ に等しいはずであるから,

$$\begin{aligned}\Delta_r H^0 = &(x\Delta_f H^0_X + y\Delta_f H^0_Y + \cdots) \\ &- (a\Delta_f H^0_A + b\Delta_f H^0_B + \cdots)\end{aligned} \quad (3.7)$$

反応が任意の温度 T で起こる場合でも,生成熱に温度 T における値をとれば,上式はそのまま成り立つ.

一例として,メタンの高発熱量と低発熱量を計算してみる.反応式は

$$CH_4 + 2O_2 = CO_2 + 2H_2O \quad (R4)$$

付録 A によれば,CH_4,O_2,CO_2,$H_2O(l)$,$H_2O(g)$(l は液相,g は気相を表す)の標準生成熱 $\Delta_f H^0(T_0)$ は -74.873,0,-393.522,-285.830,-241.826 kJ/mol である.よって,式(3.7)より,

$$\begin{aligned}-H_h = \Delta_r H^0(T_0) &= (-285.830 \times 2 - 393.522) - (-74.873 + 0 \times 2) \\ &= -890.309 \text{ kJ/mol } CH_4\end{aligned}$$

$$\begin{aligned}-H_l = \Delta_r H^0(T_0) &= (-241.826 \times 2 - 393.522) - (-74.873 + 0 \times 2) \\ &= -802.301 \text{ kJ/mol } CH_4\end{aligned}$$

なお,$H_2O(g)$ と $H_2O(l)$ の標準生成熱の差 44.004 kJ/mol は標準状態における水の蒸発の潜熱に等しい.

3.1.3 燃焼ガスの熱力学的性質

炭化水素 C_mH_n を空気中で燃焼させると，CO_2, H_2O, O_2, N_2 といった完全燃焼ガス成分以外に，CO, H_2, OH, H, O, NO といった不完全燃焼ガス成分，燃焼の中間生成物，微量生成物が現れる．そこで，高温の燃焼ガスをこれら10成分の混合ガスと見なして，その熱力学的性質を推定する方法を考える．

燃焼ガス中におけるこれらの10成分のモル分率を y_{CO_2}, y_{H_2O}, …, y_{NO} とすると，燃焼ガスの**モル定圧比熱** C_{pg} [J/(mol·K)] は次のように書ける．

$$C_{pg} = y_{CO_2}C_{pCO_2} + y_{H_2O}C_{pH_2O} + \cdots + y_{NO}C_{pNO} \tag{3.8}$$

燃焼ガスの**モルエンタルピー** H_g [J/mol] は式 (3.6) を参照して，

$$H_g = \int_{T_0}^{T} C_{pg} dT + [y_{CO_2}\Delta_f H_{CO}(T_0) + \cdots + y_{NO}\Delta_f H_{NO}(T_0)] \tag{3.9}$$

燃焼ガスの**モルエントロピー** S_g [J/(mol·K)] は

$$S_g = \int_{T_0}^{T} \frac{C_{pg}}{T} dT - R\left[y_{CO_2} \ln \frac{p_{CO_2}}{p_0} + \cdots + y_{NO} \ln \frac{p_{NO}}{p_0}\right]$$
$$+ [y_{CO_2}S_{CO_2}(T_0, p_0) + \cdots + y_{NO}S_{NO}(T_0, p_0)] \tag{3.10}$$

ここで，p_{CO_2} 等は添字成分の分圧で，モル分率 y_{CO_2} 等とは

$$\frac{p_{CO_2}}{p_0} = y_{CO_2}\frac{p}{p_0} \tag{3.11}$$

なる関係がある．ただし，p は分圧の和，すなわち全圧である．$S_{CO_2}(T_0, p_0)$ 等は添字成分の標準状態におけるモルエントロピー [J/(mol·K)] で，JANAF の表に与えられている．

燃焼ガスの**ギブスのモル自由エネルギー** G_g は，その定義から

$$G_g = H_g - T \cdot S_g \tag{3.12}$$

以上の計算を付録 A の JANAF の表を使って行う場合には，式 (3.9) の積分項を計算する代わりに表の $H^0 - H^0(T_0)$ 欄を読み，式 (3.10) の分圧項以外の項を計算する代わりに表の S^0 の欄を読み，y_{CO_2} 等で荷重加算すればよい．

また，コンピュータを使って行う場合には，j 番目の燃焼ガス成分のモル定圧比熱 C_{pj} を，次のように無次元温度 $\theta (=T/1000)$ の多項式の形に表しておく方が便利である．

$$\theta \geq 1.2: C_{pj} = a_1 + \frac{a_2}{\theta} + \frac{a_3}{\theta^2} + \frac{a_4}{\theta^3} + \frac{a_5}{\theta^4} [J/(mol \cdot K)] \tag{3.13}$$

$$\theta < 1.2: C_{pj} = a_6 + a_7\theta + a_8\theta^2 + a_9\theta^3 + a_{10}\theta^4 \; [J/(mol \cdot K)] \tag{3.14}$$

j 成分のモルエンタルピー H_j [J/mol] は

$$H_j = \int_{1200}^{T} C_{pj} dT + H_j(1200\,\text{K}) = 1000\int_{1.2}^{\theta} C_{pj} d\theta + H_j(1.2) \tag{3.15}$$

であるから，$\theta \geqq 1.2$ では

$$H_j = a_{11} + 1000\left(a_1\theta + a_2 \ln\theta - \frac{a_3}{\theta} - \frac{a_4}{2\theta^2} - \frac{a_5}{3\theta^3}\right) \tag{3.16}$$

$\theta < 1.2$ では

$$H_j = a_{13} + 1000\left(a_6\theta + \frac{a_7\theta^2}{2} + \frac{a_8\theta^3}{3} + \frac{a_9\theta^4}{4} + \frac{a_{10}\theta^5}{5}\right) \tag{3.17}$$

j 成分のモルエントロピー $S_j\,[\text{J}/(\text{mol}\cdot\text{K})]$ は

$$\begin{aligned}
S_j &= \int_{1200}^{T} \frac{C_{pj}}{T} dT - R\ln\frac{p_j}{p_0} + S_j(1200\,\text{K},\ 0.1\,\text{MPa}) \\
&= \int_{1.2}^{\theta} \frac{C_{pj}}{\theta} d\theta - R\ln\frac{p_j}{p_0} + S_j(1.2,\ 0.1\,\text{MPa})
\end{aligned} \tag{3.18}$$

であるから，$\theta \geqq 1.2$ では

$$\begin{aligned}
S_j = a_{12} &+ a_1 \ln\theta - \frac{a_2}{\theta} - \frac{a_3}{2\theta^2} \\
&- \frac{a_4}{3\theta^3} - \frac{a_5}{4\theta^4} - R\ln\frac{p_j}{p_0}
\end{aligned} \tag{3.19}$$

$\theta < 1.2$ では

$$S_j = a_{14} + a_6 \ln\theta + a_7\theta + \frac{a_8\theta^2}{2} + \frac{a_9\theta^3}{3} + \frac{a_{10}\theta^4}{4} - R\ln\frac{p_j}{p_0} \tag{3.20}$$

H_j や S_j をモル分率 y_j で荷重して加え合わせれば，H_g と S_g が得られる．前述の10成分に対する $a_1 \sim a_{14}$ の値を表3.1に示しておく．

3.2 断熱燃焼過程におけるエネルギーバランスとエクセルギーバランス

3.2.1 エネルギーバランス

開いた系に対する熱力学の第1法則によると，工業仕事をしない断熱燃焼過程，特に定圧断熱燃焼過程においては，燃焼の前後において系のエンタルピーが保存される．すなわち，

$$H_u = H_b \tag{3.21}$$

ここで，H_u と H_b は燃焼の前後における系のエンタルピー $[\text{J/mol fuel}]$ である．

また，閉じた系に対する熱力学の第1法則によると，膨張仕事をしない断熱

3.2 断熱燃焼過程におけるエネルギーバランスとエクセルギーバランス　67

表 3.1 燃焼ガス成分に対する $a_1 \sim a_{14}$ の値*

	CO	CO_2	O_2	H_2	H_2O	OH	H	O	NO	N_2
a_1	40.478	70.909	45.141	53.784	64.939	42.667	20.786	27.214	40.217	40.721
a_2	−17.729	−54.152	−3.882	−99.861	−28.323	−25.865	0	−46.960	−14.559	−20.754
a_3	37.968	132.189	−72.113	221.536	2.999	36.002	0	126.439	29.760	47.006
a_4	−50.554	−171.147	137.533	−255.638	−8.880	−43.464	0	−147.515	−38.487	−63.980
a_5	23.588	78.519	−74.290	113.023	11.286	22.061	0	63.015	17.438	30.495
a_6	31.796	18.522	29.984	25.758	33.662	31.340	20.786	24.773	34.292	31.509
a_7	−20.360	82.929	−14.183	19.486	−7.756	−6.615	0	−15.513	−33.052	−17.082
a_8	48.281	−80.827	54.295	−40.469	30.428	4.681	0	24.716	77.848	37.444
a_9	−35.597	43.865	−50.853	36.750	−19.928	3.401	0	−17.990	−62.721	−24.725
a_{10}	9.065	−10.181	15.631	−11.315	4.807	−2.141	0	4.928	17.620	5.555
a_{11}	−108970	−358382	−50363	98116	−278517	38863	211791	310446	88610	5870.1
a_{12}	224.70	243.60	230.99	119.90	205.60	202.87	139.77	169.45	240.27	217.06
a_{13}	−119629	−402094	−8690.6	−8250.3	−251745	29944	211792	242318	80968	−8914.0
a_{14}	240.26	217.25	243.57	157.45	230.60	223.43	139.77	194.62	259.08	233.28

* 単位は a_{11} と a_{13} が [J/mol]，それ以外は [J/(mol·K)]．

燃焼過程，特に定容断熱燃焼過程においては，燃焼の前後において系の内部エネルギーが保存される．すなわち，

$$U_u = U_b \tag{3.22}$$

ただし，U_u と U_b は燃焼前後における系の内部エネルギー [J/mol fuel] である．

もし，燃焼前後の系の組成と燃焼前の系の状態が分かっていれば，必要に応じて JANAF の表や状態方程式を使うことにより，式 (3.21) や (3.22) の条件に合うような燃焼後の状態（温度，モル体積，圧力）を探すことができる．完全燃焼が行われる場合には，元素バランスだけで燃焼ガスの組成が決まるので，この手続きにより容易に**理論断熱燃焼温度**が決定される．

一例として，2.5.1 節で説明した理論断熱燃焼温度の例題を**エンタルピーバランス法**で行ってみる．298.15 K，0.1 MPa，空気比 1.3 のメタン-空気混合気が完全燃焼する際の反応が 2.5.1 節の反応式 (R23) で表されるものとすると，付録 A の JANAF の表より，

$$\begin{aligned}
H_u &= \Delta_f H^0_{CH_4}(T_0) + 1.3 \times 2[\Delta_f H^0_{O_2}(T_0) \\
&\quad + (0.790/0.210) \times \Delta_f H^0_{N_2}(T_0)] \\
&= -74.87 + 1.3 \times 2[0 + (0.790/0.210) \times 0] \\
&= -74.87 \text{ kJ/mol fuel}
\end{aligned}$$

一方，燃焼ガス成分の発生量と，温度 $T_b = 1800$ K と 2000 K における燃焼ガスのエンタルピー $H_b = \sum[nH^0(T_b)]$ は表 3.2 のようになる．これから式 (3.21) を満足する T_b の値を内挿すると，

表 3.2 理論断熱燃焼温度の計算表

	項　　目	単　　位	CO_2	H_2O	O_2	N_2
	生成モル数 n	mol/mol fuel	1	2	0.6	9.781
	$\Delta_f H^0(T_0)$	kJ/mol	-393.52	-241.83	0.00	0.00
$T_b=1800$K	$H^0(T_b) - H^0(T_0)$	kJ/mol	79.43	62.69	51.67	48.98
	$H^0(T_b)$	〃	-314.09	-179.14	51.67	48.98
	$nH^0(T_b)$	kJ/mol fuel	-314.09	-358.28	31.00	479.07
	$\sum[nH^0(T_b)]$	〃	\multicolumn{4}{c}{-162.29}			
$T_b=2000$K	$H^0(T_b) - H^0(T_0)$	kJ/mol	91.44	72.79	59.17	56.14
	$H^0(T_b)$	〃	-302.08	-169.04	59.17	56.14
	$nH^0(T_b)$	kJ/mol fuel	-302.08	-338.08	35.50	549.11
	$\sum[nH^0(T_b)]$	〃	-55.55			

$$T_b = 1800 + \frac{(-74.87)-(-162.29)}{(-55.55)-(-162.29)}(2000-1800) = 1964\,\mathrm{K}$$

すなわち，理論断熱燃焼温度 $T_{bt} = 1964\,\mathrm{K}$ で，2.5.1節の結果と一致する．

3.2.2 エクセルギーバランス

エクセルギー E は有効エネルギーとも呼ばれ，熱力学的系の仕事能力を表す一種の状態量である．「熱力学的系が環境と平衡するまでに外界になし得る最大仕事」と定義され，連続燃焼装置のように開いた系に対しては，次式のように書ける．

$$E = H - H_0 - T_0(S - S_0)\quad [\mathrm{J/mol\ fuel}] \tag{3.23}$$

ただし，添字なしは平衡前，添字0は平衡後の値を意味する．

さて，燃料と酸素が環境温度（=標準温度 T_0）で等温燃焼する場合を考えると，$T = T_0$ であるから，式 (3.23) は次のようになる．

$$E = H - TS - (H_0 - T_0 S_0) = G - G_0\quad [\mathrm{J/mol\ fuel}] \tag{3.24}$$

すなわち，燃焼前と燃焼後のギブスの自由エネルギーの差が燃料と酸素の仕事能力の上限となる．

一例として，標準状態にあるメタンと理論量の酸素（混合していないものとする）のエクセルギーを計算する．燃焼反応は3.1.2節の反応式 (R4) で表されるから，燃焼前のギブスの自由エネルギー G は JANAF の表を使って，

$$\begin{aligned}
G &= [\Delta_f H^0(T_0) - T_0 S^0(T_0)]_{CH_4} + 2[-T_0 S^0(T_0)]_{O_2}\\
&= [-74873 - 298.15 \times 186.251] + 2[-298.15 \times 205.147]\\
&= -252733\ \mathrm{J/mol\ fuel}
\end{aligned}$$

燃焼後のギブスの自由エネルギー G_0 は，H_2O を液相として，

$$\begin{aligned}
G_0 &= [\Delta_f H^0(T_0) - T_0 S^0(T_0)]_{CO_2} + 2[\Delta_f H^0(T_0) - T_0 S^0(T_0)]_{H_2O}\\
&= [-393522 - 298.15 \times 213.795] + 2[-285830 - 298.15 \times 69.950]\\
&= -1070636\ \mathrm{J/mol\ fuel}
\end{aligned}$$

$$\therefore\ E = G - G_0 = -252733 - (-1070636) = 817903\ \mathrm{J/mol\ fuel}$$
$$= 817.903\ \mathrm{kJ/mol\ fuel}$$

表2.5から，これは $H_h = 890.3\ \mathrm{kJ/mol\ fuel}$ と $H_l = 802.3\ \mathrm{kJ/mol\ fuel}$ の中間にあり，H_l に近いことが分かる．

実際には等温燃焼が起こることはなく，不可逆性の高い断熱燃焼や熱損失を伴う燃焼が起こる．当然，燃料の持っていたエクセルギー $E_u\ [\mathrm{J/mol\ fuel}]$ の

表 3.3 湿り燃焼ガスのエクセルギーの計算表

項　　目	単　　位	CO_2	$H_2O(g)$	O_2	N_2
生成モル数　n_j	mol/mol fuel	1	2	0.6	9.781
$[H^0(T_b)-H^0(T_0)]_j$	kJ/mol	89.272	70.960	57.821	54.845
$n_j[\quad // \quad]_j$	kJ/mol fuel	89.272	141.920	34.693	536.439
$\sum_j n_j[\quad // \quad]_j$	//	802.324			
$S_j^0(T_0)$	J/(K·mol)	213.795	188.834	205.147	191.609
$S_j^0(T_b)$	//	308.181	263.830	268.053	251.412
$[S^0(T_b)-S^0(T_0)]_j$	//	94.386	74.996	62.906	59.803
$n_j[\quad // \quad]_j$	J/(K·mol fuel)	94.386	149.992	37.744	584.933
$\sum_j n_j[\quad // \quad]_j$	//	867.055			

多くの部分が燃焼過程でその不可逆性のために失われ，湿り燃焼ガスの持つエクセルギー E_b [J/mol fuel] は E_u より低くなる．

一例として 3.2.1 節でとりあげた空気比 1.3 のメタンと空気の理論断熱燃焼過程に対して，エクセルギーバランスを計算してみる．ただし，燃焼前の状態としては，メタンと空気が混合せず，298.15 K，0.1 MPa で別々に存在する状態をとる．すると，空気は環境と平衡しているのでエクセルギーは零で，燃焼前のエクセルギー E_u はメタンのそれに等しい．すなわち

$$E_u = E^0_{CH_4}(T_0) = 817.903 \text{ kJ/mol fuel}$$

理論断熱燃焼により生成する湿り燃焼ガスは 1964 K，0.1 MPa で，表 3.2 に示したように，CO_2，$H_2O(g)$，O_2，N_2 をそれぞれ 1，2，0.6，9.781 mol/mol fuel 含む．3.1.3 節の説明に従い，付録Aの JANAF の表を使って湿り燃焼ガスのエクセルギー E_b を計算する手続きを表 3.3 に示す．

$$\begin{aligned}
E_b &= (H_b - H_0) - T_0(S_b - S_0) \\
&= \sum_j n_j[(H^0(T_b) - H^0(T_0)]_j \\
&\quad - T_0 \sum_j n_j[S^0(T_b) - S^0(T_0)]_j
\end{aligned} \tag{3.25}$$

なお，エントロピーの圧力項 $R\sum_j[n_j \ln(p_j/p_0)]$ は S_b と S_0 で共通なので，相殺される．

表 3.3 の数値を上式に代入すると，

$$E_b = 802324 - 298.15 \times 867.055$$
$$= 543812 \text{ J/mol fuel} = 543.812 \text{ kJ/mol fuel}$$

これから，理論断熱燃焼過程で

$$\frac{\varDelta E}{E_\mathrm{u}} = 1 - \frac{E_\mathrm{b}}{E_\mathrm{u}} = 1 - \frac{543.812}{817.903} = 0.336$$

と34％ものエクセルギーが失われることが分かる．その上，被加熱物への伝熱過程で数百Kもの温度差をもって不可逆的に熱が移動するので，さらに同程度のエクセルギー損失が生じる．したがって，ボイラの熱効率が90％に達しても，**エクセルギー効率**は30％台にとどまり，蒸気原動所の総合効率が40％を越えることはない．

なお，燃焼過程における**エクセルギー損失**は空気比 $\alpha(>1)$ が1に近付くほど減少する性質があるので，**低空気比燃焼**が奨励される．

3.3 化学平衡と平衡断熱燃焼温度

炭化水素系燃料もしくは C-H-O-N 系燃料（硫黄を含まない）が完全燃焼する場合には，生成物は CO_2, H_2O, O_2, N_2 だけであるから（乾き空気中の微量成分は窒素と見なす），C, H, O, N の4元素のバランスを考えれば燃焼ガスの組成は完全に決まり，エネルギーバランスから燃焼ガスの温度が決定できる．それを具体的に行ったのが3.2.1節と2.5.1節であり，そのようにして計算される温度が理論断熱燃焼温度である．

ところが，現実には完全燃焼は行われず，次のように完全燃焼ガス成分である CO_2, H_2O, O_2 が熱解離を起こし，解離により生成した H_2 や O_2 がさらに解離を起こした状態で停止する．また，NO に代表される窒素酸化物もわずかながら生成する．

$$CO_2 \rightleftarrows CO + {}^1\!/{}_2 O_2 \quad (\text{平衡定数 } K_1) \quad\quad (\text{R5})$$

$$H_2O \rightleftarrows H_2 + {}^1\!/{}_2 O_2 \quad (\text{平衡定数 } K_2) \quad\quad (\text{R6})$$

$$H_2O \rightleftarrows {}^1\!/{}_2 H_2 + OH \quad (\text{平衡定数 } K_3) \quad\quad (\text{R7})$$

$${}^1\!/{}_2 H_2 \rightleftarrows H \quad (\text{平衡定数 } K_4) \quad\quad (\text{R8})$$

$${}^1\!/{}_2 O_2 \rightleftarrows O \quad (\text{平衡定数 } K_5) \quad\quad (\text{R9})$$

$${}^1\!/{}_2 O_2 + {}^1\!/{}_2 N_2 \rightleftarrows NO \quad (\text{平衡定数 } K_6) \quad\quad (\text{R10})$$

なお，これらの化学式は実際に起こっている反応とは関係なく，解離時の化学量論関係，言い換えれば，解離前後の状態を表しているに過ぎない．また，温度が 3000 K 前後になると，さらに多くの解離成分が現れるようになる．

前述のように，温度が 3000K を越えない範囲では，燃焼ガスは CO, CO_2, O_2, H_2, H_2O, OH, H, O, NO, N_2 の10成分から成るとみてよい．これらの分圧を p_{CO}, p_{CO_2} [bar] などと書くと，分圧と全圧 p [bar] との比 p_{CO}/p, p_{CO_2}/p はモル分率 y_{CO}, y_{CO_2} に等しくなる（bar を使う理由は後述する）．

いま，任意量の未燃混合気に含まれる C, H, O, N のグラム原子数を n_C, n_H, n_O, n_N とすると，この値は燃焼前後で変化しないから，

$$n_C \propto p_{CO} + p_{CO_2} \tag{3.26}$$

$$n_H \propto 2p_{H_2} + 2p_{H_2O} + p_{OH} + p_H \tag{3.27}$$

$$n_O \propto p_{CO} + 2p_{CO_2} + 2p_{O_2} + p_{H_2O} + p_{OH} + p_O + p_{NO} \tag{3.28}$$

$$n_N \propto p_{NO} + 2p_{N_2} \tag{3.29}$$

式 (3.26)，式 (3.28)，式 (3.29) の両辺を式 (3.27) で割ると，

$$(n_C/n_H)\zeta = p_{CO} + p_{CO_2} \tag{3.30}$$

$$(n_O/n_H)\zeta = p_{CO} + 2p_{CO_2} + 2p_{O_2} + p_{H_2O} + p_{OH} + p_O + p_{NO} \tag{3.31}$$

$$(n_N/n_H)\zeta = p_{NO} + 2p_{N_2} \tag{3.32}$$

ただし，ζ は式 (3.27) の右辺で，

$$\zeta = 2p_{H_2} + 2p_{H_2O} + p_{OH} + p_H \tag{3.33}$$

分圧と全圧の関係（ダルトンの法則）から

$$p = p_{CO} + p_{CO_2} + p_{O_2} + p_{H_2} + p_{H_2O} + p_{OH} + p_H + p_O + p_{NO} + p_{N_2} \tag{3.34}$$

n_C/n_H, n_O/n_H, n_N/n_H の値は未燃混合気の組成から計算できる．これまで再再例にあげた空気比 1.3 のメタン-空気混合気をふたたび例にとれば，2.5.1節の反応式（R23）の左辺から，メタン 1 mol 当たり $n_C = 1$, $n_H = 4$, $n_O = 1.3 \times 2 \times 2$, $n_N = 1.3 \times 2 \times 2 \times 0.790/0.210$．したがって，$n_C/n_H = 0.25$, $n_O/n_H = 1.3$, $n_N/n_H = 4.89$ となる．

式 (3.30)～式 (3.34) から分圧値を決定しようとする場合，未知数（自由度）は ζ と10個の分圧の計11個であるのに対し，式の数（拘束条件）は5個しかなく，分圧値を一義的に決定することはできない．

ところで，反応（R5）～（R10）は右向きの順反応と左向きの逆反応の速度が釣り合ったところで平衡するが，次のような**平衡定数** K_1～K_6 を定義すると，これらは圧力やガス組成には無関係で，温度だけの関数であることが熱力学的に証明できる．

$$K_1 = \frac{p_{CO} p_{O_2}^{1/2}}{p_{CO_2}} \tag{3.35}$$

$$K_2 = \frac{p_{H_2} p_{O_2}^{1/2}}{p_{H_2O}} \tag{3.36}$$

$$K_3 = \frac{p_{H_2}^{1/2} p_{OH}}{p_{H_2O}} \tag{3.37}$$

$$K_4 = \frac{p_H}{p_{H_2}^{1/2}} \tag{3.38}$$

$$K_5 = \frac{p_O}{p_{O_2}^{1/2}} \tag{3.39}$$

$$K_6 = \frac{p_{NO}}{p_{O_2}^{1/2} p_{N_2}^{1/2}} \tag{3.40}$$

したがって，燃焼ガスの温度を仮定するか与えるかすれば，$K_1 \sim K_6$ は既知の定数となり，上の6式は分圧のみの代数式となる．これで，11個の未知数に対して11個の方程式ができたことになり，分圧値はすべて決定できる．ただ，式(3.35)～式(3.40)は非線形であるから，解は試行錯誤法で探すことになる．

計算の手続きは，燃焼ガスの温度が他の条件から決まる場合と，断熱燃焼という条件を満たすように自分で探す場合とで異なる．先の場合は，表などを使って，与えられた温度における平衡定数 $K_1 \sim K_6$ の値を決定した上で，11個の方程式を試行錯誤法で解けばよい．

なお，熱化学性質表には反応（R5）～反応（R10）に対する平衡定数そのものが与えられているのではなく，CO, CO_2 等の化合物の **生成反応に対する平衡定数** K_f（**生成平衡定数**と呼ぶ）が与えられているだけなので，$K_1 \sim K_6$ の値は次の関係を用いて計算する．

$$\log K_1 = \log K_{fCO} - \log K_{fCO_2} \tag{3.41}$$

$$\log K_2 = -\log K_{fH_2O} \tag{3.42}$$

$$\log K_3 = \log K_{fOH} - \log K_{fH_2O} \tag{3.43}$$

$$\log K_4 = \log K_{fH} \tag{3.44}$$

$$\log K_5 = \log K_{fO} \tag{3.45}$$

$$\log K_6 = \log K_{fNO} \tag{3.46}$$

付録AのJANAFの表[1]では K_f 中の分圧の単位に bar ($=10^5$ Pa) を使っている．一般に，反応（R2）の平衡定数 K は次式で与えられる．

$$\log K = x \log K_{fX} + y \log K_{fY} + \cdots$$

$$-(a \log K_{fA} + b \log K_{fB} + \cdots) \tag{3.47}$$

標準物質の K_f は1であるから，含める必要はない．あるいは，

$$\ln K = -[x\varDelta_f G^0{}_X + y\varDelta_f G^0{}_Y + \cdots$$
$$-(a\varDelta_f G^0{}_A + b\varDelta_f G^0{}_B + \cdots)]/(RT) \tag{3.48}$$

ただし，$\varDelta_f G^0$ は標準生成自由エネルギーで，JANAF の表に含まれる．

燃焼前の温度が与えられているだけで，平衡断熱燃焼温度は自分で探さなければならない場合には，まず燃焼ガスの温度 T_b を適当に仮定する．そして，上の方法で，燃焼ガスの組成，すなわち成分の分圧を計算する．温度と組成が分かれば，燃料 1 mol 当たりのエンタルピー H_b が計算できるが，断熱燃焼という条件から，生成熱を含めたエンタルピーは燃焼の前後で変わらないはずである．それにもかかわらず，燃焼前のエンタルピー H_u との間に差が出れば，それは T_b の見積もりが $(H_b - H_u)/\sum(n_j C_{pj})$ [K] だけ高すぎたのであるから，それだけ低目に仮定し直して，計算をやり直す．T_b の修正量が十分小さければ，そのときの T_b が平衡断熱燃焼温度 T_{be} であり，そのときの組成が平衡組成である．

具体的な計算方法として，FORTRAN で書かれたプログラムをホームページ (http://www.morikita.co.jp/soft/6702/) に載せておいた．

一例として，エチレン (C_2H_4) と空気の量論混合気を 1 atm で燃焼させて，燃焼ガスの温度 T_b を種々に変化させた場合に，燃焼ガスの平衡組成が変化する様子を図3.4に示す．$T_b <$ 2000 K では，CO，H_2，O_2 などの中間生成物や解離成分の分圧は CO_2 や H_2O に比べて1桁以上小さいが，3000 K で逆転する．内燃機関や MHD などでは熱解離のため，燃焼時に低発熱量が総ては解放されず，膨張で温度が下がるにつれて，徐々に残りの低発熱量が解放される様子が想像できるであろう（圧力が変わるので，図のとおりではない）．

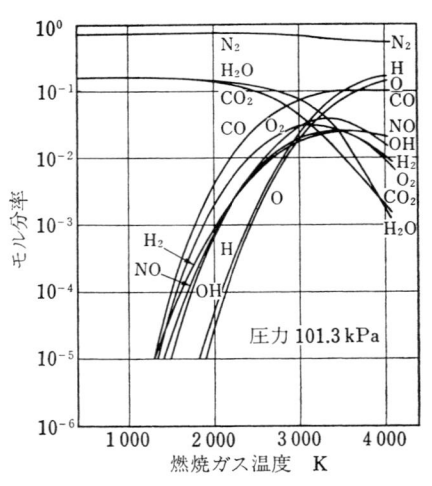

図 3.4 燃焼ガスの平衡組成 (エチレン-空気量論混合気)

なお，炭素-水素比の似ている石油も，ほぼ同じ結果となる．

さらに，初期温度 298 K のメタン-空気混合気を 1 atm で燃焼させたときの平衡断熱燃焼温度 T_{be} を図 3.5 に示す．横軸の α は空気比である．図には理論断熱燃焼温度 T_{bt} も破線で記入されている．3.2.1 節や 2.5.1 節の例で，$\alpha=1.3$ における T_{bt} は 1964 K であったが，T_{be} の方は 1948 K と若干低い．ただ $T_b<2000$ K では熱解離の影響は小さく，T_{be} と T_{bt} の差は 20 K 止まりである．

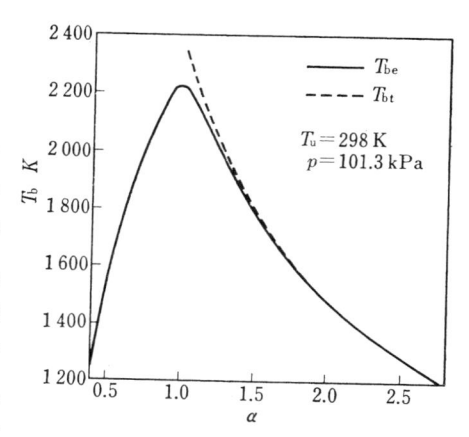

図 3.5 平衡断熱燃焼温度と理論断熱燃焼温度
(空気比 α のメタン-空気混合気)

なお，ここで取り上げた10成分以外の微量成分は温度や他の成分の濃度にほとんど影響しないので，10成分のどれかとの 部分平衡で計算すればよい．また，定容燃焼過程[2]，窒素を含まない純酸素燃焼[3]，多成分・多相系を対象とした一般的な平衡計算法[4]等を取り扱った文献もあるので，参照されたい．

3.2 節と 3.3 節では断熱燃焼だけを取り扱ったが，断熱条件を取り除くには，熱損失を Q_l [kJ/mol fuel] として，式 (3.21) と (3.22) を次のように変更すればよい．

$$H_b = H_u - Q_l \text{ [kJ/mol fuel]} \tag{3.49}$$

$$U_b = U_u - Q_l \text{ [kJ/mol fuel]} \tag{3.50}$$

また，式 (3.49) で工業仕事 W_t，式 (3.50) で膨張仕事 W を考慮することも可能である．ただ，その場合は等圧燃焼もしくは等容燃焼という条件が成立しないので，若干の注意が必要である．

文　献

(1) Chase, M. W, Jr. ほか，NIST-JANAF Thermochemical Tables, Pt. 1 & Pt. 2. 4th Edition, (1988), Am. Chem. Soc.
(2) Agrawal, D. D. and Gupta, C. P., Trans. ASME, Ser. A, **99**-2 (1977), 246.
(3) Harker, J. H. and Allen, D. A., J. Inst. Fuel, **42**-340 (1969), 183.

(4) Zeleznik, F. J. and Gordon, S., Ind. Eng. Chem., **60**-6 (1968), 27.

参 考 書

疋田　強・秋田一雄, 改定　燃焼概論〈標準応用化学講座19〉, (1982), コロナ.
石谷清幹(編), 熱管理士教本, (1977), 共立出版.
Penner, S. S., Chemistry Problems in Jet Propulsion, (1957), Pergamon.
Penner, S. S., Thermodynamics for Scientists and Engineers, (1968), Addison-Wesley.
Strehlow, R. A., Combustion Fundamentals, (1984), McGraw-Hill.
Strehlow, R. A. (水谷幸夫訳), 基礎燃焼学, (1973), 森北出版.
Borman, G. L. and Ragland, K. W., Combustion Engineering, (1998), McGraw-Hill.

演習問題

(1) 1.3.3 節に記されたガス化反応 (R2)〜(R9) による発生熱量と吸収熱量を, 付録Aに記載された JANAF の表を用いて, 正確に計算し直せ. ただし, Cはグラファイトと見なし, 反応条件は 0.1 MPa, 298.15 K とする.

(2) 2.2.1 節に与えられた燃料の一段不可逆総括反応式 (R14) に対する反応速度の経験式 (2.5) において, m と n が定数, $k=0$ として, $T=1000, 1500, 2000$ K における水素, 一酸化炭素, メタンの反応速度を計算し, 1500 K に対する相対値の形で回答せよ. なお, 総括活性化エネルギーの値としては, 本文に推奨された $E=239, 327, 121$ kJ/mol を用いよ.

(3) 一酸化炭素を初期温度 25℃, 空気比 1.2 で理論断熱燃焼させたときの燃焼温度をエンタルピーバランス法で計算せよ.

(4) 2.5.2 節で例にとった初期温度 298 K, 空気比 1.3 のメタン-空気混合気を低発熱量の 50% の熱損失で燃焼させる問題を, エンタルピーバランス法で計算せよ. その際, 低発熱量の値は 3.1.2 節で説明した方法で, 生成熱から計算せよ.

(5) メタンを 0.1 MPa, 298.15 K で理論断熱燃焼させる際に, 空気比 1.0 で燃焼させるのと, 空気比 1.5 で燃焼させるのとで, エクセルギー損失率にどの程度の差が出るか.

(6) 0.1 MPa の圧力下で CO_2 を 2000 K に加熱したとき, 分圧にして, いかほどの CO が生じるか. また, 同温度で 1 MPa に加圧すると, CO の分圧はどれだけ変化するか. ただし, CO_2, CO, O_2 以外の化学種は考慮しなくてよい. また, CO の分圧は全圧に比べて小さいとして, 概算してよい.

(7) SO_3 は排気中の水分と反応して硫酸になり, ボイラの低温部を腐食するので, SO_3 の生成量を減らすために, 過剰酸素量を切り詰める低空気比燃焼が行われる.
　　(a) 排気中の酸素分圧が 0.1 bar, 排気温度が 1000 K の場合に SO_3 と SO_2 の分圧の比 r はいくらか.

(b) 他の条件は同じにして，排気中の酸素分圧だけを 0.1 bar から 0.01 bar にまで下げたとすると，分圧比 r はどれだけ低下するか．

(c) さらに，排気温度を 400 K に下げると，分圧比 r はどうなるか．

(注) 低温では反応速度が激減し，煙突出口でこの答の値には達しない．

ただし，酸素量に比べて SO_2 と SO_3 の量は十分少ないとする．

(8) 同体積の A 分子のガスと B 分子のガスから成る混合気があり，反応
$$A + B \rightleftarrows 2C$$
によって，C 分子のガスが生成されるものとする．反応の間，混合気は 1 bar, 25℃ に保たれるものとして，平衡状態における各成分ガスの分圧を計算せよ．ただし，25℃ における上記反応の平衡定数 K は 0.2 とする．

第 4 章
気体燃料の燃焼

　気体燃料の燃焼はあらゆる燃焼現象の基本となるものである．固体燃料の表面反応を除けば，通常の燃焼反応はすべて気相中で進行する．液体燃料の蒸気，固体燃料の揮発分，すべてそうである．したがって，気体燃料の燃焼を十分に学ばなかった人には，燃焼現象を完全に理解することはできない．

　ここでは予混合火炎がどのような構造を持ち，どのようにして伝ばしてゆくのか，乱流中ではどのような性質を示すのか，火炎がバーナや燃焼器内に安定する原理，点火・着火・爆発の起こる条件とそのプロセス，拡散火炎はどのような構造を持ち，火炎の長さや安定性はどのようにして決まるのか，などについて説明する．微分方程式を使った理論的な説明も出てくるが，その部分を飛ばしていただいても全体の理解に支障がないように工夫しておいた．

4.1 気体燃料の燃焼形態

　気体燃料の燃焼形態は**連続燃焼（バーナ燃焼）**と**間欠燃焼（容器内燃焼）**に大別される．前者はバーナを使って流れの中に静止した火炎を作るもので，できるだけ変動の少ない連続した燃焼を行わせる．後者は容器内に閉じ込めた可燃混合気に点火するか，容器内に閉じ込めた高温空気中に燃料を噴射して着火させることにより，間欠的に燃焼を起こさせる．なお，高温の容器内に閉じ込められた可燃混合気が自発的に着火する現象を**爆発**と呼び，点火源からの火炎伝ばや噴射燃料の自発着火による間欠燃焼と区別することもある．

　また，別の観点から気体燃料の燃焼形態を分類すると，予混合燃焼，部分予混合燃焼，拡散燃焼に分けられる．**予混合燃焼**は燃料と空気とをあらかじめ混合した上で燃焼させるもので，火炎が伝ばするという特徴を有する．それに対して，**拡散燃焼（非予混合燃焼）**は燃料と空気の境界で燃焼が起こるもので，その火炎には伝ば性はない．**部分予混合燃焼**は拡散燃焼を加速するために，火炎の伝ば性が高くならない程度の空気を燃料に混合しておくものである．ブンゼンバーナで十分な空気を取り入れながら燃料を燃焼させると，きれいな円す

い形の青炎が形成され，燃焼負荷率（単位体積当たりの熱発生率）の高い燃焼状態が実現されるが，これが予混合燃焼である．この状態から空気口を閉じてゆくと，火炎は内炎と外炎に分かれ，次第に長さが延びてゆく．そして，混合気濃度が過濃可燃限界に近付くと内炎が消滅し，揺らいだ火炎が長く延びてゆく．空気口を全閉した状態が拡散燃焼で，火炎は青色から黄色または黄赤色に変わり，先端からすすを排出することもある．内炎が消滅するのは火炎に伝ぱ性がなくなったからで，このあたりの状態が部分予混合燃焼である．

さらに，火炎付近のガスの流れが層流か乱流かによって，**層流燃焼**と**乱流燃焼**に分けられる．流れが層流から乱流に変わると，火炎の性質が大きく変化し，火炎の厚みが増すとともに，予混合燃焼では火炎の伝ぱ速度が加速され，拡散燃焼では火炎の単位面積当たりの燃焼率が増大する．ブンゼンバーナで流速を上げて量論混合比に近付けると，ゴーという燃焼音（**燃焼ごう音**と呼ぶ）がして火炎が白味を帯び，円すい状からブラシ状に変わるのは，層流燃焼から乱流燃焼への遷移が生じたためである．

以上3種類の分類をまとめてみると，表4.1のようになる．分類A, B, Cは任意の組み合わせが可能であり，層流拡散連続燃焼，乱流予混合間欠燃焼などの組み合わせが得られる．なお，"燃焼"という言葉を"火炎"に置き換えると，この表は火炎の分類表となる（予混合火炎，層流火炎など）．

表 4.1 燃焼形態の分類

分類法	分類 A	分類 B	分類 C
名 称	連 続 燃 焼	予混合燃焼 部分予混合燃焼	層 流 燃 焼
	間 欠 燃 焼	拡 散 燃 焼	乱 流 燃 焼

4.2 層流予混合燃焼

4.2.1 層流予混合火炎の構造

典型的な層流予混合火炎は乱れのないブンゼン火炎である．その厚みは圧力や混合気の組成によって大きく異なるし，定義の仕方によっても変わってくる．もし，火炎厚みを温度や化学種濃度が明確に変化する範囲と定義すれば，大気圧下の炭化水素火炎では $0.1 \sim 1\,\mathrm{mm}$ である．ブンゼン火炎が円すい形をしていることからも分かるとおり，層流予混合火炎は通常，流れに対して傾い

(a) 傾斜平面火炎 　　　(b) 等価一次元火炎

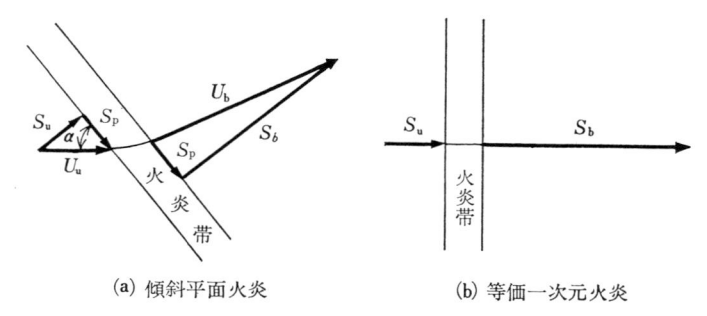

図 4.1　層流予混合火炎の流れ場

て形成される．傾斜火炎付近の流れの様子を描くと，図 4.1(a) のようになる．厚みに比べて火炎の曲率半径が十分大きいときには，火炎は平面とみなしてよい．

　未燃混合気は U_u なる速度で，火炎面に α なる角度をもって流入するが，これは火炎面法線方向の速度成分 S_u と平行な速度成分 S_p に分けられる．このガスは熱膨張によって法線方向に加速されて，火炎帯出口では S_b なる法線方向分速度を持つに至るが，火炎面に平行な方向には加速要因がないので，S_p なる初期の分速度を保つ．したがって，燃焼ガスは S_b と S_p の合速度 U_b を持つに至る．このような火炎は流速 S_u の未燃混合気流中に直交して静止する一次元平面火炎［図 4.1(b)］と同じ構造を持つことが知られている．

　この**等価一次元火炎**の構造を模型的に描くと，図 4.2 のようになる．混合気は速度 S_u で**火炎帯**に入り，反応・膨張して，速度 S_b で出てゆく．T_b は燃焼ガスの断熱平衡温度に近い．この温度曲線には変曲点があるが，その上流側では反応による発生熱量以上の顕熱上昇があり，その熱は下流側から熱伝導で供給されるものであるから，変曲点の上流側を**予熱帯**，下流側を**反応帯**と呼ぶ．一方，反応物質（**燃料**と**酸素**）は予熱帯では主として分子拡散によって，反応帯では反応と分子拡散によって濃度が低下

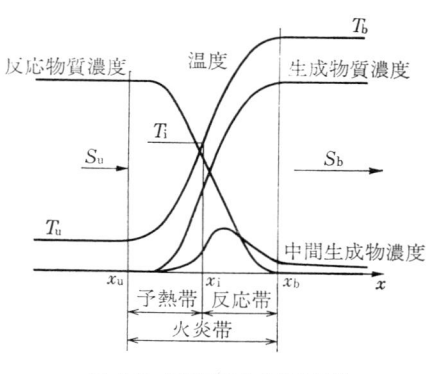

図 4.2　層流予混合火炎の構造

し，出口までに消滅する．中間生成物（CO, H_2, OH, O, H 等）の濃度は温度変曲点の上流で立ち上がって，反応帯の中ほどでピークを持ち，最後は平衡濃度に漸近する．また，生成物は反応物質が減少するにしたがって増加し，平衡濃度に漸近する．

予熱帯と反応帯の境界の温度 T_i は"着火温度"と呼ばれることがあるが，同じ燃料に対しても火炎毎に異なる値を持ち，その火炎で反応が盛んになる温度と理解すべきである．S_u と S_b はごく低い亜音速であるので，火炎上・下流の圧力差はほとんどない（1%以下）．ふく射によるわずかな熱損失を除けば，火炎の上流と下流で比エンタルピーは等しいが，火炎帯の内部では複雑に変化する．すなわち，予熱帯ではほとんど反応を伴わずに温度が上昇するので，顕熱上昇分だけ比エンタルピーは増加しようとする．ところが，たとえ反応はなくとも，図4.2に見られるように，拡散によって生成エンタルピーの高い反応物質の濃度は低下し，生成エンタルピーの低い燃焼生成物の濃度は上昇するので，顕熱の上昇が生成エンタルピーの減少で相殺され，比エンタルピーはほとんど変化しない．同じことが反応帯についても言えるので，比エンタルピーは熱伝導，分子拡散，化学反応の競合によって複雑に変化することになる．

4.2.2 燃焼速度と火炎伝ぱ速度

図4.2に示した構造の火炎は，熱伝導，分子拡散，化学反応を原動力として，自力で伝ぱする性質を持っている．火炎は複雑な形を持ち，自分で誘起した流れに乗って火炎各部の法線方向に伝ぱするが，静止観察者から見た見掛けの伝ぱ速度のことを**火炎伝ぱ速度**と呼ぶ．それに対して，火炎前方の未燃混合気に相対的な火炎伝ぱ速度の火炎面法線方向の分速度（図4.1(a)の $S_u = U_u \sin\alpha$）を**燃焼速度**と呼ぶ．燃焼速度は，単位面積の火炎面が単位時間に消費する未燃混合気の体積と定義することもでき（数値は変わらない），複雑な形状の火炎にはこの方が便利である．火炎伝ぱ速度がガスの流動や火炎形状の影響を受けるのに対し，層流予混合火炎の燃焼速度は燃料の種類と混合気の組成，温度，圧力に対応した固有の値を持ち，これを**層流燃焼速度**と呼ぶ．

層流燃焼速度の測定法は種々考案されているが，比較的よく利用される方法は，（1）スロットバーナ法，（2）ブンゼンバーナ法，（3）平面火炎バーナ法，（4）シャボン玉法／球形容器中心点火法などである．

スロットバーナ法は縦横比3以上の長方形出口を持つ縮流ノズルから混合気

を吹き出させて，テント状の火炎を作るもので，長辺中央部での流れ模様を描くと，図4.3のようになる．燃焼速度は未燃混合気の法線方向分速度 S_u であるが，

$$S_u = U_u \sin\alpha \; [\text{m/s}] \qquad (4.1)$$

であるから，未燃混合気の流速 $U_u\,[\text{m/s}]$ ならびに流線と火炎面のなす角 α を測定すれば，燃焼速度が決定できる．

ブンゼンバーナ法においても，同様の方法で燃焼速度を決定することもできるが，単位火炎面積当たり，単位時間に消費される未燃混合気の体積という，第二の燃焼速度の定義を用いて，

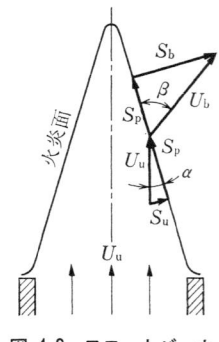

図 4.3 スロットバーナ火炎の流れ場

$$S_u = \frac{V_u}{A_f} \; [\text{m/s}] \qquad (4.2)$$

から燃焼速度を決定するのが普通である．ここで，V_u は未燃混合気の体積流量 $[\text{m}^3/\text{s}]$，A_f は火炎写真から回転面として計算された火炎面積 $[\text{m}^2]$ である．火炎の先端と根元に傾斜平面火炎とは言えない部分があり，その影響で10～20％の誤差が出るが，手軽で，燃焼速度の高い混合気に用いて便利である．

スロットバーナ法でもブンゼンバーナ法でも，火炎の直接写真，影写真，シュリーレン写真のいずれもが利用可能であるが，図4.2の温度曲線の変曲点の像が得られるシュリーレン写真が最も適している．直接写真は化学反応の最も盛んな中間生成物濃度のピーク位置に，また影写真は温度曲線の曲率の極大点に対応するが，シュリーレン像が火炎帯の中心に最も近いからである．

平面火炎バーナ法は図4.4に示すような平面火炎バーナ（ポーリングバーナ）によって平面火炎を作って，流速と燃焼速度をバランスさせ，その流速を燃焼速

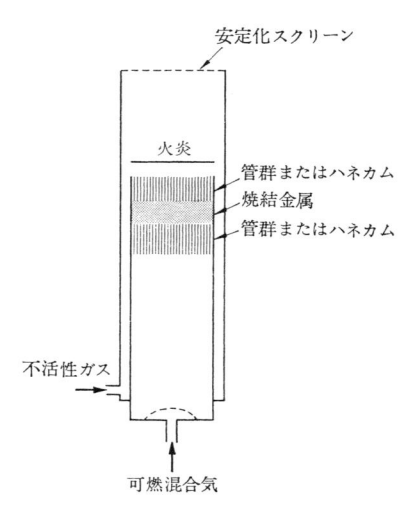

図 4.4 平面火炎バーナ[1]

度とするものである．これは一見，理想的な方法に思えるが，そうではない．というのは，流速を下げると火炎が管群マトリクスに密着して熱を奪われ，断熱火炎でなくなるし，流速を上げると火炎に凹凸が生じて，平面火炎でなくなる．したがって，断熱平面火炎を作るのは至難の技で，熱損失と流速との関係を調べて，外そう法で熱損失が零となる流速を求め，それを燃焼速度とすることがある[2]．むしろこれは熱損失のある平面火炎の研究に適している．

シャボン玉法は図 4.5 に示すように混合気でシャボン玉を作り，その中心で火花点火して，その後の火炎球の成長速度から燃焼速度を決定する．この場合，火炎球内部の燃焼ガスは静止しているから，観察される火炎球半径 r_f の増加率 dr_f/dt は S_u ではなく，S_b に等しい．火炎帯の厚みに比べて r_f が十分大きい場合，近似的に平面火炎と見なせるので，図 4.1(b) に連続則を適用して，

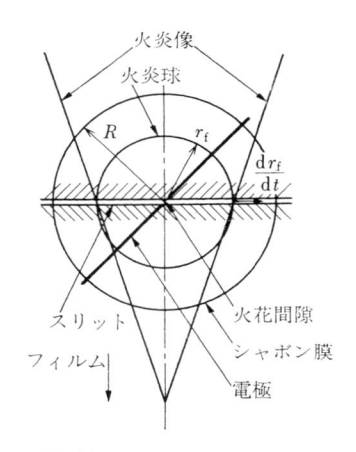

$$S_u \rho_u = S_b \rho_b$$

図 4.5 シャボン玉-流し写真法

よって，

$$S_u = \left(\frac{\rho_b}{\rho_u}\right) S_b = \left(\frac{\rho_b}{\rho_u}\right)\left(\frac{dr_f}{dt}\right) \tag{4.3}$$

dr_f/dt は図 4.5 に示すように，スリットを通して火炎の流し写真を撮ることにより決定できる．ρ_b/ρ_u は平衡計算で求めるか，燃焼前のシャボン玉の半径 R_1 と燃焼後の半径 R_2 から，定圧変化を仮定して，

$$\frac{\rho_b}{\rho_u} = \left(\frac{R_1}{R_2}\right)^3 \tag{4.4}$$

で求められる．ただし，この場合は不活性ガスの中で実験を行う必要がある．

球形容器中心点火法もほぼ同様である．異なる点はシャボン玉と違って，火炎球の成長とともに圧力が上昇してゆくことと，火炎の撮影が困難なことである．圧力が上昇すると燃焼ガスも圧縮されて中心方向に移動するので，$dr_f/dt = S_b$ という関係は成り立たなくなり，dr_f/dt と S_u の関係が複雑になる．

以上のいずれかの方法で測定された代表的な混合気の層流燃焼速度を図 4.6 に示す．炭化水素では量論混合比よりやや濃い当量比 1.05〜1.1 に燃焼速度の

極大点がくるが,一酸化炭素や水素では当量比が2以上のところに極大点がくる.このような燃焼速度の挙動は断熱火炎温度の傾向とよく対応している.したがって,未燃混合気の温度を上げると断熱火炎温度が上昇して,燃焼速度も増加する.また空気中の酸素濃度を増した場合も同様である.

4.2.3 層流予混合火炎の理論

層流予混合火炎の構造や伝ぱに関係するのは熱伝導,分子拡散,ならびに化学反応である.したがって,

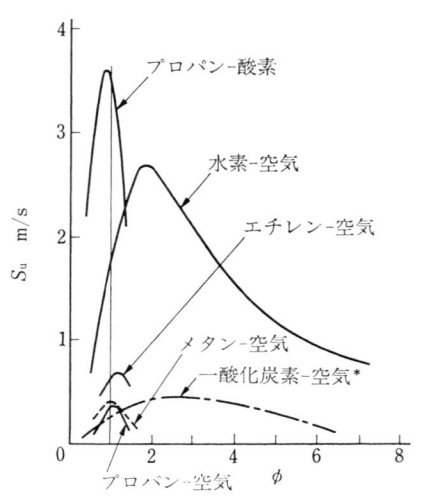

注)*水素 1.5%,水蒸気 1.35% を含む.
図 4.6 各種混合気の層流燃焼速度[3]

これらすべてを考慮して基礎式を立てなければ,火炎の構造も燃焼速度も正しく予測できないのは当然である.しかし,無数の素反応から成る連鎖反応と,多数の中間生成物の分子拡散を考慮して,厳密な理論解析を行うことは容易ではない.そこで,分子拡散を無視し,多数の素反応を一個の総括反応で代表させる**熱理論**と,熱伝導や温度上昇など熱に関係する現象を無視し,主要分子の拡散と反応だけを考慮する**拡散理論**が考案された.特に熱理論は燃焼現象の理解に適し,しかも層流予混合火炎の性質をかなりの程度まで説明できる.

そこで,まず層流予混合火炎の熱理論について説明し,続いて厳密な理論のあらましを説明する.後者は飛ばして読んでいただいても結構である.

A.熱理論 図4.2の温度曲線だけを取り出して描き直したものが図4.7である.$x=x_i \sim x_b$の範囲を反応帯と定義して,上流端と下流端の間でエネルギーのバランスを

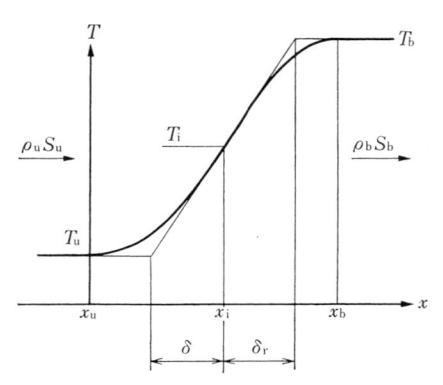

図 4.7 層流予混合火炎の熱理論モデル

とると，$(dT/dx)_b=0$ であるから，
$$S_l\rho_l h_l - [\lambda(dT/dx)]_l = S_b\rho_b h_b \tag{4.5}$$
さらに，$x=x_u\sim x_b$ の範囲を火炎帯と定義して同様のことをすると，$(dT/dx)_u = (dT/dx)_b = 0$ であるから，
$$S_u\rho_u h_u = S_b\rho_b h_b \tag{4.6}$$
ただし，S は流速，ρ は密度，h は比エンタルピー，λ は熱伝導率である．一次元火炎であるから，質量流量は火炎帯のどの位置においても変わらず（連続則），
$$S_u\rho_u = S_l\rho_l = S_b\rho_b \tag{4.7}$$
$x=x_u\sim x_l$ の予熱帯では化学反応が生じないとすると，組成一定だから，
$$h_l = h_u + c_{pm}(T_l - T_u) \tag{4.8}$$
ただし，c_{pm} は温度 $T_u\sim T_l$ の間の平均定圧比熱である．**予熱帯厚み δ と反応帯厚み δ_r** を図 4.7 のように定義すると，
$$\left(\frac{dT}{dx}\right)_l = \frac{T_l - T_u}{\delta} \tag{4.9}$$
式 (4.6)～式 (4.9) を式 (4.5) に代入して，整理すると，
$$S_u = \frac{\lambda_l}{c_{pm}\rho_u\delta} \tag{4.10}$$
ここで，$\delta\propto\delta_r$ と仮定する．δ_r が S_u に比例し，第 2 章の式 (2.5) で $m+n=N$，$k=N-1$，$T=T_b$ と置いた総括反応速度に逆比例するとすると*[1]，
$$\delta \propto S_u p^{1-N}\exp\left(\frac{E}{RT_b}\right) \tag{4.11}$$
また，M_u を未燃混合気の平均分子量とすると，
$$\rho_u \propto pM_u \tag{4.12}$$
式 (4.11) と式 (4.12) を式 (4.10) に代入すると，
$$S_u \propto \left(\frac{\lambda_l}{c_{pm}M_u}\right)^{1/2} p^{(N/2)-1}\exp\left(-\frac{E}{2RT_b}\right) \tag{4.13}$$
すなわち，層流燃焼速度は λ_l が大きいほど，また c_{pm} と M_u が小さいほど大きくなる．また，炭化水素の燃焼反応では $N\fallingdotseq 2$ であるから，$(N/2)-1\fallingdotseq 0$ で，燃焼速度は圧力にあまり左右されないことが分かる．しかし，燃焼ガス温

---

*[1] y をモル分率とし，理想気体の状態方程式を使うと，$[F]=py_F/(RT)$，$[O]=py_O/(RT)$ が得られるので，これらを式 (2.5) に代入し，$m+n=N$，$k=N-1$ と置くと，
$-dy_F/dt = f(p/R)^{N-1}y_F{}^m y_O{}^n \exp(-E/RT)$

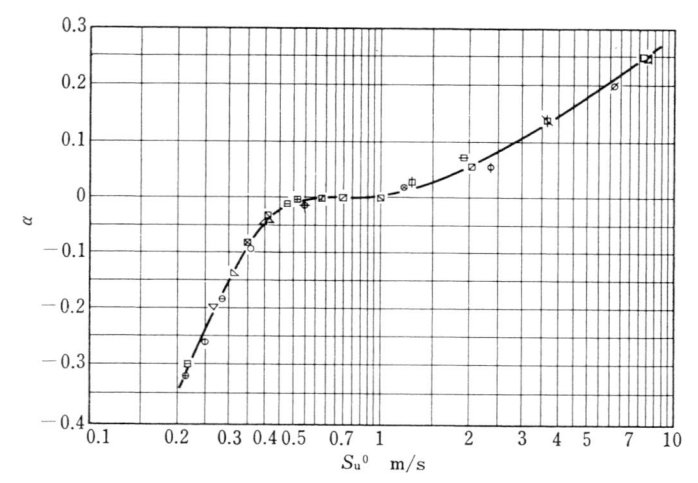

図 4.8 種々の炭化水素火炎に対する圧力指数 α [4]

度の影響は非常に大きい．

実験によると，燃焼速度の圧力依存性はつぎのように表せる．

$$\frac{S_\mathrm{u}}{S_\mathrm{u}^0}=\left(\frac{p}{p_0}\right)^\alpha \qquad (4.14)$$

ただし，S_u^0 は圧力 p_0 における S_u 値である．圧力指数 α の値は炭化水素 (CH_4, C_2H_4, C_3H_8)-酸素-窒素混合気に対しては，図 4.8 に示すように，燃焼速度の関数となる．式 (4.13) と (4.14) を見比べると，$\alpha=(N/2)-1$ であるから，図 4.8 から総括反応次数 N の値が推定でき，$S_\mathrm{u}=0.5\sim1.0$ m/s では $N\fallingdotseq2$，$S_\mathrm{u}<0.5$ m/s では $N<2$，$S_\mathrm{u}>1.0$ m/s では $N>2$ であることが分かる．

また，Hill と Hung は炭化水素-空気混合気の燃焼速度の圧力・温度依存性に対し，球形容器中心点火法のデータから，つぎの経験式を与えている[5]．

$$S_\mathrm{u}=S_\mathrm{u0}\left(\frac{p}{p_0}\right)^\alpha\left(\frac{T}{T_0}\right)^\beta \qquad (4.15)$$

ただし，S_u0 は圧力 p_0，温度 T_0 における S_u の値である．$p_0=0.1013$ MPa，$T_0=298$ K，当量比 $\phi=1.0$ としたときの S_u0, α, β の値が表 4.2 に与えられている．混合燃料に対する値も与えられているが，それについては原論文を参照されたい．

式 (4.10) を変形すると，

表 4.2　S_{u0}, α, β の値*

燃　料	S_{u0} m/s	α	β
メ　タ　ン	0.329	−0.299	1.80
エ　タ　ン	0.346	−0.121	1.55
プ ロ パ ン	0.342	−0.133	1.66

* $p_0=0.1013$ MPa, $T_0=298$ K, $\phi=1.0$, $p=0.1\sim4$ MPa, $T=300\sim500$ K.

$$\delta = \frac{\lambda_i}{c_{pm}\rho_u S_u} \tag{4.16}$$

ρ_u は圧力に比例するが，λ_i, c_{pm}, S_u は圧力によってあまり変化しないから，予熱帯厚み δ は圧力と燃焼速度に逆比例することになる．式 (4.16) で計算される予熱帯厚みは通常の炭化水素火炎に対して 0.02〜0.2 mm で，実際の火炎厚み 0.1〜1 mm に比べてかなり小さいが，後で出てくる火炎の伸長や曲率等，熱バランスに関する議論には，むしろこの値を使うべきであろう．

B．厳密な理論　熱理論はよくできた簡易理論ではあるが，当然のことながら分子拡散の影響を予測することはできない．したがって，水素火炎のように反応物質の拡散性が高かったり，一酸化炭素火炎のように拡散性のよい OH ラジカルが反応の中心的役割を果たすような火炎では，熱理論は誤った結果を与える．このような場合には拡散理論もよいが，それよりは厳密な理論を簡略化された化学反応スキーム（数個の素反応の組合せ）と組み合わせて，コンピュータに掛けるのが時代のすう勢である．

ここでは Hirschfelder と Curtiss[6] の理論を紹介する．この理論では時間変化項を含まない一次元定常基礎式を用い，ふく射伝熱は無視している．また，火炎前後の圧力差は小さいので運動方程式は省略し，連続則，拡散方程式，エネルギー式だけを考えている．

さて，流れの方向に x 軸をとり，ガスは s 種類の化学種（j 番目のものの分子式を X_j と書く）から成るとする．火炎内のある位置におけるガスの平均速度を S，S に相対的な X_j の拡散速度を V_j，したがって X_j の絶対速度を $S+V_j$ とする．すると，連続則はつぎのように書ける．

$$\sum_j [\rho_j(S+V_j)] = \rho S = \rho_u S_u \tag{4.17}$$

ただし，ρ_j は単位体積に含まれる X_j の質量 [kg/m³]，$\sum_j$ は $j=1\sim s$ の総和を表す．$\sum_j \rho_j = \rho$ であることを考慮して左辺を展開し，$\rho_j = 10^{-3}[X_j]M_j$

と置くと（$[X_j]$ はモル濃度 $[\text{mol/m}^3]$，M_j は分子量），

$$\sum_j [X_j] M_j V_j = 0 \tag{4.18}$$

D_j を X_j の拡散係数とすると，Fick の法則により，

$$[X_j] V_j = -D_j \frac{d[X_j]}{dx} \tag{4.19}$$

単位体積当たり化学反応による X_j の生成率を $R_j [\text{mol}/(\text{m}^3 \cdot \text{s})]$ とすると，単位面積の流路の $x = x \sim x + dx$ の区間での X_j の保存則から，

$$R_j dx = \{[X_j](S+V_j)\}_{x+dx} - \{[X_j](S+V_j)\}_x$$

$$\therefore \quad R_j = \frac{d\{[X_j](S+V_j)\}}{dx} \tag{4.20}$$

右辺のかっこを開いて，式 (4.19) を代入すると，

$$R_j = \frac{d}{dx}\left\{[X_j]S - D_j \frac{d[X_j]}{dx}\right\}, \quad (j=1, 2, \cdots, s) \tag{4.21}$$

これが化学種 X_j に対する拡散方程式で，化学種と同数の s 個成立する．

つぎに，エネルギー方程式を考える．$x = x$ におけるエンタルピー流束は $\sum_j [X_j](S+V_j)H_j$，反応帯出口 $x = x_b$ におけるエンタルピー流束は，ここでは濃度こう配が零，したがって $V_j = 0$ であるから，$\sum_j [X_j]_b S_b H_{jb}$ で与えられる．なお，X_j のモルエンタルピー $H_j [\text{J/mol}]$ は第 3 章の式 (3.6) で与えられる．したがって，$x = x \sim x_b$ の間でのエンタルピーの増加量は

$$\sum_j [X_j]_b S_b H_{jb} - \sum_j [X_j](S+V_j)H_j$$

対象が定常火炎であるから，このエンタルピー増加は熱伝導による熱の流入によって賄われているはずである．しかし，$x = x_b$ においては温度こう配は零で，熱伝導は生じないから，先のエンタルピー増分は $x = x$ の断面を通してこの領域に伝導してくる熱流束 $-\lambda dT/dx$ で賄われる．したがって，

$$-\lambda \frac{dT}{dx} = \sum_j [X_j]_b S_b H_{jb} - \sum_j [X_j](S+V_j)H_j \tag{4.22}$$

この式を書き直すと，求めるエネルギー式がつぎのように得られる．

$$S_b \sum_j [X_j]_b H_{jb} = S \sum_j [X_j] H_j - \sum_j H_j D_j \frac{d[X_j]}{dx} - \lambda \frac{dT}{dx} \tag{4.23}$$

上式の右辺の 3 項はそれぞれ $x = x$ の断面を通しての対流，拡散，伝導による熱流束を表している．

連続則 [式 (4.17)]，s 個の拡散方程式 [式 (4.21)]，ならびにエネルギー式 [式 (4.23)] を連立させて，R_j，H_j，D_j，λ を温度とガス組成の関数として与える

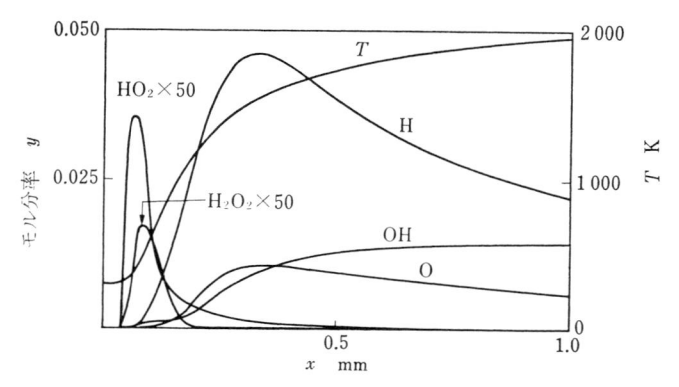

図 4.9 厳密な理論で予想される水素-空気火炎の構造[7]
（安定化学種のモル分率は省略，量論混合比）

補助代数式とともに解けば，燃焼速度 S_u ならびにガスの温度と組成の分布が求まる．ただし，これは S_u の特定の値に対してのみ定常解が得られる固有値問題であり，$x=-\infty$ に境界条件を設定すると，$T_u=0\,\mathrm{K}$ でない限り，混合気は火炎に到達するまでに反応を完了して，燃焼ガスだけがやってくるという冷境界問題とあいまって，解を得ることは容易ではない．最近では非定常基礎式をコンピュータで数値的に解くことによって，この困難を回避する傾向にある．

熱理論は式（4.23）の右辺第 2 項，すなわち拡散熱流束の項を無視してエネルギー方程式を解いたことに相当する．しかし，式（4.23）の右辺の第 2 項と第 3 項は絶対値が同程度の大きさであり，符号は第 2 項が正，第 3 項が負となって，相殺しあう．水素や一酸化炭素の火炎では第 2 項が優勢となり，反応領域が上流に寄って，予熱帯と反応帯の区別が不明りょうになる．これが，それらの火炎で燃焼速度のピークが過濃側に寄る原因である．

図 4.9 に 水素-空気火炎に対して 非定常基礎式を差分法で計算した結果の一例[7]を示しておく．この図から上述のことが見てとれるであろう．

4.2.4 バーナ火炎の吹き飛びと逆火

予混合バーナ火炎の流れ場は図 4.3 のようなものであるが，火炎面に沿う流速成分 S_p が存在するために，火炎の各部は 火炎面に沿って 斜め上方へと S_p なる速度で移動することになる．このことから，バーナ火炎は火炎基部に連続的に点火が行われる付着点を持たなければならない．付着点での連続的な点火

機構としては，（1）バーナ管内壁に沿う境界層速度こう配を利用する，（2）バーナリム後流の還流領域を利用する，（3）リング状のパイロット火炎や高温ガス流れを利用する，といった方法がある．

ところで，図4.2において，もし火炎帯の上流（左）側に固体壁を置いたとすると，未燃混合気の流速 S_u は零となるから，この場合には火炎が固体壁に向かって S_u なる速度で伝ぱすることになる．固体壁に火炎帯の上流端が接触するまでは，火炎は一定速度 S_u で伝ぱするが，その後は火炎の温度こう配部に固体壁が掛かるので，固体壁への熱損失のため，火炎温度 T_b，ひいては燃焼速度 S_u が低下し，ついには $S_u=0$ となって，それ以上，火炎は固体壁に近付かなくなる．中間生成物濃度のこう配部にも固体壁が掛かっていれば，当然活性化学種も固体壁に拡散して，表面停止反応を受ける．したがって，表面付近には化学反応，ひいては化学発光の見られない領域が出現する．このように，固体壁が火炎から熱や活性化学種を奪って，燃焼速度を引き下げる現象を固体壁の**消炎作用**と呼ぶ．また，化学発光が見られない領域のことを**無炎領域**と呼ぶ．

（1）の境界層速度こう配を利用する方法は，境界層内で流速が壁面からほぼ直線的に増加する現象と，壁面の消炎作用により燃焼速度が壁面からの最短距離 s の関数として変化する現象とを利用する．その関係を図4.10に示す[8]．境界層の厚みを一定とすると，そこでの速度こう配 g_u は主流速度に比例する．

（a）火炎の位置　　（b）流速と燃焼速度の分布

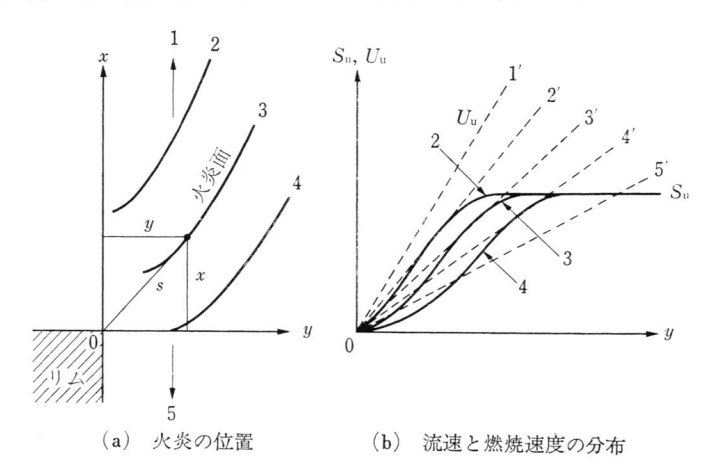

図 4.10 境界層速度こう配による火炎の付着機構[8]

一方，火炎要素と壁面との最短距離 s と火炎要素の座標 (x, y) との関係は，
$$s = (x^2 + y^2)^{1/2} \tag{4.24}$$

壁面の消炎作用は形状効果を無視すると s の関数であるから，燃焼速度 S_u も s の関数である．したがって，図4.10(a)で火炎が 4, 3, 2 と上方へ移動すると，燃焼速度曲線は同図(b)で 4, 3, 2 と左方へ移動する．このような燃焼速度分布を持つ火炎とバランスする流速分布を直線 4′, 3′, 2′ とする．対応する燃焼速度曲線と流速分布曲線とは一点で接するが，その点で燃焼速度と流速とが釣り合い，火炎が安定化される．これが火炎付着の原理であり，流速と燃焼速度の釣り合う点が火炎の**付着点**である．

図4.10(a)の火炎4はバーナ管内へ逆火する直前の火炎である．これ以上火炎が下降して，バーナ管内に侵入しても，s と y の関係は変化しないから，流速こう配が直線 5′ まで低下すると，燃焼速度が流速を上回る場所ができて，火炎はバーナ管内を下降し続ける．この現象を**逆火**と呼び，直線 4′ の速度こう配を**逆火限界速度こう配**と呼ぶ．また，火炎2は吹き飛び寸前の火炎で，直線 1′ のように流速こう配が増して，火炎が上方へ移動すると，バーナリムの消炎作用は減少しても，周囲空気との混合による希釈効果の方がそれを上回り，かえって燃焼速度が低下する．したがって，火炎のいずれの点においても燃焼速度が流速を下回り，付着点がなくなって，火炎が吹き飛んでしまう．この現象を火炎の**吹き飛び**と呼び，直線 2′ に相当する速度こう配を**吹き飛び限界速度こう配**と呼ぶ．

ところが，混合気濃度が上昇して過濃領域に入ると，図4.11に示すように，周囲空気による希釈によって燃焼速度がかえって上昇し，しかも最適混合比の位置が低流速の周囲空気側へと移動するので，混合比が上昇するほど，吹き飛び限界速度こう配も上昇する．ただ，過濃混合気では，火炎が吹き飛ぶまでに，火炎基部がリムから離れて浮き上がる**浮き上がり火炎**が見られるようになり，しかも，一たん浮き上がると，火炎基部をリムに**再付着**させるには，流速こう配を**浮き上がり限界**よりさらに下げなければならない．

以上述べた現象を図示すると，図4.12のようにな

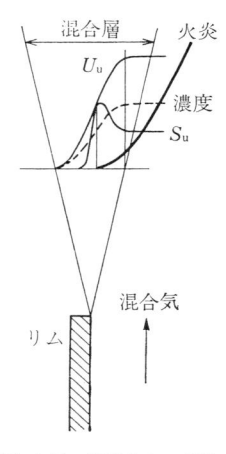

図 4.11 過濃火炎の付着機構

る．これは静止空気中に上向きにブタン-空気混合気を吹き出した場合の火炎安定範囲を境界層速度こう配 g_u と当量比 ϕ で整理したものである．予混合火炎に比べて，部分予混合火炎や拡散火炎は逆火の心配もなく，吹き飛びも起こりにくいことが分かる．

上記の現象は自由噴流火炎，またはバーナリムを薄く仕上げた同軸噴流火炎バーナで観察されるが，同軸噴流火炎バーナでリムに数mm程度の厚みを持たせると，リム後流に還流領域が形成され，それが点火源となって火炎の安定範囲が非常に広くなる[10][11]．また，バーナリムに円環状のパイロットバーナを設けると，さらに安定性が増す．しかし，この場合でも，境界層速度こう配があまり大きくなると，境界層を横切って主流の方へ火炎が伝ぱできなくなる．

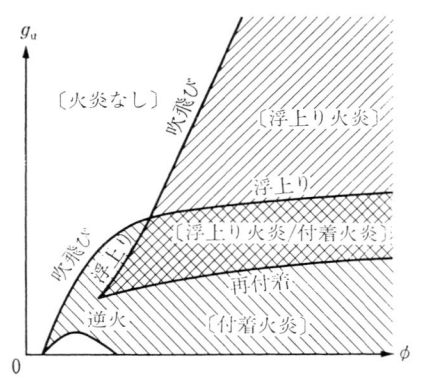

図 4.12 バーナ火炎の挙動[9]

いま，図 4.13 に示すように，$g_u=\partial U_u/\partial y$ なる流速こう配を持つ流れの中に，予熱帯厚み δ，曲率半径 R の火炎が存在している状況を考える．火炎の法線方向に η 軸をとり，それが温度曲線を折線近似した予熱帯の出入り口（図 4.7 参照）と交わる点を A，B とする．流れ方向（x 軸の方向）と η 軸のなす角を θ とすると，点 A と B を通る流線の間隔 Δy は $\delta\sin\theta$，各流線に沿う質量流束は $\rho_u U_u$ ならびに $\rho_u(U_u+g_u\Delta y)$ である．これは点 A で $\rho_u U_u \cos\theta$ であった η 軸方向の質量流束が点 B で $\rho_u(U_u+g_u\Delta y)\cos\theta$ に増加すること，すなわち図 4.7 において，上流に行くほど質量流束が増加してゆくことを意味している．発熱する混合気より予熱すべき混合気の方が多いのであるから，火炎帯出口温度 T_b が低下し，燃焼速度は減少する．

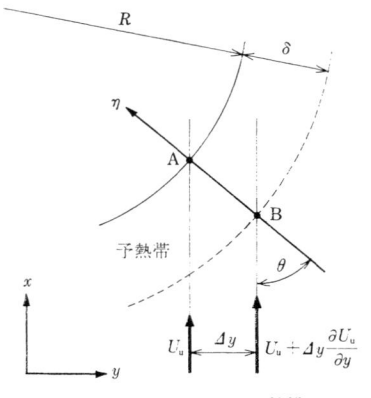

図 4.13 伸長吹消えの機構

点AからBまでの質量流束の増加率は $1+(g_u/U_u)\delta\sin\theta$ であり，火炎の吹消えが起こる $\theta=90°$ 付近では $\sin\theta=1$ であるので，

$$K = \frac{g_u \delta}{U_u} \qquad (4.25)$$

とおいて，このKのことを**カルロヴィッツ数**と呼ぶ．$K=1\sim2$ で火炎はせん断層を横切って伝ばすることができなくなり，流れと平行になったところで消滅する．これを**伸長吹消え**と呼ぶ[*2]．

ところで，$S_u = U_u \cos\theta$ なる関係があるために，せん断層内では

$$g_u = \frac{\partial U_u}{\partial y} = \frac{\partial}{\partial y}\left(\frac{S_u}{\cos\theta}\right) = S_u \sin\theta \sec^2\theta \frac{\partial\theta}{\partial y}$$

なる関係にしたがって θ が増加する．ここで火炎面に沿って s 軸をとり，火炎の曲率半径を R とすると，

$$\frac{\partial s}{\partial y} = \sec\theta, \quad \frac{\partial\theta}{\partial s} = \frac{1}{R}$$

であるから，

$$g_u = \frac{U_u}{R}\sin\theta \sec^2\theta$$

となって，火炎面は

$$\frac{1}{R} = \frac{g_u}{U_u}\cos^2\theta \csc\theta \qquad (4.26)$$

なる曲率を持つことになる．これに式（4.25）を代入すると，

$$\frac{\delta}{R} = K\cos^2\theta \csc\theta \qquad (4.27)$$

4.3 乱流予混合燃焼

4.3.1 乱流の性質と諸量の定義

乱流とはある位置における瞬間流速が時間平均値を中心として，ランダムに変動する流れである．流速こう配が大きな渦を作り，その渦運動が小さな渦を発生させて，最後には流体の粘性によって分子運動，すなわち熱エネルギーに変わる．したがって，流れには大小さまざまな渦が含まれ，大渦の中に小渦

[*2] 火炎の法線方向に既燃側から未燃側へ質量流束が増加してゆく状況を火炎伸長と呼ぶが，これは流線の間隔が次第に開いてゆく減速流（衝突流等）で同様の状況が見られ，あたかも火炎が横に引き伸ばされているように見えることから付けられた名称と考えられる．

が，さらにその中に微細渦が含まれている．このような場での燃焼を考えるために，乱流の基本的な性質について考え，議論に必要な諸量を定義する．

平均流の方向に x 軸，それに直角に y 軸と z 軸をとり，それぞれの方向の瞬間流速を $U+u, v, w$ とする．ただし，U は**時間平均流速**，u, v, w は**流速の変動成分**である．後者を時間平均した $\bar{u}, \bar{v}, \bar{w}$ はすべて零である．ここで，変動成分の二乗平均値（RMS 値）$\sqrt{\overline{u^2}}, \sqrt{\overline{v^2}}, \sqrt{\overline{w^2}}$ を**乱れの絶対強さ**，それらの U に対する割合，

$$I_x = \sqrt{\overline{u^2}}/U, \ I_y = \sqrt{\overline{v^2}}/U, \ I_z = \sqrt{\overline{w^2}}/U \tag{4.28}$$

を**乱れの相対強さ**と呼び，通常は百分率で表す．また，

$$I_x = I_y = I_z = I \tag{4.29}$$

であるような乱れを**等方性乱れ**，そうでない乱れを**非等方性乱れ**と呼ぶ．

乱れは広い周波数スペクトルを持ち，構造が非常に複雑である．そこで，その性質を表すために統計的手法が用いられるが，ここでは等方性乱れに最も基本的なつぎの相関係数を考える．

$$g(y) = \frac{\overline{u(0) \cdot u(y)}}{\sqrt{\overline{u(0)^2}} \cdot \sqrt{\overline{u(y)^2}}} \tag{4.30}$$

これは $y=0$ と $y=y$ の2点間での u の相関を表す．等方性乱流の理論[12]によると，$g(y)$ の曲線は $y=0$ において，次式で表される放物線に接する．

$$g_0(y) = 1 - \frac{y^2}{l_T^2} \tag{4.31}$$

l_T は等方性乱れの**ミクロスケール（テーラースケール）**と呼ばれ，図 4.14 に示すように，上記放物線が y 軸と交差する点に対応する．前述のように**乱流運動のエネルギー**

$$k = (\overline{u^2} + \overline{v^2} + \overline{w^2})/2 \tag{4.32}$$

は流速こう配によって作られ，小渦，微細渦を経て分子運動へと消散してゆくが，l_T と**乱れエネルギーの消散率** $\varepsilon = -\mathrm{d}k/\mathrm{d}t$ との間にはつぎの関係がある．

$$\varepsilon = \frac{15 \nu \overline{u^2}}{l_T^2} \tag{4.33}$$

ただし，ν は動粘度である．なお，l_T は次

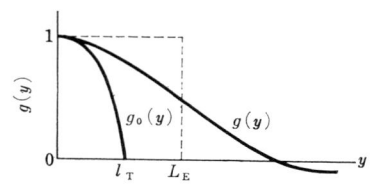

図 4.14　相関係数と乱れのスケール

式でも定義される．

$$\frac{2\overline{u^2}}{l_T^2} = \overline{\left(\frac{\partial u}{\partial y}\right)^2} \tag{4.34}$$

さらに，乱れの**マクロスケール（オイラスケール）** L_E が次式で定義される．

$$L_E = \int_0^\infty g(y)\,dy \tag{4.35}$$

L_E は曲線 $g(y)$ の下の面積と等しい面積を持つ，単位高さの長方形（図4.14に破線で示す）の底辺の長さに対応する．L_E は大きな渦の代表半径，l_T はこの渦に含まれる小渦の代表半径と見なし得る．

大渦が小渦とエネルギーを交換する割合は乱れエネルギー k に比例し，渦運動の特性時間 $L_E/\sqrt{\overline{u^2}}$ に逆比例する．したがって，小渦が受け取るエネルギーの割合は $(\overline{u^2})^{3/2}/L_E$ に比例することになるが，定常状態においては，これは粘性により渦運動から分子運動に遷移する乱れエネルギーの消散率 ε と釣り合っていなくてはならない．したがって，

$$\varepsilon \propto \frac{(\overline{u^2})^{3/2}}{L_E}$$

これに式（4.33）を代入すると，

$$\frac{l_T^2}{L_E} = \frac{c\nu}{\sqrt{\overline{u^2}}} \tag{4.36}$$

上式の c は比例定数で，Dryden の実験によると 48.64 という値を持つ[13]．よって等方性乱流においては，l_T は比較的測定しやすい L_E から計算することができる．

前述のように，l_T は ε と密接な関係を持つが，Kolmogorov は一歩進めて，ε と ν だけを用いて**コルモゴロフスケール** l_K を定義した．すなわち，

$$l_K = (\nu^3/\varepsilon)^{1/4} \tag{4.37}$$

これは分子運動に変わる寸前の微細渦の代表寸法と見られ，粘性の影響でこれより小さな渦は存在し得ないと考えられている．これから，大まかに見て，乱流中には $l_K \sim L_E$ のスケールの渦が含まれていると考えてよい．

以上の説明は式（4.29）が成立する等方性乱流にのみ当てはまる．等方性乱流は金網の20メッシュ以上下流で観察されるが，円管内では管軸付近を除いて乱れは等方的ではなく，燃焼装置でも等方性乱流の観察される領域はごく限られている．したがって等方性乱流の理論を適用できないケースのほうが多い訳

であるが，乱流燃焼の知識が乱れの非等方性を問題にするまでには至っていないので，等方性乱流を仮定した議論が多く見られる．

4.3.2 乱流予混合火炎の構造と伝ぱ機構

実用燃焼装置における流れは，ほとんどの場合，乱流であるが，そのような場を伝ぱする予混合火炎は，つぎの点で層流予混合火炎とは異なっている．

（1） 燃焼速度が層流予混合火炎の数倍から，ときには数十倍に達する．

（2） 0.1～1 mm 前後であった火炎の厚みが数 mm から，ときには数十 mm に増加する．

（3） 薄い青色を呈していた火炎が白味を帯び，輝度が格段に高くなる．

（4） 火炎の背後にかなりの未燃分が残存する．

乱流予混合火炎と層流予混合火炎の最も顕著な差異は，前者の燃焼速度が後者に比べて格段に高いということである．乱れが燃焼速度を増加させる機構としては，次のものが考えられる．

（1） 乱れが層流火炎をひずませて凹凸もしくは**火炎断片（フレームレット）**を作り，火炎面積を増加させる（**しわ状層流火炎**）．乱流燃焼速度 S_T と層流燃焼速度 S_L（これまで S_u と表記してきたもの）の比 S_T/S_L は火炎面積の増加率に比例して増加する（燃焼速度の第二の定義による）．

（2） 火炎が渦糸の集合体構造をとり，その渦糸に沿って発生する流れに運ばれて，火炎が高速で伝ぱする．

（3） 層流火炎の予熱帯厚み δ と同程度か，それ以下の小さなスケールの渦によって，熱や活性化学種の拡散速度が増し，それだけ火炎要素の伝ぱ速度が増加する．

（4） 小さな渦の急しゅんな流速こう配のために層流火炎が不安定化して（4.2.4節参照），燃焼ガス塊と未燃ガス塊の懸濁体を形成し，反応帯の厚みを著しく増大させる．この火炎構造は伝ぱ速度を加速するよりは，むしろ強い渦によって吹き消される寸前の構造という説もある（**分散反応火炎**）．

Ballal と Lefebvre[14] は入口中心軸上に半径 20 mm のパイロットバーナを持つ，長さ 310 mm，一辺 100 mm の正方形断面の燃焼器を用いて，プロパン-空気混合気の乱流燃焼速度 S_T を測定した．S_T は火炎のシュリーレン写真から決定した火炎帯の中心面と近寄り流れのなす角 θ，ならびに近寄り流れの

平均流速Uを用いて，
$$S_T = U_u \sin\theta \tag{4.38}$$
として求めた．その原理図を図4.15に示す．

かれらは乱れの強さとスケールによって，乱流火炎の構造が，(a) しわ状層流火炎，(b) 遷移火炎，(c) 分散反応火炎，と変化すると推測した．

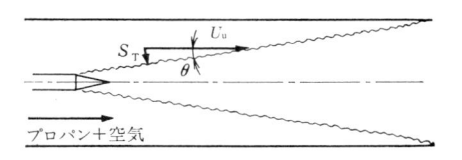

図 4.15 乱流燃焼速度の測定法

まず，乱れが弱く ($u' < 2S_L$，ただし $u' \equiv \sqrt{\overline{u^2}}$)，スケールが大きい ($l_K > \delta$) 場合には，**しわ状層流火炎**が形成される．前述のように，コルモゴロフスケール l_K より小さい渦は粘性により直ちに消散し，$l_K \sim L_E$ のスケールの渦が残るので，l_K が層流火炎の予熱帯厚み δ より大きければ，渦は層流火炎の構造を変えることなく，大きく波打たせるだけであろう．その様子を図4.16(a)に模型的に示す．この場合には，前述の(1)と(2)の機構により燃焼速度が増加するものと考えられ，つぎの経験式が与えられている．

$$\frac{S_T}{S_L} = \left[1 + k_1 \left(\frac{u'}{S_L}\right)^2 \left(\frac{L_E}{\delta}\right)^2\right]^{1/2} \tag{4.39}$$

ただし，k_1 は経験定数で，$k_1 \fallingdotseq 1/8$．この式は，火炎要素が半径 L_E の渦を横切る時間は $2L_E/S_L$ であり，その間に火炎要素は u' の速度で運ばれるから，凹凸の深さは δ の $2u'(L_E/S_L)/\delta$ 倍になると考えて導かれたものである．

逆に，乱れが強く ($u' > 2S_L$)，スケールが小さい ($l_K < \delta$) 場合には，強い微細渦が層流火炎の構造と性質を変化させると同時に，強い大渦や小渦が火炎を

(a) しわ状層流火炎　　(b) 遷移火炎　　(c) 分散反応火炎

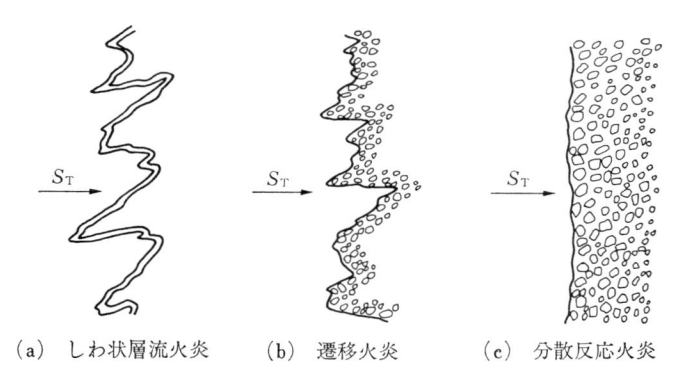

図 4.16　各種乱流火炎の構造

引きちぎって，図4.16(c)に示すように，燃焼ガス塊と未燃混合気塊の入り混じった**分散反応火炎**を形成させる．この場合には，前述の(3)と(4)の機構により燃焼速度が増加するものと考えられ，つぎの経験式が与えられている．

$$\frac{S_\mathrm{T}}{S_\mathrm{L}} = k_2 \frac{u'}{S_\mathrm{L}} \frac{\delta}{l_\mathrm{K}} \tag{4.40}$$

ただし，k_2 は経験定数で，$k_2 \fallingdotseq 1/2$．ここでは層流火炎が未燃ガス塊を取り囲んで，S_L なる速度で侵食するから，乱流燃焼速度 S_T は S_L と未燃ガス塊の総表面積に比例するはずである．そこで，総表面積が u' と S_L の比に比例し，渦のスケール l_K と予熱帯厚み δ の比に逆比例すると考えれば，上式が導ける．

両者の中間，すなわち $u' \fallingdotseq 2S_\mathrm{L}$，$l_\mathrm{K} \fallingdotseq \delta$ においては，小渦によって形成された分散反応帯が大渦によって波打つ，図4.16(b)のような**遷移火炎**が形成される．式(4.39)では $S_\mathrm{T}/S_\mathrm{L}$ は乱れのスケールが増すと増加し，式(4.40)ではその逆であるから，遷移火炎ではスケールの影響がなくなると予想して，つぎの経験式が与えられている．

$$\frac{S_\mathrm{T}}{S_\mathrm{L}} = \frac{2u'}{S_\mathrm{L}} \tag{4.41}$$

なお，k_1 と k_2 の値は δ の取り方によっても変わる．上記の値は式(4.16)を使って δ を計算したときに適合するもので，量論プロパン-空気混合気に対して $\delta = 0.0535$ mm と考えている．

しわ状層流火炎が出現するか，分散反応火炎が出現するかは，2.4節，式(2.14)で定義した**コヴァツネー数** Γ によっても判定できる．すなわち，

$\Gamma \ll 1$ ならばしわ状層流火炎； $\Gamma \gg 1$ ならば分散反応火炎

が出現する．ところが，近似的に

$$\Gamma = \frac{\delta_\mathrm{r}/S_\mathrm{L}}{l_\mathrm{T}/u'} \propto \frac{u'/(2S_\mathrm{L})}{l_\mathrm{K}/\delta}$$

なる関係が成り立つことから，この判定条件は Ballal と Lefebvre のものと本質において差がないことが分かる．

実際には，高速予混合気流と高温循環流との境界や，対向噴流の衝突面等の限られた場所で，まれに分散反応火炎が見られるだけで，たいていはしわ状層流火炎が出現する．これは分散反応火炎が吹消え寸前の火炎で，伸長によって火炎の根元が吹消えたり，過剰混合による冷却作用で吹消えたりすることが多いためである．コヴァツネー数がテーラー渦の吹消え条件を与える第一ダン

ケラー数であることから，これは当然のことであろう．

Andrews ら[15]は前にあげた(3)の機構，すなわち，乱れによる熱や物質の輸送速度の増加に注目して，乱流燃焼速度 S_T の実測値を整理している．いま，乱流熱伝導率を λ_T とすると，式 (4.13) からの類推により，

$$\frac{S_T}{S_L} = \left(\frac{\lambda_T}{\lambda}\right)^{1/2} = \left(\frac{D_T}{a}\right)^{1/2} \tag{4.42}$$

ただし，$D_T(=\lambda_T/c_p\rho)$ は渦拡散係数，$a(=\lambda/c_p\rho)$ は熱拡散率である．2.3 節の式 (2.17) で定義されるプラントル数 $Pr(=\nu/a)$ を導入し，プラントルの混合距離がマクロスケール L_E に比例すると仮定すると，

$$D_T \propto L_E u', \quad a = \frac{\nu}{Pr}$$

なる関係があるので，これを式 (4.42) に代入し，Pr =const. と置くと，

$$\frac{S_T}{S_L} \propto \left(\frac{L_E u'}{\nu}\right)^{1/2} \tag{4.43}$$

式 (4.36) を L_E について解いて，上式に代入すると，

$$\frac{S_T}{S_L} = k_3 R_T \tag{4.44}$$

ただし，k_3 は経験定数，R_T はミクロスケールで定義される乱流レイノルズ数で，次式で定義される．

$$R_T = \frac{l_T u'}{\nu} \tag{4.45}$$

$k_3 = 0.048$ と取ると図 4.17 の曲線が得られ，広範囲の条件で実験値とかなりよい一致が得られる[*3]．

これまでに数多くの乱流燃焼速度の経験式や半理論式が提案されてきた．しかし，ブンゼンバーナでさえ，火炎の乱れは下流にゆくにしたがって成長して行く[16]．また粘性による層流化作用も受ける．したがって，層流燃焼速度の

[*3] Andrews らの経験式 (4.45) は，しわ状層流火炎にまで前記 (3) の微細渦による熱輸送促進効果を適用してできたものであり，論理的に矛盾がある．しかし，式 (4.10) と式 (2.17) から

$$S_u \delta = S_L \delta = \frac{\lambda_i}{\rho_u c_p} \fallingdotseq a = \frac{\nu}{Pr}$$

したがって，乱れの強さとスケールが大きい場合には，式 (4.39) は

$$\frac{S_T}{S_L} \fallingdotseq \sqrt{k_1} \frac{L_E u'}{S_L \delta} \fallingdotseq Pr \sqrt{k_1} \frac{L_E u'}{\nu}$$

これを式 (4.43) と比較すると，1/2乗の指数が欠落しているだけである．あるいは，式 (4.44) において，l_T 基準の乱流レイノルズ数 R_T の代わりに，L_E 基準の乱流レイノルズ数 R_T' が入ったと考えてもよい．

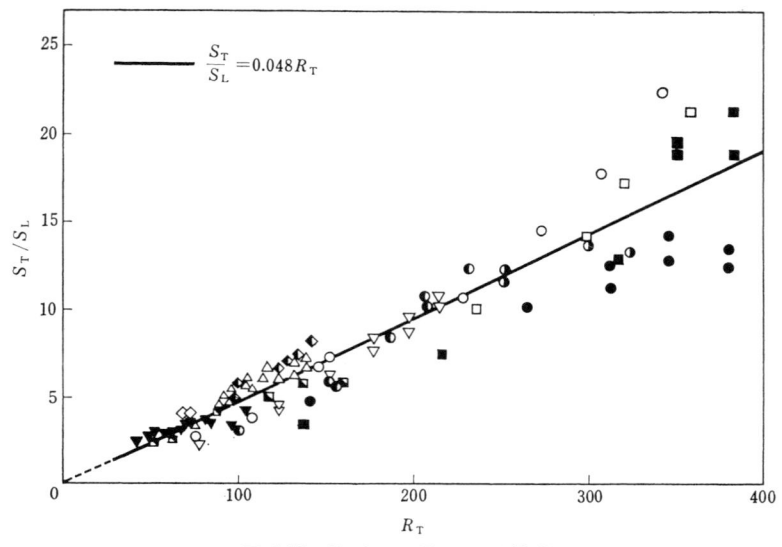

図 4.17 S_T/S_L と R_T との関係[15]

ように,混合気の組成と状態,それに乱流パラメータから一義的に決まる乱流燃焼速度というものは存在しないのかもしれない.

さらに,火炎はバーナポートの直上や保炎器下流の混合層もしくはせん断層で安定化されるが,そこでは通常の3次元渦ではなく,規則的な2次元(リング状)構造を持った渦が存在することが多い.その場合には,上述の等方性乱流の理論はそのままでは当てはまらないので,注意する必要がある.

4.4 保　炎

流れの中に火炎を安定化させ,できるだけ変動を抑えて燃焼させることは燃焼技術の基本であり,それを**保炎**と呼ぶ.これには種々の方法があり,4.2.4節で述べたバーナ火炎の3種類の安定化法も保炎技術に含まれる.一般の燃焼装置では,(1)パイロット火炎を使う方法,(2)循環流を利用する方法,(3)対向噴流を利用する方法,(4)赤熱された固体面を使う方法,(5)触媒を使う方法,(6)多孔板やハネカムを使う方法,(7)予燃焼室(一次燃焼室)を設置する方法,などがある.最近では石炭の低カロリーガス化,廃エネルギー資源の有効利用,高負荷燃焼などに関連して,保炎技術の高度化に関心

が集まっている．

4.4.1 パイロット火炎

家庭用のガス器具には，始動と安全確保のために，パイロット火炎が他の火炎安定化法と併用される．工業用燃焼機器では定常動作に入るまでの始動用として使われることが多い．また，高炉ガスバーナにコークス炉ガスバーナを組み込むことが多いが，これも一種のパイロットバーナである．高炉ガスを燃料とするガスタービン燃焼器に，失火防止のために油バーナを設けることもある．このように，パイロット火炎は常時使用よりは，他の保炎技術と組み合わせて，始動と安全確保のために使われることが多い．

低カロリーガスや希薄混合気を燃焼させるためのパイロットバーナは，主ガスの燃焼性が極端に下がってくると燃焼量を増さなければならないが，そのときには**助燃バーナ**と呼ばれる．

4.4.2 循 環 流

流れの中にブラフボディ（非流線形物体）を置くか，流路をステップ状に広げて，後流（ウェーク）に循環流を発生させ，そこに火炎を安定化させる．このような目的に使われるブラフボディのことを**保炎器**と呼び，円柱，円盤，球，V面，円すい面などの形状を持たせる．また，十分な旋回強さを持つ旋回流を用いても，循環流を作ることができる．

保炎器周囲の流れ場を図4.18に示す．ZukoskiとMarbleは**還流領域**の長さをL，混合気流速をU_uとすると，混合気が循環流と接触して流れる時間，

$$\tau = L/U_u \qquad (4.46)$$

が混合気の着火遅れ時間 τ_i と同程度の長さになるときをもって**火炎吹消え限界**の目安とした．そして，単純な形状の保炎器については，τ_i が混合気の組成と状態だけによって決まることを見いだした．これは分かりやすい仮説ではあるが，現在では支持されていない．また，**吹消え限界流速** U_b を出すためにLの値を知る必要があるが，これは容易ではない．

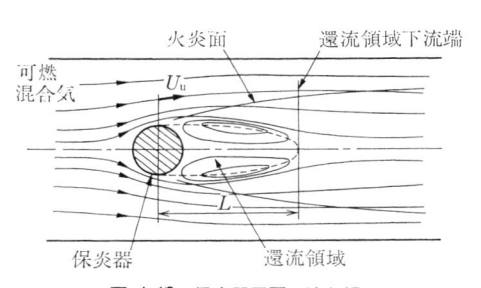

図 4.18 保炎器周囲の流れ場

現在の考え方はつぎのとおりである．還流領域が点火源として有効に働くた

めには，主流との境界に存在する強いせん断層を通して火炎が外側へ伝ばしなければならない．ところが，そこには強い乱れがあるために，混合の特性時間 $\tau_t (= l_T/u'$，ただし，l_T は乱れのミクロスケール，u' は乱れの絶対強さ) が化学反応の特性時間 $\tau_c (= \delta_r / [S_L(T_i + T_b)/(2T_u)]$，ただし δ_r は層流火炎の反応帯厚み，S_L は層流燃焼速度，T_u, T_i, T_b は図 4.7 を参照) より短くなると，化学反応が混合に追い付かなくなって，火炎の吹消えが起こる．

すなわち，コヴァツネー数 Γ [2.3節の式 (2.14)] が臨界値 $\Gamma_c(\sim 1)$ を越えると吹消えが起こると考えられるから，

$$\Gamma = \frac{\tau_c}{\tau_t} = \frac{u'}{l_T} \frac{\delta_r}{S_L} \frac{2T_u}{T_i + T_b} > \Gamma_c \qquad (4.47)$$

ここで，$\delta_r \propto \delta$ と仮定すると，式 (4.16) で S_u を S_L に置き換えて

$$\delta_r \propto \lambda_i / (c_{pm} \rho_u S_L)$$

が得られる．この関係を式 (4.47) に代入すると，

$$\Gamma \propto \frac{u'}{l_T} \frac{\lambda_i}{c_{pm} \rho_u S_L^2} \frac{T_u}{T_i + T_b}$$

$u' \propto U_u$, $\lambda_i \propto T_i^{0.83}$, $\rho_u \propto p/T_u$, $c_{pm} \propto (T_u + T_i)^{0.14}$ と仮定すると，吹消え限界流速 U_b はつぎのようになる．

$$U_b \propto p \cdot l_T \cdot S_L^2 \cdot \gamma \qquad (4.48)$$

ここで

$$\gamma = (T_u + T_i)^{0.14} \frac{T_i + T_b}{T_u^2 \cdot T_i^{0.83}}$$

で，γ は $T_u^{-1.8} \sim T_u^{-1.9}$ に比例するものと見られる．

保炎器の直径を D とすると，式 (4.36) より $l_T \propto \sqrt{L_E} \propto \sqrt{D}$ と考えられ，

$$U_b \propto p \cdot \sqrt{D} \cdot S_L^2 \cdot \gamma \qquad (4.49)$$

すなわち，吹消え限界流速 U_b は圧力 p と保炎器直径 D の平方根，ならびに層流燃焼速度 S_L の二乗に比例し，$T_u^{1.8} \sim T_u^{1.9}$ に逆比例する．

図 4.19 はプロパン－空気混合気流中に直径 D の円柱を置いた場合の火炎吹消え限界を示したものである．吹消え限界流速 U_b は図 4.6 に示した層流燃焼速度の曲線を縦に引き伸ばした形をしており，かつ保炎器直径 D が増すと増加している．これは式 (4.49) の傾向とほぼ一致するものである．

なお，図 4.20(a) に示す**ウォールリセス型バーナ**はステップ後流に生じるリ

ング状の循環流を点火源として利用しており，一種の保炎器と見なしうる．また，図4.20(b)に示すリセスとパイロット火炎とを組み合わせた**パイロット火炎付きリセス型バーナ**は抜群の保炎性能を示す．

旋回流を用いる方法は流れに旋回を与え，中心部に生じる負圧によって循環流を発生させて，火炎を安定化させようとするものである．旋回の強さは

$$S = G_\mathrm{a}/(G_\mathrm{t} R) \quad (4.50)$$

で定義される**スワール数**で表される．ただし，Rは管路半径，G_aとG_tは**角運動量流量**と**並進運動量流量**で，次式で計算される．

$$G_\mathrm{a} = \int_0^R (wr)(\rho u)(2\pi r)\,\mathrm{d}r \quad (4.51)$$

$$G_\mathrm{t} = \int_0^R (\rho u^2 + p)(2\pi r)\,\mathrm{d}r \quad (4.52)$$

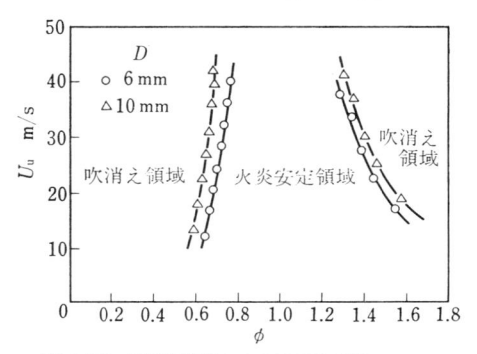

図 4.19 円柱保炎器からの吹消え限界
（プロパン-空気火炎，室温，大気圧）

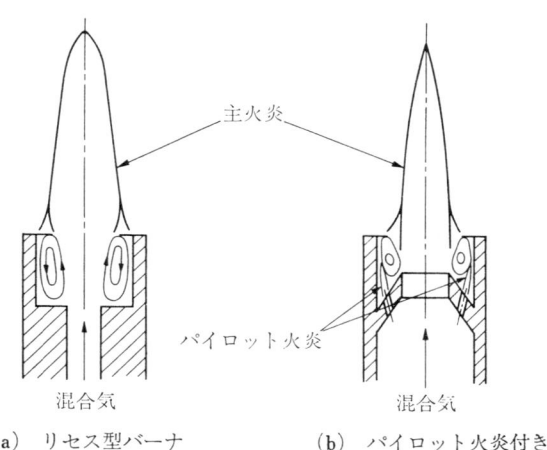

図 4.20 リセス型バーナ

ただし，uとwは速度の管軸方向と接線方向成分，ρはガスの密度，pは出口基準静圧，rは管軸からの距離である．摩擦がなければG_aとG_tは保存されるので，管内半径Rが変化するときには，各断面でのSの値はRに逆比例する．また，管が燃焼室のような広い空間に開口しているときは，Rとして燃焼室半径ではなく，噴流半径を使うべきであろう．半径一定の管内流の場合，$S>0.5$で中心部に循環流が発生する．拡大管ではさらに発生しやすくなる．

図4.21は工業用バーナでよく使用される末広ノズルから噴出する旋回噴流の

流れ模様である．(a)は旋回がないか，ごく弱い場合で ($S<0.6$)，ノズル壁からのはく離と出口ステップによって環状逆流領域が生じ，火炎の根元へ燃焼ガスが還流される．この場合にはノズル出口下流に火炎が安定化されるが，振動を起こしやすい．(b)は中程度の強さの旋回 ($S=0.6\sim3$) を掛けた場合で，ノズル出口中央部に逆流領域が形成され，ステップによる環状逆流領域とあいまって，ノズル内部から安定な火炎が形成される．(c)は強い旋回 ($S=3\sim10$) を掛けた場合で，壁に沿う順流領域と中央部に広い逆流領域を持つサイクロン型の流れが生じ，壁が赤熱されるので，ふく射加熱や希薄燃焼に適する．

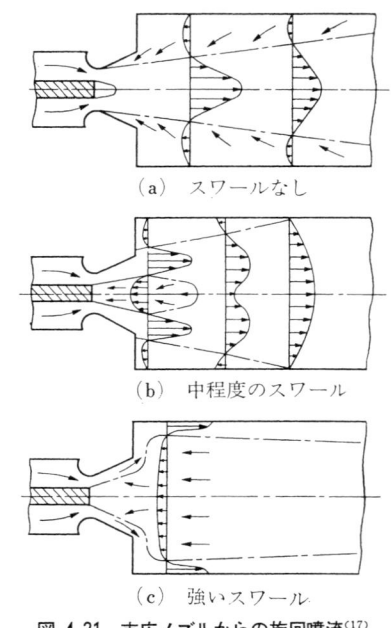

図 4.21 末広ノズルからの旋回噴流[17]

4.4.3 対向噴流

一様流と対向して噴流を噴き出させ，岐点付近の低流速域で火炎を安定化させようとするものである．空気流に燃料噴流を対向させる場合，予混合気流に常温または高温の空気噴流や燃焼ガス噴流を対向させる場合などがある．図 4.22 は予混合気流に空気噴流を対向させる場合の火炎安定化の様子を示したものである．ガスタービンで火炎長さを短縮するために用いられることがある．

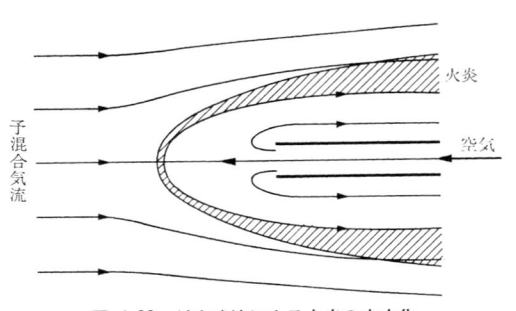

図 4.22 対向噴流による火炎の安定化

4.4.4 赤熱固体面

図 4.21 において，ノズル出口の拡大テーパ部を耐火材で内張りすると，表面が赤熱され，表面で火炎が安定化される．さらに図 4.21(c)のサイクロン流れ

において，燃焼室内面を耐火材で内張りすると，赤熱され，十分な熱容量を持った表面に沿って混合気が流れるため，変動による突然の吹消えが起こらなくなり，燃焼が非常に安定する．また未燃混合気と接する表面部分にふく射や固体内伝導により火炎から熱が伝えられると，混合気の予熱が起こり，S_L が上昇して，式 (4.49) により火炎の安定性が増す[18]．このように火炎や燃焼ガスから未燃混合気に熱が還流される現象を **内部熱再循環** と呼ぶ[19]．なお，固体の熱容量の効果は流動床燃焼で特に顕著であり，流動床の大きな熱容量のため，1000℃ 以下の低温でも燃焼が継続される．

4.4.5 触　　媒

触媒燃焼には 200〜500℃ の低温で混合気と触媒とを接触させる **低温触媒燃焼** と 1000℃ 以上の高温でハネカム形の触媒を通す **高温触媒燃焼** とがある．前者は充てん層触媒や布触媒を用いて，燃焼反応のほとんどを接触反応の形で行わせるものである．それに対して後者は接触反応を保炎目的に使用し，燃焼反応のほとんどをハネカム流路（30セル/cm^2，流路面積比60％程度）内での気相反応の形で行わせる．拡散律速で動作する触媒の表面はほぼ断熱火炎温度に近く，希薄な混合気や低カロリー燃料ガスでも，安定に，高流速で燃焼できる．高温触媒燃焼はガスタービン燃焼器に応用されることが多いが，800℃ 程度の **中温触媒燃焼** を家庭用暖房器に応用した例もある．

4.4.6　多孔板とハネカム

4.2.2 節で述べた平面火炎バーナ（ポーリングバーナ）では流速が下がると，火炎は管群マトリクスに密着して安定する．その際，温度こう配部がマトリクスに掛かって，熱が火炎からマトリクスに流れ，火炎温度が低下する．この原理を利用したものが **シュヴァンクバーナ** で，火炎の熱を受けてマトリクスの温度が上昇し，放射熱流束を出す．すなわち，燃焼により発生した熱の一部をふく射熱に変換する **赤外線バーナ** で，ガスストーブに利用される．もちろん，セル数の多いハネカムや，目の細かい金網もマトリクスとして利用できる．このバーナは流速を下げすぎると，マトリクスの温度が上がって，逆火する．

4.4.7　予燃焼室

循環流を使って保炎すると，たとえ還流領域で燃焼が継続されても，周囲のせん断層を横切って火炎が主流に広がれないことがある．そこで，数十 m/s

もの流速で燃焼を行わせるガスタービンでは，図4.23に示すように，燃焼器を一次燃焼領域，2次燃焼領域，希釈領域に分割し，よくかくはんされた状態にある一次燃焼領域を量論混合比よりやや濃い，S_L の高い状態にして，そこで保炎する．2次燃焼領域ではかくはんを抑えて空気を補充することにより，燃焼を完結させる[*4]．

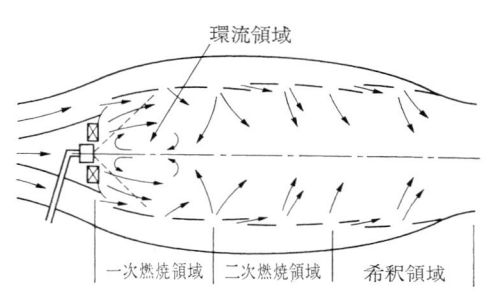

図 4.23 ガスタービンの缶形燃焼器

ガスバーナにも，これと同じ思想で設計されたものがあり，その一例を図4.24に示す．耐火材で内張りされたトロイダル形の予燃焼室から主燃焼室に，反応の完了していないガスが噴き出し，主燃焼室で反応を完了する．

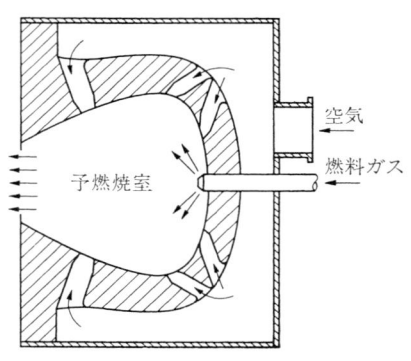

図 4.24 シングルトロイダルバーナ[21]

4.5 点火・着火および爆発

可燃混合気を封入した容器の温度 T_0 を一定に保つと，T_0 のある値以上では，一定の遅れ時間の後に混合気が自発的に着火して，爆発を起こす．このような現象を**自発着火**または**爆発**，遅れ時間を**着火遅れ**と呼ぶ．それに対して，電気火花，高温表面，パイロット火炎などによって，混合気の一部にエネルギーを与えて火炎核を形成させ，それから混合気全体に火炎を広がらせる操作を**強制点火**または単に**点火**と呼ぶ．

[*4] これは，見方を変えれば，一次燃焼領域ではガス塊の滞留時間に分布を持たせて，滞留時間の長いガス塊に保炎の役を受け持たせ，二次燃焼領域ではガス塊の滞留時間をそろえて，反応を完結させることに相当する．これが燃焼室の体積を最も有効に利用し，燃焼負荷率 L_f [MJ/m^3] を高める方法と言われている[20]．なお，ガス塊の平均滞留時間 τ はその領域の体積 V [m^3] を体積流量 Q [m^3/s] で割ったものであり，滞留時間の長いガス塊を作るためには，循環流により滞留時間に分布を持たせなければならない．

4.5.1 強制点火

強制点火の方法としては，(1) 電気火花によって火炎核を作る**火花点火**，(2) 電熱線などの赤熱表面を混合気と接触させる**熱面点火**，(3) 混合気中に火炎を挿入する**トーチ点火**，(4) 混合気中に高温ガスやプラズマを吹き込む**プラズマ点火**，(5) 針金を大電流で蒸発させてできる金属蒸気を用いて点火する**フューズ点火**，等があるが，ここでは最もよく利用される火花点火について説明する．

可燃混合気を火花点火する場合，点火している状態から点火エネルギーを下げてゆくと，火花のエネルギーを蓄えただけの初期火炎核から，自力で伝ぱする火炎球へと成長する誘導期間が増加してゆき，臨界値 E_c に至って点火不能に陥る．この E_c のことを**最小点火エネルギー**と呼ぶ．E_c が電極間げき d によって変化する様子を図 4.25 に示す．d を小さくしすぎると，電極の消炎作用によって E_c は増加する．この状態から d を増加させてゆくと，E_c は次第に低下し，電極の消炎作用がな

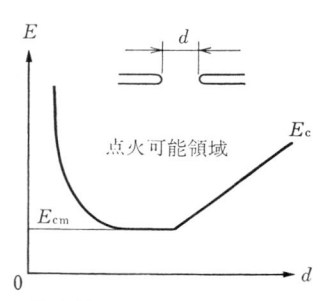

図 4.25 最小点火エネルギーと電極間隙との関係[8]

くなったところで極小値 E_{cm} をとる．このとき，初期火炎核の形状はほぼ球形になっている．この状態は d がある範囲にある間維持されるが，d が臨界値を越えると，E_c は再度増加し始める．これは火炎核の形状が球形から円柱形に変化して，点火効率が低下するためである．E_c は圧力 p が増加すると，p^2 に逆比例して減少することが知られている．

つぎに，E_{cm} と当量比との関係を種々の燃料と空気の混合気について，常圧下で測定した結果を図 4.26 に示す．E_{cm} の極小点は層流燃焼速度の極大点 $\phi \fallingdotseq 1.05$ から，メタンのような軽い燃料では希薄側へ，ヘプタンのように重い燃料では過濃側にずれる．これは燃料と酸素の内の，軽くて拡散性のよい方が初期火炎核に拡散してきて，火炎核近傍の組成が混合気の平均組成より軽い成分側に寄るためである．火花点火機関で始動時にチョーク弁を引いて混合気濃度を上げるのは，吸気管の温度が低く，ガソリンが揮発しにくいのをカバーするためでもあるが，上述の E_{cm} の極小点に混合気濃度を近付けるためでもある．

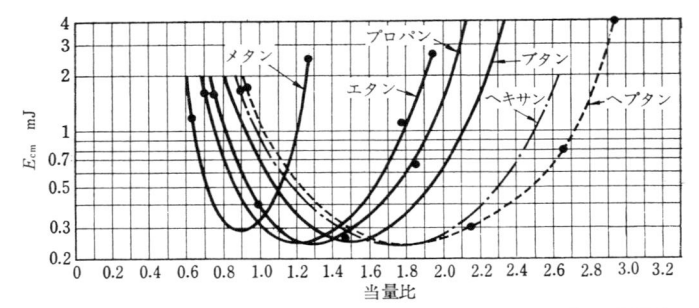

図 4.26 種々の燃料-空気混合気の最小点火エネルギーと当量比の関係[8]
（圧力 1 atm）

なお，実用の点火装置はコンデンサに蓄えられたエネルギーが 10 μs 内外で放出される**容量性火花**と，コイルに蓄えられたエネルギーが繰り返し放電で放出される**誘導性火花**が同時に発生するように設計されており，そのエネルギーの割合が適当なところで，最も点火性能のよいことが知られている．最小点火エネルギーは混合気温度が上昇するとともに小さくなり，流速が増加するほど大きくなる．この場合，流速 20 m/s 程度まではほぼ直線的に，それ以上では加速度的に増大する．

前述のように，火花点火では電極の消炎作用が点火を妨げるが，小さな空洞の中で強力な放電を起こさせ，噴き出してくるプラズマで点火する**プラズマ点火**では，固体面から離れたところで点火が起こるので，消炎作用の影響を受けにくい．また，点火のタイミングをとる必要のない連続燃焼装置では，点火を確実にするために，断続火花を採用することが多い．

4.5.2 自発着火および爆発

可燃混合気を封入した容器の温度 T_0 を一定に保つと，T_0 のある値以上では，ある遅れ時間の後に混合気が自発的に着火して，爆発を起こす．このような現象を**自発着火**または**爆発**，着火に要する時間を**着火遅れ**または**爆発遅れ**と呼ぶ．この自発着火現象は**熱爆発**か，**連鎖分枝爆発**のいずれかのメカニズムで起こる．

A．熱 爆 発[1]

a．熱損失のない場合 反応中の混合気から容器壁に熱が逃げないと仮定する．反応は 2.2.1 C の反応（R14）のような一段不可逆総括反応で，反応速度は式 (2.5) で $k=0$ とおいた式で与えられるとする．また，熱的な暴走が

起こるまでの反応物質の濃度変化は無視できると仮定する.

燃料と酸素のモル分率を y_F と y_O, 反応前の全圧と温度を p_0 と T_0 とすると,

$$[F] = y_F \frac{p_0}{RT_0}, \quad [O] = y_O \frac{p_0}{RT_0} \tag{4.53}$$

なる関係があるから, これを反応速度式 (2.5) に代入すると,

$$\frac{d[F]}{dt} = -f\left(\frac{p_0}{RT_0}\right)^{m+n} y_F{}^m y_O{}^n \exp\left(-\frac{E}{RT}\right) \tag{4.54}$$

燃料の低発熱量を H_l [J/mol], c_v を混合気の定容比熱 [J/(kg·K)] とすると,

$$\rho c_v \frac{dT}{dt} = -H_l \frac{d[F]}{dt} \tag{4.55}$$

式 (4.54) を式 (4.55) に代入して, 整理すると,

$$\frac{dT}{dt} = z \exp\left(-\frac{E}{RT}\right) \tag{4.56}$$

ただし,

$$z = \frac{fH_l}{\rho c_v}\left(\frac{p}{RT_0}\right)^{m+n} y_F{}^m y_O{}^n \tag{4.57}$$

で, z は正の定数と見なしてよい. よって, 式 (4.56) の解は,

$$zt = \int_{T_0}^{T} \exp\left(\frac{E}{RT}\right) dT \tag{4.58}$$

この式の計算は文献 (1) もしくは改定前の本書に譲るが, 結果を図示すると図4.27のようになる. ただし, β は次式で定義される.

$$\beta = \frac{RT_0{}^2}{Ez}\left(1 + \frac{2RT_0}{E} + \frac{6R^2T_0{}^2}{E^2} + \cdots\right) \times \exp\left(\frac{E}{RT_0}\right) \tag{4.59}$$

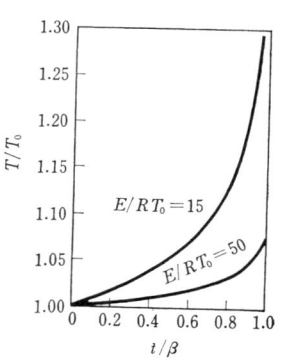

2.2.1 Cに与えられている E の値 120〜330 kJ/mol と $R = 8.314$ J/(mol·K) より, $T_0 = 1000$ K で $E/RT_0 = 14$〜40 となるが, 図には 15 と 50 に対する曲線が描かれている. T/T_0 は最初緩やかに, T/β が 1 に近付くにつれて急激に上昇する. したがって, この系は $t/\beta = 1$ において熱的に暴走, すなわち爆発を起こすと考えてよい. $E/RT_0 \gg 1$

図 4.27 定容断熱系の爆発時の温度変化[1]

であるから,着火遅れは近似的に次式で与えられる.

$$\tau_1 = \beta \fallingdotseq \frac{RT_0^2}{Ez} \exp\left(\frac{E}{RT_0}\right) \tag{4.60}$$

これで,熱損失のない場合には,可燃混合気はいかなる条件においても必ず爆発を起こし,着火遅れは式(4.60)で与えられることが分かった.燃料の形態は違うが,たい積した石炭の自然発火はこれに近い現象と考えられる.

b.熱損失のある場合 混合気から容器壁に熱の流れがある場合は,式(4.55)はつぎのように書き直さなければならない.

$$\rho c_v \frac{dT}{dt} = -H_l \frac{d[F]}{dt} - S\alpha \frac{T-T_0}{V} \tag{4.61}$$

ただし,V と S は容器の体積と内表面積,α はふく射も含めた熱伝達率である.

式(4.61)の右辺第一項は化学反応による熱発生率 q_r,第二項は熱伝達による容器壁への熱損失率 q_l を表す.この二つの項をプロットしたのが図4.28である.式(4.54)によれば,熱発生率はガス温度 T が上昇するにつれて指数関数的に増加し,圧力が p_2,p_c,p_1 と上昇すると q_r 曲線は上方に移動する.一方,熱損失率はガス温度 T と壁面温度 T_0 の差に比例し,圧力に無関係に一本の直線になる.この直線は圧力が p_c のときに q_r 曲線と点 c で接する.p_c より高い圧力 p_1 では熱発生が熱損失を上回り,温度は際限なく上昇して,必ず爆発に至る.それに対して,p_c より低い圧力 p_2 では,点 a と点 b の間で熱発生が熱損失を下回り,それ以外では上回るから,初期温度 T_0 の混合気は温度が T_a まで上昇して,そこで定常状態になり,爆発は起こらない.すなわち,p_c が爆発臨界圧力で,それ以上の圧力で爆発が起こることになる.

図4.28の2種類の曲線が接する条件は,接点における温度を T_c とすると,

$$-\left(H_l \frac{d[F]}{dt}\right)_c = \frac{S}{V}[\alpha(T-T_0)]_c \tag{4.62}$$

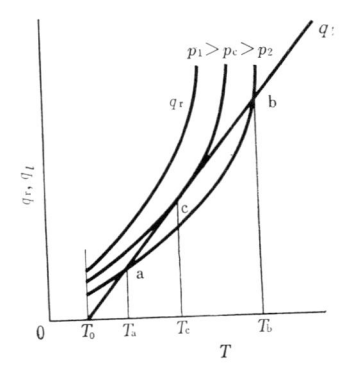

図 4.28 熱爆発時の熱発生率と熱損失率

$$\frac{d}{dT}\left(-H_l\frac{d[F]}{dt}\right)_c = \frac{d}{dT}\left[\frac{S}{V}\alpha(T-T_0)\right]_c \tag{4.63}$$

式 (4.54) を上の 2 式に代入して，$p=p_c$，$T=T_c$ と置き，連立させて p_c と T_c について解くと (q_r 曲線に沿って温度 T，したがって一定容積下では圧力 p も変化するが，p_1, p_c, p_2 は初期圧力である点に注意)，

$$T_c = \frac{1\pm(1-4RT_0/E)^{1/2}}{2R/E} \tag{4.64}$$

ただし，右辺の分子に含まれる複号は負号の方をとる．$E/RT_0 \gg 1$ であることから，上式は近似的につぎのように書ける．

$$T_c \fallingdotseq T_0\left(1+\frac{RT_0}{E}\right)$$

この式を式 (4.62) に代入すると，p_c に対して，次式が得られる．

$$\ln\left[\frac{p_c}{T_0^{1+2/(m+n)}}\right] = \frac{E}{(m+n)RT_0} + c \tag{4.65}$$

ただし，c は定数である．この式をプロットすると図4.29のようになり，温度と圧力の両方が高い領域で爆発の起こることが分かる．

なお，式 (4.65) は，A と B を定数として，近似的に

$$\ln p_c \fallingdotseq \frac{A}{T_0} + B \tag{4.66}$$

と書けるが，この式を**セミョーノフの爆発限界の式**と呼ぶ．

上述の理論では，混合気の温度を一様と仮定した．しかし，熱伝導によって混合気に温度分布が生じる場合には，どこか一箇所が着火すれば，伝ばにより混合気全体に火炎が広がるはずである．この点を考慮したものに Frank-Kamenetskii の理論があるが，結果の定性的な傾向は変わらない．それに，ガス中では対流が温度の不均一を緩和するから，かれらの理論はガス爆発には適さない．

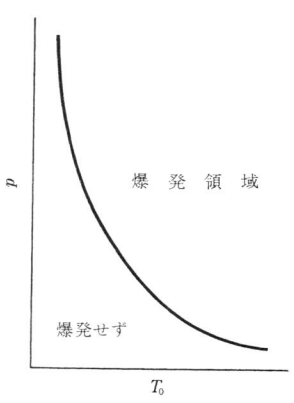

図 4.29 熱損失のある系における熱爆発限界[1]

B．連鎖分枝爆発[1]　以上は熱的な暴走によって起こる熱爆発の議論であったが，ここでは活性化学種から成る連鎖担体Cの濃度が暴走することによって起こる**連鎖分枝爆発**について議論する．そのために，つぎのような一般化し

た連鎖反応を考える．

$$nA \rightarrow C \qquad (連鎖創始反応：反応速度定数\ k_1)$$
$$A+C \rightarrow P+\alpha C \qquad (連鎖分枝反応：反応速度定数\ k_2)$$
$$C \rightarrow P\ (\text{or}\ S) \qquad (表面停止反応：反応速度定数\ k_w)$$
$$C+M+M \rightarrow P(\text{or}\ S)+M+M \quad (気相停止反応：反応速度定数\ k_g)$$

ただし，Aは反応物質（燃料または酸素），Cは連鎖担体，Pは生成物，Sは安定分子，Mは第三体である（2.2.1 A参照）．第二の反応で $\alpha>1$ のとき連鎖担体の増殖が行われ，それが第三と第四の反応による破壊率を上回るとき，連鎖担体の濃度の暴走，すなわち連鎖分枝爆発が起こる．

密閉容器に封入され，上記の連鎖反応を行う可燃混合気が定常状態にあるためには，連鎖担体Cのモル濃度［C］に増減があってはいけないから，

$$\frac{d[C]}{dt} = k_1[A]^n + k_2(\alpha-1)[C][A] - k_w[C] - k_g[C][M]^2 = 0$$

$$\therefore\ [C] = \frac{k_1[A]^n}{k_2[A](1-\alpha) + k_w + k_g[M]^2} \qquad (4.67)$$

上式の分母が零か負，したがって

$$\alpha \geqq 1 + \frac{k_w + k_g[M]^2}{k_2[A]} \equiv \delta \qquad (4.68)$$

ならば定常状態の条件が破れ，連鎖担体が無限に増殖されて反応速度が急増し，爆発を起こす．

式（4.68）の関係をプロットしたのが図4.30である．圧力の低いところでは壁面への連鎖担体の拡散量が増加して k_w が増すために，また圧力の高いところでは［A］に比べて［M］^{2} が大きくなるために，式

図 4.30 連鎖分枝爆発系の爆発範囲[1]

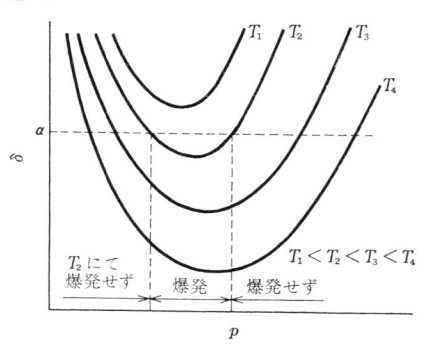

（4.68）の δ が α の値を超過し，爆発が起こらなくなる．温度が高くなるほど δ の曲線が下に下がるのは，連鎖分枝反応が吸熱反応で，活性化エネルギーが高く，温度依存性が表面または気相停止反応より高いことによる．したがって，温度 T_1 以下では爆発は起こらず，T_2, T_3, T_4 と温度が上昇するほど爆発の生じる圧力範囲が広くなる．

C. 爆発限界と冷炎　以上のことを総合すると，図4.31のような爆発限界曲線が描けることになる．ある温度範囲では三つの爆発限界圧力が存在するが，最も低圧の**第一限界**は表面停止反応と連鎖分枝反応とがバランスする条件，その上の**第二限界**は気相停止反応と連鎖分枝反応とがバランスする条件で，両限界の間の領域（爆発半島と呼ぶ）で連鎖分枝爆発が起こる．**第三限界**は熱爆発の臨界圧力 p_c に対応し，それ以上の圧力では熱爆発が起こる．なお，第三限界の下に，それに接して冷炎領域が存在するが，ここでは記入された数字に等しい回数だけ**冷炎**の走るのが観測される．冷炎はその名のとおりガスの温度をほとんど変化させないが，ガス組成は変化させる．

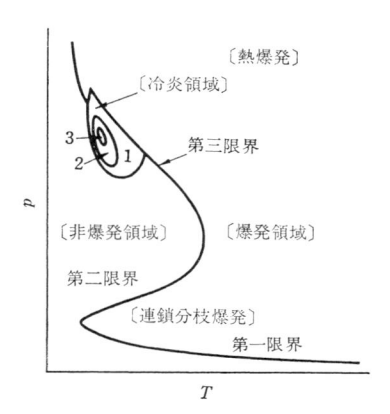

図 4.31　炭化水素-空気混合気の爆発限界[8]

D. 着火温度と着火遅れ　上述の熱爆発理論によると，熱損失のない完全断熱系では，混合気は必ず自発着火もしくは爆発を起こす．したがって，着火温度というものは存在せず，あるのは着火遅れと温度の関係だけである．しかし，熱損失があると，熱損失率 q_l は容器温度 T_0 の関数であるから，図4.28において，q_l と q_r の曲線が接するように T_0 の値を選定すると，それが**着火温度**であり，図4.31に記入された第三限界に対応する．したがって，図4.31は着火温度と圧力との関係を表す線図とも見ることができる．実際には，着火温度は一定時間の間に着火が起こるかどうかで判定されることが多く，意味が若干異なっている．

着火遅れは容器に混合気が導入されてから，温度や連鎖担体の濃度が暴走を始めるまでの時間と定義されるが，実際には，（1）予熱した真空容器に混合気を導入する方法，（2）急速圧縮燃焼装置を利用する方法，（3）衝撃波管を利用する方法，（4）電気炉中に燃料を噴射する方法，（5）高温空気流もしくは燃焼ガス流中に燃料を噴射する方法，等で測定される．また，着火の判定は発光や圧力上昇で行われることが多い．方法によって結果が大きく異なるので，できるだけ適用対象に類似した方法を採用すべきである．

式 (4.57) を式 (4.60) に代入し，$\rho \propto p/T_0$ であることを考慮すると

$$\tau_\mathrm{i} = \frac{c}{H_\ell y_\mathrm{F}{}^m y_\mathrm{O}{}^n} \frac{T_0{}^{m+n+1}}{p^{m+n-1}} \exp\left(\frac{E}{RT_0}\right) \quad (4.69)$$

ただし，c は定数である．2.2.1C や 4.2.3A で述べたように，炭化水素燃料では $m+n \fallingdotseq 2$ であるが，$T_0{}^3$ は指数関数に比べると定数に近いので，

$$\tau_\mathrm{i} = c' p^{1-m-n} \exp\left(\frac{E}{RT_0}\right) \quad (4.70)$$

Freeman と Lefebvre[22]は高温空気流に正ヘプタン蒸気を噴射して，$E=170$ kJ/mol を得，Krishnan と Ravikumar[23]はメタンを反射衝撃波背後で着火させて $E=188$ kJ/mol を得ているが，これらは 2.2.1C に記載された 253 kJ/mol ならびに 121 kJ/mol と同程度の大きさである．着火遅れは測定方法によって測定値が大幅に変わることを考えれば，熱損失を考慮しない熱爆発理論から得られたとはいえ，式 (4.70) はある程度，一般性があるものと考えられる．

4.6 消炎現象

4.6.1 燃焼限界火炎温度

4.2.4 節でも述べたように，火炎が固体壁に近付いたり，伸長を受けたりして火炎温度が下がると，層流予混合火炎は伝ば火炎として存続することができなくなり，火炎の消滅もしくは吹消えが起こる．その際，固体壁はヒートシンクとしてだけでなく，表面停止反応を起こすことにより，活性化学種のシンクとしても働く．また，可燃混合気の組成を量論混合比から離したり，窒素や炭酸ガス等の不活性物質を混入して，断熱火炎温度，ひいては反応速度を下げると，火炎は伝ば不能に陥る．逆に，混合気を予熱して，断熱火炎温度を上昇させると，希薄可燃限界濃度以下の希薄混合気でも火炎伝ばが可能となる．

このことから，混合気には火炎が存続しうる最低の火炎温度というものがあることが推測され，それを**燃焼限界火炎温度**と呼ぶ．これは混合気によって一義的に定まるものではなく，複雑な流れと火炎形状下での選択拡散現象や固体壁の消炎作用による活性化学種の濃度低下等によって，かなり上下する．たとえば，メタン-空気混合気を燃焼室で燃焼させる場合に対しては 1400 K[24]，燃料（メタン）を吹き出す多孔円筒を空気流中に置いて，その岐点付近に形成される対向流拡散火炎に対しては 1460〜1480 K という値が報告されている[25]．

また対向流拡散火炎を使って水素－空気火炎の燃焼限界火炎温度を調べたところ，1010Kという値が得られたが，選択拡散が起こるしま状の火炎では1120Kであったという[25]．実用の見地からは，断熱火炎温度が燃焼限界火炎温度より十分高くなるように混合気の組成や温度を設定すれば燃焼が可能になると考えてよい．しかし，これとても絶対的な基準ではなく，流動床炉やサイクロン炉ではさらに低い火炎温度でも燃焼可能である[26]．

なお，消火薬剤に関しては他の参考書を参照されたい[27]．

4.6.2 無炎領域と消炎距離

4.2.4 節で述べたように，固体面を火炎中に挿入すると，表面からある距離（大気圧下で 1 mm 以下）以内では目視可能な火炎が消失するが，この領域のことを**無炎領域（デッドスペース）**と呼ぶ．火花点火機関から排出される未燃炭化水素のかなりの割合が，この領域で生成されると言われている．

つぎに，可燃混合気内に 2 枚の平板を挿入し，その間隔 d_p を徐々に減少させてゆくと，ついには平板間を火炎が伝ぱできなくなる．これは両平板の消炎作用が真中にまで及んだため，火炎の伝ぱが不可能になったもので，そのときの d_p を**平板消炎距離** d_{pe} と呼ぶ．

さらに，円管の中を火炎が伝ぱできなくなる最小円管内径 d_{te} というものが存在し，**円管消炎距離**と呼ぶ．d_{pe} と d_{te} の間には，熱伝導や分子拡散の性質からつぎの関係がある．

$$\frac{d_{pe}}{d_{te}} = 0.65 \tag{4.71}$$

d_{pe} と d_{te} は常温・常圧下では 1 mm 前後であり，圧力と層流燃焼速度が増すと小さくなる．特に圧力との間には逆比例関係が成立する．また，可燃限界や消炎限界等，層流燃焼速度の極度に低い条件下では，固体面の消炎作用の及ぶ範囲は 1 桁以上増えると言われている．

フレームトラップは予混合気の流路に多孔板，ハネカム，鋼球層などを挿入して，火炎の伝ぱを阻止するもので，流路の最大直径または最大幅が d_{pe} または d_{te} 以下になるように設計される．その際，温度と圧力の変化に伴う d_{pe} や d_{te} の変化に注意する必要がある．

4.7 拡散燃焼

4.7.1 拡散火炎の構造

燃料と空気との境界に生じ，燃料と酸素が反対側から拡散することによって維持される火炎を**拡散火炎（非予混合火炎）**と呼ぶ．燃焼生成物は拡散によって境界から両側に取り除かれる．

層流拡散火炎では，化学反応速度は拡散速度に比べて十分速く，燃焼率は拡散速度によって制限される．したがって，反応帯の厚みは十分薄く，実際面では零とみなして差し支えない[*5]．反応帯の厚みを零とみなす拡散火炎のモデルを**火炎面モデル**と呼ぶが，それを模型的に描くと，図 4.32 のようになる．図中，T は絶対温度，m_f, m_o, m_n, m_p は燃料，酸素，窒素，燃焼生成物の質量分率である．火炎面における m_f と m_o のこう配は，燃料と酸素の拡散量が量論比に等しくなるようになっている．T と m_p は火炎面でとがったピークを持つように描かれているが，実際には熱解離やふく射損失によって丸みが付く．

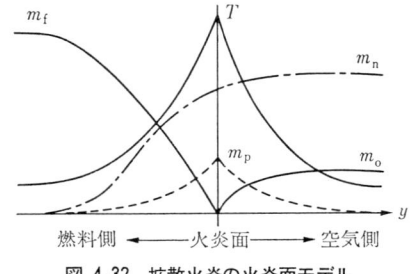

図 4.32 拡散火炎の火炎面モデル

乱流拡散火炎でも瞬間的には類似の火炎構造をとるが，渦の通過によって火炎面が波打って，しわが寄り，時間平均的に見ると，火炎の脈動範囲では，あたかも燃料と酸素とが共存しているように見える．乱流火炎は層流火炎に比べて**燃焼率**（火炎の単位面積，単位時間当たりの燃料消費率）が高いが，これは，（1）乱れによって火炎に凹凸が生じ，火炎面積が増大する，（2）図4.32 に示す火炎の厚みが渦のスケールによって制限され，m_f と m_o のこう配が急になって，燃料と酸素の拡散速度が増す，（3）反応帯厚みより小さなスケールの渦によって，燃料と酸素の拡散速度が増す，のいずれか，もしくはこれらの複合効果による．

[*5] 厳密には，熱解離の影響で高温の火炎面では反応は完了せず，それから離れるにしたがって再結合が起こることと，CO の酸化が緩慢なことから，反応帯は若干の厚みを持つ．また，CO_2 や H_2O が燃料側に拡散してゆくと，火炎に近い高温領域では燃料の部分酸化や熱分解が生じ，中間生成物，各種炭化水素類，すす等が生成される．

4.7.2 拡散火炎の形態

拡散火炎にはバーナポートから静止空気中に噴出する燃料噴流の界面に生じる**自由噴流拡散火炎**（図4.33(a)），バーナポートから空気流と同軸に吹き出された燃料流の界面に生じる**同軸流拡散火炎**（図4.33(b)），対向する燃料流と空気流の衝突面に生じる**対向流拡散火炎**（図4.33(c)），空気流と対向して噴出された燃料噴流の界面に生じる**対向噴流拡散火炎**（図4.33(d)），燃料がしみ出す多孔板表面に沿って生じる**境界層拡散火炎**（図4.33(e)）などがある．なお，火炎は浮力の影響で，上方に向けて変形する．

同軸流拡散火炎は拡散火炎バーナの基本形態であり，対向流拡散火炎は蒸発燃焼する油滴や分解燃焼する固体粒子の周囲に形成される火炎の部分を模擬している．境界層拡散火炎は横風を受ける油面や分解燃焼する固体壁の表面に形成される火炎と類似している．

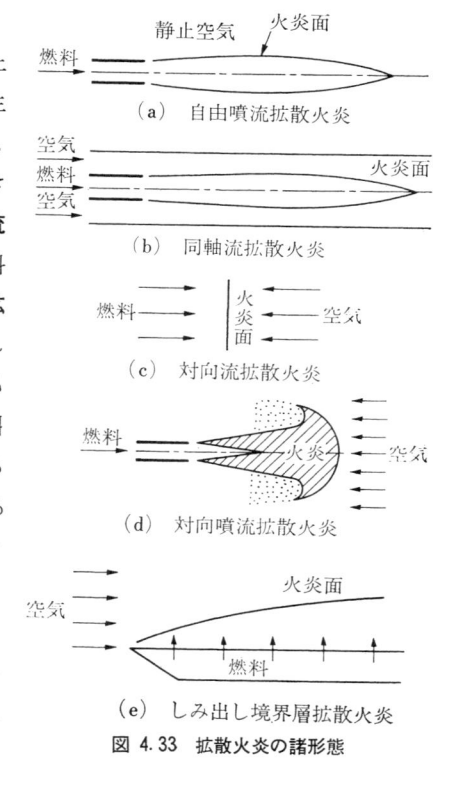

図 4.33 拡散火炎の諸形態

4.7.3 噴流拡散火炎

同軸流拡散火炎の内，燃料流の流速が周囲空気流の速度より高いもの（**同軸噴流拡散火炎**と呼ぶ）と，自由噴流拡散火炎とを合わせて**噴流拡散火炎**と呼ぶことにする．実用面で問題になるのは火炎長さであるので，最初にそれに関する実験結果を紹介し，続いて火炎長さに及ぼす諸因子の影響を与える簡易理論について述べる．最後にやや厳密な理論と，それの数値解析を行った結果について概説する．

A．火炎の形態と長さ　都市ガスを直径 3.2 mm のノズルから空気中に吹き出させた自由噴流拡散火炎の長さ x_F と形状が吹き出し流速 u_f によって変化する様子を図4.34に示す[28]．噴流レイノルズ数 $Re_f(=2r_B u_f/\nu_f : r_B=$ ノズ

ル半径，ν_f = 燃料の動粘度）の低いところでは乱れのない**層流拡散火炎**が形成され，その長さ x_F は u_F とともに増加してゆく．ところが Re_f がある値に達すると，火炎の先端が乱れ始め，流速が増すとともに乱れ始める点（**遷移点**と呼ぶ）が下方に移ってくる．そのため，流速が増加しても，火炎長さはかえって減少する（**遷移火炎**と呼ぶ）．遷移点が火炎の根元に達して**乱流拡散火炎**が出現する

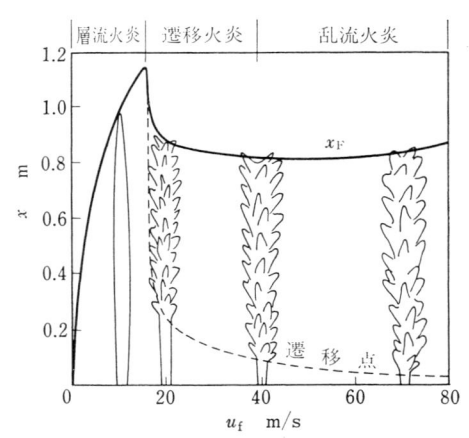

図 4.34 自由噴流拡散火炎の長さと形状[28]

と，火炎長さ x_F は流速 u_f によってほとんど変化しなくなる．

予混合と拡散の別は問わず，火炎の高温のために動粘度が1けた上昇し，局部的に乱れが抑制される**局所層流化現象**というものが観察される．そのため，上流に存在した渦が火炎付近で消滅するということも起こり得る．したがって，遷移火炎が出現する臨界レイノルズ数は燃料ごとに異なり，水素で2000であったものが，プロパンやアセチレンでは8800〜11000にもなる[28]．

なお，同軸噴流拡散火炎では，火炎長さや臨界レイノルズ数も当然異なる．

B．噴流拡散火炎の簡易理論 層流拡散火炎の簡易理論には有名な Burke-Schumann モデルがある[29]．しかし，流れがプラグ層流（断面内で流速が一様）という制約がある上に，数学的にやや難解である．ここでは，火炎長さの予測に重点を置いた別の解析を行う．

図4.35に解析の対象とする同軸噴流拡散火炎の流れ場を，記号の説明を兼ねて示しておいた．半径 r_C の燃焼筒の中心に厚みのないバーナ（半径 r_B）が置かれ，その内外を燃料と空気が流速 u_f と u_a で流れる．バーナの出口中心を原点に円筒座標 r-x をとる．火炎は厚みを持たないものとし（火炎面モデル），その半径を r_F とする．

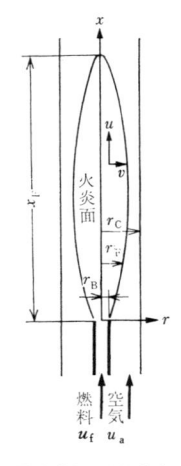

図 4.35 同軸噴流拡散火炎

流線が軸に平行で，密度一定と仮定して，燃料の拡散方程式を書くと，

$$u\frac{\partial m_\mathrm{f}}{\partial x}=\frac{1}{r}\frac{\partial}{\partial r}\left(Dr\frac{\partial m_\mathrm{f}}{\partial r}\right) \tag{4.72}$$

ただし，u は軸方向流速，m_f と D は燃料の質量分率と拡散係数である．上式は対流に乗って微小体積から軸方向に出てゆく燃料量と入ってくる量との差（左辺）が半径方向の拡散による出入りの差（右辺）とバランスすることを意味している（両辺に $2\pi r\rho\,\mathrm{d}r\mathrm{d}x$ を掛けると理解しやすい）．ここでは簡単のために，u は半径方向には変化してもよいが，軸方向には変化しないと仮定する．また，D は場所によらず一様と仮定する．

実験結果を参照して[28]，図 4.36 に示すように，m_f が半径方向に放物線分布をしていると仮定する．すなわち，

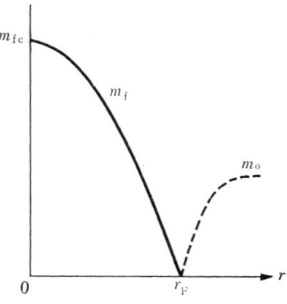

図 4.36　断面内における燃料と酸素の分布

$$m_\mathrm{f}=m_\mathrm{fc}\left(1-\frac{r^2}{r_\mathrm{F}^2}\right) \tag{4.73}$$

ただし，m_fc は中心軸上の m_f の値である．ここで，火炎半径 r_F が x に無関係な定数とすると，

$$\frac{\partial m_\mathrm{f}}{\partial r}=-2m_\mathrm{fc}\frac{r}{r_\mathrm{F}^2}$$

となるから，式 (4.72) は

$$u\frac{\partial m_\mathrm{f}}{\partial x}=-4D\frac{m_\mathrm{fc}}{r_\mathrm{F}^2} \tag{4.74}$$

バーナ出口直後においては m_f の分布は長方形に近いから，式 (4.73) は成立しないが，近似的に式 (4.73) が全領域で成立するとして，式 (4.74) を中心軸上の式に書き直すと，

$$\frac{dm_\mathrm{fc}}{dx}=-\frac{4D}{ur_\mathrm{F}^2}m_\mathrm{fc} \tag{4.75}$$

上式は一階常微分方程式なので，簡単に解けて，

$$m_\mathrm{fc}=m_\mathrm{fc0}\exp\left(-\frac{4D}{ur_\mathrm{F}^2}x\right) \tag{4.76}$$

ただし，m_fc0 はバーナ出口中心軸上での燃料の質量分率で，バーナから燃料だけを吹き出すときは1に等しい．

以上の解析から，中心軸上の燃料の質量分率 m_{fc} は指数関数的に減少することが分かる．m_{fc}/m_{fc0} がある微小な値 ξ にまで減少したところをもって火炎先端とし，そこでの x の値を火炎長さ x_F と定義すると，

$$-\left(\frac{4D}{ur_F^2}\right)x_F = \ln \xi$$

さらに，$r_F \propto r_B$ と仮定すると，上式から，

$$x_F \propto u\frac{r_B^2}{D} \tag{4.77}$$

つまり，拡散火炎の長さはバーナ面積と流速に比例し，拡散係数に逆比例する．

層流拡散火炎では，拡散係数は流速やバーナ半径に無関係であるから，火炎長さは流速に比例することになるが，これは図4.34に示された自由噴流拡散火炎に対する実験値の傾向と，遷移火炎に近い部分を除いて，ほぼ一致する．

一方，乱流拡散火炎においては，拡散係数 D を渦拡散係数 D_T に置き換える必要がある．プラントルの混合距離 l と乱れ強さ u' を用いて，

$$D_T = l u' \tag{4.78}$$

と書き，式（4.77）の D を上式の右辺で置き換えると，

$$x_F \propto u\frac{r_B^2}{l u'}$$

多くの場合，$u' \propto u$，$l \propto r_B$ と見てよいから，

$$x_F \propto r_B \tag{4.79}$$

すなわち，乱流拡散火炎においては，火炎長さはバーナ半径に比例し，流速には無関係となる．そして，このことは図4.34に示される自由噴流拡散火炎に対する実験値の傾向とほぼ一致している．

C．厳密な理論 本項は理論の部分を飛ばして，計算結果だけを読んでいただいてもよい．

さて，図4.35の流れ場について考える．軸方向の諸量（流速，温度，質量分率など）の変化率が半径方向の変化率に比べて小さいとして，保存則に**境界層近似**を適用すると，以下の**放物形**の**境界層方程式**が成立する[6]．

---

[6] x に関する二次導関数（$\partial^2/\partial x^2$）を含まない偏微分方程式を放物線に対する代数式とのアナロジーで放物形の偏微分方程式と呼ぶ．そして，x に関する一次導関数の値が小さいため，その二次導関数を含む項は無視できるとするのが境界層近似，その結果できあがるのが境界層方程式である．x に関する二次導関数を含んだ円形の偏微分方程式に比べて，数値計算が格段に容易になる．

4.7 拡散燃焼

連続則

$$\frac{\partial}{\partial x}(\rho u r)+\frac{\partial}{\partial r}(\rho v r)=0 \tag{4.80}$$

運動方程式

$$\rho u \frac{\partial u}{\partial x}+\rho v \frac{\partial u}{\partial r}=\frac{1}{r}\frac{\partial(\tau r)}{\partial r}-\frac{\partial p}{\partial x}-\rho g \tag{4.81}$$

拡散方程式

$$\rho u \frac{\partial m_j}{\partial x}+\rho v \frac{\partial m_j}{\partial r}=\frac{1}{r}\frac{\partial}{\partial r}\left(\rho D_j r \frac{\partial m_j}{\partial r}\right)+R_j \tag{4.82}$$

$(j=1, 2, 3)$

エネルギー方程式

$$\rho u \frac{\partial h_s}{\partial x}+\rho v \frac{\partial h_s}{\partial r}=\frac{1}{r}\frac{\partial}{\partial r}\left[\left(\rho a \frac{\partial h_s}{\partial r}+u\tau\right)r\right]-q_r \tag{4.83}$$

ただし，ρ は密度，τ はせん断応力（$=\mu \partial u/\partial r$：$\mu=$ 粘性係数），p は静圧，g は重力加速度（$=9.81 \text{ m/s}^2$），m_j，D_j，R_j は j 番目の化学種の質量分率，拡散係数，化学反応による生成率，h_s は**せき止めエンタルピー（全エンタルピー）**で，$h_s=h+u^2/2$，h はエンタルピー，a は熱拡散率，q_r は単位体積のガス塊からふく射によって失われる熱量である．

燃焼生成物は炭酸ガスと水蒸気から成るが，簡単のためにこれを一成分と見なすと，燃料，酸素，窒素，生成物の4成分を考えればよいことになる．そこで，これらを添字 f, o, n, p で表すと，それぞれの質量分率 m_f, m_o, m_n, m_p の合計量は1であるから，

$$m_f+m_o+m_n+m_p=1 \tag{4.84}$$

ここで，i を量論酸素-燃料（質量）比として，

$$\beta=m_o-i\,m_f \tag{4.85}$$

で定義される新しい変数 β を導入すると，これは燃焼の前後で変化しない量であるから（微分すると分かる），発生項が零になって扱いやすい．そこで，$j=1$ は燃料を，$j=2$ は β を，$j=3$ は窒素を表すことにすると，式（4.82）から $m_1\equiv m_f$, $m_2\equiv \beta$, $m_3\equiv m_n$ の値が求められるから，m_o は式（4.85）を用いて，

$$m_o=\beta+i\,m_f \tag{4.86}$$

m_p は式（4.84）と（4.86）から，

$$m_{\mathrm{p}}=1-m_{\mathrm{f}}-m_{\mathrm{o}}-m_{\mathrm{n}}=1-(1+i)m_{\mathrm{f}}-\beta-m_{\mathrm{n}} \tag{4.87}$$

となって，m_{f}, m_{o}, m_{n}, m_{p} がすべて求められることになる．

結局，式 (4.80) ないし (4.83) を連立させて解けば，同軸噴流拡散火炎の中での流速成分 u と v，燃料と窒素の質量分率 m_{f} と m_{n}，**複合質量分率 β**，せき止めエンタルピー h_{s} の分布が求められ，式 (4.86) と (4.87) を併用することによって，酸素と生成物の質量分率 m_{o} と m_{p} も決定できる．

拡散方程式 (4.82) の発生項 $R_1 \sim R_3$ に関しては，簡単のために 2.2.1 C で述べた一段不可逆総括反応［第 2 章の反応 (R 14)］を想定し，理想気体の状態方程式を用いて反応速度式 (2.5) を書き直して，次式を得る．

$$R_1 \equiv R_{\mathrm{f}} = -f' p^2 m_{\mathrm{f}} m_{\mathrm{o}} \exp\left(-\frac{E}{RT}\right) \tag{4.88}$$

ただし，$m=n=1$ とした．複合質量分率 β と窒素の質量分率 m_{n} は燃焼の前後で変化しないので，

$$R_2 \equiv R_\beta = 0, \quad R_3 \equiv R_{\mathrm{n}} = 0 \tag{4.89}$$

運動方程式 (4.81) 中の圧力こう配 $\partial p/\partial x$ は燃焼筒内の平均流れに対する運動量の保存則から，つぎのようになる．

$$\frac{\partial p}{\partial x} = -\rho_{\mathrm{m}} g - \frac{D}{\pi r_{\mathrm{C}}^2} + u_{\mathrm{m}}^2 \frac{\mathrm{d}\rho_{\mathrm{m}}}{\mathrm{d}x} \tag{4.90}$$

ただし，添字 m は断面平均値を表し，D は単位管長当たりの管摩擦力である．

なお，乱流拡散火炎に対しては，式 (4.81) の τ を出すための粘性係数 μ，式 (4.82) の拡散係数 D_j，式 (4.83) の熱拡散率 a に乱流に対する値を使わなければならないが，それについては文献 (30)，(31) や本書の初版を参照されたい．

コンピュータを使って式 (4.80) ないし (4.83) を数値解析する方法については文献 (30) と (31) に譲り，ここではプロパン－空気同軸噴流拡散火炎に対する計算結果[30]を図 4.37 に示しておく．これは $r_{\mathrm{B}}=3.8$ mm, $r_{\mathrm{C}}=25$ mm, $u_{\mathrm{f}}=6$ m/s, $u_{\mathrm{a}}=2$ m/s の場合であるが，火炎を安定化させるためにバーナのリムに 4 mm の厚みを持たせ，循環流の代わりに高温生成物をしみ出させている[*7]．

断面内の温度ピークの位置を火炎面，その位置の温度を火炎温度 T_{F} と定義

[*7] 理論モデルにおいても，なんらかの点火操作または火炎安定化操作をとらなければ火炎は安定せず，単に燃料と空気との混合が起こるだけである．一般には火炎上流端とおぼしき位置でガスの温度を強制的に着火温度以上に上げるという手段がとられる．

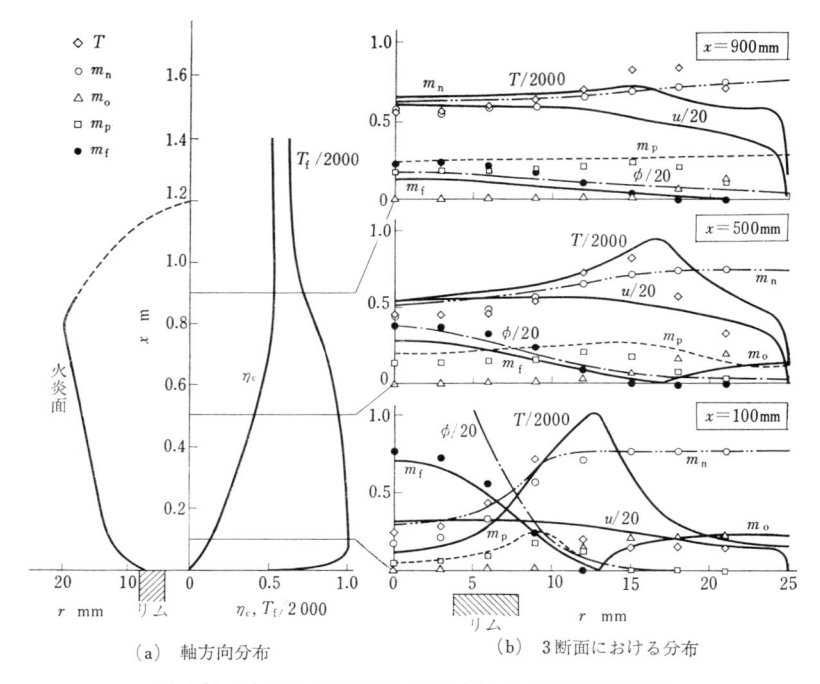

図 4.37 プロパン-空気同軸噴流拡散火炎に対する計算例[30]

し，図4.37(a)には火炎面の輪郭，火炎温度 T_F [K]，ならびに断面平均の燃焼効率 η_c [%] が，図 4.37(b) には $x=100, 500, 900$ mm の各断面における温度 T [K]，流速 u [m/s]，局所当量比 ϕ，ならびに燃料，酸素，窒素，生成物の質量分率 m_f, m_o, m_n, m_p の分布が記入されている．また，比較のために測定値もプロットされている．

なお，火炎輪郭の上部が破線で記入されているのは，実線部で酸素が消費し尽くされて，温度ピークの位置でほとんど燃焼反応が起こっておらず，ピークは上流の火炎面の名残に過ぎない．したがって，T_F がしだいに低下して，火炎の特色は失われてゆく．このような火炎を**開いた火炎**と呼び，先端まで反応を伴った火炎面が存在する**閉じた火炎**と区別する[*8]．

図4.37(b)において，実測では燃料と酸素の共存する領域が存在するのに，

[*8] 反応はなくても，上流で生成したすすが高温部で発光するために，あたかも火炎が続いているように見える．そして，通常はすすの発光が見えなくなる位置を火炎先端とする．したがって，輝炎においては Burke–Schumann モデル[29] における開いた火炎は観察されない．

計算では火炎面モデルに近い薄い火炎の存在が予測されている．この不一致は図4.16(a)と類似のしわ状火炎が形成されるために生じる．この場合，火炎はその平均位置を中心に振動する．もし最大振幅の範囲内にサンプリングプローブを置くと，吸引口は燃料領域に入ったり，空気領域に入ったりして，時間平均的には，あたかも燃料と酸素が共存するかのようなガスサンプルを与えるであろう．この状況をシミュレートするためには，図4.37の火炎を左右に振らせて時間積分しなければならない[32]．

4.7.4 噴流拡散火炎の吹飛びと吹消え

噴流拡散火炎がバーナポートに安定化される機構については，すでに4.2.4節に述べた．すなわち，自由噴流拡散火炎や薄肉（ナイフエッジ）バーナでは図4.11に示したように，混合層の最適濃度の位置で燃焼速度と局所流速とが釣り合って，火炎が安定化される．また，厚肉バーナではリム後流の循環流が点火源となって，火炎が安定化される．火炎が消失する状況を考えると，前者の場合は燃焼速度と流速の釣り合いが破れて，火炎が下流に吹き飛ばされるので，**火炎の吹飛び**と呼ぶ．一方，後者の場合はリム後流の還流領域から火炎が吹き消されるので，**火炎の吹消え**と呼ぶ．

同軸噴流拡散火炎でも空気流速u_aが小さければ循環流の発達が悪く，自由噴流拡散火炎に似た状況となる．また，薄肉バーナと厚肉バーナの境界は燃料の種類や流れ場によって異なる[10]．したがって，2種類の火炎安定機構にまたがった実験データが必要であるが，そのようなデータの一例を紹介する[10]．

図4.38は図4.37の計算例と全く同じ同軸噴流拡散火炎バーナを用い，バーナリムの厚みtを種々に

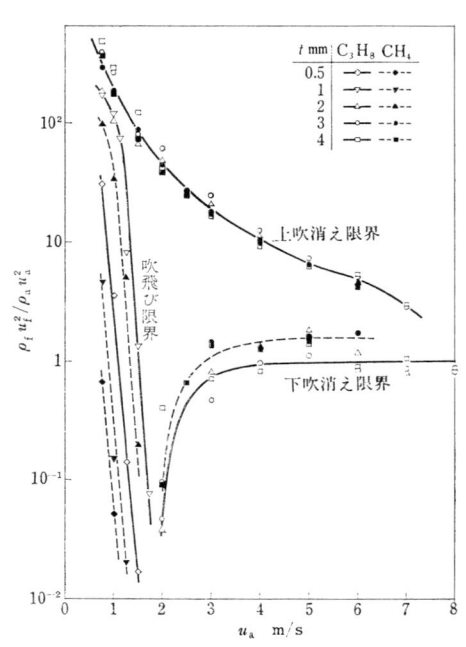

図 4.38 同軸流拡散火炎の吹飛び限界と吹消え限界[10]

変えて，プロパン-空気及びメタン-空気拡散火炎の**吹飛び限界**と**吹消え限界**を測定した結果である．なお，測定は $u_f > u_a$ の同軸噴流のみならず，$u_f < u_a$ の同軸後流の領域まで行われている．縦軸を u_f ではなく，燃料流と周囲空気流の運動量流束の比 $(\rho_f u_f^2)/(\rho_a u_a^2)$ にとっているが，これはリム後流に形成される循環流への燃料と空気の拡散割合，したがって還流領域内の混合比が運動量流束比に支配されるためである．また，横軸を u_a にとっているのは，運動量流束比を一定に保った場合，還流領域の発達とその内外の乱れやせん断の強さが u_a によって決まるからである．

リム厚み t がプロパン-空気火炎で 2 mm，メタン-空気火炎で 3 mm より厚い場合，火炎はある運動量流束比の範囲で安定化され，その上限を**上吹消え限界**，下限を**下吹消え限界**と呼ぶ．上吹消え限界付近では火炎の付着点は燃料側に寄り，下吹消え限界付近では空気側に寄る．これは前者の場合，還流領域内部の混合比が希薄になり，後者の場合，過濃になることを示している．上吹消え限界以上では，還流領域内部に火炎を残して，拡散火炎が激しく振動するか消失するかし，下吹消え限界付近では，拡散火炎が部分的に浮き上がった後に消失する．火炎の安定範囲は u_a が高いほど狭くなるが，これは乱れやせん断が強くなるためであろう．

リム厚み t が薄いと還流領域が縮小し，u_a の低いところで**燃焼速度と流速が釣り合って，火炎が安定化されるようになる**．u_a の上限を**火炎吹飛び限界**と呼

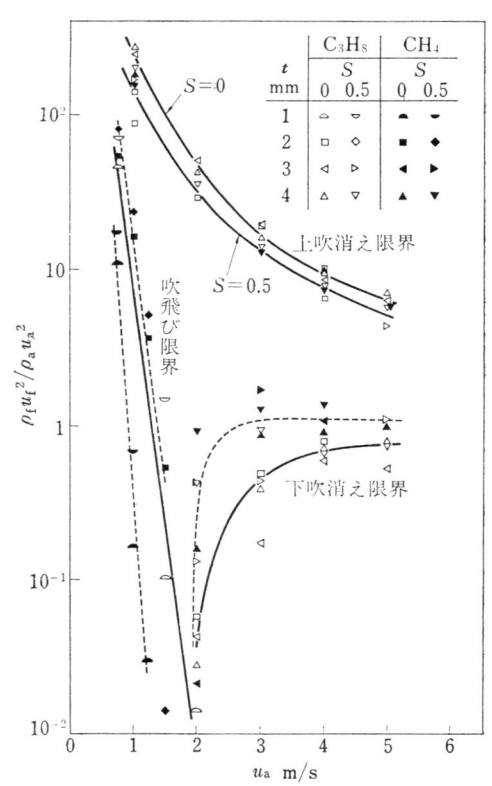

図 4.39 周囲空気流に旋回を掛けた同軸流拡散火炎の吹飛び限界と吹消え限界[10]

び，それより u_a が増すと，火炎はリムから浮き上がった後に（**浮き上がり火炎**），下流に吹き飛ばされて消失する（図4.12参照）．吹飛び限界が u_f に鈍感なのは，混合層の空気寄りに火炎が形成されるためであろう．u_a の低いところで上下吹消え限界が吹飛び限界に漸近しているが，これは厚肉リムでも u_a の低いところでは伝ぱ機構によって火炎が安定化されることを意味している．

つぎに，周囲空気流に旋回を掛けた場合の火炎の安定範囲を図4.39に示す．なお，S は式（4.50）で定義されるスワール数である．周囲空気流に $S=0.5$ の旋回を掛けると，若干，上吹消え限界が低下，下吹消え限界が上昇して，火炎の安定範囲が狭くなるが，旋回を掛けない場合（$S=0$）との差はごくわずかである．これは旋回が剛体回転に近く，リム近傍では w が小さいためと考えられる．

4.7.5 対向噴流拡散火炎

ここではガスタービンなどに応用されて，実用性の高い対向噴流拡散火炎の形態，安定機構と安定限界について，簡単に説明する．

図4.40は蒸発形ガスタービン燃焼器のように，一様空気流と濃混合気噴流とを対向させた場合に形成される火炎である[33]．バーナリムの右側にかなり大きな還流領域が生じ，この領域内を高温燃焼ガスが循環するためと，軸上の岐点付近で噴流と空気との混合が行われ，かつ，ここに低流速領域が生じるために，火炎が安定化される．図中の斜線の領域は青色を呈する一次燃焼領域，陰影をつ

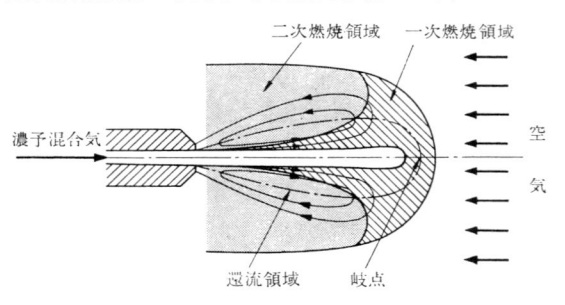

図 4.40 対向噴流拡散火炎[33]

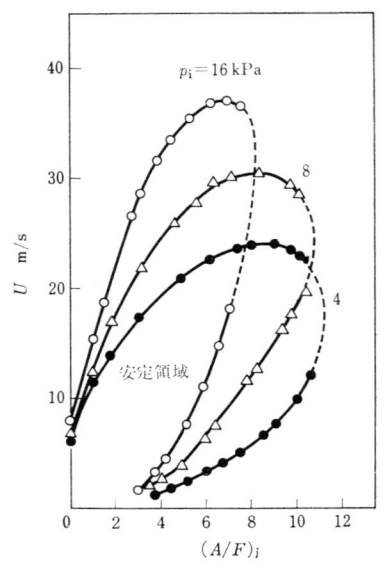

図 4.41 対向噴流拡散火炎の安定範囲[33]

けた領域は青紫色を呈する二次燃焼領域である．還流領域は高温燃焼ガスを保有して，混合気噴流に対する点火源として働くと同時に，空気を噴流の方へ運ぶ働きもする．

このような火炎の安定範囲をプロパン–空気火炎について，混合気噴射圧力 p_j をパラメータにとって示すと図4.41のようになる．縦軸には対向空気流速 U を，横軸には噴流の空燃比 $(A/F)_j$ をとっている．ノズルは内径 2 mm，外径 10 mm，長さ 45 mm のもので，噴流速度 U_j は p_j の平方根に比例する．火炎は曲線の内側の領域で安定化されるが，U の上限付近では火炎がノズル噴口に付着しているのに対し，U の下限付近では噴口から離れる．

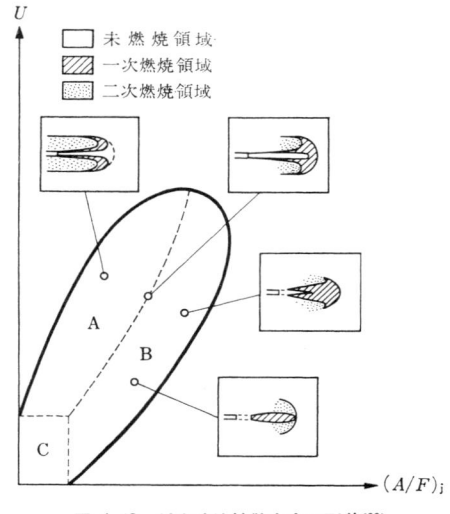

図 4.42 対向噴流拡散火炎の形状[33]

火炎安定範囲は火炎形態によって，図 4.42 に示す A, B, C の 3 領域に分けられる．領域 A では噴流の燃料濃度が大きく，対向する一様空気流速も大きいために，岐点付近に火炎が形成されず，火炎の先端が開いてラッパ形になる．領域 B では噴流が燃料過濃とはいえ，量論混合比に近いことと一様空気流速が低いために，岐点付近に火炎が形成されて，先端の閉じた半球形の火炎ができる．なお，領域 A と B では青色火炎が生じるが，領域 C では火炎の一部または全体が輝炎となる．

文　献

(1) Strehlow, R. A. (水谷訳), 基礎燃焼学, (1973), 森北出版.
(2) Botha, J. P. and Spalding, D. B., Proc. Roy., Soc., Lond., **A225** (1954), 71.
(3) 文献 (1) の p.187.
(4) 文献 (1) の p.200.
(5) Hill, P. G. and Hung, J., Combust. Sci. and Tech., **60**-1/3 (1988), 7.
(6) Hirschfelder, J. O. and Curtiss, C. F., J. Chem. Phys., **17** (1949), 1076.

(7) Jinno, H.・ほか2名, Research on Effective Use of Energy, Vol. 1 (1982), p. 251［文部省科学研究費補助金・エネルギー特別研究報告書］.
(8) Lewis, B. and von Elbe, G., Combustion, Flames and Explosions of Gases, 3rd Ed., (1987), Academic Press.
(9) Wohl, K.・ほか2名, Third Symposium on Combustion and Flame and Explosion Phenomena, (1949), Williams and Wilkins, p. 288.
(10) 水谷・矢野, 機械学会論文集, **44**-379 (1978), 1036.
(11) 伊藤・ほか2名, 同上, **43**-374 (1977), 3868.
(12) Taylor, G. I., Proc. Roy. Soc., Lond., **A151** (1935), 421.
(13) Dryden, H. L., Q. Appl. Math., **1** (1943), 7.
(14) Ballal, D. R. and Lefebvre, A. H., Proc. Roy. Soc. Lond., **A344**-1637 (1975), 217.
(15) Andrews, G. E.・ほか2名, Combust. Flame, **24**-3 (1975), 285.
(16) Scurlock, A. C. and Grover, J. H., Fourth Symposium (International) on Combustion, (1953), Williams and Wilkins, p. 645.
(17) Beer, J. M. and Chigier, N. A., Combustion Aerodynamics, (1972), Applied Science Publishers, p. 125.
(18) 水谷・徳田, 機械学会論文集, **51**-471 B (1985), 3608.
(19) 日本機械学会(編), 伝熱工学資料 (改訂第4版), (1986), 日本機械学会, p. 225.
(20) Beer, J. M. and Lee, K. B., Tenth Symposium (International) on Combustion, (1965), The Combustion Institute, p. 1187.
(21) 辻 正一, 燃焼機器工学, (1971), 日刊工業新聞社.
(22) Freeman, G. and Lefebvre, A. H., Combust. Flame, **58**-2 (1984), 153.
(23) Krishnan, K. S. and Ravikmar, R., Combust. Sci. and Tech., **24**-5/6 (1981), 239.
(24) Hardesty, D. R. and Weinberg, F. J., Combust. Sci. and Tech., **8**-5/6 (1974), 201.
(25) Ishizuka, S. and Tsuji, H., Eighteenth Symposium (International) on Combustion, (1981), The Combustion Institute, p. 695.
(26) 水谷・里村, 機械の研究, **34**-12 (1982), 1317.
(27) 平野敏右, 燃焼学―燃焼現象とその制御―, (1986), 海文堂, p. 134.
(28) Hottel, H. C. and Hawthorne, W. H., Third Symposium on Combustion and Flame and Explosion Phenomena, (1949), Williams and Wilkins, p. 254.
(29) Burke, S. P. and Schumann, T. E. W., Ind. Eng. Chem., **20** (1928), 988.
(30) 水谷・ほか, 機械学会講演論文集, No. 764-12 (1976), 8；同 No. 774-5, (1977), 1.
(31) Patankar, S. V. and Spalding, D. B., Heat and Mass Transfer in Boundary Layers, 2nd Edition, (1970), Intertext Books.
(32) 水谷, 燃焼研究, No. 46 (1977), 1.
(33) 牧・ほか, 機械学会論文集, **35**-276 (1969), 1732；同 **36**-291 (1970), 1909.

参 考 書

Beer, J. M. and Chigier, N. A., Combustion Aerodynamics, (1972), Applied Science Publishers.
Barnard, J. A. and Bradley, J. N., Flame and Combustion Phenomena, 2nd Edition, (1985), Chapman and Hall.
Chigier, N., Energy, Combustion, and Environment, (1981), McGraw-Hill.
Fristrom, R. M. and Westenberg, A. A., Flame Structure, (1965), McGraw-Hill.
Gaydon, A. G. and Wolfhard, H. G., Flames; Their structure, radiation and temperature, 4th Edition, (1979), Chapman & Hall.
Glassman, I., Combustion, 3rd Edition, (1996), Academic Press.
平野敏右, 燃焼学―燃焼現象とその制御―, (1986), 海文堂.
Lewis, B. and von Elbe, G., Combustion, Flames and Explosions of Gases, 3rd Edition, (1987), Academic Press.
金原寿郎, 気体の燃焼物理, (1985), 裳華房.
小林清志・ほか2名, 燃焼工学―基礎と応用―, (1988), 理工学社.
熊谷清一郎, 燃焼, (1976), 岩波書店.
Kuo, K. K., Principles of Combustion, (1986), John Wiley & Sons.
日本機械学会(編), 機械工学便覧, A6 熱工学, (1987), 日本機械学会.
大竹一友・藤原俊隆, 燃焼工学, (1985), コロナ社.
Strehlow, R. A., Combustion Fundamentals, (1984), McGraw-Hill.
ストリーロ, R. A., 水谷幸夫(訳), 基礎燃焼学, (1973), 森北出版.
辻 正一, 燃焼機器工学, (1971), 日刊工業新聞社.
Williams, F. A., Combustion Theory, 2nd Edition, (1985), The Benjamin/Cummings Publ. Co.
Peters, N., Turbulent Combustion, (2000), Cambridge University Press.
Turns, S. R., An Introduction to Combustion : Concepts and Applications, 2nd Ed., (2000), McGraw-Hill.
Borman, G. L. and Ragland, K. W., Combustion Engineering, (1988), McGraw-Hill.

演 習 問 題

(1) プロパン-空気量論混合気 (15°C, 1 atm) を 2 m/s の速度でスロットバーナから静止空気中に吹き出して, テント状の層流火炎を作ったという. 火炎面と流線の形状, 並びに流線に沿う流速の変化を計算せよ. ただし, 層流燃焼速度は 0.42 m/s, 断熱火炎温度は 1996°C で, 燃焼によって平均分子量は変化しないものとする.

(2) 燃焼速度 0.4 m/s の可燃混合気が十分大きな球形容器に詰められている. 容器の中心で火花点火した後, まだ定圧燃焼と見なせる時間内 での 火炎球の成長速度 (直径の増加率) はいか程か. ただし, 燃焼前後の混合気の温度は 25°C と 1800°C, 燃焼による平均分子量の増減はないものとする.

(3) シャボン玉の中にプロパン-空気混合気を詰めて，中心で火花点火したところ，火炎球の直径が 5.2 m/s の割合で増加するのが観測された．一方，未燃混合気と燃焼ガスの密度比を化学平衡を仮定して計算したところ，7.3:1 であった．このデータから混合気の燃焼速度を決定せよ．

(4) ある可燃混合気の層流燃焼速度を測定したところ，圧力 0.1 MPa で 0.4 m/s，1 MPa で 0.3 m/s であったという．層流火炎の熱理論が当てはまるとして，この混合気の総括反応次数を求めよ．ただし，混合気の熱的性質や火炎温度は圧力の影響を受けないものとする．

(5) 25℃，1 atm のプロパン-空気量論混合気の層流火炎の予熱帯厚み δ，反応帯厚み δ_r，並びにそれらの和である火炎帯厚み δ_f を推定せよ．ただし，混合気の熱伝導率，定圧比熱，密度はそれぞれ 0.027 W/(m·K)，1.01 kJ/(kg·K)，1.09 kg/m³，層流燃焼速度と断熱火炎温度は 0.42 m/s と 2300K，着火温度は 1200K とする．

(6) メタン-空気量論混合気を直径 5 mm のバーナで燃焼させたところ，9 L/min の流量で火炎の吹飛びを起こしたという．バーナを直径 10 mm のものに取り替えると，吹飛びを起こすことなく，どれだけの混合気を燃焼させることができるか．ただし，出口における流速分布はポアゾイユ分布であるとする．

(注) ポアゾイユ分布とは管内層流に特有の，放物線形の流速分布で，
$$u = 2u_m(1 - r^2/R^2)$$
で与えられる．ただし，u_m は断面平均流速，R は管の内半径である．

(7) 内径 10 mm のブンゼンバーナに量論混合比のプロパン-空気火炎が安定化されているという．混合気の平均流速が 2 m/s で，バーナを出た後も完全なポアゾイユ流が持続されるとして，管壁より 1 mm 内側の点でのカルロヴィッツ数を計算せよ．ただし，この混合気の熱伝導率，比熱，密度，層流燃焼速度には問（5）に与えられた値を用いよ．

(8) $g_u = 5000$ s⁻¹ の流速こう配をもった可燃混合気の流れがあり，その中に層流火炎が安定化されているという．流速が 1, 2, 5, 10 m/s である点における火炎の曲率半径を計算せよ．ただし，混合気の燃焼速度を 0.4 m/s とする．

(9) プロパン-空気量論混合気の等方性乱流があり，流速 10 m/s，乱れ強さ 5%，乱れのマクロスケールは 3 mm であったという．

(a) 乱れエネルギーの消散率，ミクロスケール，コルモゴロフスケール，乱流レイノルズ数を計算せよ．

(b) Ballal-Lefebvre の実験式を用いて乱流燃焼速度を予測せよ．

(c) Andrews らの実験式を用いて乱流燃焼速度を予測せ

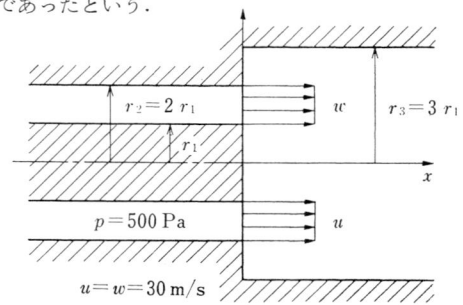

よ．ただし，混合気の動粘度 $\nu=1.6\times 10^{-5}\,\mathrm{m^2/s}$，層流燃焼速度 $0.42\,\mathrm{m/s}$，予熱帯厚み $\delta=0.054\,\mathrm{mm}$ とする．

(10) 図のようなバーナがあり，軸方向流速成分 u と接線方向流速成分 w は平たんな分布をしているという．
 (a) 燃焼室内のスワール数を計算せよ．
 (b) 燃焼室内の流れ模様を推定せよ．
    ただし，ガスの密度 $\rho=1.20\,\mathrm{kg/m^3}$ とせよ．
 (注) 角運動量流量 G_a と並進運動量流量 G_t はバーナ部から燃焼室まで保存されるが，代表半径が r_2 から r_3 に変わる点に注意すること．

(11) 当量比 1.3 のプロパン-空気混合気を火花点火するに要する最小のエネルギー量は，室温，大気圧において $0.25\,\mathrm{mJ}$ である．同じ混合気を $1.9\,\mathrm{MPa}$ まで等温圧縮すると，最小点火エネルギーはいか程になるか．

(12) 容器に封入された炭化水素-空気混合気が，ある温度範囲で第一，第二，第三の三つの爆発限界圧力を持つ理由を簡単に説明せよ．

(13) メタン-空気混合気は火炎温度が $1400\,\mathrm{K}$ を越えると，自己継続的に燃焼することが知られている．ある化学プラントから当量比 0.2 のメタン-空気希薄混合気が排出されるとして，これを燃焼させるためには，何℃に予熱する必要があるか．ただし，メタンの低発熱量 $H_l=50.01\,\mathrm{MJ/kg}$，燃焼ガスの平均定圧比熱 $c_{pm}=1.13\,\mathrm{kJ/(kg\cdot K)}$ で，燃焼装置における熱損失並びに混合気中の水蒸気量は無視できるものとする．

第 5 章
液体燃料の燃焼

　液体燃料は一部の例外を除いて液相で反応することはなく，一たん蒸発した後に，燃料蒸気が酸素と反応して燃焼する．したがって，蒸発過程と反応過程とは密接に結び付いている．燃焼の仕方は揮発性によって異なり，ガソリンのように揮発性の高いものでは，蒸発部と燃焼部とを分離して，気体燃料と同様に燃焼させる．一方，重油や超重質油では液相で熱分解が起こり，**セノスフェア**と呼ばれる残炭（チャー）が固体燃料と類似の燃焼をする．最近では石炭・油混合燃料（COM）や石炭・水混合燃料（CWM）といった液体燃料とも固体燃料ともつかない燃料が出現した．ここでは，灯油，軽油，A重油のような中油の燃焼を中心に説明する．

5.1 液体燃料の燃焼形態
　液体燃料の燃焼形態には液面燃焼，灯心燃焼，蒸発燃焼，噴霧燃焼がある．液体燃料の燃焼機器はこれらいずれかの燃焼形態を利用している．

5.1.1 液面燃焼
　火炎から燃料表面にふく射や対流で熱が伝えられて蒸発が起こり，発生した蒸気が液面上で燃焼するもので，火災時に多く見られる．

　液面燃焼には図5.1に示すようなポット燃焼，図5.2に示すような境界層燃焼，図5.3に示すような伝ば燃焼の3種類がある．

　ポット燃焼においては，液面の降下速度

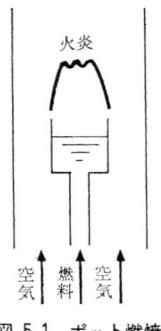

図 5.1 ポット燃焼

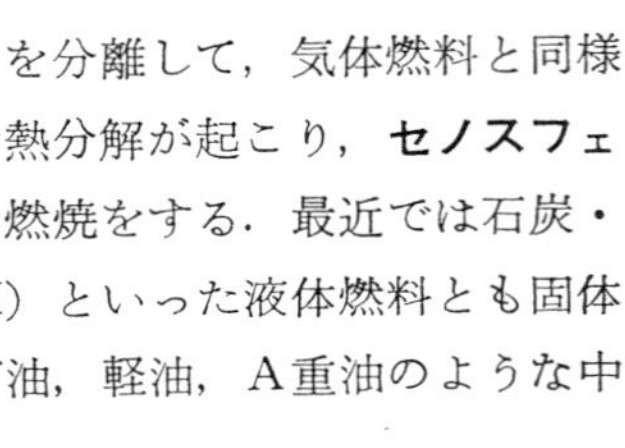

図 5.2 境界層燃焼

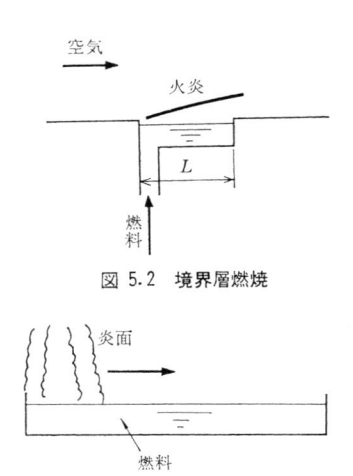

図 5.3 伝ば燃焼

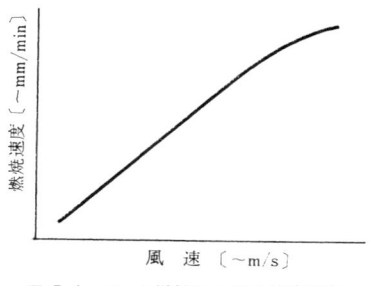

図5.4 ポット燃焼における燃焼速度

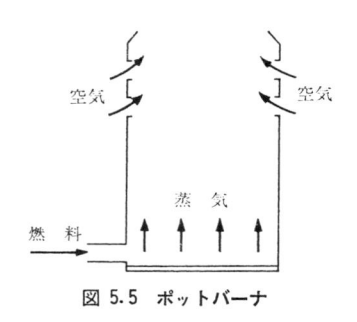

図5.5 ポットバーナ

(mm/min のオーダー，以後 [〜mm/min] と記す) と空気流速 [〜m/s] との間に図5.4のような関係があり，空気流速が増すほど燃焼速度が増加する．なお，**ポットバーナ**と呼ばれ，図5.5のような構造を持つオイルバーナが石油ストーブや廃油焼却装置に利用されるが，これは側壁からの熱伝導や火炎からのふく射/対流伝熱で蒸発温度以上に加熱された底面に瞬間的に蒸発するだけの灯油を供給して，蒸発燃焼させるバーナで，動作は5.1.3節の蒸発燃焼に近い．

第二の**境界層燃焼**はポット燃焼と違って，液面と平行に空気を送るが，燃焼速度 [〜mm/min] と風速 [〜cm/s] との間には図5.6に示す関係がある．空気流速が低い間は，燃焼速度は空気流速が増すと増加するが，空気流速が臨界値を越えると燃焼速度が急に低下して，吹消える．また，燃料だまりの空気流方向の長さ L が短いと燃焼速度は大きいが，吹消え流速はかえって低下する．

第三の**伝ぱ燃焼**は浅い容器に液体燃料を満たして，その一端で点火すると火炎が他端に向けて伝ばするもので，火炎からの熱伝達によって表面近くに表面張力や密度のこう配が生じるために，液の流動が起こる．同時に火炎からの対流伝熱やふく射伝熱，液内部での熱伝導によって，表面が蒸発温度以上であるような領域が広がってゆく．このような駆動力が総合されて，火炎が液の表面を伝ばしてゆく．これは主として油火災時に見られる現象である．

5.1.2 灯心燃焼

図5.7は最も基本的な灯心燃焼の形態

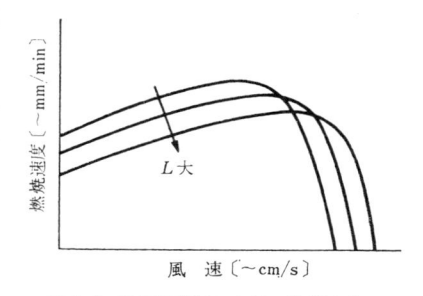

図5.6 境界層燃焼における燃焼速度

図 5.7 灯心燃焼

図 5.9 心上下式バーナ

図 5.8 灯心火炎の高さ

図 5.10 蒸発型燃焼器

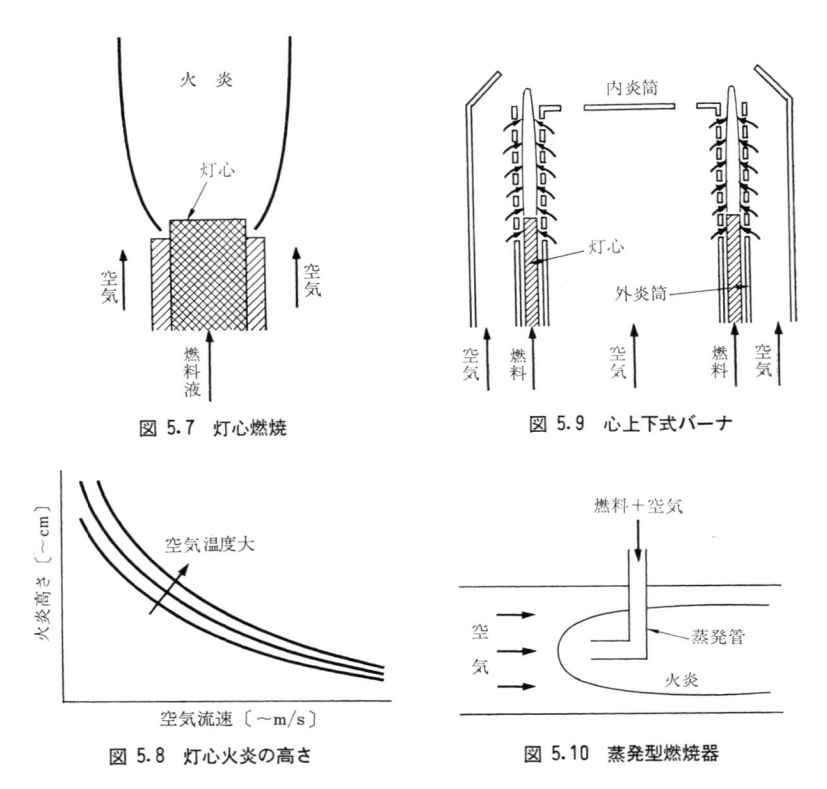

であり，石油ランプなどに応用される．対流やふく射によって火炎から灯心に熱が伝えられ，その熱によって発生した燃料蒸気が灯心の上部や側面で拡散燃焼する．液体燃料は毛細管現象によって液だまりから灯心先端へ吸い上げられる．空気流速が低い間は同軸流拡散火炎と同様の火炎ができるが，空気流速が大きくなると，灯心上部に還流領域が生じて，火炎は浮き上がり，形態が複雑になる．また，灯心の露出が大きく，空気の供給に比べて蒸発速度が大きくなると，不完全燃焼を起こし，すすを発生する．火炎高さは通常数 mm ないし数十 mm であるが，図 5.8 に模型的に示したように，空気流速が低いほど，また空気温度が高いほど大きくなる．

　灯心燃焼は石油ストーブや家庭用小形石油バーナに応用されるが，一例として，図 5.9 に**複筒形心上下式バーナ**の概念図を示しておく．空気の供給は自然通風によることが多い．

5.1.3 蒸発燃焼

図5.10はガスタービンの蒸発型燃焼器である．液体燃料が少量の空気とともに，火炎により加熱されたL字形もしくはJ字形の蒸発管に送り込まれて，発生する燃料蒸気と空気の濃混合気が対向噴流として吹き出し，4.7.5節で述べた対向噴流拡散火炎を形成する．通常の噴霧燃焼器と違って，長さが短くてすむ．最近では**予蒸発・予混合燃焼器**といって，蒸発管を使わず，空気圧縮機を出た高温空気中に燃料を噴霧して予蒸発させ，燃焼室で希薄予混合燃焼させる方法がある．燃焼器長さの短縮にはならないが，窒素酸化物の低減対策として有効で，4.4.5節で述べた触媒燃焼法と組み合わせて効果を発揮する．

図5.11はかって家庭用の石油ストーブや石油コンロに応用された**加圧式バーナ**である．加圧された燃料タンクから供給された燃料は火炎によって加熱された蒸発管内で蒸発し，通常のガスバーナと類似のバーナによって燃焼させられる．最近では，電気加熱式蒸発器を持った**予蒸発型燃焼器**がよく使われる．

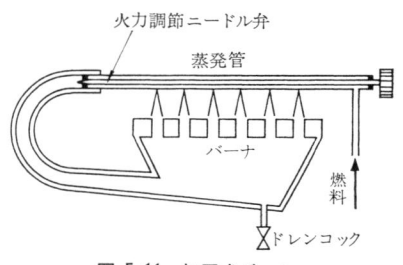

図 5.11 加圧式バーナ

5.1.4 噴霧燃焼

工業的には，液体燃料を噴霧器によって無数の微細な油滴に**微粒化**（または**霧化**）し，表面積を広げるとともに，空気との混合をよくして燃焼させる**噴霧燃焼**が多用される．応答性がよく，高負荷燃焼が可能で，種々の混合パターン，したがって火炎形態が選べる点で，工業目的によく適合している．

噴霧燃焼を構成する素過程としては，液体燃料の微粒化，噴霧の流動と混合，油滴/噴霧の蒸発・着火・燃焼等があり，噴霧の点火と自発着火，噴霧中での火炎伝ば現象，保炎，噴霧火炎からの放射伝熱，有害物質の生成等が関係する．最近では**油滴群燃焼**（油滴集合燃焼）といって，一つ一つの油滴が個々に蒸発や燃焼をするのではなく，不均一にグループを作って，グループ単位で燃焼するという考え方が支持されており，グループの作り方によって，燃焼の仕方や有害物質のでき方が違うとされている．

5.2 液体燃料の微粒化
5.2.1 微粒化の方法

微粒化とは液体燃料を微細な油滴に粉砕して，単位質量当たりの表面積を増加させるとともに，油滴の分散，空気との混合を行わせるもので，噴霧燃焼の最初の重要な段階である．微粒化には，つぎのような種々の方法が用いられる．（1）単純噴孔噴射弁，（2）渦巻き噴射弁，（3）二流体噴射弁，（4）回転体噴霧器，（5）回転噴孔噴霧器，（6）衝突式噴霧器，（7）超音波噴霧器，（8）静電式噴霧器．この内，工業的によく利用されるのは（1）～（4）である．

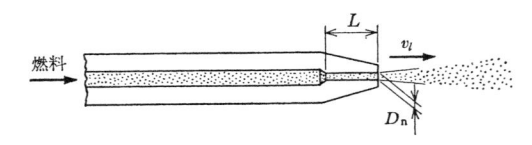

図 5.12 単純噴孔噴射弁

（1）の**単純噴孔噴射弁**（**ホール噴射弁**）は図5.12に示すように，燃料に圧力を掛けて噴孔から高速噴流として噴出させ，液噴流の力学的な不安定現象や噴流と空気とのせん断によって，噴流を微細な油滴に粉砕するものである．液噴流自体の力学的安定性は**液噴流のレイノルズ数**

$$Re = \frac{v_l D_n}{\nu_l} \tag{5.1}$$

に，また液噴流と周囲気体との間の摩擦力による粉砕性は，**ジェット数**

$$Je = \frac{\rho_l D_n v_l^2}{\sigma_l} \left(\frac{\rho_g}{\rho_l}\right)^{0.55} \tag{5.2}$$

によって支配される．ただし，v_l は噴流速度，D_n は噴孔直径，ν_l は燃料の動粘度，ρ_l と ρ_g は燃料とガスの密度，σ_l は燃料の表面張力である．

噴流速度 v_l を零からしだいに増してゆくと，噴流が崩壊して油滴になる点までの長さ，すなわち**噴流長さ**が増してゆくが，Re が一定値に達すると噴流が急に不安定になり，噴流長さが減少する．このときの Re の値は管内流が乱流に遷移するレイノルズ数と同じく2000前後である．一方，噴流速度の増加に伴って，噴流と周囲気体との間の摩擦力が増加してゆき，ジェット数 $Je = 400$ では噴流は噴口直後で粉砕されて，噴霧流に変わる．噴流速度 v_l はほぼ噴射圧力（ノズル内外の圧力差）p_j の平方根に比例するから，微粒化を良好にし，微細な噴霧を得るためには，相当の高圧（$p_j > 5\,\mathrm{MPa}$）が必要である．

なお，噴孔を一個だけ持つ**単孔ホール噴射弁**，多数の噴孔を円すい面に沿っ

て配置した**多孔ホール噴射弁**，前者の変形として，噴口に弁棒の先が顔を出し，その後流を微粒化に有効に利用する**ピントル噴射弁**（弁棒先端がストレート）と**スロットル噴射弁**（弁棒先端が末広がり円すい形）がある．

（2）の**渦巻き噴射弁**は燃料を旋回室に送り込み，旋回を与えて液膜状に噴射するもので，図5.13にその一例を示す．この場合も噴射圧力を増してゆくと，最初チューリップ状に先端の閉じていた液膜が円すい状に開き，しだいに液膜の不安定性が増して波打ち始める．そして，ついには周囲気体との摩擦によって，噴口を出た直後から噴霧流に分裂するに至る．

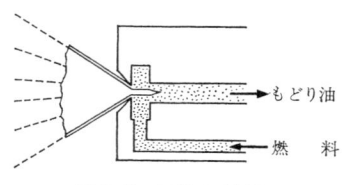

図 5.13 渦巻き噴射弁

基本的な**シンプレックスタイプ**では許し得る微粒化性能の範囲での最大と最小の噴射率の比と定義される**絞り比**（**ターンダウン比**）を 3:1 程度にしか取れないので，噴射圧力，したがって旋回速度と液膜速度を低下させずに噴射率を低減できるように，噴射弁中心軸に沿って戻り油の通路を設ける**戻り油式**（図5.13）や，旋回室への接線流入路を噴射率によって大小に切り替える**デュープレックスタイプ**，さらには旋回室と噴口も切り替える**デュアルオリフィスタイプ**が考案され，絞り比が 10:1 程度まで拡張できるようになった．

（3）の**二流体噴射弁**は空気または水蒸気を噴霧媒体とするものである．ガスは密度が低いために，低い噴射圧力でも噴射速度が高く，噴射速度の低い液体との間に大きな相対速度が生じて，せん断による微粒化が起こる．微粒化性能は非常に良好で，高温の水蒸気を使えば，予熱効果によって高粘度液でも微粒化できる．その上，噴流速度が上がるので混合もよくなる．

図5.14は燃料と空気/水蒸気を別々のノズルから噴き出し，大きな相対速度で接触させる**外部混合式二流体噴射弁**である．多量の噴霧媒体を必要とするが，微粒化性能の予測が容易で，研究用に使用される．実用には燃料噴口の周囲に配置した多数の噴口あるいは一つの環状噴口から噴射された噴霧媒体を中央の燃料噴流に衝突させる方式が採られる．

図5.15は**Yジェット式噴射弁**と呼

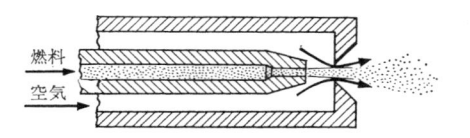

図 5.14 外部混合式二流体噴射弁

ばれる**半内部混合式二流体噴射弁**である．円すい面に沿って多数の空気/水蒸気噴孔を配置する方式がとられ，各噴孔の途中に燃料噴孔が開口する．ノズルチップの交換で噴射円すい角が変えられる．

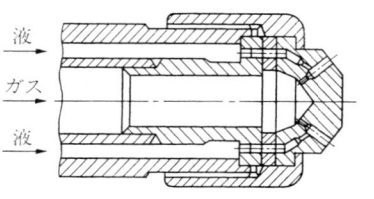

図 5.15　半内部混合式二流体噴射弁

図5.16は内部に混合室を持ち，燃料と噴霧媒体とを一つの噴孔から噴き出す**内部混合式二流体噴射弁**である．少ない噴霧媒体で微粒化性能のよいものが喜ばれ，旋回を掛けたり，多噴孔にしたり，ホィッスルを利用したりと，種々の考案がなされている．図は共振空洞を持つホィッスルタイプの例である．

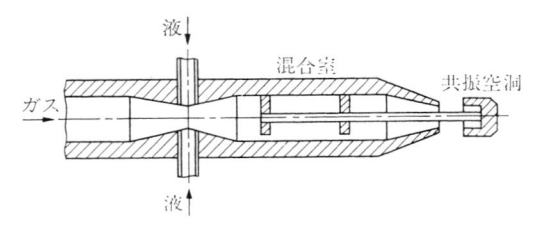

図 5.16　内部混合式二流体噴射弁

（4）の**回転体噴霧器**は回転するカップや円盤の縁から遠心力で飛散する液膜を

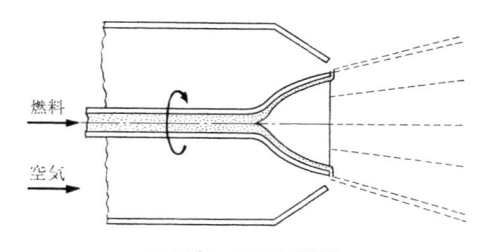

図 5.17　回転体噴霧器

軸方向の空気流で粉砕するもので，微粒化性能はよくないが，ノズルを持たないので，固形物が混ざっても詰まることがない．通常は図5.17に示すようにファンとカップを一軸に取り付け，中空軸を通して燃料を送るホールインワンタイプのロータリバーナの形に設計される．廃液の焼却に適している．

（5）の**回転噴孔噴霧器**は円筒表面に直接，あるいはパイプを介して設けた噴孔を回転させて，遠心力で燃料を噴射し，空気との相対速度で微粒化するものである．実用例はほとんどない．

（6）の**衝突式噴霧器**には燃料を固体面に衝突させるものと，2本または3本の液噴流を衝突させるものとがある．後者は液体ロケットに利用され，燃料噴流と酸化剤噴流とを衝突させるものでは，微粒化と同時に混合も行われる．

(7)の**超音波噴霧器**には，図5.16のようなホィッスルタイプのものと，図5.18のように，振動する固体面(振動ホーンの先端面)に燃料を供給し，毛状波の分裂を利用して微粒化するものがある．

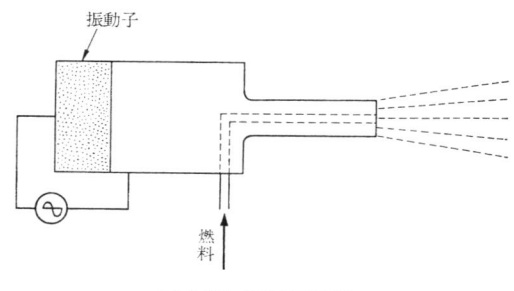

図 5.18 超音波噴霧器

(8)の**静電式噴霧器**は，図5.19に示すように液噴流の周囲に置かれたリングと噴口との間に高電圧を掛け，帯電した液噴流を電場で粉砕するものである．多数の針状電極を埋め込んだ絶縁体面に沿って燃料を流すなど，噴口の構造に工夫を加えないと，能率よく帯電させることができない．

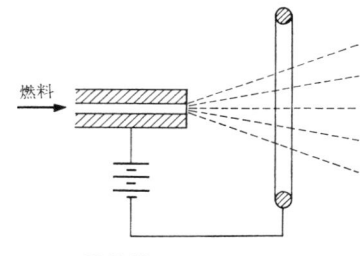

図 5.19 静電式噴霧器

5.2.2 噴霧器の微粒化特性

A．単純噴孔噴射弁 この噴射弁で作られる噴霧は粗大粒から成る主流部(円すい両頂角約2.3度)とその外側の微細粒から成る副流(円すい両頂角約13度)で構成される．噴霧全体としての平均粒径*1) d_m は次式で与えられる．

$$d_\mathrm{m} = 47 \frac{D_\mathrm{n}}{v_l} \left(\frac{g\sigma_l}{\rho_\mathrm{g}} \right)^{1/4} \left[1 + \frac{3.31\mu_l}{(\sigma_l \rho_l D_\mathrm{n})^{1/2}} \right] \tag{5.3}$$

ただし，D_n は噴孔直径，v_l は液の噴射速度，g は重力加速度，σ_l は液の表面張力，ρ_g と ρ_l はガスと液の密度，μ_l は液の粘性係数で，代入する数値は単位がそろってさえいれば，SI 単位でなくてもよい．

噴霧中に含まれる最大滴の直径 $d_\max$ は

$$d_\max = (2 \sim 2.5) d_\mathrm{m} \tag{5.4}$$

なお，この噴射弁に燃料圧力によって開閉する自動弁を設けた**ホール自動弁**では，噴射の初めと終わりに粗大粒を発生するために，式(5.3)の係数が47から70程度に増加する．

---

*1) 以後，断りのない限りザウテル平均粒径 $d_{\mathrm{m}32}$ を指す．ザウテル平均粒径の定義については 5.2.3 節を参照のこと．

B. 渦巻き噴射弁　この噴射弁の微粒化特性は非常に複雑であり，設計や動作条件によって流量係数，噴霧角（噴霧円すいの半頂角）並びに平均粒径が複雑に変化する[2,3]．ここでは詳しい説明は省略し，大気中に噴射したときの平均粒径の式（Knight のもの）を示しておく．

$$d_\mathrm{m} = 1.64 G_l^{0.209} \nu_l^{0.215} p_j^{-0.46} \tag{5.5}$$

ただし，d_m は平均粒径 [m]，G_l と ν_l は液の質量流量 [kg/s] と動粘度 [m²/s]，p_j は液の噴射圧 [Pa] である．なお，雰囲気圧力の影響の仕方は複雑で，噴射条件によって影響が逆に出ることもある．

C. 二流体噴射弁　半内部混合式と内部混合式の二流体噴射弁の微粒化特性は設計に大きく左右されるので，一般的な議論はできない．図5.14に示した外部混合式二流体噴射弁に関しては，平均粒径はつぎの経験式で与えられる[4]．

$$d_\mathrm{m} = 0.585 \frac{(\sigma_l/\rho_l)^{0.5}}{u_\mathrm{r}} + 53.2 \left[\frac{\mu_l}{(\sigma_l \rho_l)^{0.5}}\right]^{0.45} \left(\frac{V_l}{V_\mathrm{g}}\right)^{1.5} \tag{5.6}$$

ただし，d_m は平均粒径 [m]，u_r はガス噴流と液噴流の相対速度 [m/s]，σ_l, ρ_l, μ_l は液の表面張力 [N/m]，密度 [kg/m³]，粘性係数 [Pa·s]，V_l と V_g は液とガスの体積流量 [m³/s] である．

D. 回転体噴霧器　図5.20は回転カップ噴霧器の構造を示したものである．この噴霧器で作られる噴霧の平均粒径を Fraser らはつぎの経験式で与えている[5]．

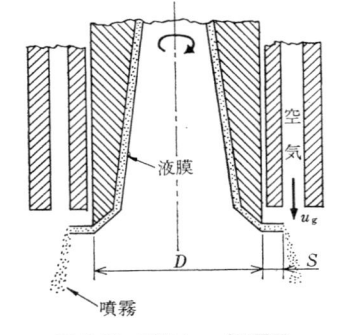

図 5.20　回転カップ噴霧器

$$d_\mathrm{m} = 6 \times 10^{-6} + 0.5 V_l^{0.5} \frac{\sigma_l^{0.5} (\nu_l/\nu_\mathrm{w})^{0.2}}{(SD+S^2)^{0.25}} \frac{1 + 0.065 (G_l/G_\mathrm{g})^{1.5}}{[\rho_\mathrm{g} u_\mathrm{p} (u_\mathrm{p}^2 - u_\mathrm{p} u_\mathrm{g} - 0.5 u_\mathrm{g}^2)]^{0.5}} \tag{5.7}$$

ここで，ν_w は水の動粘度，S と D は図5.20に記入された寸法，G_g と G_l はガスと液の質量流量，u_p はカップの外周速度，u_g はガスの吹き出し速度，それ以外はB項やC項と同じで，すべて SI 単位を用いる．

E. 超音波噴霧器　図5.18に示す振動面霧化式超音波噴霧器によって作られる噴霧の平均粒径に対しては，著者らによるつぎの経験式がある[6]．

$$d_\mathrm{m} = 1.26 \times 10^{-2} \left(\frac{\rho_l}{\sigma_l}\right)^{1/3} \frac{\mu_l^{1/4}}{f^{2/3}} \left[1 + 1.3 \times 10^{-4} \frac{(1.2 \times 10^7 V_l)^{0.12/fa}}{f^{1/3} a}\right]$$
(5.8)

この式は振動面（ホーン先端）の直径 7～8 mm の噴霧器から下向きに噴射した場合のもので，f と a は振動面の振動数［Hz］と振幅［m］，他はC項やD項と同じで，すべて SI 単位である．f は 10^4 Hz のオーダ，a は 10^{-5} m 前後，V_l は 10^{-7} m^3/s のオーダである．

5.2.3 噴霧特性の表示法

噴霧の性質を表す量としては，油滴の粒度分布，平均粒径，分散度，貫通距離，噴射率，推力，旋回度などがある．

A．粒度分布　　粒度分布を表示する方法としては，**粒数分布図，粒数累積分布図，質量分布図，質量累積分布図**の 4 種類の図式表示法があり，それぞれ柱状図，折れ線図，曲線図の形式で描くことができる．いま，サンプリングされた油滴を粒径によって s 個のグループに分け，i 番目のグループの中心粒径を d_i，含まれる油滴の個数を Δn_i，質量を Δm_i，油滴の総数を n_T，全質量を m_T とする．これを柱状図の形で粒数分布図と質量分布図に表すと，図 5.21 のようになる．**同一噴霧では m_T と n_T は定数であるから**，

$$\frac{\Delta m_i}{m_\mathrm{T}} \propto \frac{d_i^3 \Delta n_i}{n_\mathrm{T}}$$
(5.9)

したがって，質量分布図の方が小粒径側が低く，大粒径側が高くなり，ピークの位置が粒径の大きい方へ移動している（100 μm の粒 1 個の質量は 10 μm の粒1000個分に相当する）．累積分布図はそれより左側の柱を積み上げた柱を作

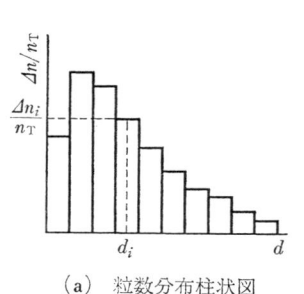

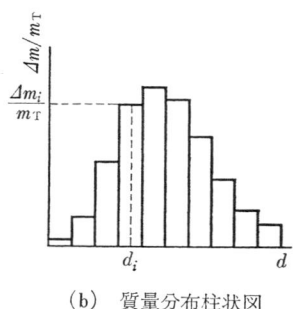

（a）粒数分布柱状図　　　　（b）質量分布柱状図

図 5.21　粒度分布の図式表示法

ることにより，描くことができる．

　場合によっては，このような生データを数式に当てはめて表現しておくほうが便利なことも多い．そのような目的に使われる数式に，（a）ロジン－ラムラーの分布関数，（b）抜山－棚沢の分布関数，（c）対数正規分布関数，（d）平方根正規分布関数等がある．

a．ロジン－ラムラーの分布関数　この関数は b と β を適合定数として，

$$R_m(d) = \exp(-bd^\beta) \tag{5.10}$$

で与えられる．ただし，$R_m(d)$ は残留質量分率で，次式で定義される．

$$R_m(d) = 1 - \frac{1}{m_\mathrm{T}} \int_0^d \frac{\mathrm{d}m}{\mathrm{d}d} \mathrm{d}d \tag{5.11}$$

これは直径が d よりも大きい油滴の質量割合を表し，粉体をふるい分ける場合ならば，ふるいの上に残った割合に相当する．この分布関数は固体微粉の粒度分布を表すのに適しているが，簡単な形をしているために，噴霧にも適用されることが多い．式（5.10）で β が大きいほど，油滴や粒子の均一度が高い．

b．抜山－棚沢の分布関数　この関数は A, B, α, β を適合定数として，

$$f_n(d) = n_\mathrm{T} A d^\alpha \exp(-Bd^\beta) \tag{5.12}$$

と表される．ただし，$f_n(d)$ は粒数分布関数であり，次式で定義される．

$$f_n(d) = \mathrm{d}n/\mathrm{d}d \tag{5.13}$$

この式はもともと外部混合式二流体噴射弁で微粒化された水滴の粒度分布を表現するために考案されたものであるが[4]，一般性があり（ロジン－ラムラーの分布関数を $\alpha + 4 = \beta$ なる特別の場合として含む），解析的にも取り扱いが比較的容易なので，よく利用される．

$$f_m(d) = \mathrm{d}m/\mathrm{d}d \tag{5.14}$$

で定義される質量分布関数は式（5.12）から容易に導くことができ，つぎのようになる．

$$f_m(d) = m_\mathrm{T} A' d^{\alpha+3} \exp(-Bd^\beta) \tag{5.15}$$

ただし，

$$A' = \frac{\beta B^{\alpha+4}}{\Gamma[(\alpha+4)/\beta]} \tag{5.16}$$

この分布関数においては，α と β が大きいほど粒径の均一度が高くなるが，一般に $\alpha = -1 \sim 3$，$\beta = 0 \sim 2$ である．

c．対数正規分布関数　これは正規分布の式を対数変換したもので，

$$\frac{dn}{d[\ln(d/d_m)]} = \frac{n_T}{\sqrt{2\pi}\ln\sigma}\exp\left\{-\frac{1}{2}\left[\frac{\ln(d/d_m)}{\ln\sigma}\right]^2\right\} \quad (5.17)$$

という形を持っている．ただし，d_m は幾何平均直径，σ は幾何標準偏差である．この分布関数は粒子が衝突と合体を繰り返す場合に当てはまると言われ，噴霧よりはすすの粒子に適用されることが多い．

平方根正規分布関数はほとんど使われないので省略する．このほかにも抜山-棚沢の分布関数より一般性のあるカイ二乗分布関数があるが，省略する．

B．平均粒径とメディアン直径　噴霧の燃焼特性を代表する油滴平均粒径のとり方には工夫が要求される．最も単純な平均のし方はサンプリングされた全粒子の直径の総和を n_T で割ることであるが，これでは細かい油滴の多い噴霧では非常に小さな平均粒径になってしまう．10 μm の油滴1000個が 100 μm の油滴1個に相当することを考えれば，両者の平均粒径を 10.09 μm とすることの不合理さは明らかであろう．そこで，全質量と全表面積が元のサンプルと等しい均一粒径の油滴群を考え，その粒径を平均粒径とすることにすれば，平均化により油滴の総数は変わるが，蒸発速度と発生蒸気量は変わらないから，より合理的である．このような平均粒径を**ザウテル平均粒径** d_{m32} と呼び（**SMD** と略称する），次式で与えられる．

$$d_{m32} = \sum(d_i^3 \Delta n_i) / \sum(d_i^2 \Delta n_i) \quad (5.18)$$

さきほどの 10 μm の油滴1000個と 100 μm の油滴1個の SMD は 18.18 μm である．

平均粒径と類似したものに**メディアン直径**がある．これは累積分布図で50%の高さを与える直径を意味し，**粒数メディアン直径**と**質量メディアン直径**とがある．ただメディアン直径と言えば質量メディアン直径を指す．

C．分散度　分散度を表すものには，**油滴分散範囲**と**油滴流束分布**とがある．前者は噴口の位置で噴霧輪郭に引いた2接線のなす角度，すなわち**噴霧円すい角**で表される．後者は噴霧軸に直角な平面もしくは噴口を中心とする球面上での**油滴流束**（単位面積を単位時間に通過する油滴質量）の分布を，噴霧軸からの距離 r もしくは噴霧軸からの角度 φ の関数として図示するが，軸対称でない噴霧に対しては，平面または球面上の等流束曲線群で表示する．また，80%の燃料が流れる範囲を円すい角で表示する**80%噴霧角**や，ある瞬間に

おける油滴の空間密度分布を表す**分布度**が用いられることもある．

D．その他 **貫通距離**は容器内にごく短時間噴射された非定常噴霧先端の到達距離と定義される．また，**噴射率**は単位時間当たりの燃料の噴射量と定義され，いずれもディーゼルエンジンで重要な値である．**推力**は噴射弁にかかる反力で，単位時間に噴射された燃料（二流体噴射弁では噴霧媒体である空気や蒸気を含む）に与えられる運動量に等しく，**旋回度**とともに，バーナ火炎の長さや周囲空気との混合に関係する．

5.3 油滴の蒸発と燃焼

5.3.1 現象の概要

高温の空気中に投入された油滴は，直径が臨界値以上であれば，ある遅れ期間の後に自発着火を起こす．**着火遅れ**は油滴の周囲に可燃混合気が形成されて，着火可能な状態になるまでの**物理的遅れ**と，それから反応が進んで着火に至るまでの**化学的遅れ**に分けられる．

着火すると油滴周囲に拡散火炎が形成されるが，その形状は油滴と周囲空気との相対速度によって，図5.22のように変化する．（a）は対流が全くない場合で，球形の火炎が形成される．（b）は弱い対流がある場合で，火炎が卵形に変形する．（a）と（b）の火炎を**全周炎**と呼ぶ．対流の強さがある限度を越えると，4.7.5節の対向噴流拡散火炎の先端が開くのと同じ理由で，突然上流部の火炎が消失して，（c）の**後流炎**に遷移する．全周炎は油滴表面から火炎面に向けて燃料蒸気が，また周囲から火炎面に向けて酸素が拡散して燃焼する拡散火炎で，図4.32に示したのと同様の濃度場と温度場が油滴周囲に形成される．

投入されてから，着火・燃焼して，消滅するまでの油滴直径 d の二乗の時間

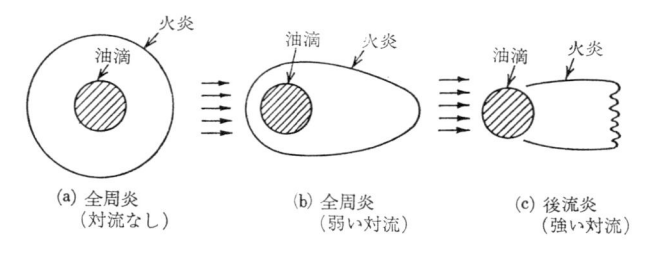

(a) 全周炎（対流なし）　(b) 全周炎（弱い対流）　(c) 後流炎（強い対流）

図 5.22 ガスとの相対速度による油滴の燃焼状態の変化

t に対する変化を図示すると，図 5.23 のようになる．①は**着火遅れ期間**で，油滴温度が上昇して熱膨張を起こすために直径が多少増加するが，蒸発が始まると減少し始める．②は**非定常燃焼期間**で，時刻 τ で着火した後，しばらく d^2 の減少率の小さい期間が続く．**準定常燃焼期間**に入ると，d^2 は時間とともに直線的に減少し，最後に油滴は消滅する．準定常燃焼期間に対しては，

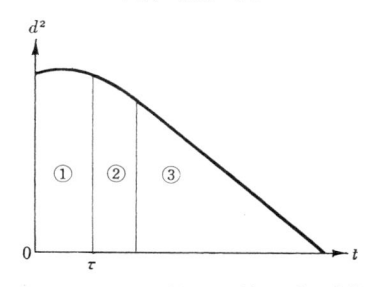

図 5.23 着火・燃焼する油滴の d^2 の変化

$$\frac{\mathrm{d}(d^2)}{\mathrm{d}t} = -C_\mathrm{b} \tag{5.19}$$

$$\therefore \quad d^2 \fallingdotseq d_0^2 - C_\mathrm{b}(t-\tau) \tag{5.20}$$

なる関係が成立する．ただし，d_0 は初期直径，t は時間である．C_b は**燃焼速度定数**と呼ばれ，普通 1 mm²/s 前後の値をとる．

なお，空気温度が着火温度以下の場合や，酸素を含んでいない場合は着火は起こらず，蒸発だけが起こる．この場合も，**予熱期間** τ と**非定常蒸発期間**を経由した後に準定常蒸発に入るが，これに対しても，準定常燃焼の場合と同様，

$$\frac{\mathrm{d}(d^2)}{\mathrm{d}t} = -C_\mathrm{e} \tag{5.21}$$

$$\therefore \quad d^2 \fallingdotseq d_0^2 - C_\mathrm{e}(t-\tau) \tag{5.22}$$

なる関係が成立し，C_e を**蒸発速度定数**と呼ぶ．C_e はガス温度の影響を大きく受ける．

以下，主要な素過程について，簡単に説明する．

5.3.2 油滴の温度上昇と蒸発

時刻 $t=0$ に突然，高温雰囲気に投入された油滴は最初，ガスからの熱伝達により温度が上昇する．この期間に対して，（1）蒸発がない，（2）ふく射伝熱は無視できる，（3）油滴内部の温度は一様である，（4）液の密度 ρ_l は一定に保たれる，と仮定すると，熱バランスから次式が得られる．

$$\alpha \pi d^2 (T_\mathrm{g} - T_l) = \frac{\pi}{6} d^3 \rho_l c_l \frac{\mathrm{d}T_l}{\mathrm{d}t}$$

ただし，α は熱伝達率，T_g はガスの温度，T_l, ρ_l, c_l は油滴の温度，密度並びに比熱である．ヌッセルト数 Nu [2.3 節の式(2.16)] を導入すると，

$$\frac{dT_l}{dt} - \frac{6\lambda_g' Nu}{c_l \rho_l d^2}(T_g - T_l) = 0 \tag{5.23}$$

ただし，λ_g' は温度境界層内の平均熱伝導率である．Nu は油滴とガスの相対速度によって変化するが，それに対して次の経験式が与えられている．

$$Nu = 2(1 + 0.276 Pr^{1/3} Re^{1/2}) \tag{5.24}$$

すなわち，相対速度がなければ $Nu=2$ である．式中，Pr はプラントル数 [2.3節の式 (2.17)]，Re は相対速度と油滴直径を使ったレイノルズ数 [2.3節の式 (2.18)] である．T_g が一定ならば，投入時の油滴温度を T_{l0} として，

$$T_l = T_g - (T_g - T_{l0})\exp\left[-\left(\frac{6\lambda_g' Nu}{c_l \rho_l d^2}\right)t\right] \tag{5.25}$$

ただし，T_l が変化するので，c_l, λ_g', Nu には，その間の平均値を使う．

油滴の温度が上昇して，蒸発温度（≒湿球温度）に近付くと蒸発を開始し，間もなく準定常蒸発に入る．その期間に対しては式 (5.21) と (5.22) が成立するが，ある理論解析によると[7]，蒸発速度定数 C_e は次式で与えられる．

$$C_e = \frac{4\lambda_g' Nu}{c_{pv}' \rho_l}\ln\left[1 + \frac{\lambda_{gs} c_{pv}'}{\lambda_g' L}(T_g - T_l)\right] \tag{5.26}$$

ただし，c_{pv}' は燃料蒸気の平均定圧比熱，λ_{gs} は表面でのガスの熱伝導率，L は蒸発の潜熱である．上式中の Nu にも式 (5.24) がほぼ当てはまる．

5.3.3 油滴の着火

前述のように，油滴の**着火遅れ** τ は**物理的遅れ** τ_p と**化学的遅れ** τ_c に分けられる．前者は一定条件下では一定値となるが，後者はある範囲で変動する．着火遅れ時間の測定においては，一定条件下で測定を繰り返し，τ の最小値を τ_p，τ の平均値と τ_p の差を τ_c とするのが普通である．τ はガスの組成と圧力，燃料の性質，油滴の直径といったものの影響を受けるが，最も大きく影響するのはガス温度である．そして，その影響の仕方は 4.5.2D の式 (4.70) から圧力項を除いたものに一致する．τ_p や τ_c に関しても同様である．

角田らは高圧容器中に設置した石英糸に直径約 1.8 mm の油滴をつるしておき，それにかぶせるように電気炉を落下させることによって，高温・高圧下での油滴の着火遅れを測定した[8]．その結果の一例を図 5.24 に示す．これから，

$$\tau = 32.6 p^{-0.7}\left(\frac{p_{O_2}}{0.21 p}\right)^{-1.12}\exp\left(\frac{3700}{T}\right) \quad [\text{s}] \tag{5.27}$$

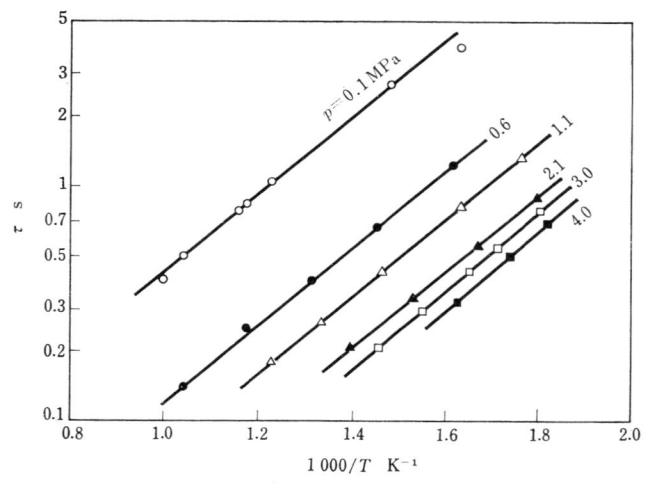

図 5.24　n-ヘプタン滴の着火遅れ[8]（油滴直径 1.2～2.7 mm）

なる経験式が得られる．ただし，p と T はガスの全圧と温度，p_{O_2} は酸素分圧で，いずれも SI 単位で与える．油滴周囲の濃度場や温度場は空気と油滴の相対速度などの影響を受けるから，着火遅れは条件によって相当差があるものと見られ，図5.24や式（5.27）を一般的なデータとすることは危険であろう．

なお，高温雰囲気に油滴を入れた場合に，それ以下では自発着火を起こさなくなる**臨界直径**が存在する．これは小さな油滴では着火遅れ期間中に蒸発し尽くして，着火以前に消滅するためであるが，さらに直径の小さいところに，強制点火してもすぐに消炎するようになる臨界直径が存在する．それ以下で着火が起こらなくなる臨界直径は，セタンでは 700℃ で 300 μm 程度，900℃ で 130 μm 程度である．

このほか，油滴が単独で存在せず，群になって運動する場合には，一つの油滴が着火すると後続の油滴の着火が早められ，また臨界直径も小さくなるという現象も観察されており，単一油滴に関する実験結果がそのまま噴霧燃焼に適用できるかどうかは明らかでない．

5.3.4　油滴の燃焼

油滴は一たん着火すると，最初は直径と強度の小さかった火炎が成長する非定常燃焼期を経て，準定常燃焼を開始する．この期間に対しては式（5.19）と

(5.20) が成り立つ．そして，燃焼速度定数 C_b は多くの場合 $1\,\mathrm{mm^2/s}$ 程度である．

単一油滴の燃焼に関しては，多くの理論が発表されているが，ここでは Wise らの理論を紹介する[9]．なお，本節は飛ばして読んでいただいてもよい．

まず，つぎの仮定を置く．

（1）現象は定圧，定常，球対称である；（2）火炎面における反応速度は無限大である（火炎面モデル）；（3）油滴内部の温度は一様である；（4）ふく射伝熱は無視できる；（5）ガスの定圧比熱 c_p，熱伝導率 λ，拡散係数 D は全成分，全領域で一様である；（6）ルイス数 Le [2.3 節の式 (2.15)] を 1 とする．

このような仮定に対応する燃焼場は図5.25のようになっている．火炎面より内側を領域A，外側を領域Bとすると，火炎から油滴に伝えられた熱量に見合う燃料蒸気 $\dot{m}_\mathrm{f}$ が発生して，ステファン流（半径方向には油滴表面 $r=r_\mathrm{S}$ で行き止まりであるために生じる流れで，速度 v とする）と拡散で火炎面に運ばれる．一方，B領域では，ちょうど燃料蒸気と反応するだけの酸素 $-i\dot{m}_\mathrm{f}$（i は量論酸素－燃料比）がステファン流に逆らって，火炎面に向けて拡散する．

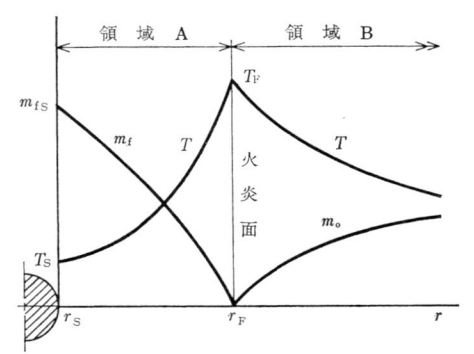

図 5.25 油滴周囲の温度場と濃度場

定常，かつ油滴表面で行き止まりということから，領域Aでは燃料だけが輸送される．そして，火炎面以外では反応がないことから，どの半径位置でも燃料の輸送量は一定で，蒸発率 $\dot{m}_\mathrm{f}$ に等しい．また，$r=r_\mathrm{S}$ と $r=r$ のガスの流量が等しい（連続則）ことから，これは $4\pi r^2 \rho v$ にも等しいはずである．したがって，燃料蒸気の拡散方程式はつぎのようになる．

$$4\pi r^2 \rho \left(m_\mathrm{f} v - D \frac{dm_\mathrm{f}}{dr} \right) = \dot{m}_\mathrm{f} = 4\pi r^2 \rho v \qquad (5.28)$$

ただし，ρ はガスの密度，m_f は燃料蒸気の質量分率である．v を消去すると

$$\frac{\mathrm{d}m_\mathrm{f}}{\mathrm{d}r} = -\frac{\dot{m}_\mathrm{f}}{4\pi r^2 D\rho}(1-m_\mathrm{f}) \tag{5.29}$$

つぎに，$r=r_\mathrm{s}$ と $r=r$ における熱流量が等しいことと，輸送される物質は燃料蒸気だけで，その流量は $\dot{m}_\mathrm{f}$ であることから，

$$\dot{m}_\mathrm{f} h_\mathrm{f} - 4\pi r^2 \lambda \frac{\mathrm{d}T}{\mathrm{d}r} = \left(\dot{m}_\mathrm{f} h_\mathrm{f} - 4\pi r^2 \lambda \frac{\mathrm{d}T}{\mathrm{d}r} \right)_\mathrm{s}$$

ただし，h_f は燃料蒸気の比エンタルピー，添字 S は油滴表面を意味する．油滴に流れた熱はすべて蒸発に使われることから，右辺かっこ内第2項は $\dot{m}_\mathrm{f} L$ に等しい．また，$h_\mathrm{f} - h_\mathrm{fs} = c_p(T-T_\mathrm{s})$ であるから，上式はつぎのようになる．

$$\frac{\mathrm{d}T}{\mathrm{d}r} = \frac{\dot{m}_\mathrm{f}}{4\pi r^2 \lambda}[c_p(T-T_\mathrm{s})+L] \tag{5.30}$$

領域Bでも，油滴表面と $r=r$ の間に物質の供給はないから，式 (5.28) の後半の関係は成立し，$v = \dot{m}_\mathrm{f}/(4\pi r^2 \rho)$ となる．また，酸素の流量は前述のように $-i\dot{m}_\mathrm{f}$ である．したがって，酸素の拡散方程式は，

$$4\pi r^2 \rho \left(m_\mathrm{o} v - D\frac{\mathrm{d}m_\mathrm{o}}{\mathrm{d}r} \right) = 4\pi r^2 \rho \left(\frac{m_\mathrm{o} \dot{m}_\mathrm{f}}{4\pi r^2 \rho} - D\frac{\mathrm{d}m_\mathrm{o}}{\mathrm{d}r} \right) = -i\dot{m}_\mathrm{f}$$

ただし，m_o は酸素の質量分率である．よって，

$$\frac{\mathrm{d}m_\mathrm{o}}{\mathrm{d}r} = \frac{\dot{m}_\mathrm{f}}{4\pi r^2 D\rho}(m_\mathrm{o}+i) \tag{5.31}$$

ガスの流量は $\dot{m}_\mathrm{f}$，熱の流量は領域Aでの値に火炎面での発生熱量 $\dot{m}_\mathrm{f} H_l$（H_l は燃料蒸気の低発熱量）が加わったものであるから，

$$\dot{m}_\mathrm{f} h_\mathrm{g} - 4\pi r^2 \lambda \frac{\mathrm{d}T}{\mathrm{d}r} = \left(\dot{m}_\mathrm{f} h_\mathrm{f} - 4\pi r^2 \lambda \frac{\mathrm{d}T}{\mathrm{d}r} \right)_\mathrm{s} + \dot{m}_\mathrm{f} H_l$$

ただし，h_g はガスの比エンタルピーである．$h_\mathrm{g} - h_\mathrm{fs} = c_p(T-T_\mathrm{s})$ として，

$$\frac{\mathrm{d}T}{\mathrm{d}r} = \frac{\dot{m}_\mathrm{f}}{4\pi r^2 \lambda}[c_p(T-T_\mathrm{s})+L-H_l] \tag{5.32}$$

式 (5.29) ないし (5.32) に対する境界条件は

$$\begin{aligned} &r=r_\mathrm{s}: T=T_\mathrm{s} \\ &r=r_\mathrm{F}: T_\mathrm{A}=T_\mathrm{B}=T_\mathrm{F},\ m_\mathrm{o}=m_\mathrm{f}=0 \\ &r=\infty: T=T_\infty,\ m_\mathrm{o}=m_{\mathrm{o}\infty} \end{aligned} \tag{5.33}$$

ただし，添字F，A，B，∞ は火炎面，領域A，B，周囲ガスを表す．

式 (5.29) ないし (5.32) を解くことにより，燃焼率 $\dot{m}_\mathrm{f}$，火炎温度 T_F，火炎半径 r_F がつぎのように求められる．

$$\dot{m}_\mathrm{f} = \frac{4\pi r_\mathrm{S} \lambda}{c_p} \ln\left\{1 + \frac{[(m_{o\infty}H_l/i) + c_p(T_\infty - T_\mathrm{S})]}{L}\right\} \tag{5.34}$$

$$T_\mathrm{F} - T_\mathrm{S} = \frac{(T_\infty - T_\mathrm{S}) + (m_{o\infty}/i)(H_l - L)/c_p}{1 + m_{o\infty}/i} \tag{5.35}$$

$$\frac{r_\mathrm{F}}{r_\mathrm{S}} = \ln\left[1 + \frac{m_{o\infty}H_l/i + c_p(T_\infty - T_\mathrm{S})}{L}\right] / \ln\left(1 + \frac{m_{o\infty}}{i}\right) \tag{5.36}$$

ここで

$$\dot{m}_\mathrm{f} = -\frac{d}{dt}\left(\frac{4}{3}\pi \rho_l r_\mathrm{S}^3\right) = -\frac{\pi}{2}\rho_l r_\mathrm{S}\frac{d(2r_\mathrm{S})^2}{dt} = \frac{\pi}{2}\rho_l r_\mathrm{S} C_\mathrm{b}$$

であることを考慮して，式 (5.34) から C_b の値を求めると，

$$C_\mathrm{b} = \frac{8\lambda}{c_p \rho_l} \ln\left[1 + \frac{(m_{o\infty}H_l/i) + c_p(T_\infty - T_\mathrm{S})}{L}\right] \tag{5.37}$$

式 (5.34) ないし (5.37) の内では，燃焼率 $\dot{m}_\mathrm{f}$ と燃焼速度定数 C_b が実測値とかなりよく合うことが知られている．しかし，火炎の温度 T_F と半径 r_F は合わない．その主な原因は反応速度を無限大と仮定し，熱解離を無視したこと，対流を無視して球対称を仮定したこと，定常燃焼を仮定したことにある．

対流がある場合の燃焼率や燃焼速度定数は式 (5.24) で与えられるヌッセルト数と同じレイノルズ数依存性を示すと見てよい[10]．すなわち，

$$\frac{\dot{m}_\mathrm{f}}{\dot{m}_\mathrm{f0}} = \frac{C_\mathrm{b}}{C_\mathrm{b0}} = 1 + 0.276 Pr^{1/3} Re^{1/2} \tag{5.38}$$

ただし，添字の 0 は対流のない静止雰囲気中での値を意味する．

これ以外に油滴燃焼には，隣接する油滴の影響，ガスの乱れの影響，燃焼する油滴の抗力係数，油滴が小さい場合の燃焼の非定常性，多成分燃料油滴の燃焼，固形残さを残す重質燃料油滴の燃焼，全周炎から後流炎への遷移，ディーゼルエンジンやガスタービンで燃焼室の温度と圧力が燃料の臨界温度と臨界圧力を越える問題など，困難な問題が少なくない．これらの問題については展望や解説が出ているので[11-13]，参照されたい．

5.4 噴霧の蒸発率と燃焼率

噴霧を燃焼させる一次元燃焼器（プラグ流燃焼器）を考え，上流端から流れの方向に x 軸をとる．そして，つぎの仮定を置く[*2)]．

[*2)] このような仮定が近似的に成り立つのは液体ロケットである．通常の炉や燃焼器では特定のガス塊に対して，着火点以後，この議論が当てはまる．

(1) すべての油滴は燃焼器入口（$x=0$）で燃焼を開始し，以後式（5.20）で $\tau=0$ と置いた関係にしたがって準定常燃焼を行う．
(2) 燃焼速度定数 C_b は一定で，すべての油滴について同一値をとる．
(3) すべての油滴はガスと同じ速度で移動する（ノンスリップ流れ）．

さて，任意の油滴の初期直径を d_0，時刻 t における直径を d とする．また，時刻 $t=0$ に燃焼室に入った噴霧量の内，時刻 t までに燃焼した量を G_b，残存量を G とすると，

$$\frac{G}{G_0}=\frac{\int_\alpha^\infty f_n(d_0)\frac{1}{6}\pi\rho_l d^3 dd_0}{\int_0^\infty f_n(d_0)\frac{1}{6}\pi\rho_l d_0^3 dd_0}$$

ただし，$f_n(d_0)$ は噴霧の初期粒数分布関数 dn/dd_0，α は時刻 t にちょうど消滅する油滴の初期直径で，$\sqrt{C_b t}$ に等しい．ここで，d と d_0 の間には，

$$t<\frac{d_0^2}{C_b}: d^2=d_0^2-C_b t, \quad t\geq\frac{d_0^2}{C_b}: d^2=0 \tag{5.39}$$

なる関係がある．したがって，

$$\frac{G}{G_0}=\frac{\int_\alpha^\infty f_n(d_0)(d_0^2-C_b t)^{3/2}dd_0}{\int_0^\infty f_n(d_0)d_0^3 dd_0} \tag{5.40}$$

Probert[14] によると，$f_n(d_0)$ にロジン-ラムラーの粒度分布関数［式（5.10）］をとった場合，適合定数 β の値によって，G/G_0 の傾向が図 5.26 のように変わる．この図から，β の小さい，したがって均一度の低い噴霧は最初の燃焼率は高いが，燃え尽きるのに時間がかかる．一方，β の大きい，したがって均一度の高い噴霧は最初の燃焼率は低いが，燃え切りの早いことが分かる．この解析結果を見ると，燃焼器を短くするという観点からは，β の大きい，均一度の高い噴霧が望ましい．ただ，この場合，火炎の安定性は劣化する．

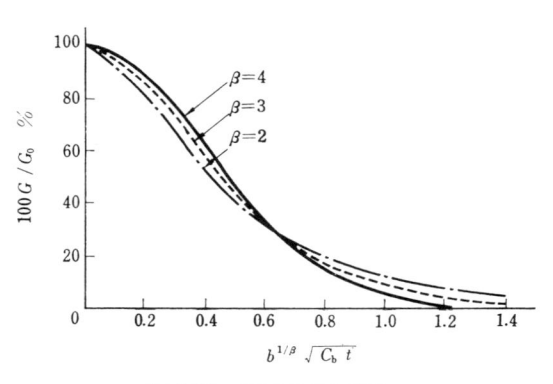

図 5.26 噴霧の蒸発曲線[14]

5.5 噴霧における火炎の伝ぱ
5.5.1 均一粒径油滴群中での火炎伝ぱ

BurgoyneとCohenはテトラリンの飽和蒸気に凝縮核を加えて冷却することにより，均一粒径油滴群を作った[15]．そして，これを内径50 mm，長さ1.5 mの鉛直燃焼管に導いて下端で点火し，**希薄可燃限界濃度**を決定した．この実験は直径7～55 μm の油滴群について行われたが，著者らは分級風洞で終端速度の差を利用してふるい分ける方法で，比較的大きな油滴群の実験を追加した[16]．それらの結果をまとめて示すと，図5.27のようになる．

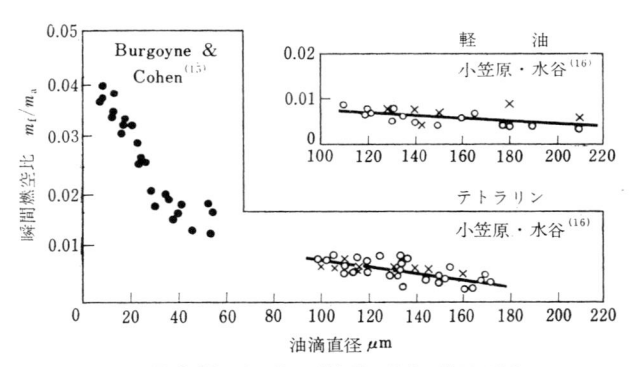

図 5.27 均一粒径油滴群の希薄可燃限界[16]

図5.27から，直径が増すほど希薄可燃限界濃度が低下し，100 μm 以上では10 μm の場合の1/5～1/10の濃度まで火炎が伝ぱすることが分かる．また図5.28に示すように，空気を窒素で希釈して酸素分圧を下げていった場合に，大きな油滴群ほど窒素希釈の影響を受けにくく，10 μm の油滴群では窒素87％（酸素12％）で，いくら濃度を上げても伝ぱ不能になるのに対し，45 μm では窒素93％（酸素6％）でも，希薄可燃限界濃度はほとんど上昇していない．

以上の事実から，一見，油滴直径が大きいほど火炎伝ぱが容易になり，希薄可燃限界濃度が低下するように見える．しかし見

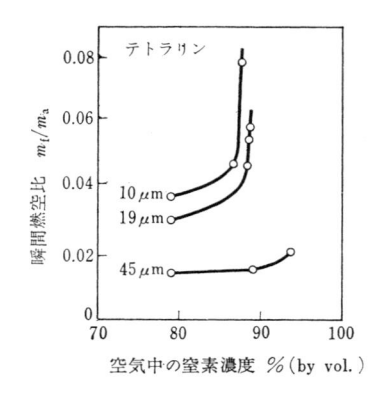

図 5.28 窒素希釈による均一粒径油滴群の希薄可燃限界の変化[15]

掛けの火炎伝ば速度（空間移動速度）を V_F（上向きを正），空気の流速を u_a（下向きを正），油滴の落下速度を V_d（下向きを正）とすると，**瞬間燃空比** m_f/m_a と火炎への**燃料-空気流入量比** $\dot{m}_f/\dot{m}_a$ との間には，つぎの関係が存在する．

$$\frac{\dot{m}_f}{\dot{m}_a} = \frac{V_d + V_F}{u_a + V_F} \frac{m_f}{m_a} \tag{5.41}$$

したがって，油滴が大きくなって落下速度 V_d が増加すると，燃焼管内では $u_a=0$ であり（点火直前に上端がシャッターで閉じられる），希薄可燃限界付近では V_F が小さいから，火炎への燃料-空気流入量比は瞬間燃空比に比べて格段に大きくなる．そして，$\dot{m}_f/\dot{m}_a$ で表した希薄可燃限界は油滴直径が増すとかえって増加する．ただ，図5.28からみて，大きな油滴群の希薄可燃限界は空気中の酸素濃度には鈍感である．

図5.29は直径 11 mm の下向きのバーナを用いて測定された均一粒径テトラリン油滴群の**層流燃焼速度** S_u を図示したものである[15]．この場合，くさび状の火炎面を持つほうき形の火炎が生じるが（図5.29参照），この火炎面に流入する空気流速 u_g の火炎法線方向成分をもって燃焼速度 S_u と定義している．また，図中の数字は各測定点に対応する燃料-空気流入量比 $\dot{m}_f/\dot{m}_a$ の値である（この場合は定在火炎なので $V_F=0$）．$\dot{m}_f/\dot{m}_a$ の値が一定していないが，油滴直径 8 μm から 15 μm の間で層流燃焼速度が急増することは明白である．

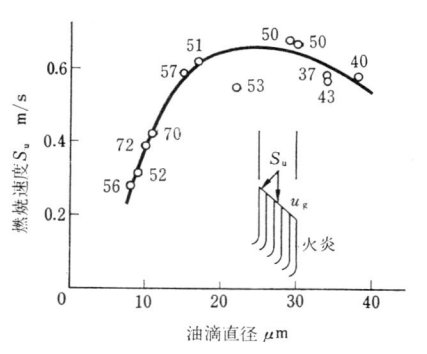

図 5.29 均一粒径油滴群の層流燃焼速度[15]
（図中の数字は $\dot{m}_f/\dot{m}_a$ を1000倍した値）

以上の事実と火炎の形態から均一粒径油滴群中での火炎伝ば機構を推測すると，つぎのようになる．すなわち，直径 10 μm 以下の油滴群は燃焼に先立って完全に蒸発し，気体燃料と同じ燃え方をする．10 μm ないし 40 μm の範囲は油滴の蒸発によって生じた燃料蒸気と油滴との混合体中を火炎が伝ばする**混合相火炎伝ぱ**の領域で，油滴が大きくなるほど蒸気の割合が減少する．そして，40 μm 以上では，油滴から油滴へと火炎が飛び移りながら伝ばする**不連続**

火炎伝ぱが見られる.

不連続火炎伝ぱについては小笠原と水谷の理論解析があり[16],火炎伝ばの機構と図5.27ないし5.29に示された火炎の挙動が理論的に説明されている.

5.5.2 噴霧中での火炎伝ぱ

A.予混合噴霧の燃焼速度 均一粒径油滴群中での火炎伝ぱに関する情報は噴霧中での火炎伝ぱ現象を理解する上で参考にはなるが,蒸発しやすい微小油滴を全く含まない均一粒径油滴群の燃焼の仕方が実際の噴霧の燃焼と類似しているかどうか,多分に疑問がある.その上,噴霧は微粒化過程の影響や,油滴とガスとのランダムな運動量交換を通じて,かなりの乱れを持つのが普通である.

著者ら[17]は燃料噴射直後の噴流の複雑さを避けて,別の場所で微粒化した噴霧を空気に乗せて搬送する特殊なバーナを用いて噴霧の燃焼速度を測定した.これは微粉炭バーナと原理が類似しており,噴流的な性質は除去されているが,粒度分布や乱れは存在を許されている.このような噴霧を**予混合噴霧**と呼び,噴霧燃焼の基礎研究に用いて便利である.

予混合噴霧の燃焼速度の測定例を図5.30と5.31に示す.ただし,4.3.2節の乱流火炎と同様,パイロット火炎によって逆円すい形の火炎を作り,火炎面と流線のなす角度から燃焼速度を求めている.図5.30は燃空比 F/A [kg/kg] を横軸にとり,種々のザウテル平均粒径 d_m に対して

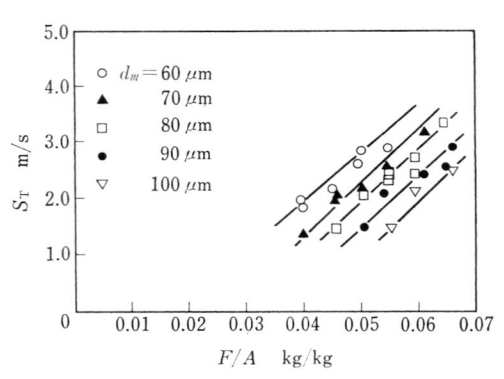

図 5.30 予混合噴霧の燃焼速度 I [17]
(灯油,$U_u = 5.5$ m/s)

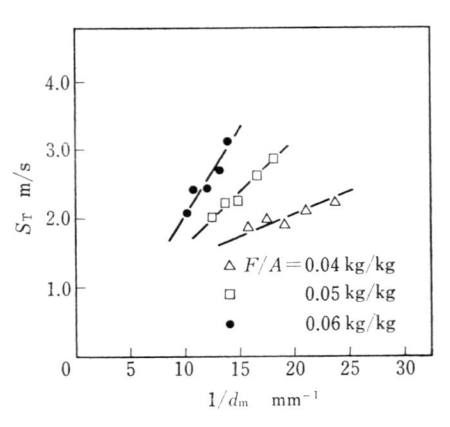

図 5.31 予混合噴霧の燃焼速度 II [17]
(灯油,$U_u = 5.5$ m/s)

燃焼速度 S_T をプロットしたものである．また，図5.31は d_m の逆数を横軸にとり，種々の燃空比 F/A に対して S_T をプロットしたものである．これらの図から，S_T は燃空比 F/A が増加すると直線的に増加し，ザウテル平均粒径 d_m が増加すると，それに逆比例して減少することが分かる．

なお，文献（18）や本書の初版には，灯油噴霧に対して u' を乱れ強さとして，

$$S_\mathrm{T} = \frac{6800}{d_\mathrm{m}} (F/A - 0.012)(u')^{1.15} \tag{5.42}$$

なる経験式が与えられているが，この式で計算される S_T は図5.30や5.31と類似の傾向を示すものの，値はかなり大きく，約2倍になっている．これは，文献（18）の実験がかなり燃空比変動の大きな状態で行われ，大幅に変動する火炎角 θ（図4.15参照）を単純に平均して S_T が計算されたこと，図5.30と5.31のデータがOHラジカル発光像に基づいているのに対して，輝炎像から火炎角を決めたこと等に原因があるようである．

式（5.42）が少なくとも定性的には正しいと仮定すると，図5.30と5.31を用いてこれを修正することにより，つぎの経験式が得られる．

$$S_\mathrm{T} = \frac{3400}{d_\mathrm{m}} \Big(F/A - 0.012\Big)(u')^{1.15} \tag{5.43}$$

燃料の性質が燃焼速度に及ぼす影響は明確ではないが，文献（18）によると，ディーゼル軽油噴霧の燃焼速度は灯油の約63％で，この差は主として揮発性の違いによるものと見られる．

B．理論解析[19]　図5.32に示すように，速度 U_u で流れる予混合噴霧中にパイロット火炎によって安定化される火炎を考える．火炎円すいの頂角を 2θ として，燃焼速度を

$$S_\mathrm{u} = U_\mathrm{u} \sin\theta \tag{5.44}$$

と定義する．流線の方向に s 軸，火炎面の法線方向に x 軸をとり，現象が x 軸方向に一次元的に起こるものとする[*3]．

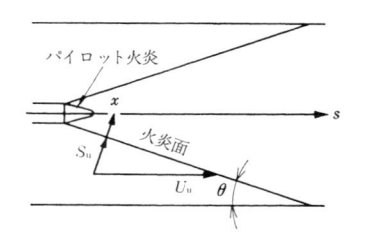

図 5.32　火炎のモデル

---

*3) 噴霧燃焼の場合はガスと油滴の流線や速度が一致しないので，気体燃料の層流予混合火炎のときのような等価一次元火炎の概念（4.2.1節と図 4.1 参照）は成立しない．したがって，火炎構造を一次元的と仮定しても，油滴の運動やそのレイノルズ数は s–r 座標に立ち戻って論じなければならない．また，噴霧は連続体ではないから，時間平均で一次元的であるに過ぎない．

まず，噴霧の気相部分についてエネルギー式を書くとつぎのようになる．

$$\frac{d}{dx}(\dot{m}_g h_g) = \frac{d}{dx}\left(\rho_g c_p D_T \frac{dT_g}{dx}\right) + \dot{m}_g \frac{dQ}{dx} \tag{5.45}$$

ただし，$\dot{m}_g$ は軸方向のガスの質量流束，h_g, ρ_g, c_p, T_g はガスの比エンタルピー，密度，比熱，温度，D_T は渦拡散係数［4.3.2 節の式（4.42），あるいは 4.7.3 Bの式（4.78）参照］，Qはガスの単位量当たり液相から気相に伝えられた熱量の積算値で，蒸発すれば液の低発熱量がそっくり気相に与えられるとする（蒸発と同時に燃焼すると仮定する）．もちろん，液の温度上昇に使われる熱量は負となる．境界条件は

$x = -\infty$: $T_g = T_u$, $h_g = h_{gu}$, $\dot{m}_g = \dot{m}_{gu}$, $Q = 0$

$x = \infty$: $T_g = T_b$, $h_g = h_{gb}$, $\dot{m}_g = \dot{m}_{gb}[= \dot{m}_{gu}(1 + F/A)]$

$\dot{m}_g$ と Q を計算するには，油滴を初期粒径 d_0 によってクラス分けし，各クラスに対して運動方程式，温度上昇の式，蒸発速度の式を立てて［式（5.19），（5.23），（5.37），（5.38）参照］，T_g の分布が分かっているものとして解けばよい．もち論，T_g は分からないので，最初は適当に仮定して $\dot{m}_g$ と Q を計算し，それを使って式（5.45）を解く．その結果得られる T_g の分布が仮定と合えばよいが，合わなければ同じ手順を繰り返す．

式（5.45）は 4.2.3 Bの層流予混合火炎の基礎式と同様，固有値問題なので，解を求めるには固有値（その中に S_u が含まれている）を探す作業が必要である．そのためには基礎式を非定常式に変えてもよいが，試行錯誤法で固有値を探す方法もある[19]．

このようにして計算された噴霧火炎の構造の一例を図5.33に示す．図にはガス温度 T_g と，平均粒径 d_{m0} の 40, 80, 120, 160, 200% の初期直径 d_0 を持つ油滴の速度 U_d，温度 T_d，ならびに現/初期直径比の二乗 $(d/d_0)^2$ が描かれている．ガス温度が 25 mm にわたって上昇し，それに伴って油滴温度も粒径の小さいものから順に上昇する．また熱膨張によってガスが加速されるので，油滴も小さなものから順に加速される．油滴温度が蒸発温度（= 483 K）に達すると温度上昇は止まり，蒸発が開始されて $(d/d_0)^2$ が低下し，0 になったところで消滅する．火炎伝ぱの起動力は熱輸送であるが，火炎帯の厚みが 25 mm もあるので，熱伝導では追い付かず，渦拡散もしくは油滴と燃料蒸気が最適に混合した経路を通しての**選択的火炎伝ぱ**が不可欠となる．いずれにせよ，噴霧

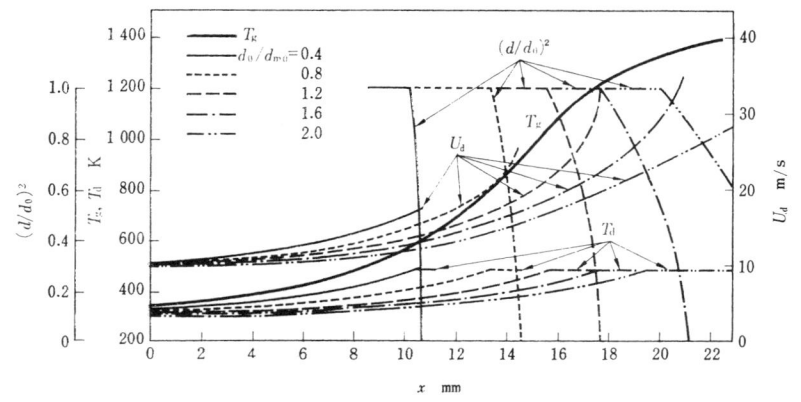

図 5.33 噴霧火炎の構造[19] (灯油, $U_u=10$ m/s, $u'=4.5$ m/s, 混合距離 $l=4$ mm, $d_{m0}=40$ μm, $F/A=0.03$)

中での火炎伝ぱは乱れに強く支配されると予想される.

ところで渦拡散が火炎伝ぱを支配すると考えても, 図 5.31 と式 (5.43) に示された燃焼速度の平均粒径依存性と乱れ強さ依存性は定性的に予測できる. しかし, これでは図 5.30 の強い燃空比依存性は定性的にも予測できない. これは油滴が燃焼するときのランダム方向の熱膨張によって乱れ強さが変化するためとも考えられるが, 油滴空間分布の不均一性も関係するはずである. 図 5.34 は同じ噴霧火炎をスローシャッターと高速度撮影で撮った直接写真であるが, 瞬間的には非常に不均一な火炎が生じており, 火炎は伝ぱしやすいところを通ってランダムに伝ぱしている (**選択的火炎伝ぱ**). 燃空比が上がると, 渦の影響で火炎の伝ぱしやすい領域が急速に増えて, 燃焼速度が増加する可能性が高い.

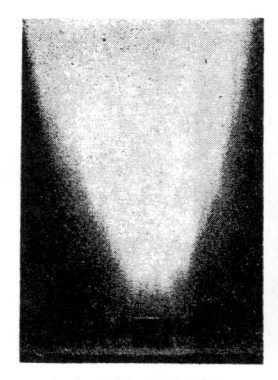

(a) 露出時間 1/15 s　　(b) 5000 駒/s

図 5.34 露出時間による火炎像の変化[17]
(灯油, $U_u=4.3$ m/s, $u'=0.98$ m/s, $d_{m0}=47$ μm, $F/A=0.05$)

5.6 噴霧の燃焼

5.6.1 油滴群燃焼

もし，噴霧火炎が図5.34(b)のように不均一な構造を持つものならば，噴霧は図5.32のように火炎面を形成して燃えるのではなく，いくつもの火炎塊に分かれて燃えるはずである．噴流や乱流中の渦の影響を受けて油滴の空間分布が不均一化し，濃淡の模様を作ることは十分考えられることであり，文献(18)でも観察されている．そして，その結果，図5.35に示されるような火炎塊が出現する．とすれば噴霧火炎は個々の油滴の燃焼ではなく，油滴塊の燃焼，すなわち**群燃焼**に支配されることになる．

Chiuら[20]は直径dの均一粒径油滴からなる直径Dの球形油滴塊の群燃焼を理論的に解析し，図5.36に示される4種類の燃焼形態があり得ることを示した．そして，どの燃焼形態が現れるかを判定する**群燃焼数G**を定義した．

$$G = 1.5 Le(1 + 0.276 Sc^{1/3} Re^{1/2})$$
$$\times n_T^{2/3}(d/l) \quad (5.46)$$

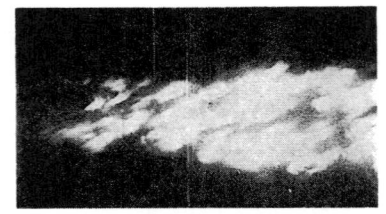

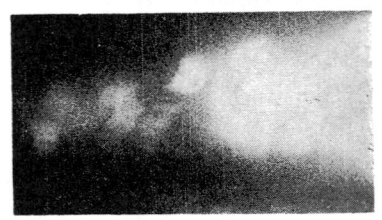

図 5.35 予混合噴霧火炎の塊状構造[18]
(灯油，1000駒/s 筒内火炎)

ここでLeはルイス数［2.3節の式(2.16)］，Scはシュミット数［式(2.19)］，Reは油滴に対するレイノルズ数［式(2.18)］，n_Tは油滴塊に含まれる油滴総数，dは油滴直径，lは平均油滴間距離で，右辺の第1かっこの中は式(5.24)や(5.38)と同じく，ヌッセルト数のレイノルズ数依存性を表す．Gは油滴塊に含まれる油滴の総蒸発率と拡散による油滴塊内外のガス成分の交換率の比に対応する．

図5.36(a)は**単滴燃焼**で，油滴塊内部への酸素の供給がよいため，油滴は個々に全周炎に囲まれて燃焼する（$G<10^{-2}$）．(b)は**内部群燃焼**で，油滴塊中心部で酸素の供給が不足気味となり，共通の群火炎を作って燃焼するが，外周部では単滴燃焼が続いている（$10^{-2}<G<1$）．(c)は**外部群燃焼**で，総蒸発率に比べて酸素の供給率が大きく不足し，単滴燃焼する部分は消失する．この場合は油滴塊の外部に群火炎が形成される（$1<G<10^2$）．(d)は**外殻燃焼**で，油滴

(a) 単滴燃焼　(b) 内部群燃焼

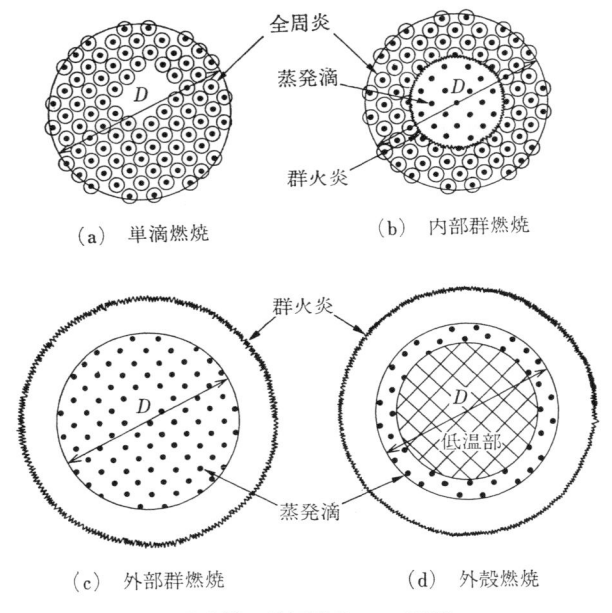

(c) 外部群燃焼　(d) 外殻燃焼

図 5.36　油滴群燃焼の4形態[20]

の密集度が高すぎて油滴塊の温度が上昇せず，蒸発が外周部に限られる．もちろん，群火炎が油滴塊の外部に形成される（$10^2 < G$）．

ここで，**無次元油滴間距離** S を

$$S = \frac{l/(10d)}{1 + 0.276 Sc^{1/3} Re^{1/2}} \quad (5.47)$$

と定義すると，G は S と n_T を使って，つぎのように表せる．

$$G = 0.15 Le\, n_T^{2/3}/S \quad (5.48)$$

$Le = 1$ とすれば，図 5.37 のように，n_T-S 平面に等 G 線と各燃焼形態の現れる領域を描くことができる．n_T が小さく，S が大きければ単滴燃焼，n_T が大きく，S が小さければ外殻燃焼の生じることが分かる．

なお，Chiu らは，工業用油バーナは $G \geqq 1$，ガスタービンは $G > 10$ であるから，

図 5.37　油滴群燃焼の領域

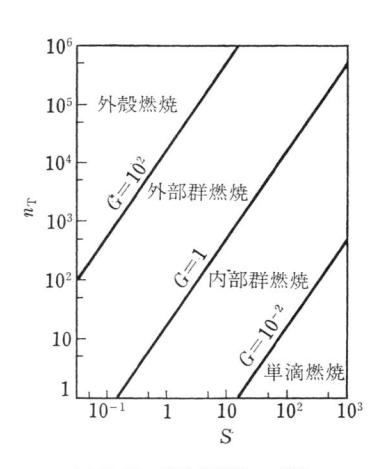

噴霧火炎の一次燃焼帯は内部または外部群燃焼に対応すると述べている[20]. ただ, かれらは上述のように噴霧がマクロに見ても不均質で, 噴霧火炎が図5.35のように火炎塊に分裂するということは考慮していないようである. また, 実際の噴霧燃焼ではガスと油滴の間の大きな相対速度も考慮する必要があろう.

なお, 油滴群燃焼理論は均一粒径油滴群に対して立てられたものであり, 噴霧燃焼への適用に当たっては, その解釈に注意が必要である.

5.6.2 油バーナにおける燃焼

噴霧は図5.38に示すように, 循環流を伴う旋回噴流の流れ場の中に, 中心軸上のガンから円すい状に噴射されることが多い. 大まかに言って, 微小な油滴は循環流に捕らえられて, 内部で蒸発・燃焼し, 大きな油滴は還流領域から外に飛び出す. その割合は噴霧の推力, したがって噴射圧に関係し, 還流領域内部の混合比が適当な範囲に入らないと, 火炎

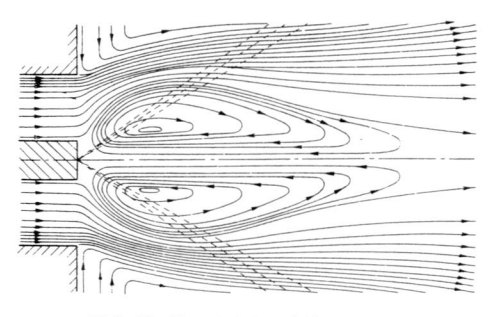

図 5.38 旋回噴流中に噴射された噴霧

は吹き消えてしまう. また, 内部で燃焼が継続されても, この領域から外部に火炎が広がって, 高い燃焼効率が維持されるかどうかは, 流速, 旋回度, 噴霧推力等の組み合わせが適正かどうかにかかっている. 一般的に言って, 還流領域周囲のせん断層に十分な濃度の燃料が確保できるかどうかが, 火炎が外部に広がれるかどうかに関係する.

噴霧火炎の長さや形状は噴霧と周囲空気流との混合に左右されるが, そのことは噴霧角 2θ を変えてみると明らかになる. 辻ら[21]は Y ジェット式噴射弁 (図5.15)から噴射された軽油噴霧の噴霧角を $65°\sim110°$ の範囲で変化させて, 火炎写真を撮った. そのスケッチを図5.39に示す. 噴霧角が大きくなると, 周囲空気流の噴霧への誘引量が増し, 混合が加速される. それが, これだけ大きな火炎長さと形状の差となって現れたのであろう.

前沢[22]はロータリキルン用二流体噴射弁で作られる噴霧火炎に対して, 火炎長さ $x_F\,[\mathrm{m}]$ を次式で与えている.

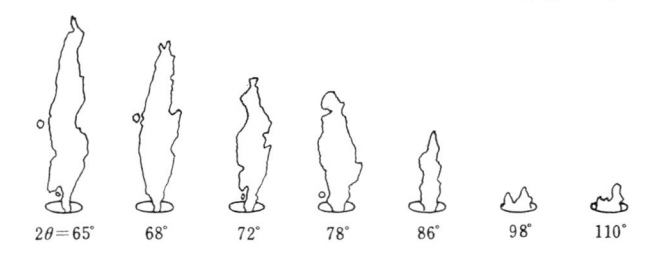

図 5.39 噴霧角が火炎の長さと形状に及ぼす影響[21]（軽油，噴射率 $\dot{m}_\mathrm{f}=50$ kg/s，空気比 $\alpha=1.5$)

$$x_\mathrm{F}=\frac{30\dot{m}_\mathrm{f}}{(\rho_\mathrm{g}G_\mathrm{t})^{1/2}\tan\theta} \quad (5.49)$$

ここで，$\dot{m}_\mathrm{f}$ は燃料の噴射率 [kg/s]，ρ_g は火炎全長にわたるガスの平均密度 [kg/m³]，G_t は噴霧の推力 [N]，θ は噴霧角（半角）である．図 5.40 に種々の噴口径の噴射弁に対する火炎長さの測定値と上式との比較を示す．

さらに，前沢は火炎軸上でガス分析を行い，火炎先端の空燃比は18〜20であったと報告している．軽油の量論空燃比は約15であるから，火炎は軸上のガス組成が量論混合比になる位置より

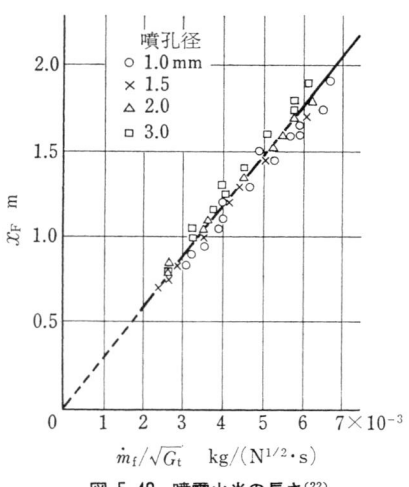

図 5.40 噴霧火炎の長さ[22]

も下流まで続くことになるが，これは火炎先端が大きく脈動しており，ガス組成はその平均値が表示されるが，肉眼で見た火炎長さは火炎が最も伸びた状態に対応するためである．また，すすが生成されれば，その温度が下がって発光を止めるまでは，反応の有無にかかわらず輝炎が存続するように見える．

5.7 噴霧の着火

噴霧に対しても，電気火花や高温面を利用して強制点火が行われることもある．しかし，火花点火機関のように正確なタイミングで，周期的に点火を行うことはなく，点火の確実さをねらって，大電力の断続火花を使用することが多い．また，一部のディーゼルエンジンで熱面蒸発が利用されることもあるが

(M.A.N の M 燃焼法),熱面による強制点火というよりは,瞬間蒸発温度(フラッシュポイント)に保たれたピストンのくぼみで燃料を蒸発させ,発生した燃料蒸気が高温の空気と混合して自発着火するのを待つという状況に近い.

一方,自発着火の方は,ディーゼルエンジンにおいて非常に重要な役割を果たすし,バーナ燃焼においても,火炎伝ぱとともに,火炎の安定化に中心的な役割を担っている[23].そこで,本書においては噴霧の強制点火は省略し,自発着火に話を絞ることにする.

噴霧の着火現象の観察には,大まかに分類して,つぎの3種類の方法が採用される.

(1) 1000 K 以下に加熱した静止雰囲気中に燃料を噴射する方法[27,28].

(2) 1000 K 以上の高温空気流中に,流れと平行もしくは直角に燃料を噴射する方法[24,25,29].

(3) 衝撃波管を用いる方法[26].

そのいずれの方法においても,大気圧もしくは加圧雰囲気中に燃料が噴射される.(1)の方法で使われる装置には,モーターリングしているディーゼルエンジンへの1回噴射,常圧/加圧電気炉[27],急速圧縮燃焼試験装置[28](モーターリング中のディーゼルエンジンを上死点で停止させる原理)などがある.方法によって,測定される着火遅れの長さや温度依存性があまりにも異なるので,この分野のデータの一般性や汎用性に疑問が持たれている.

実験方法で問題になるのは,ディーゼルエンジンの専門家はサイクル論の立場から,一定の燃焼熱が発生した時間を着火時刻の目安にするのに対して,燃焼の専門家は OH ラジカルの化学発光や輝炎発光,それもノイズから識別できる最低のレベルのものを燃焼反応の開始標識として採用すること,前者がディーゼルエンジンの運転条件である比較的低温の高圧条件に注目するのに対して,後者が燃焼反応の観察が容易な常圧,高温条件に注目すること,ディーゼルエンジンでは低温酸化反応という負の温度依存性を作り出す現象が支配的になること,流速や乱れといった熱の蓄積や混合に関係する因子が軽視されてきたこと,などであろう.またピストン面などへの噴霧の衝突は,着火のプロセスをまったく違ったものに変化させる.

まず,(1)の静止雰囲気中に燃料を噴射する方法で得られた着火遅れデー

5.7 噴霧の着火

タの一例として，居倉ら[27]が加圧電気炉を用いて行った実験を紹介する．この実験では対向壁に噴霧先端が衝突している可能性があり，多少問題はあるが，着火遅れに及ぼす圧力の影響を明確にしている点を買って，ここで取り上げる．

かれらは耐圧 10 MPa の圧力容器に収めた内径 125 mm，長さ 500 mm の電気炉に，端板中心に置かれた噴口径 0.5 mm の単孔ホール噴射弁から燃料を噴射して，

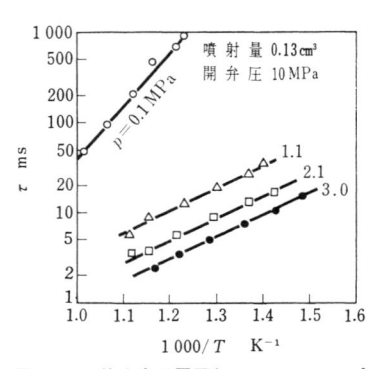

図 5.41 静止高温雰囲気における n-ヘプタン噴霧の着火遅れ[27]

着火遅れを測定した．噴射は 1 回限りで，自動弁が開いてからフォトトランジスタが発火を検出するまでを着火遅れとした．その結果を図 5.41 に示す．図 5.24 に示した油滴の着火遅れと比較して，遅れ時間が数分の 1 から 2 桁短縮されているが，圧力依存性が特に低圧において大きくなっている点が注目される．

この結果から，かれらは n-ヘプタン噴霧の着火遅れに対して，つぎの経験式を与えている．

$$\tau = 1.21 \times 10^4 p^{-1.44} \left(\frac{p_{O2}}{0.21 p}\right)^{-1.39} \exp\left(\frac{5270}{T}\right) \quad [\text{s}] \qquad (5.50)$$

ただし，p と T はガスの全圧と温度，p_{O2} は酸素分圧で，いずれも SI 単位で与える．この式は $p < 10^6$ Pa において不正確になる．

かれらは 750 K 以下の低温で，噴射量とともに着火遅れが若干長くなることを除いては，噴射量，噴射率，ノズル開弁圧（10～15 MPa），噴孔径（0.3～0.5 mm）を変えても，着火遅れにほとんど差が見られなかったと報告しているが，他の研究者の報告とは必ずしも一致しない．

つぎに，(2) の高温気流中に燃料を噴射して着火遅れを測定する研究は，Mullins の一連の研究[24]以来，多くの研究者らによって行われているが，(1) の範疇に属する研究とは，着火の生じる温度範囲，着火遅れの長さと温度依存性などに関して，かなり異なる結果が得られている．一例として，高温空気流中に直角に燃料を噴射した場合について，高温空気流の流速と乱れ強さ，噴霧先端の対向壁面への衝突の影響を調べた著者らの研究[29]を紹介する．残

念ながら実験装置の制約から，実験は大気圧条件に限られている．

図5.42は高温空気流に直角に噴射されたディーゼル軽油噴霧の着火遅れτをOHラジカル発光で検出した結果で，着火判定のしきい値はノイズの影響を受けない最低レベルに設定している．軽油はピントル型自動弁（DN 10 PD 76）から12 MPaの圧力で噴射されるが，1回の噴射量は126 mm³，噴射期間は6〜7 msである．なお，噴霧先端が対向壁面に衝突するのを防止するために，噴孔先端から140 mm離れた対向壁に空洞が設けられ

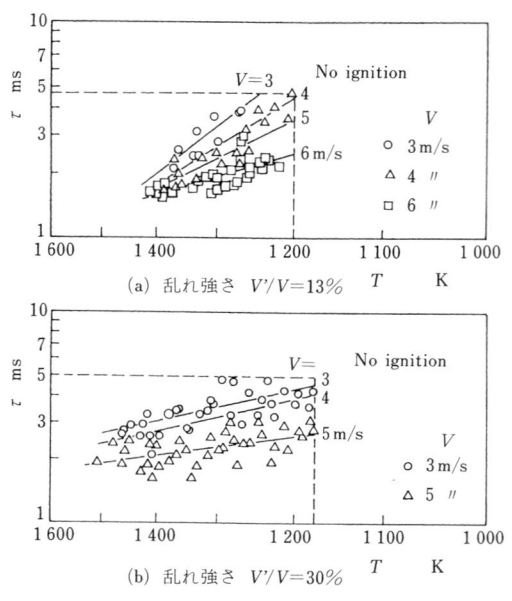

図5.42 高温空気流に直角に噴射されたディーゼル軽油噴霧の着火遅れ[29]

ている．図5.42(a)は空気流の相対乱れ強さV'/Vを13％に，(b)は30％に設定し，断面平均流速Vを2〜6 m/sの範囲で1 m/s刻みに変化させているが，(b)では見やすくするために$V=4$ m/sの測定点を省いている．空気中の酸素の体積分率は21％である．

$V=2$ m/s以下の低流速では，いかなる温度においても着火が生じず，また$V=6$ m/s以上の高流速でも着火が生じにくくなる．噴霧への高温空気の誘引量は流速に比例するはずなので，誘引量が増すほど着火遅れが短縮され，誘引量が不足すると着火が生じなくなるものと考えられる．また，着火は低流速の噴霧副流部で生じるが，空気流速が高すぎると，式(2.9)のダンケラー数Da_1が小さくなって，着火しにくくなるのであろう．したがって，着火過程は基本的に混合支配である．ただ，乱れが強くなると，低温では着火遅れが短縮されるが，高温では早い段階で発生する小さな火炎核が乱れによって消散し，遅い段階で大きな火炎核が発生するまで着火が生じないので，アレニウス直線の勾

配，すなわち見かけの活性化エネルギーが減少する．

図5.42には水平と垂直の破線が記入されているが，破線で囲まれた領域の外部では着火が生じない．水平な破線の上部で着火が生じないのは，着火遅れが長引くと，噴霧の先端が低温のキャビティに入るために，火炎核の消炎が起こってしまうためであろう．また，垂直な破線の右側の低温領域では，化学反応が緩慢なためダンケラー数 Da_1 が小さくなって，火炎核が形成されないと考えられる．なお，キャビティの入口をパイコール板で覆うと，噴霧先端が板面に衝突して発生した二次噴霧内で着火が起こるようになるので，破線領域の外部，$\tau = 30$ ms，$T = 1000$ K でも着火可能になる．

このように，噴射圧力が 12 MPa もの高速噴霧流でも，最初に着火が生じるのは低速の副流部であるから，着火過程には高温空気流の流速や乱れが大きな影響を持つ．また，圧力の影響についてはデータがないが，化学反応の特性時間 τ_c が圧力のほぼ二乗に逆比例して減少し，それに応じてダンケラー数 Da_1 が大きくなる上に，微粒化過程も変化するので，圧力が着火遅れを短縮する方向に大きく影響することは，容易に予想される．

最後に，(3)の衝撃波管を用いる方法については，水谷ら[26]が第7章で説明するような衝撃波管の低圧部端板近くを自由落下する超音波噴霧器（図5.18参照）からのセタン噴霧を反射衝撃波（図7.3参照）で着火させる際に，管内に円柱列を挿入して乱れを発生させると，着火の様相が(1)のタイプから(2)のタイプに変化することを見出している．このことからも，噴霧の着火過程では乱れと混合が大きな影響を持つことが分かるが，詳しい説明は省略する．

文　献

(1) 棚沢，熱機関大系6，ディーゼル機関Ⅰ［高速］，(1957), p.95, 山海堂．
(2) 根矢，内燃機関，**10**-110 (1971), 73；**10**-111 (1971), 83；**10**-115 (1971), 93；**10**-116 (1971), 81；**10**-117 (1971), 87．
(3) 小林・ほか2名，燃焼工学—基礎と応用—，(1988), p.83, 理工学社．
(4) 抜山・棚沢，機械学会論文集，**5**-18 (1939), 136．
(5) Fraser, R. P.・ほか2名，Chem. Eng. Sci., **18** (1963), 323．
(6) 水谷・ほか2名，機械学会論文集，**37**-301 (1971), 1746．
(7) Longwell, J. P., Combustion Processes (Ed. Lewis, B. et al.), (1956), p. 427, Princeton University Press.
(8) 角田・ほか2名，機械学会論文集，**41**-348 (1975), 2475．

(9) Wise, H.・ほか2名, Fifth Symposium (International) on Combustion, (1955), p. 132, Reinhold.
(10) Agoston, G. A.・ほか2名, Sixth Symposium (International) on Combustion, (1957), p. 708, Reinhold.
(11) Hedley, A. B.・ほか2名, J. Inst. Fuel, **44**-360 (1971), 38.
(12) Williams, A., Combust. Flame, **21**-1 (1973), 1.
(13) Williams, A., Combustion of Sprays of Liquid Fuels, (1976), Paul Elek (Scientific Books) Ltd.
(14) Probert, R. P., Phil. Mag., **37** (1946), 94.
(15) Burgoyne, J. H. and Cohen, L., Proc. Roy. Soc. Lond., **A 225** (1954), 375.
(16) 小笠原・水谷, 機械学会論文集, **31**-226 (1965), 1002, 1008, 1019.
(17) 中部・ほか2名, 同上, **53**-486 B (1987), 636.
(18) 水谷・西本, 同上, **38**-311 (1972), 1844.
(19) 水谷, 同上, **38**-315 (1972), 2935.
(20) Chiu, H. H.・ほか2名, Nineteenth Symposium (International) on Combustion, (1982), p. 971, The Combustion Institute.
(21) 辻・浅井, 機械学会誌, **73**-618 (1970), 98.
(22) 前沢, 機械学会論文集, **31**-231 (1965), 1689.
(23) Mizutani, Y.・ほか2名, Sixteenth Symposium (International) on Combustion, (1977), p. 631, The Combustion Institute.
(24) Mullins, B. P., Fuel, **32**-2 (1953), 211, 234, 263 ; **32**-4 (1953), 451, 467, 481.
(25) 小沼・ほか3名, 機械学会論文集, **52**-481 B (1986), 3380.
(26) 水谷・ほか3名, 同上, **53**-491 B (1987), 2199.
(27) 居倉・ほか2名, 同上, **41**-345 (1975), 1559.
(28) 池上・ほか2名, 同上, **53**-485 B (1987), 274.
(29) 水谷・ほか3名, 同上, **63**-616 B (1997), 281.

参 考 書

Chigier, N., Energy, Combustion, and Environment, (1981), McGraw-Hill.
熊谷清一郎, 燃焼, (1976), 岩波書店.
小林清志・ほか2名, 燃焼工学―基礎と応用―, (1988), 理工学社.
辻 正一, 燃焼機器工学, (1971), 日刊工業新聞社.
Williams, A., Combustion of Sprays of Liquid Fuels, (1976), Paul Eleck (Scientific Books) Ltd.

演 習 問 題

(1) ある噴霧を受止め液で受止めて, 顕微鏡で粒度分布を調べたところ, つぎのような結果を得た. この噴霧のザウテル平均粒径と質量メディアン直径を求めよ.

演習問題　167

直径範囲 [μm]	5〜15	15〜25	25〜35	35〜45	45〜55
個数 $\triangle n$	150	50	10	3	1

(2) 抜山-棚沢の粒度分布関数はロジン-ラムラーの粒度分布関数を特別な場合として含んでいる．両者が一致するのは $b=B,\ \beta=\alpha+4$ の場合であることを証明せよ．

(3) 抜山-棚沢の粒度分布関数で $\beta=1$ のときには，ザウテル平均粒径が質量分布関数 $f_m(d)$ のピークと一致することを証明せよ．ただし，α が整数の場合のみを証明すればよい．

(注) $\int_0^\infty x^n \exp(-ax)dx = n!/a^{n+1}$

(4) 噴孔径 0.25 mm の単純噴孔噴射弁から大気中に水を噴射するとき，噴口を出た直後から噴霧流が始まるようにするためには，いかほどの噴射差圧を必要とするか．ただし，水と空気の密度 ρ_l と ρ_g は 998 kg/m³ と 1.161 kg/m³，水の表面張力 σ_l は 0.073 N/m，ノズルの速度係数は 0.95 とする．

(5) 前問において，もし噴射差圧を 4.0 MPa にとったとすれば，噴霧のザウテル平均粒径と最大滴の直径はいかほどになるか．ただし，前問で与えられた物性値のほかに，水の粘性係数 $\mu_l = 1.01 \times 10^{-3}$ N·s/m² を使え．

(6) 管形燃焼器の上流端に取り付けられた渦巻き噴射弁から灯油を噴射して，噴霧の粒度分布を調べたところ，抜山-棚沢の分布関数で適合定数が $A=B=40$ mm⁻¹，$\alpha=0,\ \beta=1$ と置いたものに近かったという．
　(a) この噴霧のザウテル平均粒径と質量メディアン直径を求めよ．
　(b) 燃焼器内の平均流速を 20 m/s，油滴の燃焼速度定数 $C_b=0.8$ mm²/s とすると，燃焼器端までに燃焼が完了するためには，燃焼器長さはいくら以上でなければならないか．ただし，噴霧に含まれる最大滴の直径はザウテル平均粒径の 2.5 倍，油滴は噴射と同時に着火するものとする．

(注) $\int_x^\infty x^3 \exp(-Bx)dx = \exp(-Bx)(B^3x^3+3B^2x^2+6Bx+6)/B^4$，ならびに問(3)の(注)を参照．

(7) 噴霧中では油滴の大きさによって飛行速度が異なるために，ストロボ撮影やパルスレーザ・ホログラフィーによって測定された粒度分布 (空間粒度分布) と，受止め法によって測定された粒度分布 (受止め粒度分布) とは異なる．簡単のために一次元噴霧流を考え，直径 d の油滴の飛行速度を $u(d)$ とすると，空間粒度分布 $f_n(d)$ と受止め粒度分布 $f_n'(d)$ との間には，どのような関係があるか．かりに $f_n(d)$ が，$\alpha=0,\ \beta=1$ の抜山-棚沢の分布関数，$u(d)=k\cdot d\ (k={\rm const.})$ ならば，直径 d_0 と直径 $2d_0$ (d_0 は任意) の油滴の相対出現頻度はどのように変化するか．

(8) Wise らの油滴燃焼理論を用いて，無重力状態の静止燃焼ガス (酸素の質量分率 10%，温度 800℃) 中で準定常燃焼するセタン滴の燃焼速度定数を推定せよ．ただし，滴周囲の場におけるガスの平均熱伝導率 0.08 W/(m·K)，平均定圧比熱 1.2 kJ/(kg·K)，平均運動粘性係数 1.8×10^{-4} m²/s，プラントル数 0.7，セタン (液) の密度 750 kg/m³，燃焼中の滴の温度はセタンの沸点に等しいとする．

さらに，セタン滴の直径が 1 mm で，燃焼ガスとの間に 1 m/s の相対速度があると，燃焼速度定数はいかほどになるか．

なお，セタンの熱化学的性質は表 2.5 よりとれ．

(9) 直径 30 μm の灯油（密度 820 kg/m^3，量論空燃比 14.8 kg/kg）の滴が集合した均一粒径の球形油滴塊があり，その内部は温度 294 K，圧力 101.3 kPa，当量比 3 となっている．これに Chiu らの油滴群燃焼理論を適用して，単滴燃焼，内部群燃焼，外部群燃焼，外殻燃焼の起こる油滴総数 n_T と油滴塊直径 D の値を決定せよ．

ただし，油滴とガスの相対速度は零，油滴配列は立方格子配列，ガスの密度は 1.2 kg/m^3 で，蒸発，燃焼が始まって油滴塊の温度が変わっても，油滴の位置は変わらないものとする．また，ルイス数は 1 と仮定する．

(10) 二流体噴霧バーナがある．このバーナの火炎長さに関して，つぎの問に答えよ．
 (a) 噴霧角 $\theta=30°$ の場合を基準にして，x_F と θ の関係を予測する式を作り，$\theta=0°\sim80°$ の範囲で線図にせよ．
 (b) 他の条件が一定ならば，燃料噴射率 $\dot{m}_F$ と x_F の関係はどうなるか．
 (c) 噴霧推力は $\dot{m}_f$ に無関係に霧化用空気の噴出推力だけで決まるとすれば，x_F を一定に保つためには，霧化用空気の噴射差圧 Δp_a は $\dot{m}_f$ に応じて，どのように変化させるべきか．また，霧化用空気の流量 $\dot{m}_a$ はどのように変化するか．ただし，その間，θ は一定に保たれるとする．

第 6 章
固体燃料の燃焼

　固体燃料の燃焼は液体燃料の燃焼と類似した部分が多い．固体燃料に熱が掛かると熱分解により揮発分と呼ばれる可燃ガスを放出し，それが気相燃焼をする．そして気化しない可燃成分である固定炭素（チャー）が表面燃焼を継続する．これは液体燃料の場合の蒸発による燃料蒸気の発生と燃焼，それに続くセノスフェアの燃焼と類似している．また微粉炭燃焼は噴霧燃焼と，ガス化燃焼は蒸発燃焼と類似している．ただ，両者には相異点も多い．例えば熱分解温度が着火温度と同程度で，分解燃焼と表面燃焼とが並行して起こること，ふく射の寄与が大きいこと，灰分が多く，時として燃焼に影響を及ぼすことなどである．この類似点と相異点を明確にすれば，固体燃料の燃焼も理解しやすくなる．

6.1 固体燃料の燃焼形態と燃焼方式

　固体燃料の**燃焼形態**としては，（1）蒸発燃焼，（2）分解燃焼，（3）表面燃焼，（4）いぶり燃焼がある．

　蒸発燃焼は比較的融点の低い固体燃料が燃焼に先立って溶融し，液体燃料と同様に蒸発して燃焼する現象で，蒸発温度が熱分解温度より低いときに生じる．ろうなどパラフィン系の高級炭化水素でこの種の燃焼が見られる．

　分解燃焼は，蒸発温度よりも分解温度の方が低い場合に，加熱によって熱分解を起こし，揮発しやすい成分が表面から離れたところで燃焼する現象を言う．通常は後にチャーが残って表面燃焼する．木材，紙，石炭など多くの固体燃料はこのような燃焼をする．

　表面燃焼は揮発分をほとんど含まない木炭やコークス，分解燃焼後のチャーで見られる現象で，酸素または酸化性ガス（CO_2 など）が固体表面や内部の空げきに拡散して表面反応をする．拡散による酸素の供給が不足すると，不完全燃焼で生じた中間生成物（CO など）が表面から離れたところで気相燃焼するので，表面燃焼は表面反応だけでなく，気相反応も伴うのが普通である（2.2.2節参照）．

なお，熱分解温度の低い紙のような物質で，熱分解で発生した揮発分が点火されないと，多量の発煙を伴う熱分解発熱反応を起こすことがあり，**いぶり燃焼**と呼ばれる．これは揮発分の着火温度より低い温度で熱分解反応が継続されるためで，煙を強制点火するか，煙の発火点より温度が上がると，有炎燃焼に移行する．

蒸発燃焼は，溶融の必要なこと以外，液体燃料の燃焼となんら変わるところはなく，また，いぶり燃焼は工業的燃焼には無関係である．

つぎに，固体燃料の**燃焼方法**としては，（1）火格子燃焼（**固定床燃焼**），（2）流動床燃焼，（3）微粉炭燃焼（**噴流床燃焼**）がある．

火格子燃焼は，火格子と呼ばれる格子の上に固体燃料の固定層を作り，これに空気を通して燃焼させるものである．それに対して，**流動床燃焼**は，耐火性粉体（砂など）と固体燃料との比較的細かい混合粒子層（燃料割合数％以内）の下から空気を吹き込むことにより，沸騰状態に似た運動をする流動層を形成させ，700～900℃という低温で燃焼させる方法である．

微粉炭燃焼は，粉砕機で粉砕された微粒子を一次空気と混合してバーナから吹き出させ，浮遊状態で燃焼させる方法である．火格子燃焼が数十 mm の塊炭を，流動床燃焼が直径 1～3 mm の粉炭を使うのに対して，これは平均粒径が 100 μm 以下という微粉を使う．灰を溶かさない**乾式燃焼**と溶けた灰（スラグ）が壁面や炉底を流れる**湿式燃焼**（サイクロン式，スラグタップ式など）とがある．

6.2 石炭粒子の燃焼

固体燃料の内で最も重要なものは石炭であり，他の固体燃料も似通った性質を持っているものが多い．そして，それらは粒子の形で燃焼させられるのが普通である．ここでは石炭粒子の燃焼について説明する．

6.2.1 分解燃焼

石炭は炭質と揮発分含有率によって異なるが，10～70％（w/w）が分解燃焼を行い，残りが表面燃焼を行う．石炭粒子を高温雰囲気中に入れると，まず熱分解を起こして，熱分解生成物，いわゆる**揮発分**を放出する．その放出量と放出時間は雰囲気温度，ひいては粒子の温度上昇率に左右される．図6.1は，直径 20 μm の低質炭粒子（揮発分37％）の種々の温度上昇率における**熱分解速度**を示す[1]．粒子温度の上昇率が 900 K/s のとき，揮発分の80％が熱分解する

のに約 20 ms を要することが分かる．なお，粒子温度の上昇率が揮発分の放出時間に及ぼす影響は大きいが，放出量に及ぼす影響はせいぜい 10% 程度 といわれている．実際の揮発分放出量と工業分析で決定される揮発分の比を**Q因子**と呼ぶ．

揮発分の放出率は次式で定義される**揮発速度係数** k_v で表される．

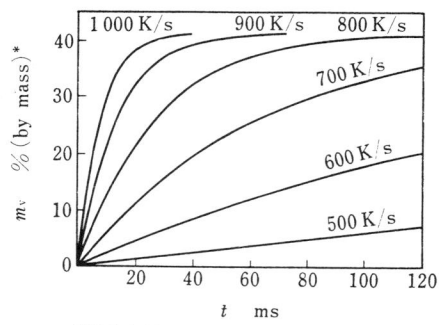

図 6.1 石炭粒子の熱分解速度[1]
(直径 20 μm, 揮発分 37%)

$$k_v = dm_v/dt \tag{6.1}$$

ただし，m_v は原炭単位質量当たり時刻 t までに放出された揮発分の質量である．k_v に対しては種々の経験式が与えられているが，次のものが一般的である[2]．

$$k_v = \sum_i [A_i \exp(-E_i/RT_s)] \tag{6.2}$$

ここで，A_i と E_i は経験定数，T_s は粒子温度 [K] である．$i=1, 2$ として，2項の和をとるものを**2競合反応モデル**と呼び[3]，それぞれの反応による原炭 1 kg 当たりの揮発分発生限界量 α_1 と α_2 も与える．一例では，$\alpha_1 = 0.39$，$\alpha_2 = 0.8$，$A_1 = 3.7 \times 10^5$ s^{-1}，$A_2 = 1.46 \times 10^{13}$ s^{-1}，$E_1 = 73.7$ kJ/mol，$E_2 = 251.2$ kJ/mol なる数値が用いられている[4]．

このようにして発生する揮発分の組成の一例を図 6.2 に示す[1]．可燃成分のほとんどはタールと炭化水素蒸気であることや，揮発分が 10% 程度になると揮発分の発生量が減る上に，CO_2, H_2O といった不燃成分の割合が増えて，分解

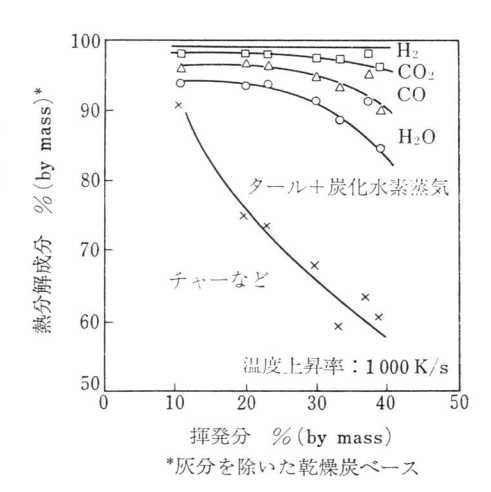

図 6.2 石炭の熱分解成分[1]

燃焼が困難になることが分かる．なお，1000 K/s という温度上昇率は微粉炭粒子の着火時の値より2桁ばかり低いが，一応の参考にはなろう．

石炭粒子の燃焼速度を決めるものは揮発分と空気との混合速度，ならびに揮発分の化学反応速度である．混合速度は揮発分が石炭粒子の数箇所から噴出してくるのか，粒子全体から層状にしみ出してくるのかによって異なる．揮発分が球形の石炭粒子から一様にしみ出して粒子を取り巻き，周囲空気との境界で酸素の拡散速度に律速されて燃焼すると仮定すると，図6.3のような計算結果が得られる[1]．計算は揮発分の平均分子量 M_v を 10，100，1000 の3段階に変えて行われているが，これは揮発分と周囲空気との境界面の直径に関係するもので，$M_v=100$ が最も現実に近い値と見られる．実際には噴流状に噴出する揮発分も多いはずで，燃焼時間はこれよりも短いものと見られる．この計算は反応速度無限大として行われたものであるが，ある試算によると，大気圧，温度 1000°C において燃料蒸気が一酸化炭素を経由して酸化される反応時間は 3.2 ms 程度であり[1]，図6.3から見て $M_v=100$，粒径 50 μm 以下では，反応速度無限大の仮定は成立しない．

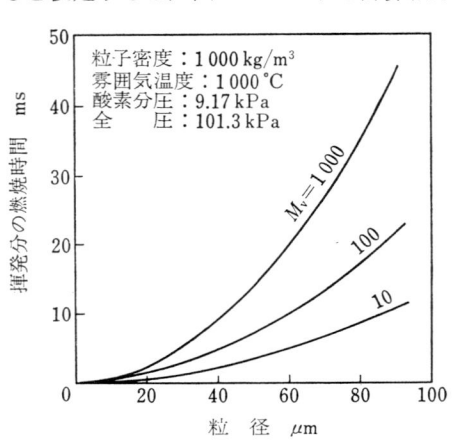

図 6.3　石炭粒子揮発分の燃焼時間[1]

なお，石炭粒子が群をなして存在する場合には，噴霧と同様，**群燃焼**を行うと予想され（5.6.1節参照），そのような研究論文が発表されている．その場合には揮発分の全周炎の代わりに群火炎が形成されるはずで，表面燃焼との同時進行の可能性も出てくる．また，揮発分が一様にしみ出さず，噴流状に噴き出して来るのであれば，酸素が表面に達し，表面燃焼する可能性は一層高くなる．事実，そのような実験結果が報告されており[4]，粒径の小さい微粉炭では分解燃焼と表面燃焼がほぼ同じ割合で進行するという．

揮発分の多い低質石炭ではすすが生成しやすいことが知られているが，これは微粉炭粒子の空間数密度が高く，揮発分が急速に放出されて酸素不足を生じ

表 6.1 微粉炭火炎でのすす発生量 *[(1)]

空気/石炭比 kg/kg	すす生成量** kg/100 kg coal	すす濃度*** g/m^3
1.5	11.8	12.5
2.0	7.8	6.7
2.5	3.7	2.7

* 揮発分40%(灰分を除いた乾燥炭ベース)の石炭
** 灰分を除いた乾燥炭ベース
*** 1500K における値

たときに起こりやすい.しかも,火炎からのふく射がかなり関係すると言われている.揮発分の内,水素が反応した後の空気比が 0.75 以下の場合,空気比が 0.75 になるまで炭化水素がすすに変わると仮定して計算すると,すすの発生量は表6.1のようになる[(1)].したがって熱分解の生じるところでの空気-石炭比を 3.0 kg/kg 以上にすれば,すすは発生しないことになる.

6.2.2 表面燃焼

石炭粒子の表面温度 T_s が十分高く,かつ,粒子表面に酸化剤(酸素,炭酸ガス,水蒸気)があると,分解燃焼中であると否とに拘わらず,チャーの表面反応が起こる.

チャーはコークスと同様,質量分率にして 1〜1.5% の水素を含んだ固定炭素を主成分とし,相当量の灰分を含んだ多孔物質である.チャーの表面に酸素が拡散してくると,表面で反応を起こすと同時に,気孔を通して酸素が内部に拡散し,気孔内部でも反応を起こす.また,雰囲気温度が高く,分解燃焼期の熱分解が激しいと,粒子内部に多数の空洞を生じ,チャーの表面反応が進んで空洞が露出すると,表面積が急増する.

表面燃焼中の炭素粒子を模型的に描くと,図6.4のようになる.表面反応によって炭酸ガスと一酸化炭素が発生し,後者は表面から周囲へ拡散する途中の境界層内で,あるいは周囲流中で炭酸ガスへと酸化される.粒子表面では2.2.2節で述べた反応(R15)〜(R19)なる表面反応が,境界層もしくは周囲流中では反応(R20)〜(R22)なる気相反応が起こっている.

表面反応速度は単位表面積当たりの炭素の消費率 $\dot{m}_C$ [kg/(m^2・s)] で表されるのが普通で,図6.4(a)に描かれた低速気相反応が起こっている場合には式 (2.6) で,図6.4(b)に描かれた高速気相反応が起こっている場合には式 (2.7) で計算される.**表面反応速度定数** k_s は炭種,チャーの大きさと構造,

空気との相対速度等によって大きく変わり，一義的に与えることは困難である．ただ，式(2.8)に含まれる活性化エネルギー E_s の値が170〜190 kJ/molの範囲にあることは確かめられている[2]．

式(2.6)と式(2.7)には O_2 と CO_2 の粒子表面での分圧が含まれているが，これらは周囲空気中の酸素分圧 $p_\infty(O_2)$ 並びに反応速度と拡散速度との兼ね合いで決まる．このことを考慮して p_s を消去すると，結局次式が得られる．

$$\dot{m}_C = \frac{p_\infty(O_2)}{1/k_d + 1/k_s} \tag{6.3}$$

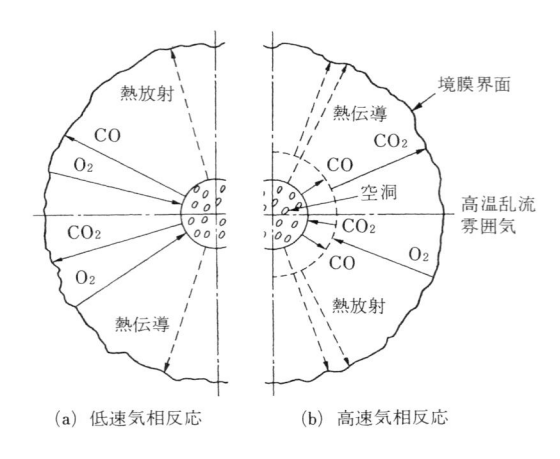

図 6.4 炭素粒子の表面燃焼モデル

ここで，k_d は**拡散速度定数**と呼ばれ，低速気相反応が起こっている状況（図6.4(a)）に対しては

$$k_d = 2M_C D/(dRT_m) \tag{6.4}$$

高速気相反応が起こっている状況（図6.4(b)）に対しては

$$k_d = 4M_C D/(dRT_m) \tag{6.5}$$

で与えられる．ただし，M_C は炭素の原子量（=12.01），D は拡散係数 $[m^2/s]$，d は粒子の直径 $[m]$，R は一般ガス定数，T_m は境界層内の平均温度 $[K]$ である．なお，式(6.4)と(6.5)は空気との相対速度を持たない球形粒子に対するもので，相対速度があれば油滴に対する式(5.38)のような補正を施す必要がある．

低温では，式(6.3)の分母において，$1/k_s$ の方が $1/k_d$ に比べてはるかに大きいので（表面反応律速），$1/k_d$ を無視すると，

$$\dot{m}_C = k_s p_\infty(O_2) \tag{6.6}$$

ところが温度が上がってくると，式(2.8)から見て k_s は指数関数的に増加

するが，k_d の方は $D \propto T_m^{1.75}$ であることと，式 (6.4) もしくは式 (6.5) から見て，$T_m^{0.75}$ に比例して増加するに過ぎない．したがって，$1/k_d$ の方が $1/k_s$ を追い越して，近似的に次式が成り立つようになる（拡散律速）．

$$\dot{m}_C = k_d p_\infty(\mathrm{O}_2) \tag{6.7}$$

したがって，最初指数関数的に増加していた $\dot{m}_C$ の曲線がしだいに寝てくることになる．その状況を図6.5に示す[5]．

図は加熱されたグラファイトの表面に空気を吹き付けた場合のもので，チャー粒子とは異なるが，定性的な傾向は同一である．横軸は右からの逆数目盛，縦軸は対数目盛である．表面温度 T_s が1250K以下では表面反応律速で，大きなこう配を持つ直線であったものが，しだいに拡散律速に変わり，こう配が減少する．拡散律速領域も粒子の気孔内を酸化剤（O_2，CO_2）や生成物（CO）が拡散する**気孔拡散**の領域と，粒子を取り巻く境界層内での拡散（**境膜拡散**）の領域に分けられる．大体1250K以下が表面反応律速領域で，見掛けの活性化エネルギーは 150 kJ/mol 以上，1350～1850 K が気孔拡散律速領域で 100～60 kJ/mol，2000 K 以上が境膜拡散律速領域で 40 kJ/mol 以下と言われている[2]．

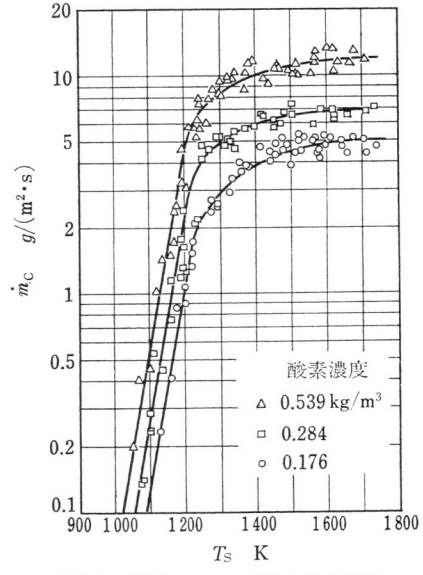

図 6.5 グラファイトの表面反応速度[5]

6.2.3 粒子の点火と着火

温度 T_∞ の空気中に投入された炭素粒子の熱のバランスを考える．粒子が表面燃焼によって単位時間に得る熱量 Q_r は，炭素の発熱量を H_C，粒子表面積を S とすると，

$$Q_r = \dot{m}_C H_C S \tag{6.8}$$

ただし，気相反応で発生する熱も一たん粒子に与えられてから，放熱が起こるものとしている．対流とふく射で単位時間に失う熱量 Q_l は，境界層内の平均熱伝導率を λ_m，粒子を取り囲む壁の温度を T_w，炭素粒子の放射率を ε，ステ

図 6.6 炭素粒子の熱バランス[1]

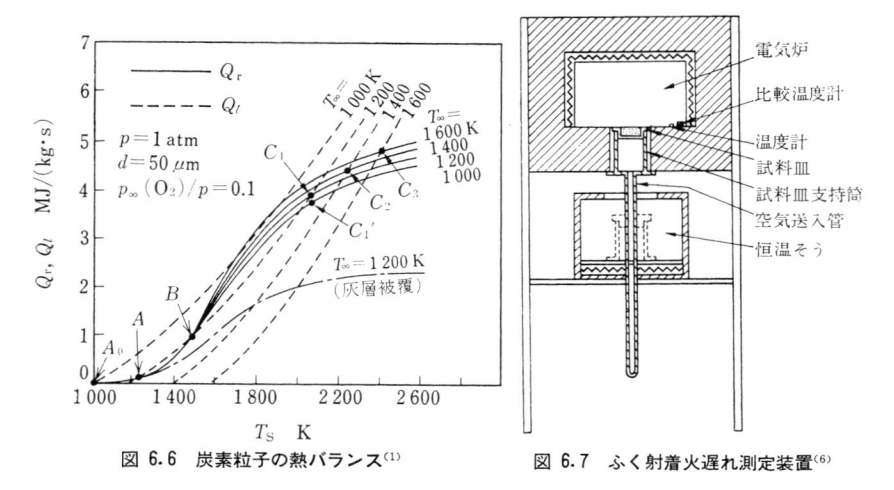

図 6.7 ふく射着火遅れ測定装置[6]

ファン-ボルツマン定数を σ とすると，

$$Q_l = [2\lambda_m(T_s - T_\infty)/d + \varepsilon\sigma(T_s^4 - T_w^4)]S \tag{6.9}$$

低速気相反応を仮定し，$\lambda_m \propto T_m^{0.75}$ として，T_s に対する Q_r と Q_l の変化を計算すると，図 6.6 が得られる[1]．A，C_1，C_2，C_3 の各点においては，温度が上がろうとすると，Q_l が Q_r を上回って温度を下げようとし，温度が下がろうとすると逆のことが起こる．したがって，これらは安定点である．一方，点 B においては，温度が上がろうとすると，Q_r が Q_l を上回ってさらに温度を上げようとし，温度が下がろうとすると逆のことが起こる．したがって，これは不安定点である．とすれば，粒子を強制的に点火しようとすれば，何らかの方法で粒子の温度を点 B に対応する 1470 K 以上に上げてやればよい．温度を上げる方法としては，電気火花や火炎を通過させたり，赤外線やレーザで加熱することが考えられる．これが粒子の**点火**である．

ところで $T_\infty = 1200 \mathrm{K}$ の場合，T_s は点 A に安定して，反応はほとんど起こらない．ところが T_∞ が 1400 K を越えると点 A と点 B はなくなり，点 C_2 もしくは点 C_3 が唯一の安定点となる．すなわち，粒子は自発的に**着火**して，表面燃焼を開始する．図から着火温度は $T_\infty = 1240 \mathrm{K}$ あたりにありそうである．

ところで，$T_\infty = 1200 \mathrm{K}$ の雰囲気中で強制点火されて，点 C_1 で燃焼していた粒子が，突然 $T_\infty = 1000 \mathrm{K}$ の雰囲気に移されたとすると，点 C_1 から点 C_1' に移った後，徐々に点 A_0 に移行して（∵ $Q_r < Q_l$）緩慢酸化の状態に入るで

あろう．あるいは粒子が灰の層に覆われて，k_d が小さくなると，Q_r 曲線のS字形飽和が加速されて一点鎖線のようになり，点Aに移行して緩慢酸化の状態になる．このような現象を粒子の**立ち消え**と呼ぶ．

なお，図6.6は揮発分を含まない炭素粒子に対するものであるが，表面燃焼と並行して分解燃焼が生じていても，同様の議論をすることは可能である．

6.2.4 着火温度と着火遅れ

炉と同様に強いふく射にさらされ，高温の空気と接触した固体燃料の**着火遅れ**は図6.7に示される**ふく射着火遅れ測定装置**で測定される[6]．この装置では皿の上にのせられた試料が突然，高温の電気炉に押し上げられ，その瞬間から炎をあげて燃えだすまでの時間が**着火遅れ**として測定される．この装置で測定される**着火温度**は低度瀝青炭で 450〜500℃，瀝青炭で 500〜550℃，高度瀝青炭で600℃を越える．また，着火遅れ τ は図6.8に示されるように数秒から数分にわたる[6]．ただし，横軸は右から刻んだ逆数尺，縦軸は対数尺で目盛っている．この装置は火格子燃焼に対応する着火データを与えるようである．

微粉炭燃焼に対応する着火データは図6.9に示される**微粉炭着火温度測定装置**を用いて得られる[6]．これは電気炉で加熱された石英管内に微粉炭を乾き空気とともに吹き込んで，着火温度を測定する

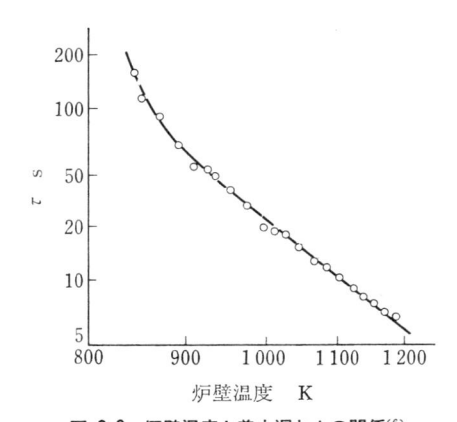

図 6.8 炉壁温度と着火遅れとの関係[6]

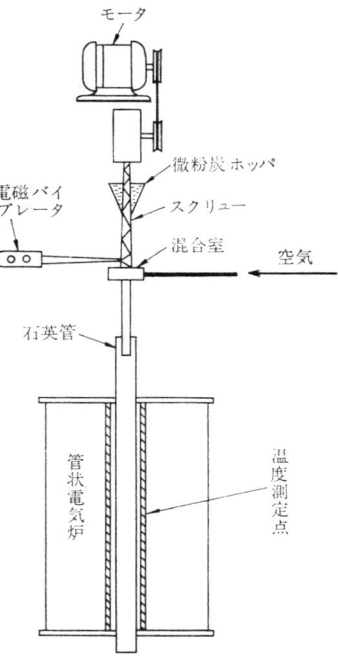

図 6.9 微粉炭着火温度測定装置[6]

ものである．この装置を用いて**着火温度**を測定した結果によると，最も着火しやすい最適粒径と最適濃度が存在し，炉温，したがってふく射強度が上昇すると，着火遅れが著しく短縮される．炉温が 1000℃ 程度になると火炎面が出現し，火炎伝ばと着火の中間的な現象が見られるが，この場合の見掛けの着火遅れは 50 ms 程度である．

なお，微粉炭着火温度測定装置は改良されて，微粉炭の一次元層流燃焼過程を研究する目的に利用されることが多くなった．

6.3 火格子燃焼

火格子燃焼は**固定床燃焼**ともいわれ，火格子の上に 1～数層の燃料塊の固定層を作って，中に空気を通しながら燃焼させる方法で，燃料と空気の供給方向により，上込め燃焼と下込め燃焼に分けられる．

上込め燃焼は図6.10(a)に示すように，石炭の供給方向が一次空気の供給方向と逆のもので，手だきストーカや散布式ストーカがこれに当たる．供給された石炭は燃焼ガスによって加熱され，乾留層で揮発分を放出する．その後，コークス化した石炭は還元層において，酸化層で発生した炭酸ガスを一酸化炭素に還元する．揮発分と一酸化炭素は火層上方で二次空気と混合して燃焼する．酸化層においては，コークス化し，赤熱した石炭塊表面に十分な酸素が供給され，表面燃焼により炭酸ガスを発生する．これらの各層を通過した石炭は灰となって火格子上にたまり，火格子のすき間を通して灰たまりに落下する．上込め燃焼は供給された石炭層中を高温の燃焼ガスが通り抜けるので，着火が確実で，低品位炭の燃焼に適している．

下込め燃焼は図6.10(b)に示すように，石炭の供給方向が一次空気の供給方向と同じもので，下込めストーカや移床ストーカ（チェーンストーカ）の着火部がこれに当たる．この場合は石炭層が燃焼ガス流にさらされることがなく，加熱はもっぱら高温の酸化層からの伝導とふく射によって行われる．すなわち，いわゆる火炎伝ば現象によって燃焼が維持されるわけで，一次空気流の流速によって着火面の伝ば速度が決まる．この速度 S_F を**火移り速度**と呼び，0.2 m/h 前後である．S_F は石炭化度，粒度，空気温度などの関数であって，石炭化度が低いほど，発熱量と空気温度が高いほど，また，粒径が小さいほど大きくなる．

6.3 火格子燃焼　179

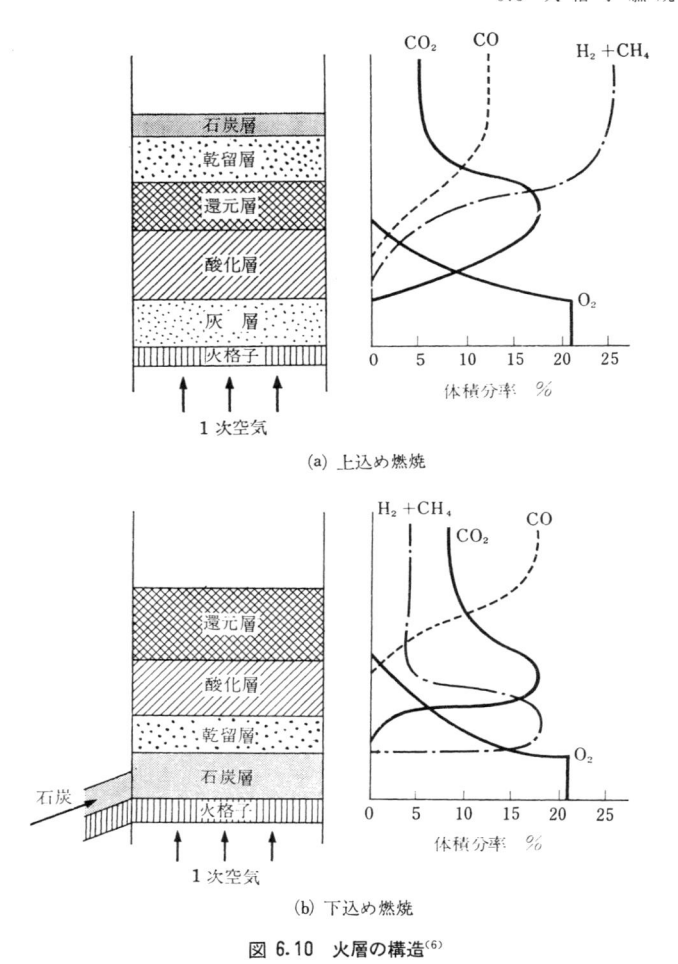

(a) 上込め燃焼

(b) 下込め燃焼

図 6.10　火層の構造[6]

　上込め燃焼，下込め燃焼ともに，燃焼負荷率は**火格子燃焼率** G で表される．これは火格子 $1\,m^2$ 当たり，1時間に燃焼する石炭量 $[kg/(m^2 \cdot h)]$ と定義される．さらに，火移り速度と同じ単位を持つガス化速度 S_g を次式で定義する．

$$S_g = G/\gamma \tag{6.10}$$

ただし，γ は石炭のかさ比重 $[kg/m^3]$ である．

　下込め燃焼に対して，S_F と S_g が火層を通る空気の流量 $V_a\,[kg/(m^2 \cdot h)]$

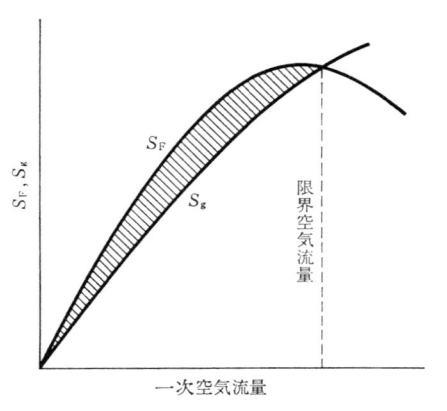

によって変化する様子を図6.11に示す．$(S_F - S_g)$ が火層厚みの増加率に対応し，これが負になると火層は消滅するから，$S_F = S_g$ となる空気流量を**限界空気流量**と呼ぶ．この値は褐炭で 1000～1500 kg/(m²・h)，歴青炭で 1500～2500 kg/(m²・h)，無煙炭で 2000～3000 kg/(m²・h) 程度である．

図 6.11 火移り速度とガス化速度[6]

6.4 流動床燃焼

6.2 節で述べたように，石炭粒子は分解燃焼と表面燃焼を行うが，その割合は炭種，特に燃料比によって変化する．したがって，火炎の安定性やすす生成の関係から分解燃焼依存性の高い微粉炭燃焼においては，炭種が変わるとバーナや炉の設計を変えなければならない．この点を改良し，さらに硫黄酸化物の炉内処理，高い伝熱性能と燃焼負荷率（流動層内だけだと約 3 MW/m³ で，気体/液体燃料なみ）という付加価値を追加したのが流動床燃焼である．

流動床燃焼というのは，図6.12に示すように，分散板と呼ぶ多数のふた付き空気吹込み管を持つ板の上に数十 cm の深さに数％の石炭粒子を含んだけい砂（または石灰石かドロマイトの粗粉）を入れておき，下から空気を吹き込んで燃焼させるものである．

空気流速が低いと，空気は粒子間のすき間を通って上昇するだけであるが，流動開始流速（約 0.2 m/s）を越えると，空気は気泡となって合体を繰り返しながら上昇し，砂を跳ね飛ばしながら**フリーボード**部へ飛び出す．砂の層は気泡の体積だけふくれあがり，上下方向に激しく攪はんされる．砂の熱容量と攪はんとで流動層の温度はほぼ一様となる．この大きな熱容量と一様温度という環境が燃焼のプロセスを一変

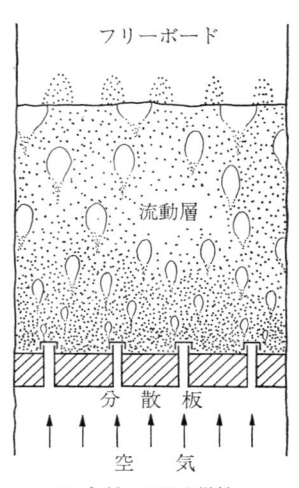

図 6.12 流動床燃焼

させ，700〜950℃という信じられないような温度で，安定に燃焼する．巨大な熱容量を持った一様温度の層内では火炎伝ぱということは必要なく，層の温度を維持するだけの発熱があればよい．それだけの反応を起こすには，石炭ならば700℃で十分という訳である．950℃という上限温度は灰の融点から決まってくる．

　流動床燃焼では微粉炭燃焼と違って石炭粒子の滞留時間は空気や燃焼ガスのそれとは全く無関係であるから，微粉砕する必要がなく，粉炭をそのまま投入すればよい．石炭の微粉砕にはかなりの動力が必要であるから，これは有利である．ただ，空気や燃焼ガスは1パスで層を通り抜けるから，滞留時間は短く，ガス中の未燃分は，粉砕や燃焼によって微細化し，ガスに乗って層を通り抜けたチャーとともに，層上部のフリーボードで燃焼を継続する．寿命時間の長いチャーはフリーボードを多少長く取っても燃焼を完了せず，未燃のまま炉外に排出されるので，サイクロンで捕集して層内に戻すか，再燃焼装置で燃焼させる．空気流速の上限はどの程度の粒子まで層からの離脱を許すかで決まってくる．この上限（通常は 4 m/s 程度）を思い切って高くとり，相当割合の粒子の循環を前提に設計すると，**循環流動床燃焼**となる．

　流動床燃焼の欠点の一つに負荷変動への追従性の悪さがある．これは熱容量が大きいことからくる当然の帰結であるが，燃焼率を変える方法としては，次のようなものがある．（1）層内の燃料割合を変化させる，（2）空気分散板を分割し，層を部分的に流動させる（**部分スラッピング法**），（3）流動床をいくつかのセルに分割し，負荷に応じて作動させる数を変える（**セル分割法**），（4）層の高さを変化させる．最後のものは層表面付近の伝熱管が層の内外を行き来することで伝熱量を変え，熱容量が大きいことを逆用して，燃焼率調節の余裕時間を稼ぐ．層高を変化させるには空気流速を変えるか，砂の量を変える．

　けい砂を石灰石の粗粉に変えると，次のような反応が起こる．

$$CaCO_3 \rightarrow CaO + CO_2 \qquad (R1)$$
$$CaO + SO_2 + 1/2\, O_2 \rightarrow CaSO_4 \qquad (R2)$$

すなわち，石灰石の熱分解［反応(R1)］で生じた生石灰（CaO）が石炭中の燃焼性硫黄の酸化により発生した亜硫酸ガス（SO_2）と反応して［反応(R2)］，固体の石こう（$CaSO_4$）を作る．これによって**炉内脱硫**が実現される．この反応に適した温度は 800〜950℃ で，燃焼の最適温度とほぼ一致している．

なお，流動床燃焼は層の熱容量が大きいことから，野菜くずなど，含水率の高いものを一つの層内で乾燥し，燃焼させることができる．したがって，都市ごみや汚泥の焼却に最適で，焼却炉として普及している．

6.5 微粉炭燃焼

粉砕機で粉砕された石炭の微粒子（200 メッシュ＝74 μm 目のふるいを通過する割合が80％程度）を一次空気と混合してバーナから吹き出させ，空間に浮遊させて燃焼させる方式を**微粉炭燃焼**と呼ぶ．火格子燃焼では炉が大型化すると火層の温度が上昇し，**クリンカ障害**（灰がよう融して大きな硬い塊を形成すること）を起こしやすいが，微粉炭燃焼ではそのような心配がなく，燃焼室の空間を有効に利用できる．また，大型化したときの設備費の上昇が火格子燃焼に比べて低い上に，負荷変動に対する応答性も優れているので，大型の燃焼炉に適している．その上，火格子燃焼より小さい空気比で高い燃焼効率が得られるという利点もある．しかし，石炭の粉砕にコストと動力がかさむこと，炭種の融通性に乏しいこと，炉壁や伝熱面への灰のたい積の多いこと等から，小型の燃焼炉には適さない．

微粉炭燃焼は（1）二相流の状態で燃焼する，（2）最初の分解燃焼期に多量の可燃ガスを放出し，続いてチャーの表面燃焼期に入る，という2点で重質燃料油の噴霧燃焼に似ているが，（3）ガス化速度が低く，燃え切りに時間と距離が必要である，（4）明りょうな火炎面を生じず，火炎が燃焼室全体に広がる，（5）炉壁や火炎からのふく射伝熱が火炎の安定性や燃え切りに必要な距離に大きな影響を及ぼす，という点で噴霧燃焼とは異なっている．

微粉炭粒子の燃え切り時間（固定炭素の99％が燃焼するに要する時間）は表面燃焼速度によって決まり，空気比 1.2，炉内温度 1300℃ のとき 1.8 s 前後である．これは同程度の大きさの重油火炎における油滴の燃えきり時間の数倍，5.3.1 節の式 (5.20) で $C_b=1$ mm²/s として計算される油滴の燃焼時間（100 μm の油滴で 10 ms）に比べれば2桁以上長い．これが重油たきボイラの燃焼負荷率（5 MW/m³ 前後）に比べて1桁以上小さい燃焼負荷率を持つ理由である．

微粉炭火炎が安定する機構としては，（1）火炎伝ぱ，（2）炉壁や火炎からのふく射伝熱による着火，（3）高温燃焼ガスとの混合による着火，（4）高温

炉壁との接触による着火，が考えられる．開放大気中で逆円すい火炎バーナを用いて測定された微粉炭の燃焼速度は 0.1～0.2 m/s となっており，このような条件下では高速燃焼は不可能である．しかし，分解燃焼に関して 6.2.1 節で述べたとおり，900 K/s 以上の粒子温度上昇率では，20 ms 以内に揮発分の 80％以上が放出されるので，気相中の火炎伝ばが可能となり，0.8～10 m/s という燃焼速度が観測されている．したがって，炉壁や火炎からのふく射伝熱と，高温燃焼ガスとの混合によって，微粉炭粒子の温度が 10^4 K/s 以上の割合で上昇し，急激に放出された揮発分と空気との混合気中を火炎が伝ばするというのが，通常の微粉炭火炎の安定機構と考えられる．

6.6 石炭の特殊な燃焼技術

第1章でも述べたように，石炭は液化，ガス化の工程を通して，二次燃料に転換されることが多い．これらの二次燃料は形態に応じて液体燃料や気体燃料として扱えばよいが，転換工程（低カロリーガス化）と燃焼工程とが結び付いた**ガス化燃焼**と，石炭の性質を残した転換燃料である石炭・油混合燃料（COM）と石炭・水混合燃料（CWM）の燃焼（**流体化燃焼**と呼ぶ）は石炭燃焼として扱った方が好都合であろう．

6.6.1 ガス化燃焼

1.3.3 A で述べた種々のガス化法の内，空気と水蒸気をガス化剤とする部分酸化法を採用し，1.3.3 B で挙げたガス化炉の一つを用いて，低カロリーガス（$H_h = 2～7$ MJ/m^3_N）を作る．そしてこれを洗浄に掛けて硫黄分とダストを取り除いた上で，燃焼装置に送り込む．洗浄法には湿式と乾式とがあるが，前者は洗浄性能に優れるものの，顕熱損失が大きく，後者は顕熱損失が少ないのはよいが，洗浄性能に問題がある．

石炭のガス化においては，発熱反応で生じた熱は吸熱反応に使われて化学エネルギーとして蓄えられ，燃焼時に解放されるので，エネルギー損失はほぼ顕熱損失だけとなる（第2章の演習問題 (9) を参照）．ところが酸素ではなく，空気をガス化剤とする場合には，ガスを常温まで冷却することによる顕熱損失が相当の割合に昇るので，洗浄法によってエネルギー効率に大きな差が生じる．

ガス化燃焼は，通常，ガスタービン-スチームプラント・コンバインドサイ

クルに利用される．ガスタービンでは高負荷燃焼が要求され，流速を数十 m/s と非常に高く取るのが普通である．そこへ燃焼速度の低い低カロリーガスを使うのであるから，火炎の安定化には相当の工夫が必要になる．

6.6.2 流体化燃焼

石炭・油混合燃料（COM）と石炭・水混合燃料（CWM）については1.2.4節と1.2.5節に記述されている．**流体化燃料**は微粉炭（最小液体量で流動性を上げるために微粉と極微粉の混合割合を最密充てん割合とする）と液体（重油または水）の混合物で，液体燃料と同様に二流体噴射弁から噴射することを除けば，燃焼の本質は微粉炭燃焼である．したがって，石炭粒子の分解燃焼と表面燃焼とが並行して，あるいは前後して起こり，最後に灰が残る．粒子の燃焼時間は表面燃焼で決まるから，必要な炉の大きさは微粉炭燃焼と同じである．微粉炭燃焼との違いは分解燃焼の初期に現れ，COM と CWM の燃焼過程の相異もそこに集中する．

まず，微粒化特性については，微粉炭を含むことにより見掛けの粘度は1〜2桁上昇するが，液単体に近い微粒化特性を示すと見てよいようである．ただ，ノズルが詰まりやすく，摩耗が激しいので，最大固体粒子の6〜7倍以上，できれば10倍の直径を持つノズルが必要である．

分解燃焼期については，COM 燃焼では，質量にして50%含まれる重油に揮発分が追加される形になるため，微粉炭燃焼よりは噴霧燃焼に近くなる．したがって，火炎の安定性も重油燃焼と変わりがない．それに反して，CWM 燃焼では，質量にして30%の水が蒸発して蒸発熱を奪うとともに，揮発分と酸素を希釈するために，火炎の安定性は極度に悪くなる．ただ，この水蒸気は揮発分とチャーの両方に作用して水性ガス反応（1.3.3 Aの反応（R5）と（R6））を起こさせると同時に，火炎と燃焼ガスの炭素/水素比を変化させるので，以後の燃焼反応によい影響を及ぼす．

表面燃焼期については，COM 燃焼では，燃焼温度が高い分だけ表面燃焼が加速されると見られる．それに反して CWM 燃焼では，水の蒸発熱に相当する100K 程度，火炎と燃焼ガスの温度が下がる上に，一つの液滴に含まれる石炭粒子は水の蒸発後も凝集して，一体となって表面燃焼をするらしく[2]，表面燃焼が長引く上に，灰中未燃分の割合が増加する．灰中未燃分の増加は燃焼効率の低下を招く上に，灰の有効利用を妨げる．

文　献

(1) Field, M. A.・ほか 3 名, Combustion of Pulverised Coal, (1967), p. 167, The British Coal Utilisation Research Association.
(2) 定方, 化学工学の進歩21「燃焼・熱工学」(化学工学協会編), (1987), p. 43, 槇書店.
(3) Kobayashi, H.・ほか 2 名, Sixteenth Symposium (International) on Combustion, (1977), p. 411, The Combustion Institute.
(4) 大竹・藤原, 燃焼工学, (1985), p. 114, コロナ社.
(5) Matsui, K.・ほか 2 名, Combust. Flame, 25-1 (1975), 57.
(6) 田中(編), 燃料と燃焼, (1962), 昭晃堂.

参　考　書

Field, M. A.・ほか 3 名, Combustion of Pulverised Coal, (1967), The British Coal Utilisation Research Association.
化学工学協会(編), 化学工学の進歩21「燃焼・熱工学」, (1987), 槇書店.
小林清志・ほか 2 名, 燃焼工学―基礎と応用―, (1988), 理工学社.
大竹一友・藤原俊隆, 燃焼工学, (1985), コロナ社.
本田尚士(監), 燃焼圏の新しい燃焼工学 (1999), フジテクノシステム.
日本機械学会(編), 燃焼工学ハンドブック (1995), 日本機械学会/丸善.

演習問題

(1) 1 kg の微粉炭粒子の表面温度を何らかの方法で一斉に 1000 K に上げたとすれば, いかほどの割合で揮発分が放出されるか. また, この表面温度が維持されるとすれば, 分解燃焼期間はいかほどの長さになるか. 6.2.1 節に与えられた数値を使って計算せよ. ただし, 工業分析に基づく揮発分は25%, この状況でのQ因子は1.2 とする.

(2) 見掛け比重 0.8, 直径 100 μm の球形炭素粒子がある. 表面燃焼による炭素消費率 $\dot{m}_C = 100 \text{ mg/(m}^2\cdot\text{s)}$ として, この粒子の燃焼時間を計算せよ. ただし, 炭素粒子は無灰で, 分解燃焼は生じないものとする.

(3) 火格子燃焼率 $G = 10 \text{ kg/(m}^2\cdot\text{h)}$ で燃焼している炉がある.
　　(a) 火格子 1 m^2 当たり CO と CO_2 の合計発生率は何 m^3_N/h か.
　　(b) 煙道ガス分析を行ったところ, (CO)=0.01, (CO_2)=0.1 であったとすれば, 火格子 1 m^2 当たり乾き燃焼ガス発生率は何 m^3_N/h か.
　　ただし, 石炭中の炭素の含有率 $c = 0.8$ kg/kg とする.

(4) 第 2 章の演習問題 (9) のガス化を, ガス化剤を酸素と水蒸気から空気と水蒸気に変えて行ったとして, 次の問いに答えよ.
　　(a) 生成する燃料ガスの組成はどのように変化するか.
　　(b) 700°C で乾式洗浄を行うのと, 60°C で湿式洗浄を行うのとで, 顕熱損失

（原料のグラファイトの発熱量に対する相対値）にどれだけの差が出るか．
ただし，ガス化剤を変えても，ガス化反応に変化はないものとし，燃料ガスの定圧比熱を $1.47\,\mathrm{kJ/(m^3_N \cdot K)}$ とせよ．

（5） 通常の COM は微粉炭と C 重油を 50:50 の割合で混合したものである．重油を COM で代替すれば，重油の消費量は何%に減少するか．ただし，C 重油と石炭の低発熱量を $42\,\mathrm{MJ/kg}$ と $22\,\mathrm{MJ/kg}$，燃焼効率は重油も COM も，ともに 100% とする．

（6） 通常の CWM は微粉炭と水を 70:30 の割合で混合したものである．CWM 化することによって，石炭 1 kg 当たりの低発熱量は何% 失われるか．ただし，石炭の低発熱量は $22\,\mathrm{MJ/kg}$，水の蒸発の潜熱は $2.44\,\mathrm{MJ/kg}$ とする．

第 7 章
衝撃波とデトネーション

燃焼現象は激しい熱エネルギーの発生を伴うので,衝撃波と結び付くことが多い.衝撃波に先導される火炎伝ぱを**デトネーション**と呼び,爆薬や火薬類の爆発,配管内での爆発事故などで観察される.また,化学反応や着火現象の研究にナノ秒からマイクロ秒で温度・圧力を立ち上げる**衝撃波管(ショックチューブ)**が使われることが多い.衝撃波やデトネーションは拡散や熱伝導の影響をほとんど受けない気体力学的現象で,層流火炎伝ぱや乱流火炎伝ぱなどの亜音速現象とは異質のものである.今後,超音速燃焼機器などで徐々にデトネーションの工学的利用が広がってゆくものと見られる.

7.1 ガスの一次元定常流れ

反応を伴うガスの一次元定常流れに対しては,反応領域を挟む断面1と2の間に,次の関係が成立する(図7.1).

連続則:$\rho_1 u_1 = \rho_2 u_2 = \dot{m}$ (7.1)

運動方程式:$p_1 + \rho_1 u_1^2 = p_2 + \rho_2 u_2^2$ (7.2)

エネルギー方程式:
$$h_1 + u_1^2/2 = h_2 + u_2^2/2 \quad (7.3)$$

図 7.1 ガスの一次元定常流れ

ただし,ρは密度,uは流速,pは圧力,hは比エンタルピー(式(3.6)を1 kg当たりの式に書き直したもの)で,添字は断面を表す[*1)].

式(7.1)と(7.2)からu_2を消去すると,

$$p_1 + \rho_1 u_1^2 = p_2 + \frac{\rho_1^2 u_1^2}{\rho_2}$$

[*1)] 式(7.1)~(7.3)は断面1と2における状態量の間の関係を表したもので,両断面の間で可逆変化が起こっていると仮定している訳ではない.衝撃波においては温度と圧力の跳躍という不可逆現象,デトネーション波では,それに加えて燃焼反応という大きなエントロピー増加を伴う不可逆現象が生じている.したがって,可逆断熱変化の関係式は使えないことに注意されたい.

この式を $u_1{}^2$ について解き，$v_1=1/\rho_1$, $v_2=1/\rho_2$ なる関係を代入すると，

$$u_1{}^2 = -v_1{}^2 \frac{p_2-p_1}{v_2-v_1} \tag{7.4}$$

ただし，v はガスの比体積である．同様にして，

$$u_2{}^2 = -v_2{}^2 \frac{p_2-p_1}{v_2-v_1} \tag{7.5}$$

あるいは，式 (7.1) から $u_1/v_1 = u_2/v_2 = \dot{m}$ であるから，

$$\dot{m}^2 = -\frac{p_2-p_1}{v_2-v_1} \tag{7.6}$$

式 (7.6) は質量流量の二乗が p-v 平面上で状態1と状態2を結ぶ直線のこう配の符号を変えたものに等しいことを表している．この直線のことを**レーリー線**と呼び，この直線上でだけ連続則と運動方程式が同時に成立することから，断面1から2への変化がこの直線に沿って起こることは明らかである．

式 (7.3) より，

$$h_2 - h_1 = \frac{1}{2}(u_1{}^2 - u_2{}^2)$$

これに式 (7.4) と (7.5) を代入すると，

$$h_2 - h_1 = \frac{1}{2}(p_2 - p_1)(v_2 + v_1) \tag{7.7}$$

この式は状態1 (p_1, v_1) に対応する状態2 (p_2, v_2) の p-v 平面上における軌跡を与えるもので，**ランキン‐ユゴニオの式**と呼ばれる．

ここで簡単のために，燃焼の前後でガスの分子量 M は変化せず，また，燃焼ガスの定圧比熱 c_p は温度によらず一定と仮定する．燃焼による混合気1 kg当たりの発熱量を q と書くと，

$$h_2 - h_1 = c_p(T_2 - T_1) - q \tag{7.8}$$

また，理想気体の状態方程式から，

$$\frac{p_1 v_1}{T_1} = \frac{p_2 v_2}{T_2} = R' \tag{7.9}$$

ただし，R' はガス定数（$= R/(10^{-3} M)$ [J/(kg·K)]，R は一般ガス定数）である．比熱比を κ と書くと，

$$c_p = \frac{\kappa}{\kappa - 1} R' \tag{7.10}$$

式 (7.9) と (7.10) を式 (7.8) に代入すると，

$$h_2 - h_1 = \frac{\kappa}{\kappa-1}(p_2 v_2 - p_1 v_1) - q$$

この関係を式 (7.7) に代入すると,

$$\frac{\kappa}{\kappa-1}(p_2 v_2 - p_1 v_1) - q = \frac{1}{2}(p_2 - p_1)(v_2 + v_1) \tag{7.11}$$

この式を p-v 平面上にプロットしたのが図 7.2 である. 上流状態 1 に対応する下流状態 2 の軌跡が燃焼のない場合 ($q=0$) とある場合 ($q>0$) について描かれている. 現実の流れにおいては質量流量 $\dot{m}$ が実数でなければならないので, 式 (7.6) から, レーリー線のこう配は負でなければならない. これは状態 2 が図 7.2 中の領域 $\overline{\mathrm{K1N}}$ と $\overline{\mathrm{M1L}}$ の内部にあってはならないことを意味する. $q>0$ の曲線の区間 CD が破線で描かれているのは, この区間の除外を意味する.

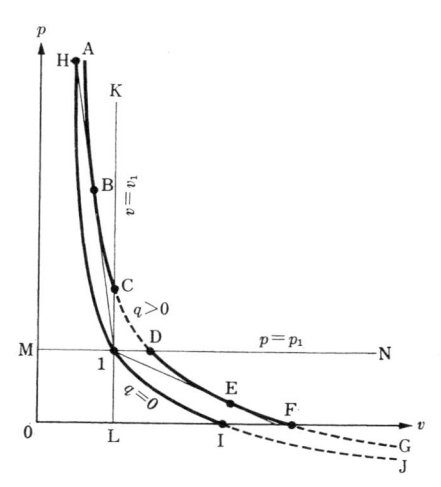

図 7.2 ランキン-ウゴニオ曲線

7.2 衝撃波と膨張波

式 (7.11) において $q=0$ と置くと定常衝撃波と定常膨張波の式が得られ, それをプロットしたのが図 7.2 の $q=0$ の曲線 $\overline{\mathrm{H1IJ}}$ である. この曲線は点 1 を通り, 区間 $\overline{\mathrm{H1}}$ が**衝撃波**（圧力波）, 区間 $\overline{\mathrm{1I}}$ が**膨張波**に対応する. 区間 $\overline{\mathrm{IJ}}$ では $p_2 < 0$ となるが, このようなことは現実には起こらないので, 破線で描かれている.

状態 1 における音速 a_1 は

$$a_1^2 = \kappa p_1 v_1 \tag{7.12}$$

で与えられるから, 断面 1 におけるマッハ数 M_1 は式 (7.4) と (7.12) より,

$$M_1^2 = \frac{u_1^2}{a_1^2} = -\frac{v_1}{\kappa p_1} \frac{p_2 - p_1}{v_2 - v_1} \tag{7.13}$$

すなわち, M_1 はレーリー線のこう配と一対一に対応する. したがって, M_1 が

与えられれば，図 7.2 でレーリー線とランキン-ユゴニオ曲線の交点を求めることによって，あるいは式 (7.11) と (7.13) を連立させて解くことによって，断面 2 における圧力 p_2 と比体積 v_2 が求められる．さらに状態方程式 (7.9) から温度 T_2 が計算される．

図 7.2 から，マッハ数 M_1 が大きいほど，衝撃波背後の温度 T_2 と圧力 p_2 が高くなることが分かる．**超音速燃焼**でも定在衝撃波を利用するものは，この高温・高圧を利用して，超音速流の中で連続燃焼を行わせる．

また，化学反応や燃焼の研究によく用いられる**衝撃波管**は，長いパイプの高圧部と低圧部を分ける薄い破裂膜を，撃針または圧力差で破裂させることによって移動する衝撃波を作り，その背後の高温領域を利用する装置である．この装置によって 5000 K もの高温が比較的容易に作れ，しかも温度の立ち上がり時間は 0.1 μs 以内，高温の持続時間は 4 ms 程度と，理想的な特性を持っている．

図 7.3 は理想的な衝撃波管の x-t 線図と，最初，点 A にあったガス粒子の温度履歴を模型的に描いたものである．高圧部には水素やヘリウムなど，分子量の小さなガスを封入し，低圧部に試料ガスを封入することが多い．撃針あるいは圧力差によって破裂膜が破られると，高圧駆動ガスと低圧被駆動ガスの接触面が時間 t とともに距離 x の正方向（低圧端方向）に移動し，ピストンの役目をして衝撃波を発生させる．このとき発生する衝撃波を**入射衝撃波**，低圧部

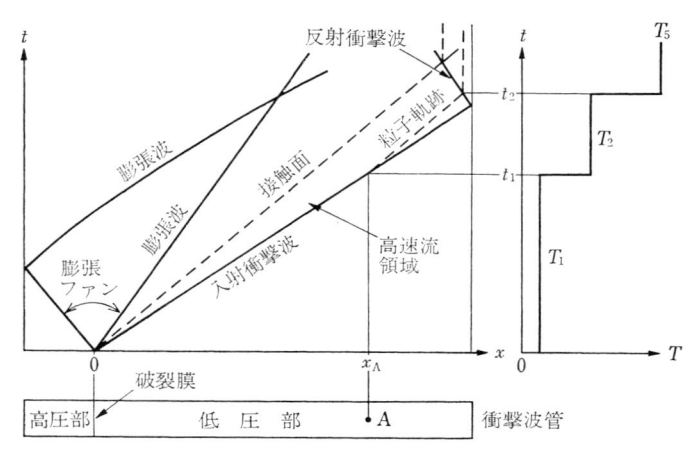

図 7.3 衝撃波管の x-t 線図と温度履歴

端板で反射された衝撃波を**反射衝撃波**と呼ぶ．

最初，点Aにあったガス粒子は時刻 t_1 に入射衝撃波に出会って温度が T_2 に上昇し，衝撃波背後のガス流に乗って移動して，時刻 t_2 に反射衝撃波と出会う．その際，流れがせき止められて，そのために温度がさらに T_5 に上昇する．点Aが低圧部端板近くにあるときには t_1 と t_2 の時間間隔がほとんど零で，いきなり温度は T_1 から T_5 に上昇する．

この装置を用いて噴霧の着火遅れを測定するのが，5.7節で言及した噴霧の着火遅れ測定の衝撃波管法[26]である．

7.3 デトネーションとデフラグレーション

式(7.11)において正の熱発生 q があると，ランキン－ユゴニオ曲線は図7.2の $\overline{\text{ABCDEFG}}$ のように上方に移動し，点1を通らなくなる．この曲線の区間 $\overline{\text{ABC}}$ は衝撃波に先導される反応波，すなわち**デトネーション（爆ごう波）**に対応し，区間 $\overline{\text{DEF}}$ は波面で圧力降下の生じる反応波，すなわち**デフラグレーション（燃焼波）**に対応する．

レーリー線は点BまたはEでランキン－ユゴニオ曲線に接し，それ以外のところでは2点で交差する．点Bを**上チャプマン－ジュゲ点**（略して**上C-J点**），点Eを**下チャプマン－ジュゲ点**（略して**下C-J点**）と呼び，それぞれ最低デトネーション速度と最高デフラグレーション速度に対応する．この2点においては，断面2において流速 u_2 が音速 a_2 に等しく，したがって，マッハ数 $M_2=1$ であることが容易に証明できる[*2)]．このような流れを**チャプマン－ジュゲ流れ**（略して **C-J流れ**）と呼び，すべての定常流れの内で最も安定であることが熱力学的考察から分かる．

レーリー線は C-J 点以外ではランキン－ユゴニオ曲線と2点で交わるが，圧力が元の圧力より上昇するデトネーション領域の内，区間 $\overline{\text{AB}}$ を**強いデトネーション**の領域，区間 $\overline{\text{BC}}$ を**弱いデトネーション**の領域（あるいは**超音速燃焼**の領域）と呼ぶ．強いデトネーションに対して $M_2<1$，弱いデトネーションに対して $M_2>1$ である．強いデトネーションも弱いデトネーションも徐々に上

---

*2) ランキン－ユゴニオ曲線への接線のこう配は断面2における音速 a_2 に対応する．一方，レーリー線のこう配は断面2における流速 u_2 に対応する．したがって，接線とレーリー線とが一致するということは，$u_2=a_2$ であることを意味する．

C-J 流れに漸近してゆく.

同様にして，圧力が元の圧力より降下するデフラグレーション領域の内，区間 $\overline{DE}$ を**弱いデフラグレーション**の領域，区間 $\overline{EF}$ を**強いデフラグレーション**の領域と呼び，弱いデフラグレーションに対して $M_2<1$，強いデフラグレーションに対して $M_2>1$ である．いずれも下 C-J 流れに漸近してゆく.

上 C-J 流れにおいては，変化はレーリー線 $\overline{1BH}$ に沿って起こるが，衝撃波が燃焼反応に先行することから，まず1からHへの跳躍が起こり，続いてHからBへの連続的な緩和が生じる．この変化に伴って，圧力 p は最初 p_H に急上昇し，徐々に p_B まで低下する．その様子を図7.4に模型的に示す．この図は図7.2に対応するもので，Hが衝撃波面，BがC-J面である．温度は衝撃波面でまず並進自由度が励起されて，非平衡の高い並進温度 T_t を示すが，すぐに回転自由度と振動自由度への分配が生じ，温度が T_H に下がって平衡する．その後，発熱のほとんどない連鎖反応期を経て，発熱反応が生じ，温度が $T_B(=T_2)$ にまで上昇する.

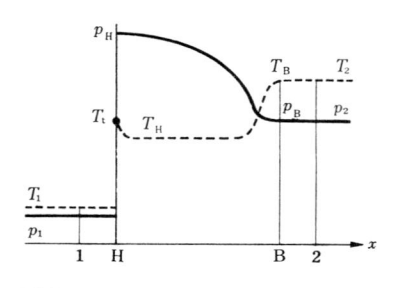

図 7.4 デトネーションの ZND モデル

上に述べたデトネーションの一次元モデルはそれぞれ独立に研究した研究者の頭文字をとって **ZND モデル** (Zel'dovich/von Neumann/Döring) と呼ばれる．なお，**デトネーション速度**は未燃混合気に相対的なデトネーション波の法線方向伝ば速度と定義され，したがって図7.1の u_1 に等しい.

上 C-J 点におけるレーリー線のこう配から求められるデトネーション速度を実測値とともに表7.1に示しておく．**デトネーション限界**から十分離た条件では，両者は数％の差で一致している．ところが，下C-J点におけるレーリー線のこう配から求められるデフラグレーション速度は層流燃焼速度の実測値と全く合わない．これはデトネーションに対しては $M_1>1$ で，現象が超音速下で起こるため，熱伝導や拡散を無視したことの影響がほとんど現れないのに反して，デフラグレーションに対しては $M_1<1$ で，現象が亜音速で起こるため，熱伝導や拡散の影響が強く現れることによる．4.2.3 節の層流予混合火炎の伝ば理論では運動方程式が省略され，燃焼速度が主として熱伝導もしくは拡散に

表 7.1 デトネーション速度[2]

混合気組成（体積比）				理論値 m/s	実測値 m/s
燃	料	酸化剤			
H_2	4/5	O_2	1/5	3 427	3 390
H_2	2/3	O_2	1/3	2 852	2 825
H_2	1/4	O_2	3/4	1 747	1 763
CH_4	1/2	O_2	1/2	2 637	2 528
CH_4	2/5	O_2	3/5	2 531	2 470
C_2N_2	0.412	O_2	0.588	2 528	2 540
C_2N_2	0.505	O_2	0.495	2 762	2 768

支配されたことを思い起こしていただきたい．圧力降下がほとんど零で，レーリー線のこう配が零に近くなる条件（図7.2の点D近傍）で，分子輸送現象により火炎が伝ぱしていることに気付くであろう．

7.4 デトネーション波の構造

上述のように，一次元気体力学理論によって，実測値とほぼ一致するデトネーション速度が得られた．しかし，上C-J流れが安定に存在するということは，デトネーション波がZNDモデルのような一次元構造を持つということを保証するものではない．というのは，図7.1において，断面1と2の間で何が起きているかは基礎式 (7.1)～(7.3) の関与しないところであり，両断面における流れの一次元性さえ確保できていれば，正しい結果を与えるからである．

最近では，すべてのデトネーション波は先行する衝撃波面から反応帯にかけて明確な三次元構造を持ち，このあたりの流れは一次元流れからほど遠いことが分かっている．すなわち，平均伝ぱ方向にとつ面をなす多数の衝撃波面から成る多頭構造を持ち，各衝撃波面の交差線は横方向に伝ぱする波面を形成する．デトネーション波のこの三次元構造が最も顕著に現れたのが，デトネーション限界付近で見られる**スピンデトネーション**である．このデトネーションは横波の影響を受けて，デトネーション波が一定の**スピンピッチ**（デトネーション波が管周に沿って一回転する間に伝ぱする距離）で，ら旋を描きながら伝ぱする．このようにデトネーション波は三次元構造をとるので，その構造は管形状に左右される．しかし，伝ぱ速度は管形状にほとんど影響されない．

デトネーション波の構造については，本書ではこれ以上深入りしないが，Strehlowの著書[2]に詳細に述べられている．なお，液体や固体中でのデトネ

ーションも本質的に気体中と変わらない．

7.5 デトネーションの開始

デトネーションの開始は混合気の点火や着火（爆発）とは根本的に異なる現象である．その特色は，デトネーションの開始に先立って，強い衝撃波がガス中を通過し，その背後に急速な化学反応を生じるところにある．この化学反応によって衝撃波が補強され，ついにはデトネーションにまで成長する．

デトネーションを開始させるには，通常，次の三つの方法の内のいずれかが用いられる．

（1） 衝撃波管を用いて入射衝撃波または反射衝撃波を通過させる．
（2） 強力な電気火花，レーザ光，火薬を用いて，衝撃波を作り出す．
（3） 長い管の閉鎖端から伝ばする火炎のデトネーションへの遷移を利用する．

最初の入射衝撃波または反射衝撃波によるデトネーション開始は衝撃波における温度と圧力のステップ状の上昇を利用するもので，特に反射衝撃波は有効である．反射衝撃波の背後で観察されるデトネーション開始は次の三つのタイプに分けられる．

（a） 衝撃波管の壁面や端板に存在する突起やくぼみによって流れの一次元性が破壊され，局所的に衝撃波が強められて，非一次元的なデトネーションが起こる．

（b） 反射衝撃波の背後に圧力波を伴う反応波が形成され，この反応波が自己加速的であるため，反射衝撃波に追い付いてデトネーション波を形成する．

（c） 反射衝撃波の背後に散在するホットスポットで着火が起こって，その一つ一つから球形火炎が伝ばし始め，火炎自体，もしくはそれから生じる圧力波が合体して，局所的なデトネーションを作り出す．現象は非定常・準一次元的である．

（2）の電気火花，レーザ光，火薬で衝撃波を作り出す方法では，衝撃波が強力であれば，いきなりデトネーション波が形成されるが，そうでなければ衝撃波の背後で温度と圧力が十分長い間，高い値に保たれ，混合気中に急速な発熱反応が生じることでデトネーションが開始される．デトネーション開始に要するエネルギー量は衝撃波の形状とエネルギーの投入パターンによって決ま

る．

（3）の管内を伝ばする火炎の**デトネーションへの遷移**は非常に複雑な現象である．閉鎖端で点火すると，最初は平滑な層流火炎が伝ぱし始めるが，火炎面で発生した圧力波が他端から反射してきて火炎と干渉したり，熱膨張によるガスの加速によって乱れが発生するために火炎面が乱れ，乱流火炎に遷移する．乱流火炎の伝ば速度は層流火炎に比べてはるかに大きいために，一層強い圧力波が発生するようになり，ますます火炎の乱れが大きくなる．このように火炎の加速に伴って，しだいに強い圧力波が発生して，先に発生した弱い圧力波に追い付き，多くの圧力波が合体して，ついには強い衝撃波を発生させるに至る．この衝撃波が背後に急速な化学反応を発生させるほど強力であれば，その化学反応によって衝撃波が補強され，デトネーション波が形成される．

閉鎖端から初めてデトネーション波が形成されるまでの距離を**デトネーション誘導距離**と呼び，混合気の組成，圧力，温度，管の形状と寸法の関数である．デトネーション誘導距離は数 cm から数 m に及ぶが，層流燃焼速度が大きいほど，圧力が高いほど，また管が細いほど，短くなる．

文　　献
（1）水谷・ほか2名，機械学会論文集，**53**-491 B (1987)，2199.
（2）ストリーロ，R. A.（水谷訳），基礎燃焼学，(1973)，p. 265，森北出版．

参　考　書
倉谷健治・土屋荘次，衝撃波の化学物理，(1968)，裳華房．
Shchelkin, K. I. and Troshin, Ya. K., Gasdynamics of Combustion, (1965), Mono Book.
Soloukin, K. I., Shock Waves and Detonation in Gases, (1966), Mono Book.
ストリーロ，R. A.（水谷幸夫訳），基礎燃焼学，(1973)，森北出版．
Strehlow, R. A., Combustion Fundamentals, (1984), McGraw-Hill.
Zeldovich, Ia. B. and Kompaneets, A. S., Theory of Detonation, (1960), Academic Press.

演 習 問 題
（1）空気を比熱比 $\kappa = 1.40$，気体定数 $R' = 287$ J/(kg·K) の狭義の理想気体として，その中を伝ばするマッハ数 $M_1 = 3.0$ の入射衝撃波背後の温度 T_2 と圧力 p_2 を計算せよ．ただし，衝撃波前方の空気の温度 $T_1 = 298$ K，圧力 $p_1 = 1.0$ bar とする．

(2) p-v 平面上には断面2の状態 (p_2, v_2) の存在し得ない領域がある．それを図示した上で，存在し得ない理由を述べよ．

(3) C-J デトネーションの特徴を述べよ．

(4) デトネーション速度は一次元気体力学でよく予測できるのに，層流燃焼速度は一次元気体力学で予測できない理由は何か．

(5) デトネーション波は複雑な三次元構造を持つ．それにもかかわらず，一次元気体力学でデトネーション速度を予測できる理由は何か．

(6) デトネーション速度は音速以上であるが，デフラグレーション速度は音速以下であることを，図と式を使って証明せよ．

第 8 章
火炎の発光と熱放射

　火炎は**化学発光**と呼ばれる近紫外，青色，青緑色の発光を伴う．また，すすの発生があると黄色または黄赤色の明るい**輝炎発光**が化学発光に重畳するか，それを覆い隠し，**輝炎**と呼ばれる状態になる．この化学発光は化学反応によって生成された直後のラジカル（OH，CH，C_2 など）が発するので，燃焼反応の検出に用いられる．さらに火炎は**ガス放射**と呼ばれる赤外域のバンドスペクトルと，**固体放射**と呼ばれる可視域から赤外域にかけての連続スペクトルによって熱を放射する．多くの場合，火炎からの放射伝熱は対流伝熱と同等か，それをしのいで，加熱過程で重要な役割を果たす．

8.1 火炎の発光
8.1.1 不輝炎の発光
　火炎の反応帯では一時的に多くの中間生成物が形成され，その中には電子的に励起された状態にあるものが多い．励起された分子，原子，ラジカルは近紫外から可視波長帯にかけてバンドスペクトルを出すが，それを**化学発光**と呼ぶ．

　2.2.1 項でも述べたように，OH ラジカルは燃焼反応において重要な役割を果たすが，これは近紫外の波長 280 nm と 310 nm 付近に強いバンドスペクトルを出す．また，炭化水素の火炎は波長 470，510，560 nm 付近にバンドスペクトルを出す C_2 基と，波長 390 nm と 430 nm 付近にバンドスペクトルを出す CH 基を含むために，火炎が青色ないし青緑色を呈する．その際，過濃混合気は C_2 基の出す波長 510 nm 付近のバンドスペクトルが強いために青緑色を呈し，希薄混合気ほど CH 基の出す波長 390 nm と 430 nm 付近のバンドスペクトルが強くなるために青色を呈するようになる．一方，水素の火炎はこれらのラジカルを含まないので，無色に近い．

　OH ラジカルは寿命が長く，燃焼ガス中に広く分布するが，炭化水素の火炎では，その発光は

$$\text{CH} + \text{O}_2 = \text{OH}^* + \text{CO} \qquad (\text{R1})$$

なる反応で生じた励起状態にある OH ラジカル（＊は励起状態を表す）が $A^2\Sigma^+ \to X^2\Pi$ 遷移する際に発する $(0,0)$, $(1,0)$, $(1,1)$ バンドの発光が中心である[1]. 反応 (R1) の速度は CH ラジカルと O_2 分子の濃度の積に比例するから，OH ラジカルの発光強度は OH ラジカルそれ自身の濃度には関係しないことになる．CH ラジカルは炭化水素の反応過程で少量生成するので，OH 発光は酸素の存在する反応領域，すなわち反応初期の領域か，希薄混合気の反応領域に現れる．

CH ラジカルの発光は

$$\text{C}_2 + \text{OH} = \text{CH}^* + \text{CO} \qquad (\text{R2})$$

なる反応で生じた励起状態にある CH ラジカルが $A^2\Delta \to X^2\Pi$ 遷移する際に発する $(0,0)$ バンドの発光が中心である[1]. したがって，CH ラジカルの発光強度もそれ自身の濃度ではなく，C_2 ラジカルと OH ラジカルの濃度の積に比例する．OH ラジカルは反応領域から燃焼ガス領域にかけて広く分布するが，C_2 ラジカルは反応領域にしか現れないので，CH 発光も反応領域にだけ現れる．

C_2 ラジカルの発光は励起状態にある C_2 ラジカルが $A^3\Pi g \to X^3\Pi u$ 遷移する際に発する $(0,0)$ バンドの発光が中心で，CH 発光とほぼ同じ領域に現れる．C_2 ラジカルの発光強度は OH 発光や CH 発光に比べて相対的に希薄火炎で弱く，過濃火炎で強くなる．したがって，OH や CH と C_2 の発光強度比は混合比と密接な関係を持つ[2]*1).

図 8.1 に口径 12.5 mm

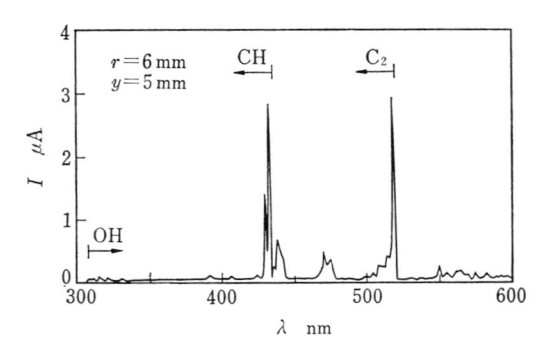

図 8.1 乱流ブンゼン火炎内炎の発光スペクトル[3]
（量論プロパン-空気火炎，流速 2.5 m/s，バーナ径 12.5 mm）

*1) 文献 (2) には OH, CH, C_2 ラジカルの相対発光強度と混合比との関係が与えられているが，これは層流予混合火炎を法線方向から観察した結果に基づくもので，火炎を横から観察した局所値には当てはまらない．また，燃料の種類が変われば変化する性質のものであるから注意されたい．

(a) OHラジカル (b) CHラジカル (c) C₂ラジカル
   (309 nm)   (430 nm)   (516 nm)

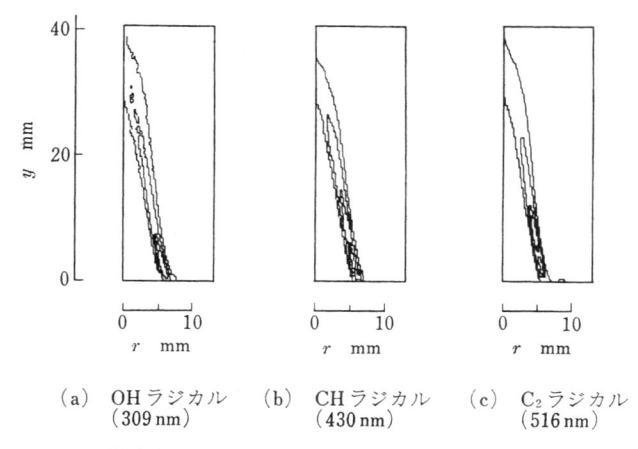

図 8.2 乱流ブンゼン火炎のラジカル発光強度分布[3]
(条件は図 8.1 に同じ)

のブンゼンバーナを用いて作られた乱流火炎（量論プロパン-空気火炎）の内炎の発光スペクトルを示す[3]．横軸に波長 λ，縦軸に分光器光電子増倍管の出力電流 I をとっている．$\lambda = 250 \sim 400$ nm に分布する HCO 発光（ヴァイジャ帯），$\lambda = 350 \sim 500$ nm を中心に広がる CO-O 再結合反応などの弱い背景光は存在するものの，すすからの連続スペクトル発光は認められず，上述の各ラジカルのバンドスペクトルが明確に認められる．

図 8.2 に同じ火炎に対する各ラジカルの発光強度分布を示す[3]．出口中心から上方に y 軸，半径方向に r 軸をとっている．軸を含む鉛直断面内の発光強度を 4 段階に分けて等強度線が描かれており，右下中央部が最も強度が高い．

8.1.2 輝炎の発光

図 8.3(a) に示すヴォルフハルト-パーカーバーナと呼

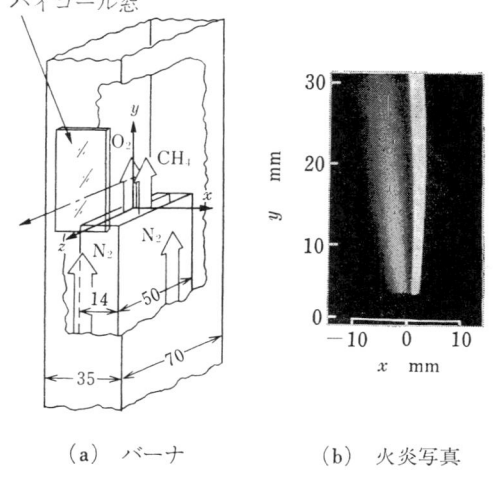

(a) バーナ   (b) 火炎写真

図 8.3 ヴォルフハルト-パーカーバーナと火炎写真[3]

ばれる特殊なバーナを用いてプロパン-酸素拡散火炎を作ると，図 8.3(b) に示す厚い高温火炎（最高温度 3200 K）が出現する．この火炎は仕切り板の上部に暗黒領域が生じ，左の酸素寄りに不輝炎，右の燃料寄りに輝炎が見える．不輝炎（$x=-1.9$ mm），暗黒（$x=0.5$ mm），輝炎（$x=1.5$ mm）の各領域中央の発光スペクトルを図 8.4 に示す．

不輝炎領域では波長 310 nm 付近に OH ラジカルの発光，300～400 nm に O_2 のシューマン-ルンゲバンドの主要部分，350～400 nm を中心に近紫外から近赤外にかけて CO と O の反応による連続スペクトルが現れている．また，345 nm 付近には OH (0, 1) バンドも見える．暗黒領域ではすすなどの出す連続スペクトルに重畳した形で 310 nm 付近に OH バンド，431.5 nm に CH (0, 0) バンドと右隣にその P ブランチ，516.5 nm に C_2 (0, 0) バンドが観察される．

ところで輝炎領域では，すすが放射する連続スペクトルが支配的で，400 nm から長波長側へ急激に立ち上がっている．しかし，よく見ると，不輝炎領域や暗黒領域，さらには乱流ブンゼン火炎で観察されたラジカルのバンドスペクトルがかすかに観察される．

この火炎における OH ラジカルと CH ラジカルの発光強度の分布を図 8.5 に示す．すすからの連続スペクトルは画像処理によって取り除かれている．等輝度線は内側のものほど高い値に対応している．CH 発光は

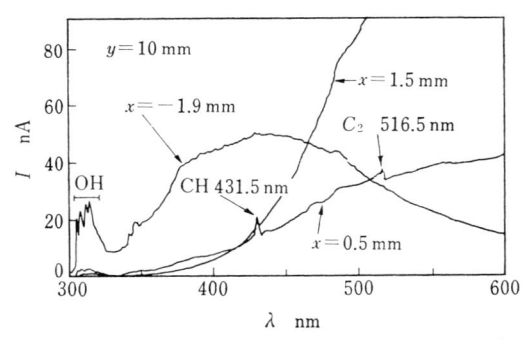

図 8.4 ヴォルフハルト-パーカー火炎の発光スペクトル[3]

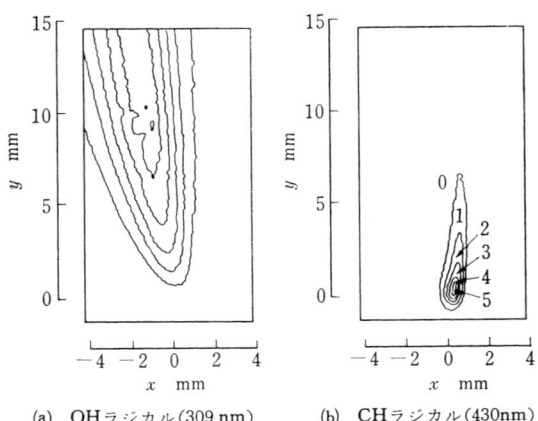

(a) OH ラジカル (309 nm)   (b) CH ラジカル (430 nm)
図 8.5 ヴォルフハルト-パーカー火炎の発光強度分布[3]

暗黒領域から輝炎領域の上流部に集中しているが，OH 発光は不輝炎領域の下流部を中心に広く分布している．このような高温火炎ではOHラジカルの平衡濃度が特に酸素の多い領域で高く，それが熱的に励起されたり，平衡状態で多数の順反応や逆反応が起こって励起状態のOHラジカルを作り出すこともあって，反応（R1）によらずともOH発光が生じるのであろう．したがって，高温火炎では OH 発光領域と反応領域とは完全には対応しない．

8.2 火炎の熱放射

8.2.1 ガス放射

ガスは分子相互の干渉作用が弱いので，分子の内部振動や回転と同調するいくつかの選択的な放射または吸収が行われる．図 8.6 と 8.7 に炭酸ガス層と水蒸気層の熱線（放射熱流束）吸収割合が波長 λ の関数として示されている．ただし，図中の L はガス層の厚みである．炭酸ガスは 2.7, 4.3, 15 μm 付近に，水蒸気は 2.7, 6.3, 20 μm 付近に強い吸収帯を持つが，これらはいずれも赤外領域に属するので，ガス層は無色である．

一方，水素，酸素，窒素，乾燥空気などは，非常な高温を除いては，ほとんどエネルギーを放射したり吸収したりせず，ほぼ透明と見なしてよい．したがって，火炎や燃焼ガスのガス放射は大部分，炭酸ガスと水蒸気から出るもので

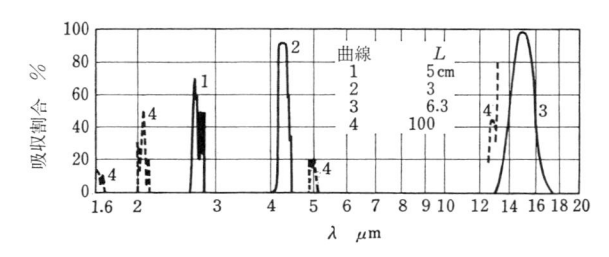

図 8.6 炭酸ガスの熱線吸収割合[4]

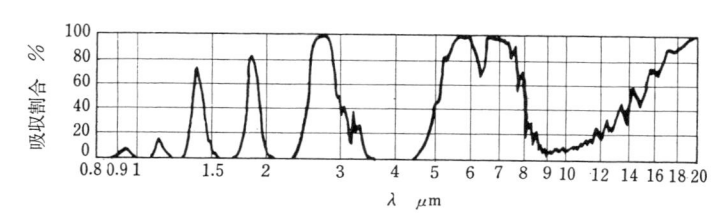

図 8.7 水蒸気の熱線吸収割合[4]（水蒸気温度 400 K，$L=1.04\sim1.09$ m）

ある．そのほか，一酸化炭素，亜硫酸ガス，アンモニア，炭化水素，アルコールなども熱エネルギーを放射する．

炭酸ガスや水蒸気の吸収率と射出率は図 8.6 と 8.7 に見られるように，離散的なスペクトルを持つので，**灰色ガス**としての取り扱いはできない．

8.2.2 固体放射

拡散火炎や過濃予混合火炎では酸素不足の高温領域で燃料が熱分解され，重合や凝集を繰り返して，直径数 nm～数十 nm のすすの**球形粒子**，あるいは等価直径数十 nm～数百 nm 程度の**凝集体**（球形粒子がぶどうの房のように集まったもの）を形成する．このすすはサーカムアントラセンのような高級環状不飽和炭化水素に似た結晶構造を持ち，質量で 1～3％ の水素を含んでいる．また，重質液体燃料噴霧では，油滴の燃焼末期に直径数 μm～数十 μm の**残炭**（**セノスフェア**）を発生するし，微粉炭では直径数十～数百 μm の粉炭や灰の粒子が含まれる．これらの固体粒子は強力な連続スペクトルを持つ熱エネルギーを放射し，火炎全体が明るい黄色または黄赤色に輝く．このような火炎を**輝炎**と呼び，すすや固体粒子を含まない**不輝炎**に比べて桁違いに強力な熱放射を出す．

すすの粒子は熱線の波長に比べて小さいので，半透明の性質を持つし，大きな粒子でも熱線を吸収または放射するだけでなく，散乱も行う．そして，これらの性質は粒子の形状，寸法，光学的性質，数密度に左右されるので非常に複雑で，輝炎の熱放射特性（吸収率，射出率など）を正確に予想することは不可能である．したがって，類似の火炎の実測データから類推している状態である．一般に火炎が大きくなるほど，吸収率や射出率は 1 に近付く．また，放射強度のピークは波長 1～2 μm の近赤外領域に存在する．

8.3 火炎熱放射の計算

8.3.1 ガスの熱放射[4]

図 8.8 に示すように，温度 T のガス塊に強度 I_i の放射熱流束が入射し，長さ L の光路を通る間に一部は吸収され，同時にガスの放射熱が加わって，強度 I_o の放射熱流束となって出てゆくとする．この場合，I_i と I_o の

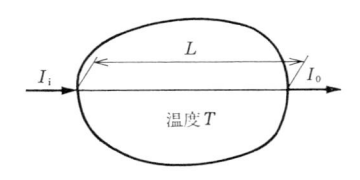

図 8.8 ガス塊の吸収と放射

間には,

$$I_\mathrm{o} = \int_0^\infty I_{1\omega} \exp(-k_\omega pL)\,\mathrm{d}\omega + \frac{\varepsilon_\mathrm{g} E_\mathrm{b}}{\pi} \tag{8.1}$$

なる関係がある.ここで,ω は波数で波長の逆数,$I_{1\omega}$ は入射熱流束の単色放射強度($=\mathrm{d}I_1/\mathrm{d}\omega$),$k_\omega$ はガスの単色吸収係数,p は圧力,ε_g はガス塊の指向射出率,E_b は温度 T の黒体表面から単位時間,単位面積当たり放射されるエネルギー,すなわち全射出能で,**ステファン-ボルツマンの法則**により,

$$E_\mathrm{b} = \sigma T^4 \tag{8.2}$$

ただし,σ はステファン-ボルツマン定数で,$5.669\times10^{-8}\,\mathrm{W/(m^2\cdot K)}$ である.

指向射出率 ε_g は**ベアの法則**より,光路長 L の関数として,

$$\varepsilon_\mathrm{g} = (1/E_\mathrm{b})\int_0^\infty E_{\mathrm{b}\omega}[1-\exp(-k_\omega pL)]\,\mathrm{d}\omega \tag{8.3}$$

で与えられる.ここで $E_{\mathrm{b}\omega}$ は黒体の単色射出能($=\mathrm{d}E_\mathrm{b}/\mathrm{d}\omega$)で,**プランクの法則**より,

$$E_{\mathrm{b}\omega} = \frac{C_1\omega^5}{\exp(C_2\omega/T)-1} \tag{8.4}$$

ただし,$C_1 = 3.740\times10^{-16}\,\mathrm{W\cdot m^2}$,$C_2 = 1.439\times10^{-2}\,\mathrm{m\cdot K}$ である.

灰色ガスでは単色吸収係数 k_ω が ω に無関係な定数であるので,$k_\omega = k$ と置くと,式(8.3)より

$$\varepsilon_\mathrm{g} = [1-\exp(-kpL)]\int_0^\infty \frac{E_{\mathrm{b}\omega}}{E_\mathrm{b}}\,\mathrm{d}\omega = 1-\exp(-kpL) \tag{8.5}$$

と,指向射出率 ε_g が波数 ω に無関係になる.そして,圧力と光路長の積 pL が大きくなると,ε_g は1に漸近する.

8.3.2 燃焼ガスと火炎の射出率[5]

炭酸ガスや水蒸気などの実在ガスは灰色ではなく,エネルギーを離散的なバンドスペクトルとして放射または吸収する.また,すすなどの固体粒子は連続スペクトルを放射または吸収するが,式(8.4)で与えられる黒体のスペクトルとは若干異なっている.したがって,これらの混合気である燃焼ガスや火炎は灰色ガスとしては取り扱うことができない.また,混合気では成分間の干渉作用があるために,混合気の射出率は各成分の射出率の代数和よりは小さくなる.

実在ガスの放射・吸収の計算は非常に複雑なので,近似的にでも灰色ガスと

同様の取り扱いができれば便利である．このような目的でHottel[6]は**実在ガスの射出率**を灰色ガスの荷重和として次式で与えている（**灰色ガス近似**）．

$$\varepsilon_g = \sum a_{g,n}[1-\exp(-k_{g,n}pL)] \tag{8.6}$$

ただし，$\sum$ は $n=1,2,3$ の各項の和を意味する．また，$a_{g,n}$ は実在ガスの吸収スペクトルの内，吸収係数 $k_{g,n}$ で置き換えられた波数帯のエネルギー割合で，

$$\sum a_{g,n} = 1 \tag{8.7}$$

このような方法によって，実在ガスを温度や波数によって吸収係数が変化しない灰色ガスと同様に取り扱うことができる．図8.9はその説明図である．図において，実在ガスの離散的な吸収曲線は $k_{g,1}(=0)$，$k_{g,2}$，$k_{g,3}$ の3種類の吸収係数を持つ灰色吸収バンドに置き換えられている．この場合，式(8.7)の荷重因子 $a_{g,n}$ は吸収係数 $k_{g,n}$ の灰色吸収バンドの波長領域に含まれる黒体射出能の割合に対応することになる．

図 8.9 実在ガス吸収曲線の灰色吸収バンドへの置換え[5]

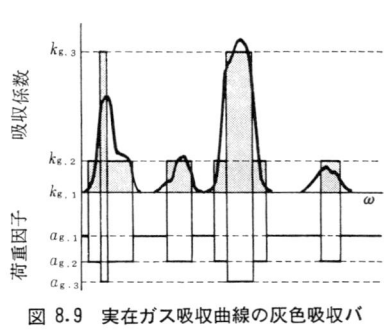

図8.10は式(8.6)を3項で与えたときの近似度を CO_2-H_2O 混合気について調べた結果である．CO_2 と H_2O の分圧 p_c と p_w の比 p_c/p_w が1の場合であるが，$(p_c+p_w)L = 0.02 \sim 1.2$ m·bar の範囲で良好な一致が得られている．

すすの射出率も実在ガスと同じく，灰色ガスの荷重和として与えておくと便利である．すなわち，

$$\varepsilon_s = \sum a_{s,n} \times [1-\exp(-k_{s,n}\rho m_s L)] \tag{8.8}$$

ここで，m_s はすすの質量分率，ρ はガスの密度である．また，$a_{s,n}$ は図

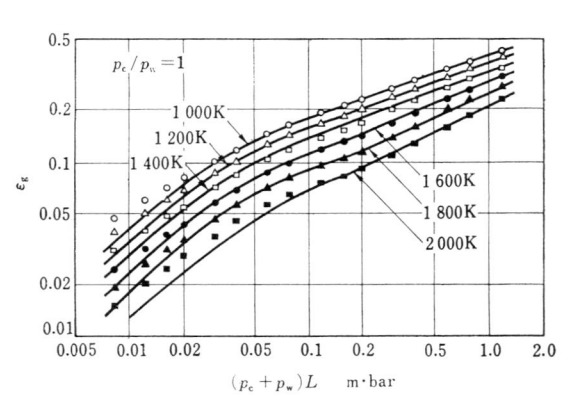

図 8.10 CO_2-H_2O 混合ガスの射出率[5]

8.11に示すように，すすの吸収スペクトルを吸収係数 $k_{s,n}$ の灰色ガスのそれで置き換えた波数帯のエネルギー割合で，

$$\sum a_{s,n}=1 \qquad (8.9)$$

図8.12は式 (8.8) を3項で表現したときの近似度を調べたものである．

つぎに，実在ガスとすすの混合気を灰色ガスの荷重和として表すことを考

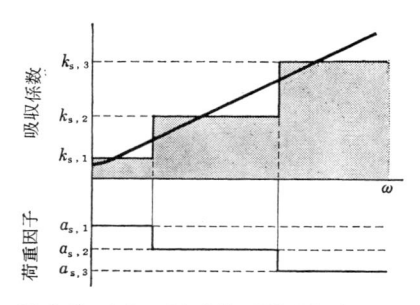

図 8.11 すすの吸収曲線の灰色吸収バンドへの置換え[5]

える．そのためには，両者の荷重因子 $a_{g,n}$ と $a_{s,n}$ を共通にとらなければならないので，相当の無理が生じるが，一応は可能である．すなわち，

$$\varepsilon_{gs}=\sum a_n[1-\exp(-K_n L)] \qquad (8.10)$$

ここで，

$$K_n=k_{g,n}(p_c+p_w)+k_{s,n}\rho m_s \qquad (8.11)$$

荷重因子 $a_{g,n}$, $a_{s,n}$, a_n は温度の関数であり，式 (8.10) の a_n を温度の一次式の形で与えると，

$$a_n=\alpha_n+\beta_n T \qquad (8.12)$$

式 (8.10) の項数を3とし，石油燃焼ガス ($p_c/p_w=1$) に対して α_n, β_n, $k_{g,n}$, $k_{s,n}$ の値を決定すると，表8.1のようになる．これは石油燃焼炉における燃焼ガスと火炎の射出率に当てはまるもので，$L=0.2\sim 6\,\mathrm{m}$，$T=1100\sim 1800\,\mathrm{K}$ の範囲に適用できる．

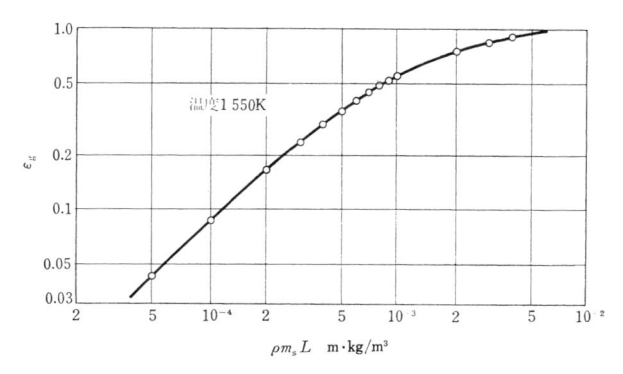

図 8.12 すすの射出率[5]

表 8.1　α_n, β_n, $k_{g,n}$, $k_{s,n}$ の値[5]

n	α_n	β_n K^{-1}	$k_{g,n}$ $\mathrm{m}^{-1}\cdot\mathrm{bar}^{-1}$	$k_{s,n}$ $\mathrm{m}^3/(\mathrm{kg}\cdot\mathrm{m})$
1	0.130	2.65×10^{-4}	0	3460
2	0.595	-1.50×10^{-4}	0.824	960
3	0.275	-1.15×10^{-4}	25.91	960

表 8.2　ガス塊の相当厚さ[4]

形　　状	L_e	基 準 表 面
球（直径d）	$0.60d$	球表面
無限円柱（直径d）	$0.90d$	円柱表面
半無限円柱（直径d）	$0.90d$	端面中心
有限円柱（直径d，長さd）	$0.77d$	端面中心
〃	$0.60d$	全表面平均
半分割無限円柱（直径d）	$0.63d$	分割平面中央
平行無限平板間（厚みl）	$1.80l$	一方の表面
立方体（一辺l）	$0.60l$	全表面平均

8.3.3　ガス塊の射出率

種々の形状のガス塊の全表面積Aに対する平均射出率 ε_m は灰色ガス，実在ガス，すす，実在ガス-すす混合気の 指向射出率の式 (8.5)，(8.6)，(8.8)，(8.10) の光路長Lにガス塊の 相当厚さ L_e を代入することによって 求められる．L_e の値はガス塊の体積Vが十分小さければ，次式で計算できる．

$$L_e = 4V/A \tag{8.13}$$

Vが有限の大きさを 持つときには，多くの場合，L_e の値は上式で計算される値の85～90％程度になるが，正確な値は表8.2に示されている[4]．ただし，表中に基準表面の位置が 指定されているものについては，L_e は全表面の平均射出率ではなく，指定位置での局所射出率に対応する．

ガス塊からの全熱放射 Q_r は ε_m を用いて，つぎのように与えられる．

$$Q_r = \varepsilon_m E_b A = \varepsilon_m \sigma T^4 A \tag{8.14}$$

ただし，ガス塊内で温度Tは一様とする．

8.3.4　ガス塊の熱放射

いま，x軸方向の温度変化に比べて，y軸方向とz軸方向の温度変化が小さい一次元的な温度場を考える．このような温度場においてはy軸とz軸方向への熱放射は無視でき（反対方向の放射強度が 互いに相殺し合う），x軸方向への熱放射だけを 考えればよい．そこで，$x=x_0$ と $x_0+\Delta x$ の2枚の平行無限

平板間のガス塊が x の正負方向に出す熱放射の合計を単位面積当たり Q_r とすると，表8.2から，このガス塊の相当厚さ L_e は $1.8\Delta x$ であるから，ガス-すす混合気の場合，式 (8.10) より，

$$\varepsilon_m = \sum a_n [1-\exp(-1.8K_n\Delta x)]$$

$1.8K_n\Delta x \ll 1$ の場合，近似的に

$$\varepsilon_m = 1.8\Delta x \sum (a_n K_n) \tag{8.15}$$

式 (8.14) と (8.15) を用い，$A=2\,\mathrm{m}^2$ であることを考慮すると，

$$Q_r = 3.6\sigma T^4 \Delta x \sum (a_n K_n)$$

したがって，単位体積当たりの熱放射 q_r は

$$q_r = Q_r/V = Q_r/(1\times\Delta x) = 3.6\sigma T^4 \sum (a_n K_n) \tag{8.16}$$

以上のことは円柱座標で $\Delta r/r \ll 1$，すなわち，厚み Δr の無限平板とほぼ見なせる場合にも当てはまる．4.7.3 節で述べた噴流拡散火炎は近似的にこの条件に当てはまるので，熱放射に比べて熱吸収が無視できるような条件（直径が 100 mm を越えない小規模火炎や，火炎の射出率 ε_f が 0.2 を越えない不輝炎などがこれに当たる）においては，式 (4.83) の q_r に式 (8.16) を代入することによって，ガス塊の熱放射の影響を考慮することができる．

8.3.5 放射伝熱の数値解析法

放射伝熱の数値解析法には有限領域法，熱流束法，モンテカルロ法，熱線追跡法などがあり，一長一短である[7]．以下，それぞれについて簡単に説明する．

A．有限領域法[8] ボイラなどの燃焼炉においては，ガスの各部分や表面部分の間で放射伝熱による熱交換が行われている．このような場における熱交換量の計算を行うために，炉内をその内部がほぼ一様状態と見なせるいくつかのガス塊と表面領域に分割する．そして，炉壁の反射や光路における減衰を考慮して，各ガス塊どうし，各表面領域どうし，またガス塊と表面領域間の**全交換面積**（受熱側の放射受熱量を算出するために射出側の黒体放射強度に掛けるべき係数）を決定する．その際，あらかじめ炉内の流れ模様，熱発生率分布，ガス成分とすすの濃度分布を推定あるいは決定しておく必要がある．

このような準備の後，対流，伝導，渦拡散，熱放射による熱の輸送，ならびに化学反応による熱発生（総て温度の関数）を考慮して，各ガス塊，各表面領域の熱勘定の式を立てる．すると，それぞれの温度を未知数とする連立非線形

代数方程式群が得られるから,それを解けば炉内の温度分布が決定できる.

この方法は炉内をいくつかの有限の大きさのガス塊と表面領域に分割するところから,**有限領域法**と呼ばれる.炉内を細かく分割するほど計算の精度は向上するが,計算が複雑化し,計算時間がかさむことになる.

B. 熱流束法[9]　ガスの微小体積を通過する特定方向の放射エネルギーに対するバランスを考える.射出光と入射光のエネルギーの差が,任意方向から射出方向に散乱される(内方散乱)エネルギーとその領域が射出方向に放射するエネルギーの和から,射出方向以外の方向に散乱される(外方散乱)入射エネルギーとその領域で吸収される入射エネルギーの和を差し引いたものに等しいと置く(図 8.13 参照).このような方法で,ある点における問題の方向の放射強度に対する微・積分方程式が得られる.

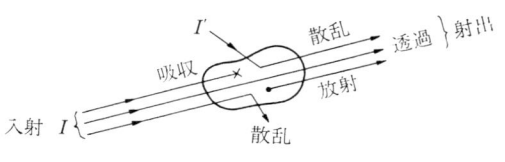

図 8.13 熱流束のバランス

問題の点の回りの立体角を $2n$ 等分し(順方向と逆方向を別々に勘定する),その立体角内では放射強度が一様であるとする.すると,微・積分方程式は $2n$ 個の平均放射強度(熱流束)に関する $2n$ 個の微分方程式に置き換えられる.この微分方程式は流れの基礎式(連続則,運動方程式,エネルギー式)と同じ形をしているため,連立させて容易に数値解析を行うことができる.

全立体角を $2n$ 等分する熱流束法を **$2n$ 流束法**と呼ぶ.n を 1, 2, 3 とすると,**二流束法,四流束法,六流束法**となる.n を十分大きく取らない限り,分割された立体角内で放射強度が一様という仮定は誤差が大きいので,熱流束法はかなりの無理を含んでおり,近似的な方法とならざるを得ない.

C. モンテカルロ法[10]　熱線(エネルギー束)は図 8.13 に示されるように,経路上のいたるところで放射,吸収,散乱,鏡面反射,乱反射等を受けて,強さが変化したり,無数の熱線に分裂したりしている.この分裂という厄介な現象を熱線全体がある挙動(吸収,散乱,反射)をとる確率に置き換えれば,経路上の各点で熱線全体が吸収されるか,そのまま伝達されるか,それともある方向に散乱または反射されるか,それぞれの確率を見積もった後,乱数を発生させて決めればよい.もち論,射出点でどの方向に熱線が射出されるか

も乱数で決める．

このようにすれば，放射熱交換の起こる場全体を同時に見渡して，領域の組み合わせの数だけ交換熱量を計算する有限領域法の厄介さや，広い立体角をたった1～3往復（2～6本）の熱流束で代表させる熱流束法の粗雑さを回避することができる．この方法の欠点は精度を上げるためには熱線の数を増やさなければならないことで，熱線を射出する格子点の数が多ければ，大変な計算量になる．そのためいろいろの簡略化手法が工夫される．

D．熱線追跡法[11] もし散乱や乱反射が無視できれば，熱線の分裂も生じない．この場合には一本の熱線が経路上の各点で部分的に吸収もしくは鏡面反射される様子を，減衰しきるまで追跡することができる．そして，これによって時間のかかる確率計算を避けることができる．すなわち，各格子点において，全立体角を等分するように数十～数百本の熱線を出し，それぞれを追跡しながら他の格子点に吸収されるエネルギー割合を決めてゆく．壁面では半球を等分するように熱線を出し，射出方向によって強度に分布を持たせる（余弦法則）．

この方法ではガス塊による熱線の散乱は考慮できないが，壁面での乱反射を近似的に考慮する方法は考案されている[12]．状況に応じてモンテカルロ法と使い分けるべきであろう．

8.4 火炎の射出率

火炎の射出率は火炎内部の温度分布，すすや固体粒子の濃度分布，火炎の大きさと形態などによって大きく変化するが，これらの因子は燃料の種類，バーナの特性，空気比，燃料の噴射率と噴射角，噴流の運動量（推力），炉の大きさと形態，炉内の流動パターンなどによって左右されるので，非常に複雑である．したがって，正確には個々の火炎について射出率を測定するより手はないが，一般には，火炎の射出率はつぎのような傾向を示す．

まず，燃料については，ガス拡散火炎，噴霧火炎，微粉炭火炎の順に射出率が大きくなり，それぞれの中では，燃料中の炭素・水素質量比γが大きいものほど射出率は高い．図8.14はガス拡散火炎と重油噴霧火炎の射出率を比較したものである．前者が0.3前後であるのに対し，後者がピークで0.9にも達し，大きな差のあることが分かる．

空気比の影響は明らかでないが，燃料の噴射率が射出率に与える影響は小さいと言われている．燃料の噴射角は5.6.2節で述べたように，火炎長さを大きく変化させるので，火炎軸に沿う射出率の分布を変化させる．噴流の運動量（推力）が大きくなると，燃料噴流と空気の混合が促進されるので，すすや固体粒子の濃度が低下し，それにつれて射出率も減少する．炉の大きさが大きくなると，一般には火炎の寸法も増加するので，8.3.1節で述べたベアの法則によって射出率が増加する．しかし，炉内での火炎の寸法や形態はバーナの配列や流動パターンによっても変化するので，一概には言えない．

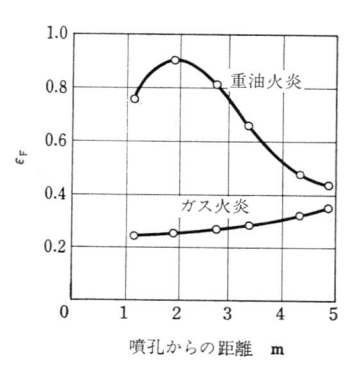

図 8.14 ガス拡散火炎と噴霧火炎の射出率の比較

ところで，輝炎の射出率 ε_F に対して，次の経験式が与えられている[13]．

$$\varepsilon_F = 1 - \exp(-KL_F) \tag{8.17}$$

ただし，L_F は火炎の実効厚さ，K はバーナ先端からの距離 x の関数で，噴霧火炎に対する数値例は表 8.3 のとおりである．

また，Holliday と Thring[14] は種々の燃料の噴霧火炎に対して，火炎の平均射出率 ε_{Fm} を次の経験式で与えている．

$$\varepsilon_{Fm} = 0.282 \ln[0.25(\gamma - 0.5)] + 0.002 T_{bp} - 0.462 \tag{8.18}$$

ここで，γ は燃料中の炭素・水素質量比 [kg/kg]，T_{bp} は燃料の沸点 [K] である．

以上の図表や経験式はあくまで目安程度のもので，正確には類似の条件における実測によらなければならない．

表 8.3 K の値[13]　　　噴霧火炎

x m	1	2	3	4	5
K m^{-1}	0.80	1.15	0.60	0.345	0.255

文　献

(1) Crosley, D.R. and Dyer, W.J., Proc. Int. Conf. Lasers '82, (1983), p. 752, STS Press.

(2) 伊藤・ほか3名, 機械学会論文集, **52**-481B (1986), 3362.
(3) 水谷・ほか2名, 機械学会論文集, **52**-476B (1986), 1931；**54**-504B (1988), 2219.
(4) 甲藤, 伝熱概論, (1972), p. 352, 養賢堂.
(5) Beér, J. M., Heat Transfer in Flames (Ed. Afgan, N. H. and Beér, J. M.), (1974), p. 30, John Wiley & Sons.
(6) Hottel, H. C., Section in Heat Transmission, (1954), McGraw-Hill.
(7) 水谷・香月, 日本ガスタービン学会誌, **12**-48 (1985), 10.
(8) Hottel, H. C. and Cohen, E. S., AIChE Journal, **4**-1 (1958), 3.
(9) Siddall, R. G., J. Inst. Fuel, **47**-391 (1974), 101.
(10) Howell, J. R.・ほか2名, NASA Tech. Rept. R-220, (1965).
(11) 早坂・ほか5名, 機械学会論文集, **52**-476B (1986), 1734.
(12) 香月・ほか4名, Proc. First KSME-JSME Thermal and Fluids Engng. Conf., Vol. 1, (1988), p. 329.
(13) 辻, 燃焼機器工学, (1971), p. 118, 日刊工業.
(14) Holliday, D. K. and Thring, J., J. Inst. Fuel, **30**-194 (1957), 127.

参 考 書

Afgan, N. H. and Beér, J. M. (Ed.), Heat Transfer in Flames, (1974), John Wiley & Sons.
Hottel, H. C., Section in Heat Transmission, (1954), McGraw-Hill.
甲藤好郎, 伝熱概論, (1972), 養賢堂.
国友猛・ほか, 伝熱工学の進展 2, (1974), 養賢堂.
Baukal, C. E., Jr., Heat Transfer in Industrial Combustion, (2000), CRC Press.

演 習 問 題

(1) 直径 1m の無限円柱と見なせる噴霧火炎があり, 射出率は式 (8.17) で見積もれるという. 平均火炎温度を 1500 K, 経験定数 K の平均値を $0.8\,\mathrm{m}^{-1}$ として, 火炎円柱の表面近傍における放射強度を計算せよ. ただし, 炉壁の熱放射は無視できるものとする.
(2) 炭素・水素質量比 $\gamma=6.0\,\mathrm{kg/kg}$, 沸点 $T_{bp}=520\,\mathrm{K}$ の石油系燃料を噴霧燃焼させたところ, 直径 0.5 m の円柱状の火炎が形成され, その平均温度は 1500 K であったという. この火炎は長さ 1 m 当たり何 kW の熱を放射するか推定せよ.

第 9 章
大気汚染とその防止

　最近，燃焼によって大気中の炭酸ガス濃度が増加し，地球の温暖化を引き起こすことが心配されている．しかし，化石燃料から熱エネルギーを取り出すことが燃焼の目的である以上，炭酸ガスと水蒸気の発生は避けられないものであるし，これらは酸素欠乏を伴わない限り，人体には無害である．それに対して，不完全燃焼によって発生する一酸化炭素，未燃炭化水素，アルデヒド，すす，粒状物質等はそれ自体が有害である上に，太陽光の照射を受けて，さらに毒性の強いものに変化することもある．また，大気中や燃料中に含まれる窒素は窒素酸化物を形成するし，燃料中の硫黄分は硫黄酸化物を形成するが，これらは毒性が強く，硝酸や硫酸に変化して，装置を腐食したり，酸性雨の原因になる．さらに燃料中にバナジウムや塩素が含まれていると，毒性や腐食性を発揮するし，ふっ素や鉛も有害物質に指定されている．

9.1　一酸化炭素と未燃炭化水素
　炭化水素は低級炭化水素に熱分解され，一酸化炭素や水素を経由して炭酸ガスや水蒸気にまで酸化される．また，低級炭化水素の一部は重合して，もとの炭化水素より高級な炭化水素も生成する．したがって，燃焼の途中で混合や放熱によって温度が下がり，反応が停止すると（**反応の凍結**），一酸化炭素や各種の炭化水素（**未燃炭化水素**）が排出される．当量比が1より大きい燃料過剰燃焼においては，反応の凍結が起こらなくても，これらの排出が見られる．また，アルデヒド類を中心とした不完全酸化物が排出されて，悪臭の原因となることもある．

9.1.1　一酸化炭素
　3.3節の図3.4には C_nH_{2n}-空気の量論混合気の平衡組成が温度の関数として与えられている．この図によると，過剰燃料を全く含まない量論混合気でさえも，1800 K 以上の温度では CO 濃度が 0.1% 以上になる．同様の計算を当量比 ϕ を変えて行った結果を図9.1に示す．$\phi \geqq 1.1$ の過濃混合気では 1000 K

程度の低温雰囲気でも1%以上のCOが生じる．一方，$\phi<1.0$の希薄混合気ではCOの平衡濃度は温度に大きく依存し，1500 K以下では痕跡程度となる．このことから，$\phi\leqq1$の希薄混合気を完全燃焼させて，低温で排気すれば，COはほとんど排出されないことが分かる．

ところが，実際には総合当量比1.0以下の希薄燃焼においてもCOが排出され，特に往復式の内燃機関においては$\phi=0.9$程度まで相当の濃度のCOが排出される．この原因としては，つぎの二つが考えられる．

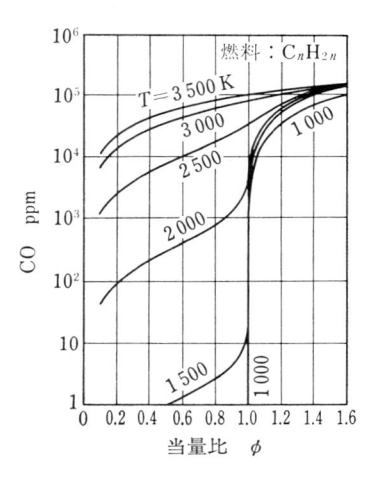

図9.1 COの平衡濃度

（1） 混合が一様でなく，局所的に燃料過濃のガス塊が排出される．
（2） 急冷によって反応が凍結され，高温での平衡組成を持ったガスが排出される．

したがって，COの排出濃度を下げるためには，総合当量比1.0以下の希薄燃焼を行わせることは当然であるが，できるだけ混合をよくし，かつ反応が凍結しないようにガス温度を緩やかに下げなければならない．低温空気や低温表面と接触し，消炎したまま排出することは避けるべきである．

COの排出量は本来，数十もの素反応を考慮した詳細な化学反応によって予測すべきものであるが，複雑な流れ場でこれを行うことは大変であるので，通常はつぎのいずれかの方法によって予測される．

（1） 流線上の最高温度の位置で化学平衡が成立しているものとし，それ以後のCOの酸化過程を追跡する．
（2） 反応の初期段階で，

$$C_mH_n+(m/2+n/4)O_2 \rightarrow mCO+n/2H_2O \tag{R1}$$

なる反応により炭化水素がCOとH_2Oに熱分解したと仮定し，それ以後のCOの酸化過程を計算する．

大まかに見て，COは次の反応によって酸化される．

$$CO+OH \rightleftarrows CO_2+H \tag{R2}$$

また，低温では次の反応も考慮に入れる必要がある．

$$CO + HO_2 \rightleftarrows CO_2 + OH \quad (R3)$$

ただ，これらの反応の速度を計算するには OH, H, HO_2 の濃度を知らなければならないが，そのためには複雑な反応計算を必要とする．そこで，CO の酸化反応速度に対して，つぎのような経験式が提案されている[1]．

$$-d[CO]/dt = 1.2 \times 10^{11} [CO][O_2]^{0.3}[H_2O]^{0.5} \exp(-8050/T) \quad (9.1)$$

ただし，温度 $T < 1800\,\mathrm{K}$ である．この式を使って，実際に模型ガスタービン燃焼器内の CO 濃度の分布が計算されている[2]．

9.1.2 未燃炭化水素

反応 (R1) は実際には非常に複雑な連鎖反応で，中間生成物として種々の低級炭化水素や水素が出現する．急冷や低温空気との混合等によりこの反応が凍結されると，中間生成物が未燃のまま排出される．また，液体燃料の噴霧燃焼で微粒化特性が悪いと，巨大油滴が蒸発を完了しないまま，高温領域を通過してしまうこともある．

このようなことから，未燃炭化水素の生成原因と低減対策は一酸化炭素とほぼ同じということになる．事実，両者の排出傾向は相似していることが多く，一方を減らせば，他方もそれに比例して減少する．

なお，火花点火機関においては，燃焼室壁面の消炎作用によって熱分解や酸化反応の遅れたガスがそのまま排気されることがあり，未燃炭化水素排出の主要原因の一つとなっている．

9.2 すす及び粒状物質

燃料の熱分解過程で酸素が不足すると，低級炭化水素や活性基が重合して**すす**を形成する．また，油滴や微粉炭中の残炭分（セノスフェアとチャー）が未燃のまま排出されると，灰とともに**粒状物質**を形成する．すすや粒状物質は炉壁，伝熱面，煙道に堆積し，自然に，あるいはすす吹き（スートブローイング）により剥離して，比較的大きな粒状物質とともに**ばい塵**となって降下する．

9.2.1 す　　す

同軸流拡散火炎ですすを採取すると[3]，上流部では直径数 nm 以下の微小粒子が採取され，集めると黄色タール状の液体であることが分かる．ところが下流部では直径数十 nm の球形炭素粒子が単独で，あるいは鎖状につながって

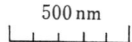

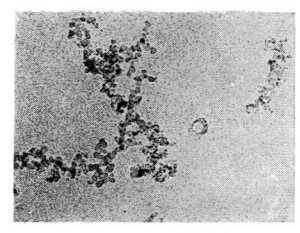

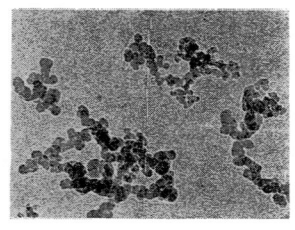

図 9.2 すすの電子顕微鏡写真

凝集体を形成している．すすの電子顕微鏡写真を図9.2に示しておく．すすの球形粒子が空間でも凝集体として存在するのか，それとも採取時に凝集体を形成するのかが問題であるが，ある程度空間で凝集体を形成しているようである[4,5]．

すすをグラファイトと考えて化学平衡計算を行うと，通常の炭化水素火炎では空気比0.4程度までは，すすが生成されないとの結果が得られる．ところが，実際には空気比0.7程度からすすの発生が観察される．したがって，すすは拡散火炎の燃料側，噴霧火炎の油滴密集領域，微粉炭の分解燃焼領域等で生成されることになる．

すすの生成機構としては，（1）多環芳香族炭化水素（Polynuclear aromatic hydrocarbon, **PAH** と略称）を経由して生成されるとする説，（2）アセチレンを経由して生成されるとする説，（3）炭化水素イオン（$C_3H_3^+$, CHO^+ 等）を経由して生成されるとする説などが提案されている[6]．どれが定説となるのか見通しは立っていないが，いずれかの経路をとって生成した巨大分子が電荷を帯びて凝縮し，その液滴表面にさらに炭化水素が析出して成長する．そして衝突と合体を繰り返しながら脱水素反応が進行し，固体の球形粒子（直径数nm〜数十nm）に変化してゆく．この球形粒子は電荷を帯びているので[3]，互いに凝集して鎖状につながり，凝集体を形成する．球形粒子の酸化反応も並行して進行する．この点に関しては詳細な展望と解説があるので参照されたい[7,8]．

以上のように，すすの生成機構に関しては定説もなく，ましてや生成速度や酸化速度を見積もることなど不可能に近い．しかし，経験式は一応与えられており，層流拡散火炎に対する例を下に示しておく[9]．

生成速度：$S_f = \rho \dot{m}_s = 2.54 \times 10^6 Ri \cdot p_f \cdot \phi^3 \exp(-20000/T)$ (9.2)

酸化速度：$S_\mathrm{b} = -\rho \dot{m}_\mathrm{s} = 3.6\, m_\mathrm{s} \dfrac{p_\mathrm{o}}{\sqrt{T}} \exp\left(-\dfrac{20000}{T}\right)$ (9.3)

ただし，局所当量比 ϕ が 0.5 以下と，過濃可燃限界値以上では $S_\mathrm{f}=0$ と置く．ここで，ρ はガスの密度，$\dot{m}_\mathrm{s}$ はすすの質量分率 m_s の増加率，Ri はリチャードソン数（$=2\,g r_\mathrm{B}/u_\mathrm{f}^2$），$g$ は重力加速度，r_B はバーナ半径，u_f は燃料の噴出速度，p_f と p_o は燃料と酸素の分圧，T は温度で，すべて SI 単位で与える．
4.7.3 C の拡散方程式（4.82）において，$m_\mathrm{J}=m_\mathrm{s}$，$R_\mathrm{J}=S_\mathrm{f}-S_\mathrm{b}$ と置けば，すすの質量分率 m_s が計算できる．乱流拡散火炎の場合には多少の修正が必要であるが，詳細は文献 (9) を参照されたい．

すすは有害物質ということになっているが，8.2.2 節で述べたように，火炎の熱放射には欠かせない物質である．すすの生成が全くなければ，火炎は不輝炎となり，火炎から被加熱物への放射伝熱量は激減する．したがって，高温領域ですすが生成され，熱放射媒体としての役目を果たした後，酸化されて完全に消滅することが望ましい．そのためには，すすを必要以上に生成させず，また巨大粒子にまでは成長させないことと，低温表面との接触や低温空気との混合により急冷しないことが大切である．

すすの生成量を調節するには混合過程を制御して，極度に燃料過濃の高温領域を作らないようにすることで，煙道から排気の一部を戻してガス温度や反応物質分圧の上昇を抑制する方法（排気再循環）がよく採用される．また，バリウム，カリウム，セシウムといった金属の化合物を燃料に添加すると，すす粒子の成長が抑制され，ひいてはその酸化が促進されることが知られているが，成長抑制の機構は明らかでない．

なお，すす生成の中間体と考えられ，すすと共存することが認められている **PAH** は多数のベンゼン環から成る炭化水素類の総称であるが，発癌性を持つものが多く，大気のみならず土壌，河川，野菜，魚介まで汚染するので，注目されている．ディーゼルエンジンの排気に多く含まれる．

9.2.2 粒状物質

粒状物質は油滴の残炭分であるセノスフェアや，微粉炭の残炭分であるチャーが燃焼し切らずに排出されるものであるから，すす粒子の数 nm～数百 nm に比べて大きく，数 μm～数百 μm となっている．

粒状物質の低減対策としては次のような方法がある．

（1） 微粒化を良好にし，粗大油滴の発生を避ける．微粉炭燃焼の場合も粉砕を良好にし，粗大粒子の混入を避ける．

（2） 燃料の噴射方向や貫通距離，燃焼用一次・二次空気の流れ模様（流速比，流量比，旋回度）を最適化して，蒸発と燃焼を終えるまでは油滴や石炭粒子が高温領域に留まるようにする．

（3） 水乳化燃焼法（エマルジョン燃焼）：液体燃料に質量割合で 5〜30% の水と，必要に応じて少量の界面活性剤を加えて攪はんし，直径 1〜数 μm の水滴を油中にコロイド状に分散させる方法で，水と燃料の沸点の違いから油滴内に気泡が生じ，油滴の分裂（**ミクロ爆発**）が起こる．また，燃料と水蒸気の間に水性ガス反応も期待できる．分裂によって残炭径が減少し，酸化時間が短縮される上に，水性ガス反応によってすすの発生量も低下する．

9.2.3 ばい塵の除去

ばい塵は煙突から排出される前に除去しなければならない．燃焼装置で利用される集塵技術には遠心力集塵，ろ過集塵，電気集塵，洗浄集塵がある．

遠心力集塵には**サイクロン**が使われる．構造は簡単であるが，除去できるのは 5〜200 μm のダストに限られる．**ろ過集塵**はろ布，ろ紙，ガラス繊維充填層等でダストを捕集するもので，**バグフィルター**と呼ばれるものが一般的である．1 μm 以下のダストも除去可能であるが，フィルターの清掃を怠ると圧力損失が増加する．**電気集塵**はコロナ放電を起こしている電極間にダストを導いて帯電させ，クーロン力で捕集する．捕集効率が高いが（99%以上），防爆対策が必要な上に，ガスの温度や灰の導電性が問題になる．**洗浄集塵**は洗浄水でダストを洗い落とすものである．

9.3 窒素酸化物

窒素酸化物には N_2O, NO, NO_2, N_2O_5 があるが（NO_x と略記する），健康上問題になるのは NO と NO_2 である．NO は血液中のヘモグロビンと結合して酸欠症状を呈する．また，NO_2 は刺激性が強く，気管や肺の障害を招く．窒素の起源と生成機構によってサーマル NO_x，プロンプト NO_x，フューエル NO_x に分けられる．なお，N_2O は温室効果が高いと言われている．

9.3.1 サーマル NO_x

空気中の窒素を起源とし，1800 K 以上の高温で生成されるので，この名があ

る．**拡大ゼルドヴィッチ機構**と呼ばれる次の反応によって生成される．

$$N_2 + O \rightleftarrows NO + N \qquad (R4)$$

$$O_2 + N \rightleftarrows NO + O \qquad (R5)$$

$$N + OH \rightleftarrows NO + H \qquad (R6)$$

反応（R4）～（R6）の順反応速度定数を $k_{4f} \sim k_{6f}$，逆反応速度定数を $k_{4b} \sim k_{6b}$ とすると，NO と N の生成速度は次式で与えられる．

$$d[NO]/dt = k_{4f}[N_2][O] - k_{4b}[NO][N] + k_{5f}[O_2][N]$$
$$\qquad - k_{5b}[NO][O] + k_{6f}[N][OH] - k_{6b}[NO][H] \quad (9.4)$$

$$d[N]/dt = k_{4f}[N_2][O] - k_{4b}[NO][N] - k_{5f}[O_2][N]$$
$$\qquad + k_{5b}[NO][O] - k_{6f}[N][OH] + k_{6b}[NO][H] \quad (9.5)$$

ただし，$k_{4f} = 6.63 \times 10^7 \exp(-37\,765/T)$，$k_{4b} = 1.55 \times 10^7$，$k_{5f} = 8\,980 T \exp(-3\,281/T)$，$k_{5b} = 1\,950 T \exp(-19\,343/T)$，$k_{6f} = 4.20 \times 10^7$，$k_{6b} = 1.20 \times 10^8 \exp(-24\,395/T)$ で，単位はすべて $[\mathrm{m^3/(mol \cdot s)}]$ である．

[N] は通常，非常に小さいので，$d[N]/dt \fallingdotseq 0$ と仮定する（N 原子の準定常近似）．すると，式（9.5）から [N] の値が求められるので，これを式（9.4）に代入すると，NO の生成率が次のように求められる．

$$\frac{d[NO]}{dt} = k_{4f}[N_2][O] - k_{5b}[NO][O] - k_{6b}[NO][H]$$
$$\qquad + \{-k_{4b}[NO] + k_{5f}[O_2] + k_{6f}[OH]\}$$
$$\qquad \times \frac{k_{4f}[N_2][O] + k_{5b}[NO][O] + k_{6b}[NO][H]}{k_{4b}[NO] + k_{5f}[O_2] + k_{6f}[OH]} \quad (9.6)$$

[NO] 以外のモル濃度に平衡値を用いれば，上の計算は容易に実行できる．

燃料希薄の高温領域では反応（R6）は無視でき，さらに [N_2] や [O_2] に比べて [NO] は十分小さいから，式（9.6）で $[NO] = k_{6f} = k_{6b} = 0$ と置いて，

$$d[NO]/dt = 2k_{4f}[N_2][O] \qquad (9.7)$$

$$\tfrac{1}{2} O_2 \rightleftarrows O \quad (\text{平衡定数 } K_{fO}) \qquad (R7)$$

の部分平衡が成り立っているとすれば，$[O] = K_{fO}[O_2]^{1/2}$ であるから，

$$d[NO]/dt = 2k_{4f} K_{fO}[N_2][O_2]^{1/2} \qquad (9.8)$$

すなわち，あたかも $k = 2k_{4f} K_{fO}$ を反応速度定数とする $N_2 + \tfrac{1}{2} O_2$ 反応 が起こっているかのごとき様相を呈する．なお，K_{fO} の値は付録Bから知れる．

9.3.2　プロンプト NO_x

層流予混合火炎で NO の生成過程を観察すると，燃料希薄火炎では火炎帯下

流で緩やかに NO が生成されるのに対し，燃料過濃火炎ではほとんどの NO が火炎帯内で生成されてしまう．そのとき，火炎帯前半部で HCN の生成が見られ，後半部でそれが減少するにつれて NO が生成されている．希薄火炎では反応（R4）〜（R6）の拡大ゼルドヴィッチ機構によって NO が生成されると見てよいが，過濃火炎では燃焼の連鎖反応の中で NO が生成されているようである．このように空気中の窒素を起源としながらも，拡大ゼルドヴィッチ機構以外の経路で急速に生成される NO_x のことを**プロンプト NO_x** と呼ぶ．その生成濃度は当量比 1.2〜1.4 で最大となり，ベンゼンの 100 ppm，アセチレンの 300 ppm を除いては，大体 60〜80 ppm である．

上述のように，プロンプト NO_x の生成反応は燃焼の連鎖反応に組み込まれているが，大まかな生成機構は次のようになっている．すなわち，炭化水素の熱分解反応（R1）の途中で CH や CH_2 が生成され，それらが空気中の窒素と

$$N_2+CH \rightleftarrows HCN+N \qquad (R8)$$
$$N_2+CH_2 \rightleftarrows HCN+NH \qquad (R9)$$

のように反応して，HCN, N, NH を作る．N は反応（R5）と（R6）（低温では後者が優勢）によって，また HCN と NH は一連の反応を経て，NO に変わる．プロンプト NO_x の生成に関与する反応は活性化エネルギーの小さいものが多く，温度を下げても生成量に大きな変化は見られない．

9.3.3 フューエル NO_x

サーマル NO_x とプロンプト NO_x が空気中の窒素を起源としたのに対して，これは燃料中の窒素分（**フューエル N** と略称する）を起源とする．窒素分は石炭で 0.2〜3.4％，C 重油で 0.1〜0.4％ 含まれており，副生ガスや石炭ガスにもアンモニアやシアン化水素の形で含まれる．フューエル N は火炎帯とその直後で急速に NO_x に変換されるが，これを**フューエル NO_x** と呼ぶ．また，フューエル N の内，フューエル NO_x に変わったものの割合を**変換率（転換率）**と呼び，次式で定義される．

$$変換率 = \frac{フューエル\ NO_x\ の生成モル数}{フューエル N の g 原子数} \qquad (9.9)$$

変換率は温度が高いほど，また酸素濃度が高いほど高くなり，80％ を越えることもある．しかし，サーマル NO_x 程には温度依存性は高くない．また，フ

ューエルNの含有率が高くなると変換率が低下する傾向が見られ,含有率0.1%で80%前後もあった変換率が含有率5%で数十%に落ちる.

フューエル NO_x の生成機構は次のようなものと考えられている.まず,火炎帯でフューエルNが分解して NH_i ($i=0\sim2$) に変わる.そして,

$$NH_i + OH \rightleftarrows NO + H_{i+1} \tag{R10}$$

もしくは反応(R5)によって NO を生成する.また,

$$NH_i + NO \rightleftarrows N_2 + H_iO \tag{R11}$$

によって,NO を N_2 に分解する.さらに,

$$NH_i + RCH \rightarrow HCN + RH_i \tag{R12}$$

によって HCN を生成する.ただし,R は O_2,O,OH のいずれかとする.生成した HCN の一部は OH と反応して NH_i に分解される.

一般的な傾向として当量比が 1.4 以下では NO の生成が目立ち,1.4 以上では HCN と NH_3 の生成が目立つ.HCN や NH_3 は酸素の供給があると NO_x に変わるので,むやみに当量比を上げても NO_x の排出量が減るわけではない.むしろ,当量比 1.3 付近に NO+HCN+NH_3 の総量の極小点があり,しかも HCN や NH_3 を分解するのに必要な温度が維持されているので,この付近で第1段目の燃焼を行わせ,HCN や NH_3 を N_2 に分解した後,第2段目の燃焼を行わせるという方法が採用される(**二段燃焼法**).その際,HCN や NH_3 の分解によって生じた NH_i が反応(R10)で NO を作るのを抑制し,反応(R11)で NO を分解するのを促進するように条件を設定しなければならない.

9.3.4 NO_x の低減対策

NO_x の低減対策は**低 NO_x 燃焼**と排煙脱硝に分けられる.さらに前者はサーマル NO_x 対策とフューエル NO_x 対策に分けられる.

A. サーマル NO_x を対象とした低 NO_x 燃焼法

a. 希薄予混合燃焼 当量比を下げることによって,最高火炎温度をサーマル NO_x の発生が顕著になる 1800 K 以下に抑える方法である.プロンプト NO_x の発生も同時に抑制できる.拡散燃焼で燃料と空気の供給割合を変えても,排気温度が変わるだけで,火炎温度は変わらないことに注意されたい.

この方法を噴霧燃焼に適用するために,ガスタービンの圧縮機を出た高温空気中に燃料を噴射して,燃焼前に蒸発と混合を完了させる方法がある(**予蒸発・予混合燃焼**).触媒燃焼法を併用すると,さらに希薄な燃焼が可能になる.

b. 排気再循環 ファンを使って煙道ガスを炉の上流部に戻すことによって，最高火炎温度と酸素濃度を制御する方法である．煙道ガスを燃焼用空気に混合するよりも，火炎の適当部分に送る方が効果がある．なお，**再循環ガス混入率**（**GM率**と略称される）φ は次式で定義されることが多い．

$$\varphi = \frac{煙道ガス混入量\,[\mathrm{m^3_N}]}{2\%\,\mathrm{O_2}\,換算燃焼用空気量\,[\mathrm{m^3_N}]} \qquad (9.10)$$

分母は排気中の $\mathrm{O_2}$ 濃度が 2% になるような空気量を意味する．条件にもよるが，$\varphi=0.2$ で NO_x の排出濃度を 1～2 桁下げることができる（図 9.3）．

c. 濃淡燃焼 図 9.3 に示すように，一本のバーナを空気比 1.11 で動作させる代わりに，2 本のバーナを空気比 0.76 と 1.46 で動作させれば，NO_x 排出濃度は 550 ppm から一気に 110 ppm まで低下する[10]．ただし，2 本のバーナの燃焼ガスを直接混合させず，中間に煙道ガスを流すことが奨励されている．

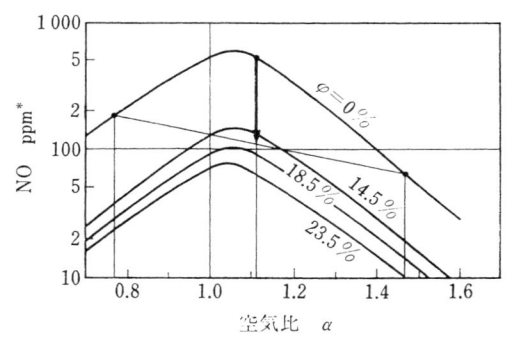

図 9.3 排気再循環の効果と濃淡燃焼の原理[8]

d. 水噴射と水蒸気噴射 水の蒸発の潜熱と水蒸気の顕熱上昇で火炎の熱を奪って温度を下げると同時に，酸素濃度を低下させる．燃料と同質量の水を噴射することにより，NO_x 排出濃度を 1～2 桁下げることができる．

この方法のヴァリエーションとして，9.2.2 節で述べた**水乳化燃焼法**が採用されることがある．すすや粒状物質も同時に低減できる利点がある．

e. 緩慢混合 スワールや流速比を適当にして，燃料と空気の混合を緩慢にすると燃焼が長引いて，放熱損失のために火炎温度の上昇が抑制される．

f. 二段燃焼 燃焼を 2 段階に分け，第 1 段で燃料過濃燃焼を行わせて NO_x の生成を抑制した上で，二次空気を送って完全燃焼させる．第 2 段の燃焼が起こるまでに熱損失を起こさせて，温度上昇を抑制する．

g. 火炎形状の変更 火炎の最高温度を低下させるために，火炎を分割したり，膜状に薄く引き伸ばして，熱損失を増加させる[11]．

B. フューエル NO_x を対象とした低 NO_x 燃焼法

a. 緩慢混合 A-e項と方法は同じであるが，緩慢燃焼の間に過濃燃焼で発生した HCN や NH_3 を N_2 にまで分解する点と，反応（R11）の順反応に適した環境を作り出す点が異なる．

b. 二段燃焼 9.3.3節を参照のこと．この考え方を徹底すると予燃焼室を設けることになる．

c. 炉内脱硝 主燃焼領域の下流に燃料を吹き込んで還元領域を形成させ，そこで主燃焼領域でできた NO_x を N_2 にまで還元する．不完全燃焼成分は下流に空気（**オーバーエア，OFA** と略称）を吹き込んで燃焼させる．

C. 排煙脱硝[12]　乾式法と湿式法がある．前者は排気にアンモニアを吹き込んで，200〜400℃ で触媒と接触させ，次の反応を起こさせる．

$$6NO + 4NH_3 \rightarrow 5N_2 + 6H_2O \quad (R13)$$

$$6NO_2 + 8NH_3 \rightarrow 7N_2 + 12H_2O \quad (R14)$$

湿式法にはいろいろの方式があるが，後述の湿式排煙脱硫との兼用プロセスとするのが有利である．NO_x をあらかじめオゾンで NO_2 に酸化しておき，脱硫過程で生成する石膏と次のように反応させる方法が考案されている．

$$2NO_2 + 4CaSO_3 \rightarrow N_2 + 4CaSO_4 \quad (R15)$$

$$4NO_2 + 4CaSO_4 + 2H_2O \rightarrow Ca(NO_2)_2 + Ca(NO_3)_2 + 2Ca(HSO_3)_2 \quad (R16)$$

9.4 硫黄酸化物

燃料中に含まれる燃焼性硫黄（S分と略称）のほぼ全量がいったん SO_2 に変わる．しかる後，残存酸素がある状態で冷却されると，

$$SO_2 + \frac{1}{2}O_2 \rightleftarrows SO_3 \quad (R17)$$

の平衡点が右に移動する（第3章の演習問題(7)を参照）．SO_3 はばい塵や壁面に吸着されやすく，燃焼ガス中の水蒸気と

$$SO_3 + H_2O = H_2SO_4 \quad (R18)$$

のように反応して，硫酸を作る．硫酸水溶液の飽和蒸気圧は低く（95%水溶液の 100℃ における値は 0.24 mmHg），表面温度がかなり高くても凝縮を起こす．これは**低温腐食**の原因となるとともに，酸性ばい塵（**アシッドスマット**）を作り出す．SO_2 と SO_3 を合わせて SO_x と表記する．

SO_2 が SO_3 に酸化される反応は次のようなものだと言われている．

$$SO_2 + O + M \rightleftarrows SO_3 + M \qquad (R19)$$

とすれば，SO_3 の生成は火炎帯とその直後でしか起こらないわけで，SO_3 の生成を防ぐためには，火炎温度を高め，O_2 分圧を低くして，火炎帯での反応（R17）の平衡点をできるだけ左寄りに保てばよいということになる．すなわち，低空気比（低酸素）燃焼を行わせればよい．

SO_x の生成を防ぐ燃焼法というものは存在せず，S分の少ない燃料を使うか，排煙脱硫によるほかはない．ただ，流動床燃焼で流動媒体に石灰石やドロマイトを使い，層の温度を適当に保つと，6.4節の反応（R1）と（R2）によって，炉内脱硫が実現される．また，シード物質にカリウム化合物を使うMHD発電では類似の反応によって SO_2 が K_2SO_4 に変わり，固定される．

排煙脱硫にはさまざまな方式があるが[12]，乾式法，半乾式法，湿式法に大別される．乾式法は SO_2 を活性炭や触媒に吸着させた後，単体の硫黄に還元する方法である．半乾式法は主として SO_3 を水やスラリーに吸収させ，硫黄や硫酸として回収する方法である．湿式法は SO_2 を水溶液やスラリーに吸収させて回収する方法で，吸収液に石灰スラリーを用い，石膏（$CaSO_4 \cdot 2H_2O$）として固定する石灰・石膏法が一般的である．

9.5 金属とその化合物

気体燃料には金属は含まれていないが，重油にはかなりの金属が含まれており，石炭に至ってはほとんどすべての金属が含まれていると言ってよいくらいである．燃焼するとこれらは酸化物となり，蒸気の状態か灰に含まれた状態で炉外に排出される．さらに，被加熱物や被焼却物から発生する金属とその化合物も問題で，カドミウムや鉛とそれらの化合物を多量に排出する炉がある．

金属とその化合物が人体に有害なのは当然で，集塵装置で完全に除去しなければならない．しかし，それ以外に，高温腐食という特有の問題があり，硫酸による低温腐食とともに装置の耐久性に影響を及ぼす．

低温腐食が100℃内外の低温伝熱面や煙道表面で発生するのに対し，**高温腐食**は灰の融点付近で発生する．したがって過熱器，再熱器といった高温伝熱面が被害を受ける．一般に金属の表面は自身の酸化皮膜に覆われて，腐食から守られている．ところが五酸化バナジウム（V_2O_5）を含んだ灰が付着すると，酸

化皮膜の融点が低下し，腐食に対する保護効果が失われる（**バナジウムアタック**）．また，ナトリウムと硫黄が共存すると硫酸ナトリウム（Na_2SO_4）が生成され，V_2O_5の腐食作用を一層促進させる．

高温腐食を避けるには，VやNaの含有量の少ない燃料を用いることは勿論であるが，伝熱面の表面温度を下げて酸化皮膜の熔融を防ぐとともに，スートブローイングやスケール除去を適切に行わなければならない．

9.6 ダイオキシンとPCB[13,14]

ダイオキシンはポリ塩化ジベンゾパラジオキシン（PCDD）とポリ塩化ジベンゾフラン（PCDF）の異性体類の混合物である．その化学構造は図9.4(a)と(b)に示すように，二つのベンゼン核の炭素原子同士が酸素原子を介して，あるいは直接に結合したもので，両ベンゼン核の水素原子の内1～8個が塩素原子で置換されている．結合する塩素原子の数と位置により，75種＋135種の異性体が存在しうる．常温では固体で，親油性はあるが水への溶解度はきわめて低い．600℃以下ではきわめて安定であるが，800℃以上で99.9％以上が分解する．毒性は異性体によって異なるが，青酸カリの1000倍以上という人工物最強の毒性を持ち，塩素座瘡，浮腫，胸腺萎縮，肝臓障害などを惹き起こす．発生源は(1)都市ごみ焼却施設，(2)PCB，農薬，クロロフェノールなどの化学製品，(3)製鋼や金属精錬のプロセス，(4)自動車排気，(5)紙，パルプの塩素漂白工程で，特に最初の二つの寄与率が大きい．

都市ごみ焼却施設では，300℃程度の低温領域で，塩素化合物を含む有機物が不完全燃焼する際に，灰の表面で塩化銅などを触媒として生成する．特に燃焼温度が低く，燃焼状態が変動しがちな小型焼却炉で，高濃度のダイオキシンが排出されることが多い．ダイオキシンは

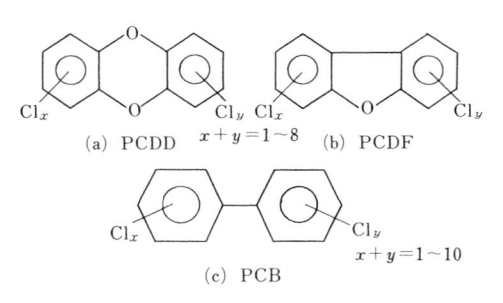

(a) PCDD $x+y=1\sim 8$ (b) PCDF

(c) PCB $x+y=1\sim 10$

図 9.4 ダイオキシン類とPCBの化学的構造[13,14]

排気（フライアッシュを含む）とともに排出されるだけでなく，焼却灰や処分場土壌に含まれ，その化学的安定性から，食品や環境に蓄積される．そして，

食物連鎖の高位に位置する生物（肉食動物や人類など）に濃縮される．その分析はガスクロマトグラフと質量分析計によるが，前処理としてのクリーンアップや抽出の操作が厄介で，莫大なコストがかさむ．

一方，PCB（ポリ塩化ビフェニール）は燃焼や焼却のプロセスで生成するものではなく，電気絶縁油として，かつて工業的に生産され，現在では製造が禁止されているものである．その化学構造は図9.4(c)に示すように二つのベンゼン核の炭素原子が結合し，さらに両ベンゼン核の水素原子の内1〜10が塩素原子で置換されたもので，209種類の異性体が存在しうる．やはり，その安定性から環境に蓄積し，食物連鎖の上位にある生物に蓄積されて，環境ホルモンとして形態変異などを惹き起こす．この物質は現在では製造が禁止されているが，保管義務を課せられている量は，トランス，コンデンサとして43万t，絶縁油として14.6万tがあると推定され，処理しないといずれは環境に漏洩するし，現に漏洩が問題になっている．処理方法としては，1100℃以上での高温焼却処理以外に，最近では水酸化分解法，還元熱化学分解法，光分解法が追加承認されている．

ダイオキシンはごみ焼却炉内だけでなく，廃熱ボイラや空気予熱器，集塵器内でも発生する可能性があり，省エネルギーのために排ガス温度を下げることを困難にする上に，集塵器（バグフィルタ，電気集塵器）の管理と灰の処理，ならびに焼却場土壌の処理に莫大なコストが掛かる．したがって，都市ごみやPCBは動力発生や発電に利用するよりは，むしろ安全，かつ低コストで処理することを第一に考えるべきであろう．同時に，エネルギーや電力発生には，塩素を一切含まない燃料を用い，最大限の省エネルギーに専念するのが良策と考えられる．

なお，ダイオキシン発生の抑制技術や，ダイオキシンとPCBの分解技術については，紙面の関係で文献(13)や(14)に譲る．

文　献

(1) Hottel, H.C.・ほか3名, Proc. Combust. Institute, **10** (1965), 111.
(2) Katsuki, M. and Mizutani, Y., Proc. 1977 Tokyo Joint Gas Trubine Congress, (1977), p.168, GTS of Japan/JSME/ASME.
(3) 水谷・中原, 機械学会論文集, **49**-443 B (1983), 1530, 1539.
(4) 水谷・ほか2名, 同上, **59**-566 B (1993), 3263.

(5) 水谷・大浦，同上，**61**-581 B (1995), 303.
(6) 大竹・藤原，燃焼工学，(1985), p.174, コロナ社.
(7) Haynes, B.S. and Wagner, H.Gg., Prog. Energy Combust. Sci., **7**-4 (1981), 229.
(8) Smith, O. I., Prog. Energy Combust. Sci., **7**-4 (1981), 275.
(9) Abbas, A. S. and Lockwood, F.C., J. Inst. Energy, **58**-436 (1985), 112.
(10) 高橋・山本・藤間，機械学会誌，**77**-673 (1974), 1178.
(11) 辻，同上，**77**-673 (1974), 1186.
(12) 架谷・木村，燃焼の基礎と応用，(1986), p.213, 共立出版.
(13) 白鳥，機械学会誌，**104**-995 (2001), 689.
(14) 小椋，燃焼生成物の発生と抑制技術（新井監修），(1997), p.207, テクノシステム.

参 考 書

大竹一友・藤原俊隆，燃焼工学，(1985), コロナ社.
架谷昌信・木村淳一(編)，燃焼の基礎と応用，(1986), 共立出版.
化学工学協会(編)，化学工学の進歩 21「燃焼・熱工学」，(1987), 槇書店.
火力原子力発電技術協会，入門講座「燃料および燃焼」，火力原子力発電，**39** (1988),
    422, 525, 671, 781, 919, 1041, 1313, 1453；**40** (1989), 61, 209.
文部省特定研究「自動車の排気浄化に関する基礎研究」成果編集委員会(編)，自動車エ
    ンジンの排気浄化—燃料・燃焼・触媒—，(1980), 丸善.
Starkman, E. S. (Ed), Combustion-Generated Air Pollution, (1971), Plenum.
本田尚士(監)，環境圏の新しい燃焼工学，(1999), フジ・テクノシステム.
新井紀男(監)，燃焼生成物の発生と抑制技術，(1997), テクノシステム.

演 習 問 題

(1) ブタンを当量比 1.1 で燃焼させたという．一酸化炭素と未燃炭化水素（UHC）の排出濃度（湿り燃焼ガス中の体積百分率）を推定せよ．ただし，燃焼ガスは CO, UHC, CO_2, H_2O, N_2 だけから成り，UHC の平均分子式は C_2H_4，CO と UHC のモル比は 9：1 とせよ．
(2) ブタンを空気比 1.2 で完全燃焼させて得られる燃焼ガスを 1700 K から急冷して，反応を凍結させたという．急冷する前には N_2, O_2, NO の間に部分平衡が成り立っていたとして，湿り燃焼ガス中での NO の体積分率［ppm］を計算せよ．
    （注） 往復式内燃機関でこれに近いことが起こっていると言われている．
(3) 有機窒素を 0.25 ％，燃焼性硫黄を 2.0 ％含んだ C 重油を空気比 1.1 で完全燃焼させたという．N 分はすべて NO に，S 分はすべて SO_2 になり，サーマル NO とプロンプト NO の発生はないものとして，湿り燃焼ガス中の NO と SO_2 の体積分率［ppm］を計算せよ．ただし C 重油の平均分子式は C_nH_{2n} で表されるものとする．
(4) 大気中の炭酸ガス濃度の増加を防ぐために，燃焼によって発生する炭酸ガスを固

定するとすれば，質量比で燃料の何倍の炭酸ガスを処理しなければならないか．また，それを回避するために，何らかの手段で燃料中の炭素をグラファイトとして回収したとすれば，燃料の低発熱量はどけだけ減少するか．n-ブタン（液）について試算せよ．

第 10 章
省エネルギー燃焼

　燃焼の目的は"物の加熱"と"動力発生"に大別される．省エネルギーの観点からは，両者に共通して"排熱損失の低減"が重要となるが，それ以外に，前者に対しては"放熱損失と蓄熱損失の低減"，後者に対しては"不可逆損失の低減"が問題となる．具体的な省エネルギー対策という点では，両者に共通する点が多く，たとえば，燃焼ガスの伝熱能力を上げるためにも，仕事能力を向上させるためにも，"高温燃焼"すなわち"低空気比燃焼"を行わせることが好ましい．ただ，内燃機関だけはタービン入口温度の上限や，燃焼ガスの比熱比の減少という点で必ずしも低空気比運転が有利にはならない．また，低空気比燃焼は排ガス量を減らし，排熱損失を低減させる効果も併せ持っている．熱プロセスの見直しと改良は放熱損失と蓄熱損失の低減に効果が大きいが，燃焼に直接関係しないので，紙数の関係もあって，本書では触れないことにする．

10.1　低空気比燃焼

　空気比 α は燃焼炉と熱機関の動作を規定する最も基本的なパラメータである．これを過大にとると，（1）排ガス量の増加に伴う排熱損失の増加，（2）「燃焼温度の低下→加熱能力の低下→炉寸法の増加」という連鎖による放熱損失の増大，の二つの理由から熱効率が低下する．ところが，逆に小さく取りすぎると，不完全燃焼損失の増大による燃焼効率と熱効率の低下，有害物質（一酸化炭素，未燃炭化水素，すすなど）の排出量の増加という好ましくない現象が生じる．したがって，空気比 α は燃焼効率の低下や有害物質の排出量の増大が許容される範囲で，できるだけ低く取ることが望ましい．このような燃焼法のことを**低空気比燃焼**と呼んでいる．

　排熱損失 Q_E は，湿り燃焼ガス量 G_w，温度 $T_0 \sim T_e$ 間の平均定圧比熱 c_{pm}，排ガス温度 T_e，基準温度 T_0，理論空気量 A_0 を用いて，つぎのように書ける．

$$Q_E = G_w c_{pm}(T_e - T_0) = (1 + \alpha A_0) c_{pm}(T_e - T_0) \tag{10.1}$$

熱力学の第二法則により T_e を被加熱物の温度以下にすることはできないので，Q_E は G_w，したがって，ほぼ α に比例することになる．すなわち，低空気比燃焼によって排熱損失を低減させることができる．

つぎに，燃焼ガスの仕事能力と伝熱能力が空気比によってどのように変化するかを調べる．仕事能力の上限が**エクセルギー（有効エネルギー）**であることはエクセルギーの定義そのものであるが，エクセルギーが環境との間の非平衡度でもあることを考えると，燃焼ガスが環境温度にある被加熱物を加熱する速度，すなわち伝熱能力はエクセルギーに比例すると考えてもよい．ところで，燃料 1 kg から発生する湿り燃焼ガスが持つエクセルギー E_b はつぎのように表せる．

$$E_b = G_w[(h_b - h_0) - T_0(s_b - s_0)] \tag{10.2}$$

ただし，h は比エンタルピー，s は比エントロピー，添字"b"は燃焼ガス，添字"0"は温度 T_0，圧力 p_0 における値を表す．定圧断熱燃焼では，低発熱量 H_l はすべて燃焼ガスの顕熱上昇，すなわちエンタルピー増加に使われるから，$H_l = G_w(h_b - h_0)$ である．また，定圧加熱では $dq = c_p dT$ であるから，

$$s_b - s_0 = \int_0^b \frac{1}{T} dq = \int_{T_0}^{T_b} \frac{c_p}{T} dT = c_p^* \ln \frac{T_b}{T_0} \tag{10.3}$$

ただし，c_p^* は $1/T$ で加重平均された定圧比熱である．これらを式(10.2)に代入すると，

$$E_b = H_l - G_w c_p^* T_0 \ln(T_b/T_0) \tag{10.4}$$

燃料 1 kg が保有する比エクセルギーは H_l に近いことが知られているので[1]，式(10.4)の右辺第 2 項は，ほぼ断熱燃焼によるエクセルギー損失に相当する．ところが，α が増減した場合の $\ln(T_b/T_0)$ の変化は G_w の変化に比べて緩やかなので，エクセルギー損失も排熱損失と同様，α が増加するにつれて増加することになる．これで，仕事能力や伝熱能力の点からも低空気比燃焼の有効なことが分かった．

10.2 熱のカスケード利用

熱力学の第二法則によって，燃焼ガスの温度を被加熱物の温度以下にはできないけれども，ボイラや連続加熱炉のように，炉の入口から出口へと被加熱物を搬送しながら温度を上げて行く形式の加熱炉では，加熱炉を向流式の熱交換

器と考えて，被加熱物の出口にバーナを，入口に排気口を設置すれば，原理的には排気温度 T_e を被加熱物の装入温度にまで下げることができる．この場合，放熱損失や蓄熱損失が無く，炉の寸法がいくら増加してもよいのならば，炉の熱効率は限りなく 100％に近づいて行く．節炭器付きのボイラや鉄鋼関係の連続加熱炉にこの例が見られ，ボイラの熱効率が 90％ を越えることも珍しくはない．また，排ガスで燃焼用空気や別の炉の被加熱物を予熱しても，同様の効果が得られる．したがって，空気予熱器，被加熱物予熱室，廃熱ボイラ，吸収式冷・温水器などの排熱回収装置も熱のカスケード利用システムの一部と見ることもできる．

10.3 炉内ガスと排ガスの熱的遮断

熱力学の第二法則によって，燃焼ガスの温度を被加熱物の温度より低くはできないけれども，何らかの方法で炉内の燃焼ガスと煙道の排ガスとを熱的に遮断することができれば，炉内を高温に保ったまま排ガス温度を引き下げて，排熱損失を低減することができる．そのことを可能にする方法として，"通気性固体隔壁による排ガス温度の制御技術"，"蓄熱ペアバーナによる高温燃焼技術"，ならびに "熱再循環燃焼技術" がある．

まず，**通気性固体隔壁法**の原理を図 10.1 に示す[2]．図において x 軸の正方向に流れる燃焼ガス中に積層金網，焼結金属，発泡セラミックのような通気性固体板が置かれているとする．この固体板は内部に固体粒子が分散した半透明体と見なせ，上流に向けて 1 m²，1 s 当たり q_{rc}^-，下流に向けて q_{rw}^+ のふく射熱流束を出すが，同時に上流側から q_{rc}^+，下流側から q_{rw}^- のふく射熱流束を受け取っている．したがって 1 m² 当たり，差し引き（$q_{rc}^- + q_{rw}^+ - q_{rc}^+ - q_{rw}^-$）のふく射熱損失があるが，これは固体板内でのガスの顕熱減少，すなわち温度降下 ΔT によってまかなわれる．上流の加熱室に，ガス温度より低温の被加熱表面が存在すると，$q_{rc}^- > q_{rc}^+$ となり，下流の煙道で排熱回収することにより $q_{rw}^+ > q_{rw}^-$ になるとすれば，通常は通気性固体板の

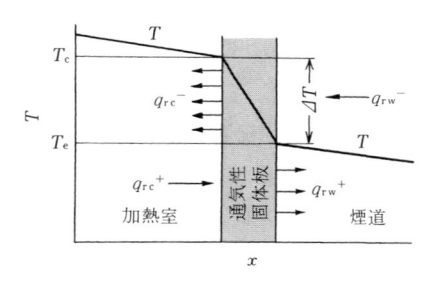

図 10.1 通気性固体隔壁法[2]

ふく射熱損失が増し，それに応じて温度降下 $\triangle T$ が大きくなる．かりに $\triangle T$ を 400 K 程度に取れれば，式 (10.1) から見てかなり排熱損失が減少する上に，煙道で回収された排熱は有効利用されたのであるから，損失から省くことができる．

通気性固体板は上流側が高温となる上に，表面から放射された熱流束は表面温度 [K] の 4 乗に比例するので，$q_{rc}^- \gg q_{rw}^+$ となる．すなわち，固体板内部におけるガスの顕熱減少の大部分が上流側に返され，被加熱物のふく射加熱に利用される．また，q_{rc}^- を着火前の混合気の予熱に利用すれば，内部熱還流によって未燃混合気が過剰エンタルピ（持ち込んだ保有熱を超過する保有熱）を持つようになり，低カロリーガスや希薄混合気の燃焼が可能になる．煙道での回収排熱を燃焼用空気や燃料の予熱に利用すれば，さらにその効果は顕著になる．

次に，**蓄熱ペアバーナ法**について説明する[3]．図 10.2 はこの方法を U 字形ラジアントチューブに適用した例である．チューブの両端にバーナとリジェネレータ（十分な厚みを持ったハネカム形セラミック蓄熱体）を組み合わせた蓄熱空気予熱式

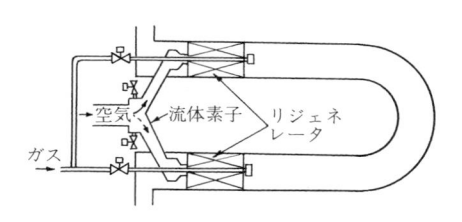

図 10.2　蓄熱ペアバーナ法[3]

バーナをそれぞれ設置し，切換え弁で燃料と空気の供給を上と下のバーナに周期的に切換えて，燃焼動作と蓄熱動作を交互に行わせる．上のバーナが燃焼している間は下のバーナは休止し，リジェネレータには高温の燃焼ガスが通って，熱を蓄える．リジェネレータの厚みは内部に形成される温度勾配部に比べて十分大きいために，温度勾配部が左に移動して下流端（左端）に届くまでに 30 s 程度かかる．高温のガスが下流端から出始める寸前に燃料と空気の流路を切換えて，下側のバーナに燃焼動作を開始させる．燃焼用空気は燃焼ガスによって予熱された下側リジェネレータを通る間に高温となり，点火操作がなくとも高温燃焼が開始される．温度勾配部が右に移動して下側リジェネレータの下流端（右端）に届く寸前に流路を切換えて，サイクルをもとに戻す．これによって，リジェネレータを出て行く排ガスの温度は常に低温に，入ってくる燃焼用空気は常に高温に保たれる．すなわち，炉内に滞留する燃焼ガスと，リジェ

ネレータを通って炉から出て行く排ガスとは熱的に遮断されている．

この方法は多数のバーナをペアにして炉の両側面に配置することにより，どのような加熱炉にも適用可能である．実炉で10％を切る排熱損失率が実現できているが[3]，原理的には0％まで低減可能であり，燃焼温度も熱解離が支配するプラズマ領域まで伸ばせるはずである．

最後に**熱再循環燃焼法**について説明する[4]．この燃焼法を実現するためには，炉壁の断熱性を高めた上で，図10.3上段の図のように，排ガスの顕熱の一部（極限においては全部）を熱交換器（または蓄熱再生器）で回収して，炉の入口に戻してやればよい．なお，説明のために長い熱交換器の中を還流熱 Q_{re} が伝導もしくは対流するように描かれているが，実際には供給混合気 i を炉出口に迂回させて排ガス b と反対の方向に流し，隔壁を介して熱交換させるか，蓄熱ペアバーナ法のようにリジェネレータの中を時間差をもって反対方向に流す．この状態を熱エネルギー（エンタルピ）流量の流れ図にしたのが下段の図である．

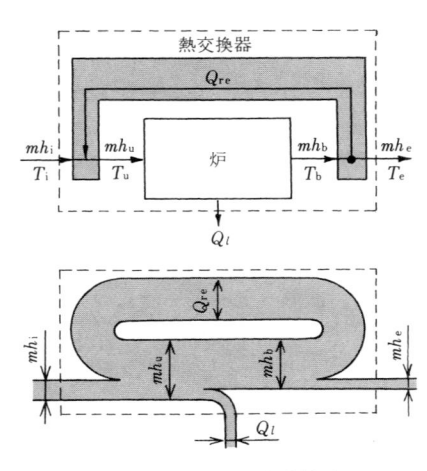

図 10.3 熱再循環燃焼法[4]

破線で囲んだ炉と熱交換器のシステムへは，未燃混合気が流量 m，比エンタルピ h_i で入り，排ガスが同じ流量 m，比エンタルピ h_e で出て行く．炉からの放熱損失（被加熱物の加熱に使われた熱も含む）を Q_l とすると，このシステムに対する熱のバランスより，

$$mh_i = Q_l + mh_e \tag{10.5}$$

炉からの排熱の内 Q_{re} を熱交換器で炉の入口に戻すとすると，未燃混合気の比エンタルピは h_i から

$$h_u = h_i + Q_{re}/m \tag{10.6}$$

に増加し，$c_p \fallingdotseq$ const の場合，燃焼温度 T_b もほぼ $Q_{re}/(mc_p)$ だけ上昇する．$h_u/h_i (\fallingdotseq T_u/T_i)$ もしくは $h_b/h_e (\fallingdotseq T_b/T_e)$ の値は，下段の図の熱流ベルトの

幅の比に対応する．もし放熱損失 Q_l が零で，熱交換器の断熱効率が1ならば還流熱量 Q_{re} を無限に大きくでき，熱解離が生じなければ，ほとんど燃料を使うことなく，炉内温度レベルを無制限に上げることができる．これが可能であることは熱交換式スイスロール形バーナで実証されており，当量比 0.021 で常温のメタン―空気混合気を送り込んで，バーナが破壊するところまで温度を上げることができたという[5]．

"排熱回収による燃焼用空気の予熱"や，"蓄熱ペアバーナ法"は"熱再循環法"に分類することもでき，いずれもが広い意味で"炉内ガスと排ガスの熱的遮断"を行っている．

10.4 その他の省エネルギー燃焼技術

以上のことから，原理的には排熱損失を零まで低減することが可能で，あとは放熱損失と蓄熱損失をどれほど低減できるかで，最終的な省エネルギー成果が決まることが分かった．蓄熱損失は加熱炉の設計と操業手順に関係し，燃焼技術でカバーすることはできない．放熱損失も加熱炉の設計と操業手順に関係する点では同様であるが，こちらは，火炎から被加熱物への伝熱を促進する，燃焼負荷率を上げる，などの手段によって炉を小型化し，結果的に放熱損失を低減することができる点で，燃焼技術が関与する余地はある．その一つが前述の"低空気比燃焼"である．それ以外に，伝熱促進技術や高負荷燃焼技術として考えられる技術を列挙すると，

①ふく射伝熱の積極的利用　(a)火炎や燃焼ガスの温度を上昇させる，(b)火炎や燃焼ガスの射出率を上昇させる，(c)炉壁温度を上昇させる，(d)間接ふく射加熱を利用する，など．

②ラジアトチューブに代わる直火還元加熱の利用（自動車用の冷間圧延鋼鈑などに対して）．

③液中燃焼，パルス燃焼，ジェット衝撃加熱，ファンかくはん炉などの熱伝達促進技術．

④加圧燃焼炉，酸素富化燃焼，流動層燃焼などの炉の小型化技術．

これらに関しては紙面の関係で説明を省略するが，章末の参考書に詳細な記述があるので，参照して頂きたい．

文　　献

(1) 石谷清幹(編)，熱管理士教本 (1977)，共立出版．
(2) 越後，機械学会論文集，**48**-435 B (1982)，2351．
(3) 杉山・ほか，工業加熱，**26**-4 (1989)，31．
(4) 日本機械学会(編)，伝熱工学資料 (改訂第4版) (1986)，p.225，日本機械学会．
(5) Lloyd, S. A. and F. J. Weinberg, Nature, **251**-5470 (1974), 47 ; **257**-5525 (1975), 367.

参　考　書

日本機械学会(編)，燃焼の設計―理論と実際― (1990)，p.97，日本機械学会．
省エネルギーセンター(編)，省エネルギー燃焼技術 (1984)，省エネルギーセンター．
Cone, C., Energy Management for Industrial Furnaces, (1980), John Wiley & Sons.

第 11 章
燃焼場の計測と可視化

　燃焼場の計測と可視化は燃焼研究の手段としてだけではなく，燃焼機器の開発と改良，熱管理や省エネルギーの実施，燃焼を利用する熱プロセスにおける品質管理において，重要な役割を果たす．しかし，火炎や燃焼場は計測センサーにとっては苛酷な条件であり，しかもセンサーと火炎の相互干渉や応答速度の問題も考慮する必要がある．センサーの耐久性や計測データの精度と応答速度を上げるためには，古典的なものから，最新のレーザー計測技術まで，幅広い専門的知識を要求される．

　計測・可視化の対象は，燃焼の生じている温度場，流れ場，濃度場，噴霧と微粉炭流，熱流束，すすや粒状物質，騒音や圧力振動などであるが，本章では温度場，流れ場，濃度場，噴霧の計測と可視化だけを取り上げる．また，記述は計測・可視化原理の体系と，現在よく使用されている計測・可視化技術の簡単な説明に限定する．より詳しい知識を求める読者は，章末に挙げた参考書や文献を参照されたい．

11.1　温度場の計測と可視化
11.1.1　計測・可視化原理の体系
　燃焼反応や有害物質の生成反応が温度に支配され，火炎から被加熱物への熱の伝達や動作流体としての燃焼ガスの熱力学的性質も温度に支配されるので，温度は燃焼場の最も重要な性質の一つである．その計測と可視化はつぎの諸原理のいずれかに基づいている．

　A．接触法　　温度センサーを燃焼ガスと接触させて，熱平衡に近付ける．そして，熱損失や熱慣性によって生じる熱平衡からのずれを，計算や電子回路によって補正する．接触法には抵抗線など種々のセンサーが使用可能であるが，燃焼計測の目的に使われるのは熱電対と，黒体空洞感温部を持つ光ファイバー[1]に限られる．熱電対は裸熱電対だけでなく，被覆熱電対，シース熱電対，ウェル熱電対，吸引式熱電対（サクション・パイロメータ）の形で使用す

ることも多い．

B．分子数密度法　一定圧力の理想気体では，分子の数密度（単位体積に含まれる分子の総数）が絶対温度に逆比例することを利用し，光学的に測定もしくは推定された分子数密度から温度を計算する．分子数密度法には，**シュリーレン法**，**影写真法**，**光干渉法**，**トレーサ濃度法**，**レーリー散乱法**などがある．最初の三つは屈折率，したがって光速が分子数密度の関数であることを利用するものであるが，光干渉法を除いては定量測定には適しておらず，定量性を要求されない火炎の可視化に利用されることが多い．トレーサ濃度法は，未燃混合気中に一様に分散されたサブミクロンの粉末トレーサ（タルカム，MgOなど）の数密度が，分子の数密度とほぼ相似の変化をすることを利用するが，これも火炎の可視化に利用されることの方が多い．レーリー散乱法は燃焼によるガス分子の散乱断面積の変化を補正する必要がある．

C．放射・吸収法　燃焼ガスからの単色放射強度もしくは単色吸収割合が絶対温度と単色射出（吸収）率に関係することを利用して，光学的に温度を決定する．放射・吸収法には**NaD線反転法**，**絶対放射強度法**，**二色法**（相対放射強度法），**吸光法**がある．燃焼ガスからの放射強度，もしくは燃焼ガス中での光の減衰率は，温度だけでなく，射出率の関数でもあるから，温度と射出率の両方を同時に決定しなければならない．そのために，反転法では反転時の光源の温度とNaD線輝度の両方のデータ，もしくは2波長での測定データが，それ以外の方法でも背景を鏡面と黒体面に切換えての測定，もしくは2波長での測定が必要となる．

D．分子励起法　燃焼ガスにレーザビームを照射し，励起された分子からの非弾性散乱強度（入射光と散乱光の波長が異なる散乱），もしくは蛍光強度（励起光の入射から時間遅れを示す発光）のデータを，量子力学的なシミュレーションの結果と比較して，温度を決定する．分子励起法には（ストークス）**ラマン散乱法**，**CARS**（コヒーレント反ストークス・ラマン散乱法），**レーザ誘起蛍光法（LIF）** がある．光学的にはレーリー散乱法（入射光と同波長の分子散乱）もこれに属するが，温度決定の考え方が量子力学的ではないので，分子数密度法に分類した．

E．音速法　可聴音波や超音波の伝ぱ速度が絶対温度の平方根に比例することを利用して，火炎中の音速や，オリフィスを通して吸引される燃焼ガスの

限界流量から温度を決定する．音速法には**超音波 CT（コンピュータ・トモグラフィ）法**[2,3]と**ニューマティック・プローブ法**[4]がある．前者は光が透過できない大規模火炎の温度計測に応用される．

以上のことをまとめたのが表 11.1 である．

表 11.1 温度場の計測・可視化原理一覧

大 分 類	小 分 類	備 考
接 触 法	熱 電 対 法	裸熱電対，被覆熱電対，シース熱電対，ウェル熱電対，吸引式熱電対
	黒体空洞光ファイバー	熱電対法と共に適用温度範囲に注意
分子数密度法	シュリーレン法 影 写 真 法 光 干 渉 法 トレーサ濃度法 レーリー散乱法	屈折率が分子数密度の関数であることを利用．定量測定よりは可視化向き 同上．定量測定及び CT 可能 平面シート光照明で火炎の可視化 散乱断面積変化の補正と除塵が必要
放射・吸収法	NaD 線反転法 絶対放射強度法 二 色 法 吸 光 法	不輝炎（青炎）向き．連続測定も可 二色法とともにすすを含んだ輝炎向き 2 波長に対する相対放射強度法 チューナブル・ダイオードレーザ使用可
分子励起法	ラマン散乱法 CARS 法 レーザ誘起蛍光法	ストークス・ラマン散乱．瞬間測定困難 パルスレーザ使用で繰返し測定可 同上．LIF と略称
音 速 法	超音波 CT 法 ニューマティック・プローブ法	大規模火炎，噴霧・微粉炭火炎に適合 連続測定や瞬間測定不可．組成分析のためのガスサンプルが同時に得られる

11.1.2 接 触 法

A．熱電対の種類と性質　　火炎計測に使用できる熱電対の内，JIS 規格に規定されているものを表 11.2 に，また，JIS 規格に規定されていないものの温度-熱起電力特性を図 11.1 に示す．表 11.2 に含まれる熱電対の特性は，規格に詳細に規定されている．燃焼研究には表 11.2 の B, R, S 熱電対，それも素線径 0.1 mm 程度のものがよく使われるが，太い素線径のものを短時間使用するのであれば，使用温度範囲は高温側に 100〜200℃ 広がる．図 11.1 の規格外熱電対の中には酸化や気化の激しいものや，熱電対への加工の困難なものがあり，注意を要する．

熱電対の使用形態としては，裸熱電対，被覆熱電対，シース熱電対，ウェル熱電対，吸引式熱電対がある．

表 11.2 燃焼計測に使用できる規格内熱電対

記号	素材 + 脚	素材 − 脚	精度 ±%	測定温度範囲 ℃
B	Rh 30%-Pt 合金	Rh 6%-Pt 合金	0.5 級	600～1700℃
R	Rh 13%-Pt 合金	Pt	0.25 級	0～1600℃
S	Rh 10%-Pt 合金	Pt	0.25 級	0～1600℃
K	Ni-Cr 合金	Ni 合金	0.4 級	0～1000℃
			0.75 級	0～1200℃

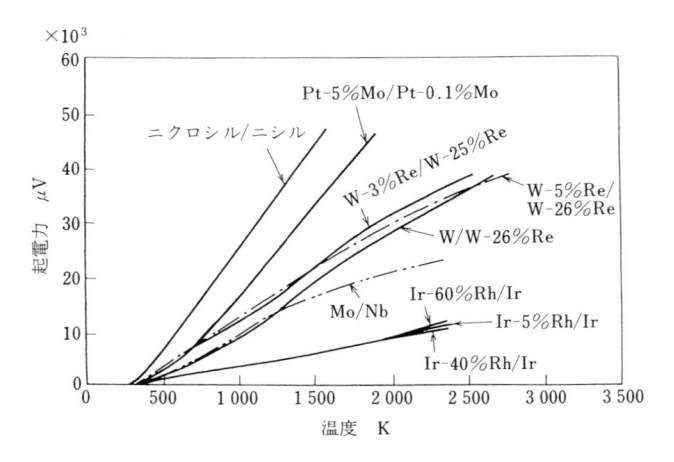

図 11.1 燃焼計測に使用できる規格外熱電対

裸熱電対は温接点が直接,燃焼ガスと接触するため,熱平衡からのずれが最も小さく,熱慣性も小さいので,精度が高い.さらに使用法が適当であれば,場所的解像度も 0.1 mm のオーダに納めることができる.裸熱電対を用いた温度プローブの例を図 11.2 に示す.(a)は平行形,(b)は突合せ形で,(b)の場合,温接点の直径をできるだけ素線径に近付け,等温線に平行に挿入する.どちらも,先端部の 10 mm 程度を除いては水冷される.

白金系の熱電対では,表面における接触反応のために,反応の完了していない高温領域で数十度～数百度℃の誤差を生じる.それを避けるために,裸熱電対の表面にシリカや酸化マグネシウムのコーティングを施したものが**被覆熱電対**である.前者はヘキサメチル-ジシロキサンなどを金属線に付けてブンゼン火炎中で酸化させることにより,また後者はマグネシウムのリボンを燃焼させ

ることによって発生する酸化物微粒子の流れに熱電対の温接点を曝せば，皮膜が形成される．これで接触反応の影響はほぼ防げるが，放射熱損失は若干，増加する．

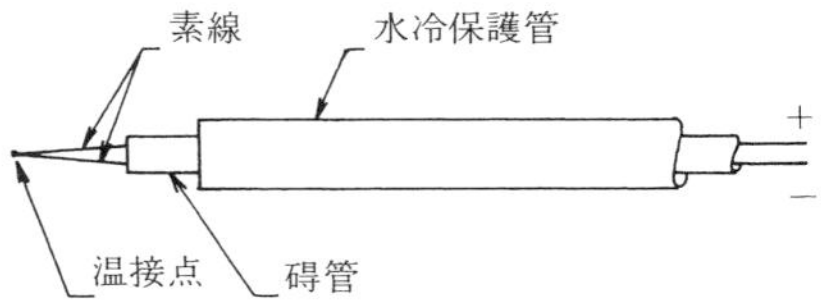

工業的には，熱電対を無機絶縁粉末とともに金属管に封入して耐久性を高めた**シース熱電対**や，磁器管に封入した**ウェル熱電対**が，よく使われる．シース熱電対の場合，外径は素線径の10倍以内，すなわち1～数mmである．放射と伝導による熱損失や熱慣性が大きく，場所的解像度も良くないが，耐久性と信頼性の点から採用される．

吸引式熱電対は，模式的に描くと図11.3のような構造をしている．熱電対は再結晶アルミナのような耐火材製の吸引管の中に置き，流れと等速で燃焼ガスを吸引する．等速吸引であるから温接点への熱伝達率が増加するわけではないが，温接点と炉壁もしくは開放空間との放射熱交換量が低減される．

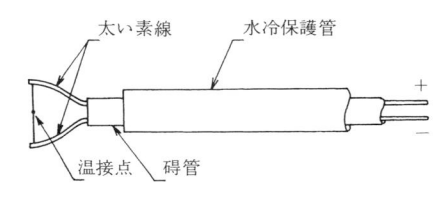

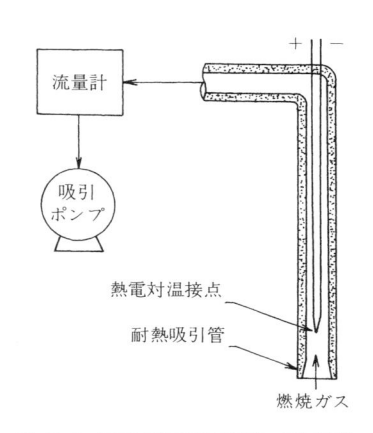

B．熱電対の測定誤差の補正

（a）定常温度測定の場合　熱電対がその周囲を温度 T_∞ の壁で囲まれている場合，熱バランスの式はつぎのようになる．

$$h(T_g - T_h)A_h = \sigma\varepsilon_h[T_h^4 - (1-\alpha_g)T_\infty^4]A_h - \lambda_h \frac{\pi d^2}{4}\frac{dT_h}{dx} + q_s A_h \qquad (11.1)$$

ただし，h は熱伝達率，T_g と T_h は燃焼ガスと温接点の温度，σ はステファン・ボルツマン定数，ε_h は温接点の射出率，α_g はガスの吸収率，A_h は温接点

の表面積，λ_h は温接点の熱伝導率，d は素線直径，x は素線に沿う距離，q_s は温接点の単位面積に伝達される接触反応熱である．これから，測定誤差は

$$T_g - T_h = \frac{\sigma \varepsilon_h [T_h^4 - (1-a_g) T_\infty^4]}{h} - \lambda_h \left(\frac{\pi d^2}{4 A_h h} \right) \frac{dT_h}{dx} - \frac{q_s}{h} \tag{11.2}$$

式(11.1)と(11.2)の右辺の各項は，順に放射熱損失，熱伝導損失，接触反応加熱に対応する．

式(11.2)を見ると，測定誤差は熱伝達率 h と温接点表面の性質，素線直径 d に左右されるが，h は d が小さいほど，また相対流速が大きいほど大きくなるから，細い素線を用いた裸熱電対もしくは被覆熱電対を高流速中に挿入した場合に，最も正確な測定値を与えることになる．右辺各項の大きさの見積りについては，文献(4-6)を参照されたい．

(b) 変動温度測定の場合　図11.2(b)のようなビードのない円柱状温接点に対して，式(11.1)の右辺を無視し，それを温接点の顕熱変動に対応する非定常項 $c\rho V(dT_h/dt)$ で置き換えると，次式を得る．

$$\tau_h \frac{dT_h}{dt} = T_g - T_h \tag{11.3}$$

ただし，c と ρ は温接点の比熱と密度，V は温接点の体積，$\tau_h (= c\rho V/hA_h = c\rho d/4h)$ は時定数，t は時間である．

図11.4のような熱慣性補償系を用いて，T_h 信号に対して時定数 τ_c の一次遅れ補償を掛けると，補償後の信号 T_c は，

$$T_c = \left(1 + \tau_c \frac{d}{dt} \right) T_h \tag{11.4}$$

τ_h と τ_c を一定として，式(11.3)と式(11.4)のラプラス変換を行うと，

$$\mathcal{L}[T_c] = \mathcal{L}[T_g] \frac{1 + \tau_c s}{1 + \tau_h s} \tag{11.5}$$

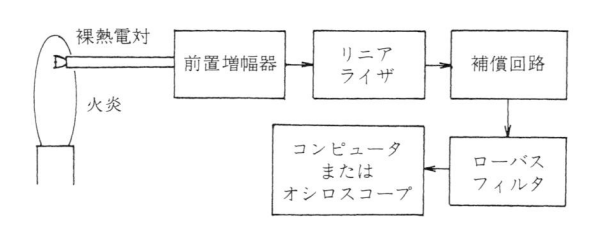

図 11.4　熱電対の熱慣性補償系の構成

したがって，$\tau_c = \tau_h$ のとき $T_c = T_g$ となり，真のガス温度が補償回路から取出せる．

ここで問題は，ガス温度 T_g と時定数 τ_h を一定と仮定したことで，実際には両者とも広範囲に，しかも高い周波数で変化している．特に，時定数は流速，ガスの組成，温接点とガスの境膜温度によって，複雑に変化している．時定数 τ_h の見積りと τ_c への反映方法が重要かつ困難な問題で，流速計とコンピュータを併用する方法などが試みられている．詳細については，文献（5）などを参照して頂きたい．

11.1.3 分子数密度法

A．シュリーレン法と影写真法　シュリーレン法は屈折率勾配を，影写真法は屈折率勾配の変化率（二次導関数）を画像化する．ガス火炎は，層流火炎か乱流火炎かを問わず，また予混合火炎か拡散火炎かを問わず，急激な温度上昇を伴う薄い火炎もしくはその集合体であることが多く，そのことを利用して，シュリーレン写真や影写真から火炎位置の特定や火炎構造の観察ができる．強力な光源を用いれば，高速度撮影も容易である．ただ，ナイフエッジを持つ光学系では，ナイフエッジの法線方向の屈折率勾配しか観察できないので，注意が必要である．円盤マスク法やカラー・シュリーレン法など，どの方向の屈折率勾配も観察できる光学系もある．

B．光干渉法　ガス中での光速は分子数密度の関数であるから，火炎のような不均一温度場を通過する光は，光路によって位相差を生じる．それを位相のそろった参照光と干渉させると，干渉縞が得られるので，インバージョンによって光路平均の分子数密度分布を決定できる．干渉法には幾つかのバリエーションがあるが，燃焼研究には**ホログラフィー干渉法**が用いられることが多い．

ホログラフィー干渉計の光学系を図11.5に示す．火炎を通過してきた平面光（波面が平面状の光で，対象光と呼ぶ）と，それと対称な経路を通ってきた参照光とを感光板上で干渉させて，ホログラムと呼ばれる干渉像を作る．これに別のレーザ光（再生光）を当てると，対象光が再生される．したがって，火炎のある場合とない場合の2枚のホログラムを作り，再生された対象光どうしを重ね合わせれば，Mach-Zehnder 干渉計と同様の干渉縞が見られる（**二回撮影法**）．あるいは，1枚の感光板に火炎がある場合とない場合の干渉像を二

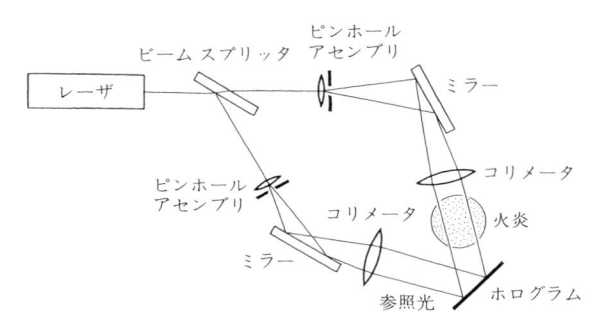

図 11.5 ホログラフィ干渉計の光学系

重露光させれば，再生光によって2種類の対象光が重なって再生され，干渉縞が生じることになる（**二重露光法**）．

なお，エンジンなどで，火炎のない状態のホログラムを作っておき，再生された対象光を火炎のある場を通過してきた光と重ね合せると，火炎の動きが干渉縞の動きとして，実時間で観察できる（**実時間法**）．

C．トレーサ濃度法とレーリー散乱法 この二つはまったく異なるように見えながら，弾性散乱（入射光と散乱光の波長が同一の散乱）の強度によって分子数密度を測定するという点では，共通している．違いはトレーサを加えるか加えないかと，散乱がミー散乱かレーリー散乱かと言う点だけである．

トレーサ濃度法は，未燃混合気にトレーサを均一に添加することが困難なことから，温度測定の目的に使われることは少なく，主として火炎の可視化に使われている点で，シュリーレン法や影写真法と似ている．ただ，シュリーレン法などが光路積分値を画像化するのに対して，レーザシート光で照明されたトレーサの像は，平面内の分子数密度分布を可視化できる点が異なる．

レーリー散乱はガス分子そのものによる弾性散乱を利用するので，トレーサを添加する必要はないが，ごみやすすなどの固体粒子の混入を嫌い，また，反応の全過程を通じて，ガス分子の平均散乱断面積（入射光に対する散乱光の強度比）が，ほぼ一定に保たれなければならないという制約がある．当量比1以下の希薄メタン-空気予混合火炎や，($62.2\% H_2+37.8\% CH_4$)-空気拡散火炎はほぼこの条件を満たしている．それ以外の火炎では，何らかの方法で平均散乱断面積の変化を推定して，測定データを補正しなければならない．

11.1.4 放射・吸収法

A．絶対放射強度法　火炎の放射強度から光路平均の温度を決定する方法である．11.1.1節Cで述べたように，温度だけでなく，ガスの射出率も未知であるから，未知数とデータの数とを合わせるために，鏡面と黒体を背景にした放射強度の同時測定，もしくはチョッパーによる交互測定が行われる．前者の方法を図11.6に示す．なお，この方法はどちらかというと輝炎に適合しており，不輝炎（青炎）には不適当である．

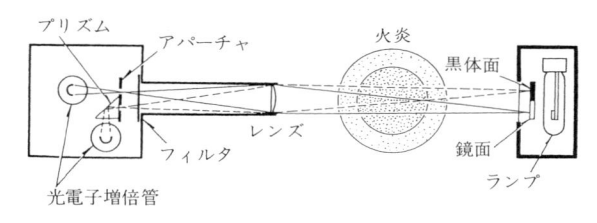

図 11.6　絶対放射強度法

B．二色法（相対放射強度法）　火炎からの放射スペクトルから任意の2波長 λ_1 と λ_2 を選び，それぞれの放射強度 I_1 と I_2 の比を測定して，次式で温度を決定する．

$$T = \frac{c(1/\lambda_2 - 1/\lambda_1)}{\ln[(I_1/I_2)(\lambda_1/\lambda_2)^5]} \tag{11.6}$$

図11.7に二色法の光学系の例を示すが，光電管を一つにして，チョッパーを

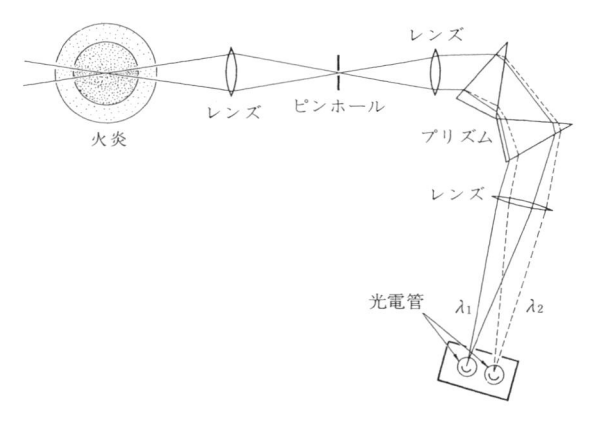

図 11.7　二　色　法

使うものもある．この方法も，どちらかというと輝炎に適合しており，不輝炎に対しては H_2O か CO_2 の赤外バンドを用いることになる．自動二色計が市販されているが，検定用の黒体炉を用意した方がよい．また，視野内に火炎より高輝度の炉壁が無いことを確認する必要がある．

C．吸　光　法[7]　　最近，チューナブル・ダイオードレーザが開発され，2波長のビームを1本の光ファイバーに乗せられるようになった．これを光源として $1.34\mu m$ と $1.39\mu m$ の二色吸光法を実施すれば，ガス温度とメタン，二酸化炭素濃度を同時に計測することができる．数 kHz で高速サンプリングすれば，光路積分値ながら，温度と濃度の変動と時間平均値，自己相関と相互相関などを得ることができる[7]．研究用・実用に，今後発展して行くものと思われる．

D．分子励起法[4]　　（ストークス）**ラマン散乱**，**CARS**（コヒーレント反ストークスラマン散乱），**レーザ誘起蛍光法（LIF）** は火炎にレーザビームを照射し，高い場所的解像度で温度とガス組成の情報を取出すもので，光源にパルスレーザを使えば，その繰返し周期で間欠的に，各瞬間の温度とガス組成を測定することができる．圧力や流速が影響することを逆用して，それらの値も同時に決定することも可能である．

11.1.5　超音波 CT 法[2,3]

大規模火炎，特に微粉炭火炎や重油火炎のように吸収係数の高い火炎では，光によって中心部の情報を取出すことはできない．そこで，燃焼場に数 kHz から十数 k-Hz の音波を通し，音速が絶対温度の平方根に比例することを利用して，経路平均の温度を測定することが行われる．図 11.8 に示すように，同一断面内に多数の音響

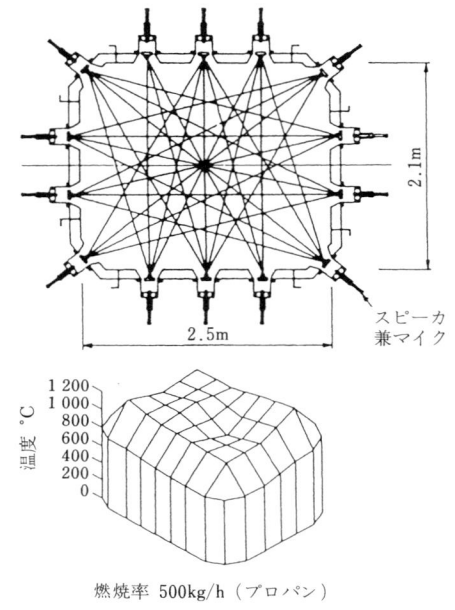

図 11.8　超音波 CT 法とその結果[3]

発信器兼センサーを配置してCTを施せば，断面内の温度分布が得られ，その結果は吸引式熱電対との比較でも，絶対温度にして5％程度の差に収る．

11.2 流れ場の計測と可視化
11.2.1 計測と可視化原理の体系

　流れ場は熱や物質の輸送と流束を支配する重要な因子である．また，乱れは火炎の構造や伝ば速度も左右する．ところが，燃焼を伴う流れ場は苛酷かつ複雑な温度場と重なり合っており，変動も激しいので，計測や可視化は容易ではない．流れ場の計測と可視化技術は，次の諸原理のいずれかに基づいている．

　A．ピトー管法　　動圧を測定して，それと密度から流速を決定する方法である．これには，通常のピトー管，多管式（2管式，3管式，5管式）ピトー管[4]，回転楕円体多孔（5孔）ピトー管[4]，マイクロフォン全圧プローブ[8]など，二次元・三次元測定が可能なものや，変動流速が測定できるものも含まれている．しかし，密度が一定しない燃焼計測には適していない．なお，マイクロフォン全圧プローブは，燃焼騒音に関係して，局所圧力振動や局所音圧の測定に利用されることもある．

　B．熱線風速計　　電流加熱された細線からの放熱量が流速の関数であることを利用するもので，等温流の流速や乱れの測定には最も便利な方法である．しかし，火炎のように場所的・時間的に温度が変化する場には適当でないし，耐熱性の点でも使用困難である．

　C．マーキング法　　何らかの方法で流体に標識を付け，その移動速度を調べるもので，パルスレーザ・ビームによる温度上昇・燐光・イオン，火花放電によるイオンや放電経路（イオントレーサ法と火花追跡法），スモークワイヤからのパラフィンの煙（スモークワイヤ法），パルス熱線による熱波（熱パルス・プローブ法）などが，標識として使われる．しかし，いずれも燃焼計測には適していない．

　D．トレーサ法　　外部から添加された微細粉末のトレーサの運動を追跡するもので，火炎計測には最も適している．これには粒子個別追跡法（PTV），粒子画像相関法（PIV），回転ミラー/回転プリズム法，レーザドップラ法（LDV），レーザ二焦点法（L2F）などがある．さらにトレーサ粒子の大きさも同時に測定できるフェーズドップラ法もある．

E．二次効果法　分子のラマン散乱やレーザ誘起蛍光にドップラ効果が現れるので，それを利用して温度やガス組成と同時に，流速も決定するものである．トレーサ法と違ってシーディングの問題はなくなるが，低流速感度が低く，特殊な場合を除いて，燃焼計測の目的には適していない．

11.2.2　トレーサ法による燃焼場流れの計測と可視化

A．粒子個別追跡法と粒子画像相関法　パルスレーザ・シート光で照明されたトレーサを2回以上撮影して，個々の粒子の移動をベクトルとして捉えるか（**粒子個別追跡法，PTV**），2画面の相関をとることによって，流速ベクトルの分布を決定する（**粒子画像相関法，PIV**）[9]．PTV は比較的大きなトレーサを必要とし，低流速に適していることから，水流によく利用されるが，噴霧火炎では液滴の追跡に利用できる[10]．この場合，パルスレーザを使用する代わりに高速度ビデオ撮影を使用したり，多重露光ホログラフィを適用することもある．PIV はすすを多量に発生する輝炎や微細な噴霧など，個々の粒子を解像できない場合に，相関を手掛かりに濃度パターンの移動速度を検出する．いずれも，流れ場の可視化に適している．

B．回転ミラー/回転プリズム法　回転ミラーまたは回転プリズムで流れと直角方向にトレーサや液滴の像を振らせ，像の軌跡の傾斜から速度を決定する．あるいは，像を流れと逆方向に振らせ，粒子像のぶれがなくなるミラーやプリズムの回転数から速度を決定する．かって，ロケットのような一次元に近い流れ場を持つ火炎に適用された．

C．レーザドップラ法（LDV）　火炎計測に最も適した流速と乱れの測定法である．図11.9に示すように，Ar イオンレーザなどの連続発振レーザのビームを2本のビームに分けた後，集束レンズで一点に集光すると，交差部（コントロール体積）にフリンジ（明暗の縞模様）が生じる．ここを通過するトレーサ粒子の散乱光をフォトマルで観測すると，速度に比例した周波数のバースト信号が見られるので，周波数トラッカー，カウンター，スペクトル・アナライザのいずれかの検出器で速度を決定する．フォトマルはどこに置いてもよく，図の位置に置くのを前方散乱型，光源側に置くのを後方散乱型と呼ぶ．

レーザとビームスプリッターの間を光ファイバーとし，後方散乱型の光学系をコンパクトにまとめたものをファイバー LDV（FLDV）と呼び，非常に簡便である．また，Ar イオンレーザが波長 514.5 nm と 488 nm の2種類のビ

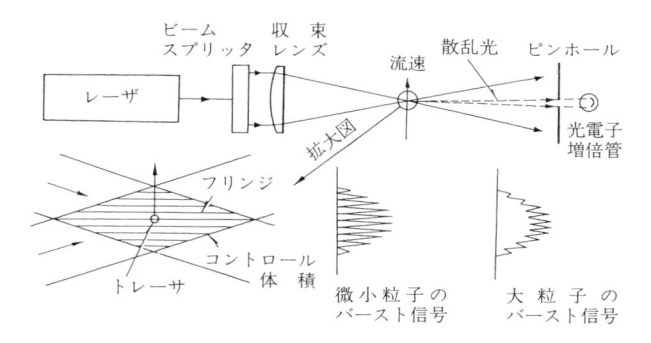

図 11.9　レーザドップラー流速計（LDV）

ームを同時に出せることを利用して，直交する流速成分を同時に測定する二色LDVもある．

　LDVに関しては，トレーサのシーディングの問題，調整の問題，バースト信号処理装置，負の流速を測定するため，一方のビームの周波数をシフトさせる周波数シフターなど，注意すべき事柄が山積しているので，専門書（章末のDurstらの参考書など）を参照されることをお薦めする．

　D．レーザ二焦点法（L2F）[11]　平行な2本のレーザビームの焦点を少し離れた位置に結ばせておき，両方の焦点を通過するトレーサ粒子の通過時間間隔から，速度を決定する．LDVより間欠性が高く，乱れの測定は不可能ではないまでも，適当とは言えない．しかし，大型の燃焼装置で，比較的高流速の流れ場をベクトル的に測定するのには便利である．

11.3　濃度場の計測と可視化

11.3.1　計測と可視化原理の体系

　ガス組成の測定法は**サンプリング法（接触法）**と**光学的分析法（非接触法）**に大別される．サンプリング法はサンプルガスの吸引方式によって**等速吸引法**と**音速吸引法**に分けられ，分析機器によってガスクロマトグラフ（GC）法，分子線質量分析（MS）法，GC-MS法，NDIR法，吸収式分析法，溶液導電率法，専用分析法，などに分けられる．

　一方，光学的分析法は**発光・吸収法**と**分子励起法**に分類されるが，これらは温度計測と対応しており（"放射"は"発光"に変っている），特に分子励起法

では，特定化学種の濃度と温度がセットになって得られる．

いずれにも属さない方法に**イオンプローブ法**があり，イオン電流を手掛かりに火炎位置やそのゆらぎを検出する重要な計測手法となっている．

11.3.2 サンプリング法（接触法）

サンプリング法とは，サンプリング・プローブで火炎中からサンプリングされた試料ガスを，各種分析機器で分析する方法である．大規模火炎にも適用し易く，汎用性があり，安価で，標準とすべき方法である．ただ，（a）測定点や測定流管が不明確になり易い，（b）サンプリング後も反応が進行し，試料が変質し易い，（c）サンプリング系統から空気の漏入を起こし易い，といった欠点がある．

A．サンプリング・プローブ　サンプリング・プローブには**等速吸引プローブ**と**音速吸引プローブ**の2種類がある．それぞれの先端部の構造を図11.10に示す．前者は比較的大きな（直径1～数mm）吸引口から，流れと等速でガスサンプルを吸引するので，測定点や測定流管が明確で，二相流に与える擾乱が少ないという利点がある反面，反応の凍結が遅れ，試料が変質し易いという欠点がある．一方，後者は限界ノズルを通して音速でガスを吸引するので，ノズルでの圧力比を如何ようにも取れ，反応を瞬時に凍結できるという利点がある反面，測定点や測定流管が不明確で，かつ，空気の漏入を起こし易いという欠点がある．

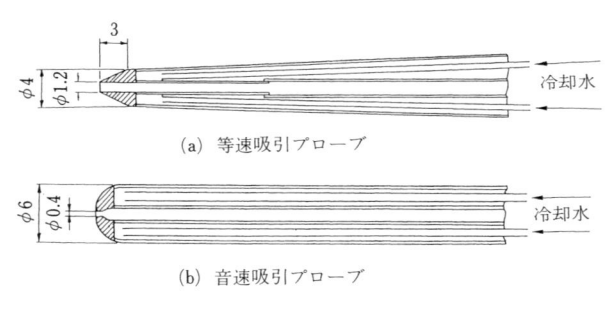

(a) 等速吸引プローブ

(b) 音速吸引プローブ

図 11.10　サンプリングプローブ

プローブは，吸引された試料ガスが内面で表面反応を起こしにくく，また外面で火炎を冷却したり，触媒反応を起こしにくくするため，石英で製作し，先端部は水冷をしないのがよいと言われている．しかし，実用上はステンレス製

の水冷プローブを使わざるを得ないことが多い．これについては文献（4）に説明がある．

なお，窒素酸化物については，気相反応が凍結した後も，プローブ内壁において接触反応が進行し，変質が生じるので，プローブの材質には特に注意が必要である．

B．試料ガスライン サンプリング・プローブから分析機器へ試料ガスを導く試料ガスラインでは，空気の漏入を防ぐとともに，分析に影響する干渉成分を除去しなければならない．燃焼ガス中に多量に含まれる水蒸気を除去するには，（1）ドライアイスや食塩入りの氷水のバスで凝縮・凍結させるか，（2）シリカゲルと$CaCl_2$カラムで吸収するかの，いずれかの方法によるが，測定対象成分まで除去しないように注意しなければならない．

試料ガスの流量は分析機器の要求に合わせるが，一般に流量が多いほど，測定値が定常に達するまでの時間が短くなる．

C．分析機器 分析機器は数多くの種類があって，そのすべてを記述することは到底できない．ただ，燃焼計測に限定すれば，多用されるのはガスクロマトグラフ，化学発光式NO_x分析計（ケミルミ），磁気式酸素計，NDIR（非分散型赤外線吸収計），オルザート分析計であろう．

ガスクロマトグラフで分析できるのは，N_2，O_2，H_2，H_2O，CO，CO_2，CH_4，C_2H_2，C_2H_4，C_3H_8，NO，N_2O，HCN，NH_3，有機化合物などである．ほぼ万能と言えるが，カラム充填剤，キャリアガス，検出器（TCD，FID，ECD，FTD），カラム温度の選定には注意が必要である．

NDIRでは，CO，CO_2，炭化水素，SO_2，SO_3，N_2Oなどが分析できるが，干渉成分が多いせいか，燃焼計測には敬遠され勝ちである．磁気式酸素計の干渉成分がNOとNO_2，ケミルミの干渉成分がCO_2と言うことには注意する必要がある．オルザート分析計はN_2，O_2，CO，CO_2の分析ができるだけなので，当量比や不完全燃焼割合の見積り位にしか使えない．

11.3.3 光学的分析法（非接触法）

A．発光・吸収法 **化学発光法**は電子的に励起された分子，原子，ラジカルが低いエネルギー準位へ遷移するときに放射する化学発光を検出し，それから濃度を決定したり，画像化する方法である．実際に分析対象とされるのはOH（波長310 nm付近），CH（波長431.5 nm），C_2（波長516.5 nm）の各

ラジカルである．

　注意しなければならないのは，化学発光の強度は対応するラジカルの濃度に比例するのではなく，励起状態にあるラジカルの濃度に比例することである．たとえば，励起状態にあるOHラジカル（OH*）は

$$CH+O_2=OH^*+CO \qquad (R1)$$

なる反応で生成すると言われている．O_2はCHに比べて，はるかに濃度が高いから，OH*の濃度，すなわち化学発光の強度はOH濃度ではなく，CHの濃度に比例することになる．

　したがって，化学発光法では対象とするラジカルの濃度そのものを測定することはできない．しかし，純酸素燃焼のような高温の火炎を除いては，OHの化学発光強度は燃焼反応の強度と比例的な関係にあるので，反応強度を測定していることになる．さらに，これら3種類のラジカルの化学発光強度比は混合比と密接な関係を持ち，その関係式が与えられている[12]．

　青炎ではCHバンドやC_2バンドの発光は，ほぼ化学発光に一致するが，すすを含む輝炎では化学発光に固体（すすや粒状物質）が発する連続スペクトルが重畳される．これを逆用して，OHバンドとCHバンドの発光が相関していれば青炎，相関度が低ければすすを含む輝炎の存在が推測される．このような計測は液滴に対するフェーズドップラ流速計（PDA）やミー散乱計測と組み合わせて，噴霧火炎に対して行われている[13]．

　化学発光法では光路に沿った積分値を検出してしまう．しかし，図11.11に示される凹面鏡と凸面鏡を組み合わせた**カセグレン集光光学系**を使うと，少なくとも変動成分に対しては，LDVやPDAなみの測定体積を持った点計測が可能となる[14]．

　なお，OHラジカルの化学発光を画像化して，燃焼反応領域を可視化するこ

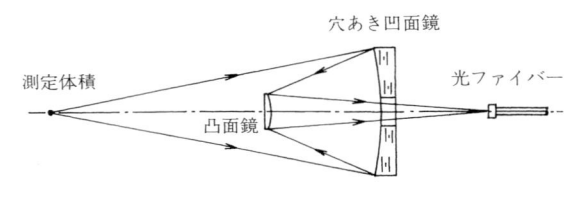

図 11.11　カセグレン集光光学系[14]

とは非常に簡単で，イメージ・インテンシファイア付のCCDカメラに干渉フィルタを装着するだけでよい[15]．

吸収法については「11.1.3節C．吸光法」で述べた方法が，そのまま適用できる．色素レーザを対象化学種の吸収バンドに合わせておき，ビームを広げて火炎を通過させることにより吸収画像を作る方法も，実用性はともかく，原理的には十分可能である．

B．分子励起法　「11.1.3節D．分子励起法」で述べた方法がすべて適用できる．

（ストークス）ラマン散乱は信号が非常に弱いので，大規模火炎への適用は困難で，小規模火炎でも，ラジカルや原子などの微量成分には適用困難である．その点，信号強度の高いCARS（コヒーレント反ストークス・ラマン散乱）は大規模火炎，噴霧火炎，微粉炭火炎に適用し易いが，微量成分の分析や画像解析の目的にはレーザ誘起蛍光法（LIF）の方が優れている．

11.3.4　イオンプローブ法

Langmuirプローブ法，もしくは**静電探針法**とも呼ばれる．図11.12に示すように大小一対の電極を設け，小電極を正電位に保つと電子濃度が，負電位に保つとイオン濃度が測定される．また，実効電子濃度も測定できる．これに関しては章末のLadenburgらやGoulardの参考書に詳しい記述がある．乱流予混合火炎の挙動研究や火花点火機関における火炎伝ぱの観測などに利用される．

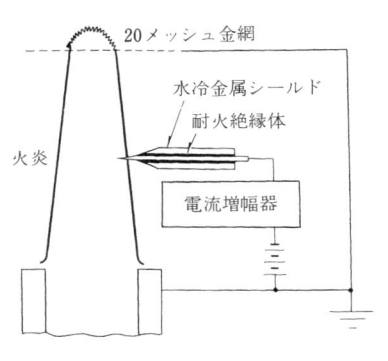

図 11.12　イオンプローブ

11.4　噴霧の計測と可視化

11.4.1　計測と可視化原理の体系

噴霧に関する計測・可視化項目としては，次のようなものがある．

A．粒度分布　噴霧の粒度分布には**粒径別液滴流束分布**と**瞬時空間粒度分布**とがあり，液滴ごとに速度が異なるときには，両者を区別しなければならない．前者は単位面積を単位時間に通過する直径別個数割合あるいは直径別質量

割合,後者はある瞬間に各微少体積に浮遊する液滴の直径別個数密度あるいは直径別質量密度と定義される.

粒径別液滴流束分布を測定する方法としては,液浸法と痕跡法がある.**液浸法**は流動パラフィンのような浸せき液で液滴を受け止め,顕微鏡観察もしくは写真撮影を行って,粒度分布を決定する.浸せき液の表面張力と粘度の選択が重要である.

痕跡法はスライドグラスの上にすすや酸化マグネシウムの皮膜を作って液滴を受け止め,背面照明下で顕微鏡撮影を行って,液滴の痕跡を測定する[16].いずれも古典的ではあるが,信頼できる方法である.ただ,採取された液滴やその痕跡が互いに重なり合ったり,まばらすぎたりしないように,シャッターを用いて受け止め時間を調節する必要がある.

瞬時空間粒度分布を測定する方法としては,**光回折法**,**ホログラフィ**などがある.詳しくは文献(17-19)を参照していただきたいが,現在よく使われているものだけは,別項で説明する.

B.液滴流束 単位時間に単位面積を通過する液滴質量の測定方法としては,**無通気捕集容器法**,**自然通気捕集容器法**,**等速吸引プローブ法**などがある.

C.液滴速度 噴霧滴はトレーサにほかならず,11.2.2節で記述した方法は,すべて適用可能である.唯一の違いは,速度測定の手段として添加したトレーサと違って,液滴の直径自体が重要なデータであるということである.液滴の速度と直径を同時に測定できる方法としては,**ミー散乱法**,**フェーズドップラー法(PDA)とホログラフィ二重露光法**が注目される.

11.4.2 主要な噴霧計測法

A.捕集容器法 5.2.3節Cにおいて,噴霧の分散度を表すものに油滴流束分布があると述べたが(本章では液が燃料油とは限らないので"液滴"という用語を使う),その測定を行うのに使用される方法がこれである.多数の試験管を半径線上に配置して噴霧滴を受け止め,液面上昇から流束の分布を決定する.その際,通常の試験管を使う**無通気捕集容器法**では,微小液滴がガスの流れに乗って試験管から逸れてしまうので,それを避けるために,試験管の側面に通気孔を設けて,自然通気によりガスを試験管に導入するのが**自然通気捕集容器法**である.

B．等速吸引プローブ法　噴霧液滴をサンプリングするのに，図11.10(a)に示した等速サンプリングプローブを使う方法である．捕集容器法よりはプローブの配置が自由であるが，捕集量が少ないので秤量法によらなければならない．

C．ミー散乱法　液滴からのミー散乱の強度が直径の2乗にほぼ比例することを利用して，散乱光の検出される測定体積内に存在する液滴の$\sum d^2$の相対値を決定する方法である．測定体積内に多数の液滴が存在するような状況では，粒度分布か空間数密度のどちらかが分かっていなければ，定性的な液滴濃度の情報が得られるだけである．この方法を個々の液滴の散乱強度が識別できるレーザドップラー法と組み合わせると，液滴の直径と速度が同時に計測できる[20]．しかし，誤差要因が多く，フェーズドップラー法が普及した現在では，価値が薄らいだ．

むしろ，この方法は前述のカセグレン集光光学系もしくはそれに近い性能を持つ光学系を用いて，液滴濃度とラジカル発光の相関や液滴周囲の反応場を検出する目的に活発に使われている[13]．

D．光回折法　液滴が単色光を回折して，直径に応じた同心円の回折像を作ることを利用する．この原理を利用した噴霧の粒度分布測定装置を図11.13に示す[21]．液滴によって回折されなかった平行光はすべて受光面の中心に焦点を結び，回折された光は液滴の位置に無関係に，平行光の焦点を中心に，同心円のFraunhofer回折像を作る．この回折像の半径方向エネルギー分布は粒径の関数であるから，受光面の照度分布を検出し，数学的インバージョンを施せば，たとえばRosin-Rammlerの分布関数（式(5.10)）中の経験定数（bとβ）が決定できる．

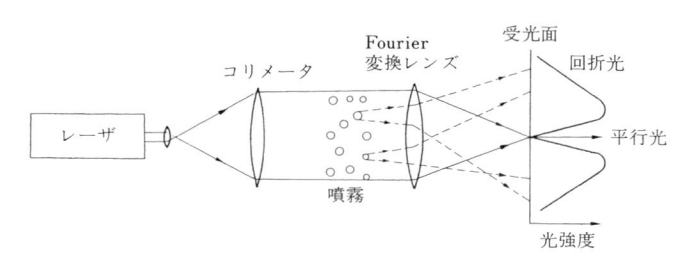

図11.13　光回折法粒度分布測定装置[21]

この方法は実用的には非常に便利で，最近ではRosin-Rammler以外の分布関数にもインバージョンができる．しかし，液滴の密集した噴霧領域では，多回回折を受ける回折光が増え，誤差を生じる．その上，速度の情報が得られないため，研究目的には後述のフェーズドップラー法が多く使われる傾向にある．

E．ホログラフィーとホログラフィー二重露光法　噴霧を立体的に瞬時記録するには図11.5のような通常のホログラフィ光学系でもよいが，図11.14に示すインラインホログラフィ光学系が便利である．これは回折を受けることなく液滴間を通り抜けてきたレーザ光を参照光として利用する．パルスレーザで瞬間的に三次元像を記録し，連続レーザ光で立体像を再生して，ビデオなどでデータ解析を行う．色（波長）の異なるレーザ光で二重露光を行えば，液滴速度のベクトルが得られる．

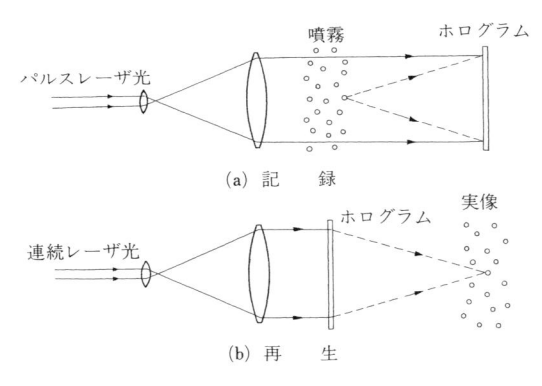

図11.14　インラインホログラフィ

F．フェーズドップラー法（PDA）　図11.9に示したレーザドップラー流速計（LDV）の光学系において，光電子増倍管（フォトマルティプライヤ）の数を2～3個に増やし，異なる方向への散乱光をモニターすると，散乱角によってバースト信号の位相角が変化し，位相ずれは液滴直径のみの関数となる．このことを利用して，液滴の速度と直径の同時測定が可能となる．このデータから，直径別の速度ベクトルと液滴流束が得られる．種々の誤差要因から，現在のところ，他の方法と一致する液滴流束は得られていないが，最も強力な噴霧の測定手段であることは間違いない．

文　献

(1) 高橋・ほか2名, 機械学会論文集, **53**-495 B (1987), 3417.
(2) 峯・ほか2名, 燃焼研究, No.76 (1987), 1.
(3) 坂井, 同上, 30.
(4) 化学工学協会 (編)：化学工学の進歩21「燃焼・熱工学」, (1987), p.83, 槙書店.
(5) 水谷・ほか2名, 機械学会論文集, **51**-468 B (1985), 2656.
(6) 若井・ほか4名, ガスタービン学会誌, **7**-27 (1979), 33.
(7) Nagali, V. et al., AIAA Paper No. 95-2684 (1995), 1.
(8) 水谷・ほか2名, 機械学会論文集, **42**-355 B (1976), 921.
(9) 湯浅・加藤, 可視化情報, **13**-49 (1993), 83.
(10) 水谷・ほか4名, 機械学会論文集, **68**-666 (2002).
(11) 速水・平島, 機械学会論文集, **53**-486 B (1987), 649.
(12) 伊藤・ほか3名, 同上, **52**-481 B (1986), 3362.
(13) 赤松・ほか4名, 同上, **62**-596 (1996), 1622.
(14) 若林・ほか6名, 同上, **64**-619 B (1998), 925.
(15) 水谷・ほか2名, 同上, **54**-504 B (1988), 2219.
(16) May, K. R., J. Sci. Instrum., **27**-5 (1950), 128.
(17) 根矢, 内燃機関, **10**-115 (1971), 93.
(18) 倉林, 同上, **15**-185 (1976), 75；**15**-186 (1976), 57.
(19) Jones, A. R., Prog. Energy Combust. Sci., **3**-4 (1977), 225.
(20) 水谷・ほか2名, 機械学会論文集, **47**-420 (1981), 1645, 1653.
(21) Swithenbanks, J. M.・ほか4名, AIAA Paper No.76-69 (1976), 1.

参　考　書

Ladenburg, R. W. et al. : Physical Measurements in Gas Dynamics and Combustion, (1954), Princeton Univ. Press.

Goulard, R. (Ed.) : Combustion Measurements, (1976), Hemisphere.

Zinn, B. T.(Ed.) : Experimental Diagnostics in Gas Phase Combustion Systems, (1977), Amer. Inst. Aeron. Astron.

Durst, F., Melling, A. and Whitelaw, J. H. : Principle of Laser-Doppler Anemometry, (1981), Academic Press.

Eckbreth, A. C. : Laser Diagnostics for Combustion Temperature and Species, (1988), Abacus Press.

日本機械学会(編), 燃焼のレーザ計測とモデリング, (1987), 日本機械学会/丸善.

本田尚士(監), 環境圏の新しい燃焼工学, (1999), フジ・テクノシステム.

付録 A 化学種の熱化学的性質表

化石燃料の燃焼に関係する主要化学種の熱化学的性質表を JANAF の熱化学的性質表[1]から抜粋して示す．表中に記入された注は省略された別の表に関するものであるから，詳細は文献（1）を参照されたい．また各表の右上に記入された西暦年は SI 単位系への移行以外の改定のあった年である．もとの表は 0～6000K の間を 100K 刻みに与えている．

記　号

T　　絶対温度［K］

C_p^0　　絶対圧力 1 bar におけるモル定圧比熱［J/(mol・K)］

S^0　　絶対圧力 1 bar におけるモルエントロピー［J/(mol・K)］

H^0　　絶対圧力 1 bar におけるモルエンタルピー［kJ/mol］

$$= 10^{-3} \int_{T_0}^{T} C_p^0 dT + \Delta_f H^0(T_0) = 10^{-3}[H^0 - H^0(T_0)] + \Delta_f H^0(T_0)$$

　　　（10^{-3} は J と kJ の変換定数，$T_0 = 298.15K$）

$\Delta_f H^0$　　絶対圧力 1 bar におけるモル生成熱［kJ/mol］

$\Delta_f G^0$　　絶対圧力 1 bar におけるモル生成自由エネルギー［kJ/mol］

K_f　　生成平衡定数（基準物質との間の平衡定数）［bar$^\nu$］

文　献

（1）Chase, M. W., Jr ほか，NIST-JANAF Thermochemical Tables, Pt. 1 & Pt. 2, 4th Edition, (1988), Am. Chem. Soc.

炭素(C) [基準状態＝グラファイト]　$M=12.011$　(1978)

T	C_p^0	S^0	$H^0-H^0(T_0)$	$\Delta_f H^0$	$\Delta_f G^0$	$\log K_f$
298.15	8.517	5.740	0.	0.	0.	0.
300	8.581	5.793	0.016	0.	0.	0.
400	11.817	8.713	1.039	0.	0.	0.
500	14.623	11.662	2.365	0.	0.	0.
600	16.844	14.533	3.943	0.	0.	0.
700	18.537	17.263	5.716	0.	0.	0.
800	19.827	19.826	7.637	0.	0.	0.
900	20.824	22.221	9.672	0.	0.	0.
1000	21.610	24.457	11.795	0.	0.	0.
1100	22.244	26.548	13.989	0.	0.	0.
1200	22.766	28.506	16.240	0.	0.	0.
1300	23.204	30.346	18.539	0.	0.	0.
1400	23.578	32.080	20.879	0.	0.	0.
1500	23.904	33.718	23.253	0.	0.	0.
1600	24.191	35.270	25.658	0.	0.	0.
1700	24.448	36.744	28.090	0.	0.	0.
1800	24.681	38.149	30.547	0.	0.	0.
1900	24.895	39.489	33.026	0.	0.	0.
2000	25.094	40.771	35.525	0.	0.	0.
2100	25.278	42.000	38.044	0.	0.	0.
2200	25.453	43.180	40.581	0.	0.	0.
2300	25.618	44.315	43.134	0.	0.	0.
2400	25.775	45.408	45.704	0.	0.	0.
2500	25.926	46.464	48.289	0.	0.	0.
2600	26.071	47.483	50.889	0.	0.	0.
2700	26.212	48.470	53.503	0.	0.	0.
2800	26.348	49.426	56.131	0.	0.	0.
2900	26.481	50.353	58.773	0.	0.	0.
3000	26.611	51.253	61.427	0.	0.	0.
K	J/(mol·K)			kJ/mol		log bar$^\nu$

メタン(CH$_4$) [理想気体]　$M=16.043$　(1961)

T	C_p^0	S^0	$H^0-H^0(T_0)$	$\Delta_f H^0$	$\Delta_f G^0$	$\log K_f$
298.15	35.639	186.251	0.	−74.873	−50.768	8.894
300	35.708	186.472	0.066	−74.929	−50.618	8.813
400	40.500	197.356	3.861	−77.969	−42.054	5.492
500	46.342	207.014	8.200	−80.802	−32.741	3.420
600	52.227	215.987	13.130	−83.308	−22.887	1.993
700	57.794	224.461	18.635	−85.452	−12.643	0.943
800	62.932	232.518	24.675	−87.238	−2.115	0.138
900	67.601	240.205	31.205	−88.692	8.616	−0.500
1000	71.795	247.549	38.179	−89.849	19.492	−1.018
1100	75.529	254.570	45.549	−90.750	30.472	−1.447
1200	78.833	261.287	53.270	−91.437	41.524	−1.807
1300	81.744	267.714	61.302	−91.945	52.626	−2.115
1400	84.305	273.868	69.608	−92.308	63.761	−2.379
1500	86.556	279.763	78.153	−92.553	74.918	−2.609
1600	88.537	285.413	86.910	−92.703	86.088	−2.810
1700	90.283	290.834	95.853	−92.780	97.265	−2.989
1800	91.824	296.039	104.960	−92.797	108.445	−3.147
1900	93.188	301.041	114.212	−92.770	119.624	−3.289
2000	94.399	305.853	123.592	−92.709	130.802	−3.416
2100	95.477	310.485	133.087	−92.624	141.975	−3.531
2200	96.439	314.949	142.684	−92.521	153.144	−3.636
2300	97.301	319.255	152.371	−92.409	164.308	−3.732
2400	98.075	323.413	162.141	−92.291	175.467	−3.819
2500	98.772	327.431	171.984	−92.174	186.622	−3.899
2600	99.401	331.317	181.893	−92.060	197.771	−3.973
2700	99.971	335.080	191.862	−91.954	208.916	−4.042
2800	100.489	338.725	201.885	−91.857	220.058	−4.105
2900	100.960	342.260	211.958	−91.773	231.196	−4.164
3000	101.389	345.690	222.076	−91.705	242.332	−4.219
K	J/(mol·K)			kJ/mol		log bar$^\nu$

アセチレン(C_2H_2)[理想気体] $M=26.038$ (1961)

T	C_p^0	S^0	$H^0-H^0(T_0)$	$\Delta_f H^0$	$\Delta_f G^0$	$\log K_f$
298.15	44.095	200.958	0.	226.731	209.200	−36.651
300	44.229	201.231	0.082	226.728	209.092	−36.406
400	50.480	214.856	4.833	226.527	203.241	−26.540
500	54.869	226.610	10.108	226.227	197.453	−20.627
600	58.287	236.924	15.771	225.805	191.736	−16.692
700	61.149	246.127	21.745	225.295	186.099	−13.887
800	63.760	254.466	27.992	224.747	180.534	−11.788
900	66.111	262.113	34.487	224.198	175.040	−10.159
1000	68.275	269.192	41.208	223.669	169.607	− 8.859
1100	70.245	275.793	48.136	223.170	164.227	− 7.798
1200	72.053	281.984	55.252	222.706	158.888	− 6.916
1300	73.693	287.817	62.540	222.275	153.587	− 6.171
1400	75.178	293.334	69.985	221.876	148.319	− 5.534
1500	76.530	298.567	77.572	221.507	143.080	− 4.982
1600	77.747	303.546	85.286	221.160	137.861	− 4.501
1700	78.847	308.293	93.117	220.833	132.663	− 4.076
1800	79.852	312.829	101.053	220.521	127.488	− 3.700
1900	80.760	317.171	109.084	220.222	122.326	− 3.363
2000	81.605	321.335	117.203	219.933	117.183	− 3.060
2100	82.362	325.335	125.401	219.647	112.051	− 2.787
2200	83.065	329.183	133.673	219.366	106.935	− 2.539
2300	83.712	332.890	142.012	219.088	101.829	− 2.313
2400	84.312	336.465	150.414	218.809	96.735	− 2.105
2500	84.858	339.918	158.873	218.528	91.661	− 1.915
2600	85.370	343.256	167.384	218.241	86.587	− 1.740
2700	85.846	346.487	175.945	217.950	81.530	− 1.577
2800	86.295	349.618	184.553	217.653	76.485	− 1.427
2900	86.713	352.653	193.203	217.345	71.449	− 1.287
3000	87.111	355.600	201.895	217.032	66.423	− 1.157
K	J/(mol·K)			kJ/mol		log bar$^\nu$

エチレン(C_2H_4)[理想気体] $M=28.054$ (1965)

T	C_p^0	S^0	$H^0-H^0(T_0)$	$\Delta_f H^0$	$\Delta_f G^0$	$\log K_f$
298.15	42.886	219.330	0.	52.467	68.421	−11.987
300	43.063	219.596	0.079	52.408	68.521	−11.930
400	53.048	233.343	4.882	49.354	74.360	− 9.710
500	62.477	246.215	10.668	46.641	80.933	− 8.455
600	70.663	258.348	17.335	44.294	88.017	− 7.663
700	77.714	269.783	24.763	42.300	95.467	− 7.124
800	83.840	280.570	32.847	40.637	103.180	− 6.737
900	89.200	290.761	41.505	39.277	111.082	− 6.447
1000	93.899	300.408	50.665	38.183	119.122	− 6.222
1100	98.018	309.555	60.266	37.318	127.259	− 6.043
1200	101.626	318.242	70.252	36.645	135.467	− 5.897
1300	104.784	326.504	80.576	36.129	143.724	− 5.775
1400	107.550	334.372	91.196	35.742	152.016	− 5.672
1500	109.974	341.877	102.074	35.456	160.331	− 5.583
1600	112.103	349.044	113.181	35.249	168.663	− 5.506
1700	113.976	355.898	124.486	35.104	177.007	− 5.439
1800	115.628	362.460	135.968	35.005	185.357	− 5.379
1900	117.089	368.752	147.606	34.938	193.712	− 5.326
2000	118.386	374.791	159.381	34.894	202.070	− 5.278
2100	119.540	380.596	171.278	34.864	210.429	− 5.234
2200	120.569	386.181	183.284	34.839	218.790	− 5.195
2300	121.491	391.561	195.388	34.814	227.152	− 5.159
2400	122.319	396.750	207.580	34.783	235.515	− 5.126
2500	123.064	401.758	219.849	34.743	243.880	− 5.096
2600	123.738	406.598	232.190	34.688	252.246	− 5.068
2700	124.347	411.280	244.595	34.616	260.615	− 5.042
2800	124.901	415.812	257.058	34.524	268.987	− 5.018
2900	125.404	420.204	269.573	34.409	277.363	− 4.996
3000	125.864	424.463	282.137	34.269	285.743	− 4.975
K	J/(mol·K)			kJ/mol		log bar$^\nu$

一酸化炭素(CO)[理想気体]			$M=28.010$			(1965)
T	C_p^0	S^0	$H^0-H^0(T_0)$	$\Delta_f H^0$	$\Delta_f G^0$	$\log K_f$
298.15	29.142	197.653	0.	−110.527	−137.163	24.030
300	29.142	197.833	0.054	−110.516	−137.328	23.911
400	29.342	206.238	2.976	−110.102	−146.338	19.110
500	29.794	212.831	5.931	−110.003	−155.414	16.236
600	30.443	218.319	8.942	−110.150	−164.486	14.320
700	31.171	223.066	12.023	−110.469	−173.518	12.948
800	31.899	227.277	15.177	−110.905	−182.497	11.916
900	32.577	231.074	18.401	−111.418	−191.416	11.109
1000	33.183	234.538	21.690	−111.983	−200.275	10.461
1100	33.710	237.726	25.035	−112.586	−209.075	9.928
1200	34.175	240.679	28.430	−113.217	−217.819	9.481
1300	34.572	243.431	31.868	−113.870	−226.509	9.101
1400	34.920	246.006	35.343	−114.541	−235.149	8.774
1500	35.217	248.426	38.850	−115.229	−243.740	8.488
1600	35.480	250.707	42.385	−115.933	−252.284	8.236
1700	35.710	252.865	45.945	−116.651	−260.784	8.013
1800	35.911	254.912	49.526	−117.384	−269.242	7.813
1900	36.091	256.859	53.126	−118.133	−277.658	7.633
2000	36.250	258.714	56.744	−118.896	−286.034	7.470
2100	36.392	260.486	60.376	−119.675	−294.372	7.322
2200	36.518	262.182	64.021	−120.470	−302.672	7.186
2300	36.635	263.809	67.683	−121.278	−310.936	7.062
2400	36.321	265.359	71.324	−122.133	−319.164	6.946
2500	36.836	266.854	74.985	−122.994	−327.356	6.840
2600	36.924	268.300	78.673	−123.854	−335.514	6.741
2700	37.003	269.695	82.369	−124.731	−343.638	6.648
2800	37.083	271.042	86.074	−125.623	−351.729	6.562
2900	37.150	272.345	89.786	−126.532	−359.789	6.480
3000	37.217	273.605	93.504	−127.457	−367.816	6.404
K	J/(mol·K)		kJ/mol			log bar$^\nu$

二酸化炭素(CO_2)[理想気体]			$M=44.010$			(1965)
T	C_p^0	S^0	$H^0-H^0(T_0)$	$\Delta_f H^0$	$\Delta_f G^0$	$\log K_f$
298.15	37.129	213.795	0.	−393.522	−394.389	69.095
300	37.221	214.025	0.069	−393.523	−394.394	68.670
400	41.325	225.314	4.003	−393.583	−394.675	51.539
500	44.627	234.901	8.305	−393.666	−394.939	41.259
600	47.321	243.283	12.907	−393.803	−395.182	34.404
700	49.564	250.750	17.754	−393.983	−395.398	29.505
800	51.434	257.494	22.806	−394.188	−395.586	25.829
900	52.999	263.645	28.030	−394.405	−395.748	22.969
1000	54.308	269.299	33.397	−394.623	−395.886	20.679
1100	55.409	274.528	38.884	−394.838	−396.001	18.805
1200	56.342	279.390	44.473	−395.050	−396.098	17.242
1300	57.137	283.932	50.148	−395.257	−396.177	15.919
1400	57.802	288.191	55.896	−395.462	−396.240	14.784
1500	58.379	292.199	61.705	−395.668	−396.288	13.800
1600	58.886	295.983	67.569	−395.876	−396.323	12.939
1700	59.317	299.566	73.480	−396.090	−396.344	12.178
1800	59.701	302.968	79.431	−396.311	−396.353	11.502
1900	60.049	306.205	85.419	−396.542	−396.349	10.896
2000	60.350	309.293	91.439	−396.784	−396.333	10.351
2100	60.622	312.244	97.488	−397.039	−396.304	9.858
2200	60.865	315.070	103.562	−397.309	−396.262	9.408
2300	61.086	317.781	109.660	−397.596	−396.209	8.998
2400	61.287	320.385	115.779	−397.900	−396.142	8.622
2500	61.471	322.890	121.917	−398.222	−396.062	8.275
2600	61.647	325.305	128.073	−398.562	−395.969	7.955
2700	61.802	327.634	134.246	−398.921	−395.862	7.658
2800	61.952	329.885	140.433	−399.299	−395.742	7.383
2900	62.095	332.061	146.636	−399.695	−395.609	7.126
3000	62.229	334.169	152.852	−400.111	−395.461	6.886
K	J/(mol·K)		kJ/mol			log bar$^\nu$

水素原子(H) [理想気体] $A=1.0079$ (1982)

T	C_p^0	S^0	$H^0-H^0(T_0)$	$\Delta_f H^0$	$\Delta_f G^0$	$\log K_f$
298.15	20.786	114.716	0.	217.999	203.278	−35.613
300	20.786	114.845	0.038	218.011	203.186	−35.378
400	20.786	120.825	2.117	218.637	198.150	−25.876
500	20.786	125.463	4.196	219.254	192.957	−20.158
600	20.786	129.253	6.274	219.868	187.640	−16.335
700	20.786	132.457	8.353	220.478	182.220	−13.597
800	20.786	135.232	10.431	221.080	176.713	−11.538
900	20.786	137.681	12.510	221.671	171.132	−9.932
1000	20.786	139.871	14.589	222.248	165.485	−8.644
1100	20.786	141.852	16.667	222.807	159.782	−7.587
1200	20.786	143.660	18.746	223.346	154.028	−6.705
1300	20.786	145.324	20.824	223.865	148.230	−5.956
1400	20.786	146.865	22.903	224.361	142.394	−5.313
1500	20.786	148.299	24.982	224.836	136.522	−4.754
1600	20.786	149.640	27.060	225.289	130.620	−4.264
1700	20.786	150.900	29.139	225.721	124.689	−3.831
1800	20.786	152.088	31.217	226.132	118.734	−3.446
1900	20.786	153.212	33.296	226.525	112.757	−3.100
2000	20.786	154.278	35.375	226.898	106.760	−2.788
2100	20.786	155.293	37.453	227.254	100.744	−2.506
2200	20.786	156.260	39.532	227.593	94.712	−2.249
2300	20.786	157.184	41.610	227.916	88.664	−2.014
2400	20.786	158.068	43.689	228.224	82.603	−1.798
2500	20.786	158.917	45.768	228.518	76.530	−1.599
2600	20.786	159.732	47.846	228.798	70.444	−1.415
2700	20.786	160.516	49.925	229.064	64.349	−1.245
2800	20.786	161.272	52.004	229.318	58.243	−1.087
2900	20.786	162.002	54.082	229.560	52.129	−0.939
3000	20.786	162.706	56.161	229.790	46.007	−0.801
K	J/(mol·K)			kJ/mol		log bar$^\nu$

水素分子(H₂) [基準状態=理想気体] $M=2.0159$ (1977)

T	C_p^0	S^0	$H^0-H^0(T_0)$	$\Delta_f H^0$	$\Delta_f G^0$	$\log K_f$
298.15	28.836	130.680	0.	0.	0.	0.
300	28.849	130.858	0.053	0.	0.	0.
400	29.181	139.216	2.959	0.	0.	0.
500	29.260	145.737	5.882	0.	0.	0.
600	29.327	151.077	8.811	0.	0.	0.
700	29.441	155.606	11.749	0.	0.	0.
800	29.624	159.548	14.702	0.	0.	0.
900	29.881	163.051	17.676	0.	0.	0.
1000	30.205	166.216	20.680	0.	0.	0.
1100	30.581	169.112	23.719	0.	0.	0.
1200	30.992	171.790	26.797	0.	0.	0.
1300	31.423	174.288	29.918	0.	0.	0.
1400	31.861	176.633	33.082	0.	0.	0.
1500	32.298	178.846	36.290	0.	0.	0.
1600	32.725	180.944	39.541	0.	0.	0.
1700	33.139	182.940	42.835	0.	0.	0.
1800	33.537	184.846	46.169	0.	0.	0.
1900	33.917	186.669	49.541	0.	0.	0.
2000	34.280	188.418	52.951	0.	0.	0.
2100	34.624	190.099	56.397	0.	0.	0.
2200	34.952	191.718	59.876	0.	0.	0.
2300	35.263	193.278	63.387	0.	0.	0.
2400	35.559	194.785	66.928	0.	0.	0.
2500	35.842	196.243	70.498	0.	0.	0.
2600	36.111	197.654	74.096	0.	0.	0.
2700	36.370	199.021	77.720	0.	0.	0.
2800	36.618	200.349	81.369	0.	0.	0.
2900	36.856	201.638	85.043	0.	0.	0.
3000	37.087	202.891	88.740	0.	0.	0.
K	J/(mol·K)			kJ/mol		log bar$^\nu$

水(H_2O)［液($p=1$ bar)］　　$M=18.015$　　(1979)

T	C_p^0	S^0	$H^0-H^0(T_0)$	$\Delta_f H^0$	$\Delta_f G^0$	$\log K_f$
298.15	75.351	69.950	0.	-285.830	-237.141	41.546
300	75.349	70.416	0.139	-285.771	-236.839	41.237
320	75.344	75.279	1.646	-285.137	-233.598	38.131
340	75.388	79.847	3.153	-284.506	-230.396	35.396
360	75.679	84.164	4.664	-283.874	-227.231	32.970
372.780	75.962	86.808	5.633	‥‥‥LIQUID ⟵⟶ REAL GAS‥‥‥		
380	76.154	88.267	6.182	-283.237	-224.102	30.805
400	76.770	92.189	7.711	-282.591	-221.006	28.860
420	77.547	95.952	9.254	-281.934	-217.943	27.105
440	78.543	99.582	10.814	-281.262	-214.912	25.513
460	79.793	103.100	12.397	-280.569	-211.911	24.063
480	81.463	106.530	14.009	-279.850	-208.941	22.737
500	83.694	109.898	15.659	-279.095	-206.002	21.521
K	J/(mol·K)			kJ/mol		log bar$^\nu$

水(H_2O)［液ー実在ガス　($p=1$bar)］
水(H_2O)［液ー実在ガス　($p=10$bar)］
水(H_2O)［液ー実在ガス　($p=100$bar)］
水(H_2O)［液ー実在ガス　($p=500$bar)］
水(H_2O)［液ー実在ガス　($p=5000$bar)］
の表も与えられている

水蒸気(H_2O)［理想気体］　　$M=18.015$　　(1979)

T	C_p^0	S^0	$H^0-H^0(T_0)$	$\Delta_f H^0$	$\Delta_f G^0$	$\log K_f$
298.15	33.590	188.834	0.	-241.826	-228.582	40.047
300	33.596	189.042	0.062	-241.844	-228.500	39.785
400	34.262	198.788	3.452	-242.846	-223.901	29.238
500	35.226	206.534	6.925	-243.826	-219.051	22.884
600	36.325	213.052	10.501	-244.758	-214.007	18.631
700	37.495	218.739	14.192	-245.632	-208.812	15.582
800	38.721	223.825	18.002	-246.443	-203.496	13.287
900	39.987	228.459	21.938	-247.185	-198.083	11.496
1000	41.268	232.738	26.000	-247.857	-192.590	10.060
1100	42.536	236.731	30.191	-248.460	-187.033	8.881
1200	43.768	240.485	34.506	-248.997	-181.425	7.897
1300	44.945	244.035	38.942	-249.473	-175.774	7.063
1400	46.054	247.407	43.493	-249.894	-170.089	6.346
1500	47.090	250.620	48.151	-250.265	-164.376	5.724
1600	48.050	253.690	52.908	-250.592	-158.639	5.179
1700	48.935	256.630	57.758	-250.881	-152.883	4.698
1800	49.749	259.451	62.693	-251.138	-147.111	4.269
1900	50.496	262.161	67.706	-251.368	-141.325	3.885
2000	51.180	264.769	72.790	-251.575	-135.528	3.540
2100	51.823	267.282	77.941	-251.762	-129.721	3.227
2200	52.408	269.706	83.153	-251.934	-123.905	2.942
2300	52.947	272.048	88.421	-252.092	-118.082	2.682
2400	53.444	274.312	93.741	-252.239	-112.252	2.443
2500	53.904	276.503	99.108	-252.379	-106.416	2.223
2600	54.329	278.625	104.520	-252.513	-100.575	2.021
2700	54.723	280.683	109.973	-252.643	-94.729	1.833
2800	55.089	282.680	115.464	-252.771	-88.878	1.658
2900	55.430	284.619	120.990	-252.897	-83.023	1.495
3000	55.748	286.504	126.549	-253.024	-77.163	1.344
K	J/(mol·K)			kJ/mol		log bar$^\nu$

窒素原子(N)[理想気体] $M=14.007$ (1982)

T	C_p^0	S^0	$H^0-H^0(T_0)$	$\Delta_f H^0$	$\Delta_f G^0$	$\log K_f$
298.15	20.786	153.300	0.	472.683	455.540	−79.809
300	20.786	153.429	0.038	472.694	455.434	−79.298
400	20.786	159.408	2.117	473.314	449.587	−58.710
500	20.786	164.047	4.196	473.923	443.584	−46.341
600	20.786	167.836	6.274	474.510	437.461	−38.084
700	20.786	171.041	8.353	475.067	431.242	−32.180
800	20.786	173.816	10.431	475.591	424.945	−27.746
900	20.786	176.264	12.510	476.081	418.584	−24.294
1000	20.786	178.454	14.589	476.540	412.171	−21.530
1100	20.786	180.436	16.667	476.970	405.713	−19.266
1200	20.786	182.244	18.746	477.374	399.217	−17.377
1300	20.786	183.908	20.824	477.756	392.688	−15.778
1400	20.786	185.448	22.903	478.118	386.131	−14.407
1500	20.786	186.882	24.982	478.462	379.548	−13.217
1600	20.786	188.224	27.060	478.791	372.943	−12.175
1700	20.786	189.484	29.139	479.107	366.318	−11.256
1800	20.787	190.672	31.218	479.411	359.674	−10.437
1900	20.788	191.796	33.296	479.705	353.014	−9.705
2000	20.790	192.863	35.375	479.990	346.339	−9.045
2100	20.793	193.877	37.454	480.266	339.650	−8.448
2200	20.797	194.844	39.534	480.536	332.947	−7.905
2300	20.804	195.769	41.614	480.799	326.233	−7.409
2400	20.813	196.655	43.695	481.057	319.507	−6.954
2500	20.826	197.504	45.777	481.311	312.770	−6.535
2600	20.843	198.322	47.860	481.561	306.024	−6.148
2700	20.864	199.109	49.945	481.809	299.268	−5.790
2800	20.891	199.868	52.033	482.054	292.502	−5.457
2900	20.924	200.601	54.124	482.299	285.728	−5.147
3000	20.963	201.311	56.218	482.543	278.946	−4.857
K	J/(mol·K)			kJ/mol		log bar$^\nu$

酸化窒素(NO)[理想気体] $M=30.006$ (1963)

T	C_p^0	S^0	$H^0-H^0(T_0)$	$\Delta_f H^0$	$\Delta_f G^0$	$\log K_f$
298.15	29.845	210.758	0.	90.291	86.600	−15.172
300	29.841	210.943	0.055	90.292	86.577	−15.074
400	29.944	219.529	3.040	90.332	85.331	−11.143
500	30.486	226.263	6.059	90.352	84.079	−8.784
600	31.238	231.886	9.144	90.366	82.822	−7.210
700	32.028	236.761	12.307	90.381	81.564	−6.086
800	32.767	241.087	15.548	90.398	80.303	−5.243
900	33.422	244.985	18.858	90.417	79.041	−4.587
1000	33.987	248.536	22.229	90.437	77.775	−4.063
1100	34.468	251.799	25.653	90.457	76.508	−3.633
1200	34.877	254.816	29.120	90.476	75.239	−3.275
1300	35.226	257.621	32.626	90.493	73.969	−2.972
1400	35.524	260.243	36.164	90.508	72.697	−2.712
1500	35.780	262.703	39.729	90.518	71.425	−2.487
1600	36.002	265.019	43.319	90.525	70.151	−2.290
1700	36.195	267.208	46.929	90.526	68.878	−2.116
1800	36.364	269.282	50.557	90.522	67.605	−1.962
1900	36.514	271.252	54.201	90.511	66.332	−1.824
2000	36.647	273.128	57.859	90.494	65.060	−1.699
2100	36.767	274.919	61.530	90.469	63.788	−1.587
2200	36.874	276.632	65.212	90.438	62.519	−1.484
2300	36.971	278.273	68.904	90.398	61.251	−1.391
2400	37.060	279.849	72.606	90.350	59.984	−1.306
2500	37.141	281.363	76.316	90.295	58.720	−1.227
2600	37.216	282.822	80.034	90.231	57.458	−1.154
2700	37.285	284.227	83.759	90.160	56.199	−1.087
2800	37.350	285.585	87.491	90.081	54.943	−1.025
2900	37.410	286.896	91.229	89.994	53.689	−0.967
3000	37.466	288.165	94.973	89.899	52.439	−0.913
K	J/(mol·K)			kJ/mol		log bar$^\nu$

二酸化窒素(NO_2)[理想気体] $M=46.005$ (1964)						
T	C_p^0	S^0	$H^0-H^0(T_0)$	$\Delta_f H^0$	$\Delta_f G^0$	$\log K_f$
298.15	36.974	240.034	0.	33.095	51.258	−8.980
300	37.029	240.262	0.068	33.083	51.371	−8.944
400	40.171	251.342	3.927	32.512	57.560	−7.517
500	43.206	260.638	8.099	32.154	63.867	−6.672
600	45.834	268.755	12.555	31.959	70.230	−6.114
700	47.986	275.988	17.250	31.878	76.616	−5.717
800	49.708	282.512	22.138	31.874	83.008	−5.420
900	51.076	288.449	27.179	31.923	89.397	−5.188
1000	52.166	293.889	32.344	32.005	95.779	−5.003
1100	53.041	298.903	37.605	32.109	102.152	−4.851
1200	53.748	303.550	42.946	32.226	108.514	−4.724
1300	54.326	307.876	48.351	32.351	114.867	−4.615
1400	54.803	311.920	53.808	32.478	121.209	−4.522
1500	55.200	315.715	59.309	32.603	127.543	−4.441
1600	55.533	319.288	64.846	32.724	133.868	−4.370
1700	55.815	322.663	70.414	32.837	140.186	−4.307
1800	56.055	325.861	76.007	32.940	146.497	−4.251
1900	56.262	328.897	81.624	33.032	152.804	−4.201
2000	56.441	331.788	87.259	33.111	159.106	−4.155
2100	56.596	334.545	92.911	33.175	165.404	−4.114
2200	56.732	337.181	98.577	33.223	171.700	−4.077
2300	56.852	339.706	104.257	33.255	177.993	−4.042
2400	56.958	342.128	109.947	33.270	184.285	−4.011
2500	57.052	344.455	115.648	33.268	190.577	−3.982
2600	57.136	346.694	121.357	33.248	196.870	−3.955
2700	57.211	348.852	127.075	33.210	203.164	−3.930
2800	57.278	350.934	132.799	33.155	209.460	−3.908
2900	57.339	352.945	138.530	33.082	215.757	−3.886
3000	57.394	354.889	144.267	32.992	222.058	−3.866
K	J/(mol·K)		kJ/mol			log bar$^\nu$

窒素分子(N_2)[基準状態=理想気体] $M=28.013$ (1977)						
T	C_p^0	S^0	$H^0-H^0(T_0)$	$\Delta_f H^0$	$\Delta_f G^0$	$\log K_f$
298.15	29.124	191.609	0.	0.	0.	0.
300	29.125	191.789	0.054	0.	0.	0.
400	29.249	200.181	2.971	0.	0.	0.
500	29.580	206.739	5.911	0.	0.	0.
600	30.110	212.176	8.894	0.	0.	0.
700	30.754	216.866	11.937	0.	0.	0.
800	31.433	221.017	15.046	0.	0.	0.
900	32.090	224.757	18.223	0.	0.	0.
1000	32.697	228.170	21.463	0.	0.	0.
1100	33.241	231.313	24.760	0.	0.	0.
1200	33.723	234.226	28.109	0.	0.	0.
1300	34.147	236.943	31.503	0.	0.	0.
1400	34.518	239.487	34.936	0.	0.	0.
1500	34.843	241.880	38.405	0.	0.	0.
1600	35.128	244.138	41.904	0.	0.	0.
1700	35.378	246.275	45.429	0.	0.	0.
1800	35.600	248.304	48.978	0.	0.	0.
1900	35.796	250.234	52.548	0.	0.	0.
2000	35.971	252.074	56.137	0.	0.	0.
2100	36.126	253.833	59.742	0.	0.	0.
2200	36.268	255.517	63.361	0.	0.	0.
2300	36.395	257.132	66.995	0.	0.	0.
2400	36.511	258.684	70.640	0.	0.	0.
2500	36.616	260.176	74.296	0.	0.	0.
2600	36.713	261.614	77.963	0.	0.	0.
2700	36.801	263.001	81.639	0.	0.	0.
2800	36.883	264.341	85.323	0.	0.	0.
2900	36.959	265.637	89.015	0.	0.	0.
3000	37.030	266.891	92.715	0.	0.	0.
K	J/(mol·K)		kJ/mol			log bar$^\nu$

酸素原子(O)[理想気体] $A = 15.999$ (1982)

T	C_p^0	S^0	$H^0 - H^0(T_0)$	$\Delta_f H^0$	$\Delta_f G^0$	$\log K_f$
298.15	21.911	161.058	0.	249.173	231.736	−40.599
300	21.901	161.194	0.041	249.187	231.628	−40.330
400	21.482	167.430	2.207	249.868	225.670	−29.469
500	21.257	172.197	4.343	250.474	219.549	−22.936
600	21.124	176.060	6.462	251.013	213.312	−18.570
700	21.040	179.310	8.570	251.494	206.990	−15.446
800	20.984	182.116	10.671	251.926	200.602	−13.098
900	20.944	184.585	12.767	252.320	194.163	−11.269
1000	20.915	186.790	14.860	252.682	187.681	−9.803
1100	20.893	188.782	16.950	253.018	181.165	−8.603
1200	20.877	190.599	19.039	253.332	174.619	−7.601
1300	20.864	192.270	21.126	253.627	168.047	−6.752
1400	20.853	193.816	23.212	253.906	161.453	−6.024
1500	20.845	195.254	25.296	254.171	154.840	−5.392
1600	20.838	196.599	27.381	254.421	148.210	−4.839
1700	20.833	197.862	29.464	254.659	141.564	−4.350
1800	20.830	199.053	31.547	254.884	134.905	−3.915
1900	20.827	200.179	33.630	255.097	128.234	−3.525
2000	20.826	201.247	35.713	255.299	121.552	−3.175
2100	20.827	202.263	37.796	255.488	114.860	−2.857
2200	20.830	203.232	39.878	255.667	108.159	−2.568
2300	20.835	204.158	41.962	255.835	101.450	−2.304
2400	20.841	205.045	44.045	255.992	94.734	−2.062
2500	20.851	205.896	46.130	256.139	88.012	−1.839
2600	20.862	206.714	48.216	256.277	81.284	−1.633
2700	20.877	207.502	50.303	256.405	74.551	−1.442
2800	20.894	208.261	52.391	256.525	67.814	−1.265
2900	20.914	208.995	54.481	256.637	61.072	−1.100
3000	20.937	209.704	56.574	256.741	54.327	−0.946
K	J/(mol·K)			kJ/mol		log bar

水酸基(OH)[理想気体] $M = 17.007$ (1977)

T	C_p^0	S^0	$H^0 - H^0(T_0)$	$\Delta_f H^0$	$\Delta_f G^0$	$\log K_f$
298.15	29.986	183.708	0.	38.987	34.277	−6.005
300	29.977	183.894	0.055	38.988	34.248	−5.963
400	29.650	192.466	3.035	39.029	32.660	−4.265
500	29.521	199.066	5.992	38.995	31.070	−3.246
600	29.527	204.447	8.943	38.902	29.493	−2.568
700	29.663	209.007	11.902	38.764	27.935	−2.085
800	29.917	212.983	14.880	38.598	26.399	−1.724
900	30.264	216.526	17.888	38.416	24.884	−1.444
1000	30.676	219.736	20.935	38.230	23.391	−1.222
1100	31.124	222.680	24.024	38.046	21.916	−1.041
1200	31.586	225.408	27.160	37.867	20.458	−0.891
1300	32.046	227.955	30.342	37.697	19.014	−0.764
1400	32.492	230.346	33.569	37.535	17.583	−0.656
1500	32.917	232.602	36.839	37.381	16.163	−0.563
1600	33.319	234.740	40.151	37.234	14.753	−0.482
1700	33.694	236.771	43.502	37.093	13.352	−0.410
1800	34.044	238.707	46.889	36.955	11.960	−0.347
1900	34.369	240.557	50.310	36.819	10.575	−0.291
2000	34.670	242.327	53.762	36.685	9.197	−0.240
2100	34.950	244.026	57.243	36.551	7.826	−0.195
2200	35.209	245.658	60.752	36.416	6.462	−0.153
2300	35.449	247.228	64.285	36.282	5.103	−0.116
2400	35.673	248.741	67.841	36.137	3.750	−0.082
2500	35.881	250.202	71.419	35.992	2.404	−0.050
2600	36.075	251.613	75.017	35.843	1.063	−0.021
2700	36.256	252.978	78.633	35.689	−0.271	0.005
2800	36.426	254.300	82.267	35.530	−1.600	0.030
2900	36.586	255.581	85.918	35.365	−2.924	0.053
3000	36.736	256.824	89.584	35.194	−4.241	0.074
K	J/(mol·K)			kJ/mol		log bar$^\nu$

付録A　化学種の熱化学的性質表

酸素分子(O_2)［基準状態＝理想気体］　$M=31.999$　（1977）

T	C_p^0	S^0	$H^0-H^0(T_0)$	$\Delta_f H^0$	$\Delta_f G^0$	$\log K_f$
298.15	29.376	205.147	0.	0.	0.	0.
300	29.385	205.329	0.054	0.	0.	0.
400	30.106	213.871	3.025	0.	0.	0.
500	31.091	220.693	6.084	0.	0.	0.
600	32.090	226.451	9.244	0.	0.	0.
700	32.981	231.466	12.499	0.	0.	0.
800	33.733	235.921	15.835	0.	0.	0.
900	34.355	239.931	19.241	0.	0.	0.
1000	34.870	243.578	22.703	0.	0.	0.
1100	35.300	246.922	26.212	0.	0.	0.
1200	35.667	250.010	29.761	0.	0.	0.
1300	35.988	252.878	33.344	0.	0.	0.
1400	36.277	255.556	36.957	0.	0.	0.
1500	36.544	258.068	40.599	0.	0.	0.
1600	36.796	260.434	44.266	0.	0.	0.
1700	37.040	262.672	47.958	0.	0.	0.
1800	37.277	264.796	51.673	0.	0.	0.
1900	37.510	266.818	55.413	0.	0.	0.
2000	37.741	268.748	59.175	0.	0.	0.
2100	37.969	270.595	62.961	0.	0.	0.
2200	38.195	272.366	66.769	0.	0.	0.
2300	38.419	274.069	70.600	0.	0.	0.
2400	38.639	275.709	74.453	0.	0.	0.
2500	38.856	277.290	78.328	0.	0.	0.
2600	39.068	278.819	82.224	0.	0.	0.
2700	39.276	280.297	86.141	0.	0.	0.
2800	39.478	281.729	90.079	0.	0.	0.
2900	39.674	283.118	94.036	0.	0.	0.
3000	39.864	284.466	98.013	0.	0.	0.
K	J/(mol·K)			kJ/mol		log bar$^\nu$

硫黄(S)［基準状態＝α, β 結晶，液，理想気体］　$M=32.06$　（1977）

T	C_p^0	S^0	$H^0-H^0(T_0)$	$\Delta_f H^0$	$\Delta_f G^0$	$\log K_f$
298.15	22.698	32.056	0.	0.	0.	0.
300	22.744	32.196	0.042	0.	0.	0.
400	32.162	44.793	4.639	⋮	⋮	⋮
500	37.986	53.532	8.567			
600	34.308	60.078	12.152			
700	32.681	65.241	15.499	α 結晶 $\rightleftarrows$ β 結晶		
800	31.699	69.530	18.710	遷移点 368.300 K		
900	18.483	133.448	74.967			
1000	18.638	135.403	76.823	$H^0-H^0(T_0)=\begin{cases}1.648(\alpha)\\2.049(\beta)\end{cases}$		
1100	18.792	137.187	78.694			
1200	18.947	138.829	80.581			
1300	19.103	140.352	82.484	β 結晶 $\rightleftarrows$ 液		
1400	19.257	141.773	84.402	遷移点 388.360 K		
1500	19.409	143.107	86.335			
1600	19.556	144.364	88.283	$H^0-H^0(T_0)=\begin{cases}2.550(\beta)\\4.271(液)\end{cases}$		
1700	19.697	145.554	90.246			
1800	19.830	146.684	92.223			
1900	19.956	147.759	94.212	液 $\rightleftarrows$ ガス		
2000	20.072	148.786	96.213	遷移点 882.117 K		
2100	20.176	149.768	98.226			
2200	20.274	150.708	100.248	$H^0-H^0(T_0)=\begin{cases}21.310(液)\\74.636(ガス)\end{cases}$		
2300	20.364	151.612	102.280			
2400	20.448	152.480	104.321			
2500	20.526	153.316	106.370	⋮	⋮	⋮
2600	20.589	154.123	108.426	0.	0.	0.
2700	20.650	154.901	110.488	0.	0.	0.
2800	20.707	155.653	112.555	0.	0.	0.
2900	20.762	156.381	114.629	0.	0.	0.
3000	20.813	157.085	116.708	0.	0.	0.
K	J/(mol·K)			kJ/mol		log bar$^\nu$

付録A 化学種の熱化学的性質表

二酸化硫黄(SO₂)[理想気体] $M=64.059$ (1961)						
T	C_p^0	S^0	$H^0-H^0(T_0)$	$\Delta_f H^0$	$\Delta_f G^0$	$\log K_f$
298.15	39.878	248.212	0.000	−296.842	−300.125	52.581
300	39.945	248.459	0.074	−296.865	−300.145	52.260
400	43.493	260.448	4.250	−300.257	−300.971	39.303
500	46.576	270.495	8.758	−302.736	−300.871	31.432
600	49.049	279.214	13.544	−304.694	−300.305	26.144
700	50.961	286.924	18.548	−306.291	−299.444	22.345
800	52.434	293.829	23.721	−307.667	−298.370	19.482
900	53.580	300.073	29.023	−362.026	−296.051	17.182
1000	54.484	305.767	34.428	−361.940	−288.725	15.081
1100	55.204	310.995	39.914	−361.835	−281.409	13.363
1200	55.794	315.824	45.464	−361.720	−274.102	11.931
1300	56.279	320.310	51.069	−361.601	−266.806	10.720
1400	56.689	324.496	56.718	−361.484	−259.518	9.683
1500	57.036	328.419	62.404	−361.372	−252.239	8.784
1600	57.338	332.110	68.123	−361.268	−244.967	7.997
1700	57.601	335.594	73.870	−361.176	−237.701	7.304
1800	57.831	338.893	79.642	−361.096	−230.440	6.687
1900	58.040	342.026	85.436	−361.031	−223.183	6.136
2000	58.229	345.007	91.250	−360.981	−215.929	5.639
2100	58.400	347.853	97.081	−360.948	−208.678	5.191
2200	58.555	350.573	102.929	−360.931	−201.427	4.782
2300	58.702	353.179	108.792	−360.930	−194.177	4.410
2400	58.840	355.680	114.669	−360.947	−186.927	4.068
2500	58.965	358.085	120.559	−360.980	−179.675	3.754
2600	59.086	360.400	126.462	−361.030	−172.422	3.464
2700	59.199	362.632	132.376	−361.095	−165.166	3.195
2800	59.308	364.787	138.302	−361.175	−157.908	2.946
2900	59.413	366.870	144.238	−361.270	−150.648	2.713
3000	59.513	368.886	150.184	−361.379	−143.383	2.497
K	J/(mol·K)			kJ/mol		log bar$^\nu$

三酸化硫黄(SO₃)[理想気体] $M=80.058$ (1965)						
T	C_p^0	S^0	$H^0-H^0(T_0)$	$\Delta_f H^0$	$\Delta_f G^0$	$\log K_f$
298.15	50.661	256.769	0.	−395.765	−371.016	65.000
300	50.802	257.083	0.094	−395.794	−370.862	64.573
400	57.672	272.674	5.530	−399.412	−362.242	47.304
500	63.100	286.152	11.580	−401.878	−352.668	36.843
600	67.255	298.041	18.107	−403.675	−342.647	29.830
700	70.390	308.655	24.997	−405.014	−332.365	24.801
800	72.761	318.217	32.160	−406.068	−321.912	21.019
900	74.570	326.896	39.531	−460.062	−310.258	18.007
1000	75.968	334.828	47.060	−459.581	−293.639	15.338
1100	77.065	342.122	54.714	−459.063	−277.069	13.157
1200	77.937	348.866	62.466	−458.521	−260.548	11.341
1300	78.639	355.133	70.296	−457.968	−244.073	9.807
1400	79.212	360.983	78.189	−457.413	−227.640	8.493
1500	79.685	366.465	86.135	−456.863	−211.247	7.356
1600	80.079	371.620	94.124	−456.323	−194.890	6.363
1700	80.410	376.485	102.149	−455.798	−178.567	5.487
1800	80.692	381.090	110.204	−455.293	−162.274	4.709
1900	80.932	385.459	118.286	−454.810	−146.009	4.014
2000	81.140	389.616	126.390	−454.351	−129.768	3.389
2100	81.319	393.579	134.513	−453.919	−113.549	2.824
2200	81.476	397.366	142.653	−453.514	−97.350	2.311
2300	81.614	400.990	150.807	−453.137	−81.170	1.843
2400	81.735	404.466	158.975	−452.790	−65.006	1.415
2500	81.843	407.805	167.154	−452.472	−48.855	1.021
2600	81.939	411.017	175.343	−452.183	−32.716	0.657
2700	82.025	414.111	183.541	−451.922	−16.587	0.321
2800	82.102	417.096	191.748	−451.690	−0.467	0.009
2900	82.171	419.978	199.961	−451.487	15.643	−0.282
3000	82.234	422.765	208.182	−451.311	31.748	−0.553
K	J/(mol·K)			kJ/mol		log bar$^\nu$

付録 B　主要な物理定数と単位

表 B-1　基礎物理定数[*]

名　称	記号	数　値	単　位	備　考
光　速	c	$2.997\,924\,58 \times 10^8$	m/s	真空中
Plank の定数	h	$6.626\,176 \times 10^{-34}$	J/Hz	$1.582\,92 \times 10^{-37}$ kcal/Hz
Avogadro 定数	N_A	$6.022\,045 \times 10^{23}$	mol^{-1}	1 g 分子中の分子数
Faraday 定数	F	$9.648\,456 \times 10^4$	C/mol	1価 1 g イオン
氷点の絶対温度	T_0	273.15	K	1 atm
理想気体の標準体積	V_0	22.413 83	m³/kmol	0°C, 1 atm
一般ガス定数	R	8.314 41	J/(K·mol)	$1.986\,22$ cal/(K·mol)
Boltzmann 定数	k	$1.380\,662 \times 10^{-23}$	J/K	$3.298\,25 \times 10^{-27}$ kcal/K
Stefan-Boltzmann 定数	σ	$5.670\,32 \times 10^{-8}$	J/(m²·s·K)	$1.354\,2 \times 10^{-11}$ kcal/(m²·s·K)
放射の第一定数	C_1	$3.741\,832 \times 10^{-16}$	W·m²	
放射の第二定数	C_2	$1.438\,786 \times 10^{-2}$	m·K	
重力加速度	g	9.806 65	m/s²	国際標準値
電子の電荷	e	$1.602\,189\,2 \times 10^{-19}$	C	
電子の比電荷	e/m_e	$1.758\,804\,7 \times 10^{11}$	C/kg	静止状態
電子の質量	m_e	$9.109\,534 \times 10^{-31}$	kg	静止状態
陽子の質量	m_p	$1.672\,648\,5 \times 10^{-27}$	kg	静止状態
中性子の質量	m_n	$1.674\,954\,3 \times 10^{-27}$	kg	静止状態

[*] 科学技術データ委員会（CODATA）の 1973 年の勧告値による．

表 B-2　主要元素の原子量[*]　　　　　　　　$^{12}C = 12$

元素名	元素記号	原子番号	原子量	元素名	元素記号	原子番号	原子量
水　素	H	1	1.007 9	アルゴン	Ar	18	39.948
ヘリウム	He	2	4.002 60	カリウム	K	19	39.098 3
リチウム	Li	3	6.941	カルシウム	Ca	20	40.078
炭　素	C	6	12.011	バナジウム	V	23	50.941 5
窒　素	N	7	14.006 7	コバルト	Co	27	58.933 2
酸　素	O	8	15.999 4	ニッケル	Ni	28	58.69
ふっ素	F	9	18.998 40	臭　素	Br	35	79.904
ナトリウム	Na	11	22.989 77	ルテニウム	Ru	44	101.07
マグネシウム	Mg	12	24.305	ロジウム	Rh	45	102.905 5
アルミニウム	Al	13	26.981 54	よう素	I	53	126.904 5
けい素	Si	14	28.085 5	セシウム	Cs	55	132.905 4
り　ん	P	15	30.973 76	バリウム	Ba	56	137.33
い お う	S	16	32.066	白　金	Pt	78	195.08
塩　素	Cl	17	35.453	鉛	Pb	82	207.2

[*] 国際純正および応用化学連合（IUPAC）原子量委員会資料（1973）による．

付録B 主要な物理定数と単位

表 B-3 力換算表

N (kg·m/s²)	dyn (g·cm/s²)	kgf	lbf
1	1×10^5	1.01972×10^{-1}	2.24809×10^{-1}
1×10^{-5}	1	1.01972×10^{-6}	2.24809×10^{-6}
9.80665	9.80665×10^5	1	2.20462
4.44822	4.44822×10^5	4.53592×10^{-1}	1

表 B-4 圧力換算表*

Pa (N/m²)	bar	kgf/cm² (at)	lbf/in² (psi)	atm	mmHg (torr)
1	1×10^{-5}	1.01972×10^{-5}	1.45038×10^{-4}	9.86923×10^{-6}	7.50062×10^{-3}
1×10^5	1	1.01972	1.45038×10	9.86923×10^{-1}	7.50062×10^2
9.80665×10^4	9.80665×10^{-1}	1	1.42233×10	9.67841×10^{-1}	7.35559×10^2
6.89476×10^3	6.89476×10^{-2}	7.03072×10^{-2}	1	6.80460×10^{-2}	5.17150×10
1.01325×10^5	1.01325	1.03323	1.46959×10	1	7.60000×10^2
1.33322×10^2	1.33322×10^{-3}	1.35951×10^{-3}	1.93367×10^{-2}	1.31579×10^{-3}	1

* $1\,\mathrm{mmH_2O}=1.00000\,\mathrm{kgf/m^2}=1.00000\times 10^{-4}\,\mathrm{kgf/cm^2}$

表 B-5 エネルギー,仕事,熱量換算表*

J	kW·h	erg	kgf·m	lbf·ft	kcal**	kcal$_{IT}$	BTU	MeV
1	2.77778×10^{-7}	1×10^7	1.01972×10^{-1}	7.37561×10^{-1}	2.38889×10^{-4}	2.3885×10^{-4}	9.47816×10^{-4}	6.24146×10^{12}
3.60000×10^6	1	3.60000×10^{13}	3.67098×10^5	2.65522×10^6	8.59999×10^2	8.5984×10^2	3.41214×10^3	2.24692×10^{19}
1×10^{-7}	2.77778×10^{-14}	1	1.01972×10^{-8}	7.37561×10^{-8}	2.38889×10^{-11}	2.3885×10^{-11}	9.47816×10^{-11}	6.24146×10^5
9.80665	2.72407×10^{-6}	9.80665×10^7	1	7.23300	2.34270×10^{-3}	2.3423	9.29490×10^{-3}	6.12078×10^{13}
1.35582	3.76617×10^{-7}	1.35582×10^7	1.38256×10^{-1}	1	3.23890×10^{-4}	3.2384×10^{-4}	1.28507×10^{-3}	8.46229×10^{12}
4.18605×10^3	1.16279×10^{-3}	4.18605×10^{10}	4.26858×10^2	3.08747×10^3	1	0.99982	3.96760	2.61271×10^{16}
$4.186\,8\times 10^3$	$1.163\,0\times 10^{-3}$	$4.186\,8\times 10^{10}$	$4.269\,4\times 10^2$	$3.088\,0\times 10^3$	1.00018	1	3.9683	$2.613\,2\times 10^{16}$
1.05506×10^3	2.93071×10^{-4}	1.05506×10^{10}	1.07586×10^2	7.78171×10^2	2.52041×10^{-1}	2.5200×10^{-1}	1	6.58511×10^{15}
1.60219×10^{-13}	4.45053×10^{-20}	1.60219×10^{-6}	1.63379×10^{-14}	1.18171×10^{-13}	3.82746×10^{-17}	3.8268×10^{-17}	1.51858×10^{-16}	1

* 熱化学カロリー:$1\,\mathrm{cal_{th}}=4.1840\,\mathrm{J}$
** 計量法カロリー:15° カロリーとも呼ばれ,水 1 kg を 14.5℃ から 15.5℃ まで昇温させるに要する熱量.

表 B-6 粘度換算表

Pa·s	cP	P (g/(cm·s))
1	1×10^3	1×10
1×10^{-3}	1	1×10^{-2}
1×10^{-1}	1×10^2	1

表 B-7 動粘度換算表

m²/s	cSt	St (cm²/s)
1	1×10^6	1×10^4
1×10^{-6}	1	1×10^{-2}
1×10^{-4}	1×10^2	1

付録 C 演習問題の解答

第1章の演習問題

（1） （a）水分2.2%，（b）灰分16.7%，（c）揮発分31.1%，（d）固定炭素49.9%，（e）燃料比1.60.

（2） API 度=45.4, $Be'=45.0$, $H_h=46.3\,\text{MJ/kg}=37.0\,\text{MJ/L}$, $v_v=2.39\times10^4(\theta+273)/p\,[\text{m}^3/\text{kg}]$, $\lambda_l=1.46\times10^{-4}(1000-0.54\theta)\,[\text{W/(m·K)}]$, $c_l=1.89+0.0038\theta\,[\text{kJ/(kg·K)}]=1.51+0.0030\theta\,[\text{kJ/(L·K)}]$, $r=310-0.5\theta\,[\text{kJ/kg}]=250-0.4\theta\,[\text{kJ/L}]$, $h_l=1.51\theta+0.00152\theta^2\,[\text{kJ/L}]$, $h_v=250+1.13\theta+1.52\times10^{-3}\theta^2\,[\text{MJ/m}^3]$.

（3） 火花点火機関のノッキングはエンドガスが火炎到達前に自発着火するために起こる→燃料の自発着火性が低いほどよい.
ディーゼル機関のノッキングは着火遅れ期間に噴射された燃料が一斉に着火するために起こる→燃料の自発着火性が高いほどよい.

（4） よくない.

（5） 石炭は産出後，ほとんど加工せずに供給される→燃料比にばらつき大
石油製品は精油所で工業規格に合わせて加工・調整される→揮発性や残炭分にはとんどばらつきなし.

第2章の演習問題

（1） $F/A=0.0556\,\text{kg/kg}$, $A/F=18\,\text{kg/kg}$, $\phi=0.832$, $\alpha=1.20$.

（2） $A=10.48\,\text{m}^3/\text{m}^3$.

（3） $H_h=3.665\,\text{MJ/m}^3{}_\text{N}$, $H_l=3.626\,\text{MJ/m}^3{}_\text{N}$, $O_0=0.145\,\text{m}^3/\text{m}^3$, $A_0=0.690\,\text{m}^3/\text{m}^3$, $V_{w0}=1.545\,\text{m}^3/\text{m}^3$, $V_{d0}=1.525\,\text{m}^3/\text{m}^3$, $T_{bt}=1606\,\text{K}$.

（4） （a）$\alpha=1.202$, （b）$V_d=10.5\,\text{m}^3{}_\text{N}/\text{m}^3{}_\text{N}$ fuel, $V_w=12.53\,\text{m}^3{}_\text{N}/\text{m}^3{}_\text{N}$ fuel, （c）$\eta_c=96.7\%$.

（5） 図E-1. 損失のある場合は省略.

（6） $\eta_t{}^*=80.9\%$.

（7） $\eta_t=0.974-0.384\alpha$.

（8） （a）タンク容量は1.87倍，質量は2.24倍，（b）メタノール：$A_0=6.46\,\text{kg/kg}$, n-ヘキサン：$A_0=15.2\,\text{kg/kg}$, （c）メタノール：$G_w=9.39$

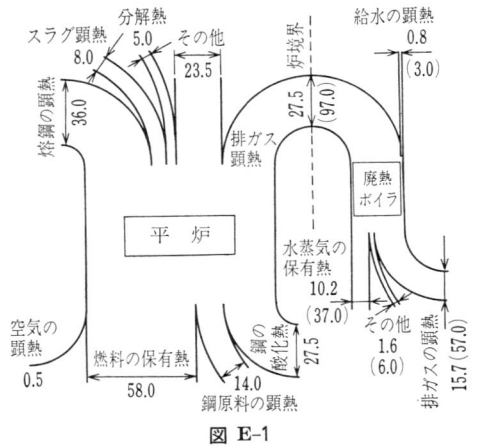

図 E-1

kg/kg, $G_w/H_l=0.472$ kg/MJ, n-ヘキサン：$G_w=20.8$ kg/kg, $G_w/H_l=0.464$ kg/MJ, (d) メタノール：$\theta_b=1668$℃, n-ヘキサン：$\theta_b=1695$℃, (e) メタノールは, H_l は 1/2 以下だが, O を含むため A_0 が 1/2 以下, ひいては G_w が 1/2 以下となり, θ_b に大差がなくなる（27℃の差）.

（9） (a) $H_h=9.846$ MJ/m^3_N, $H_l=8.905$ MJ/m^3_N, (b) $m_C=0.316$ kg/m^3_N, (c) $V_g=3.16$ m^3_N/kg graphite, (d) 損失エネルギーの割合 4.95%, (e) 燃焼反応や不完全燃焼反応（第1章の反応（R2），（R3））で生じた燃焼熱を系外にほとんど出さずに，発生炉ガス反応（第1章の反応（R4））や水性ガス反応（第1章の反応（R5），（R6））の吸熱反応熱として系内に保存しているため.

（10） (a) $V_d=33.46$ m^3_N/kg fuel, (b) $\alpha=1.291$, (c) $V_d=13.95$ m^3_N/kg fuel, (d) $(NO_x)=120$ ppm for $(O_2)=5$%.

第3章の演習問題

（1） $-\Delta_rH^0(R2)=393.522$ kJ/mol, $-\Delta_rH^0(R3)=110.527$ kJ/mol, $-\Delta_rH^0(R4)=-172.468$ kJ/mol, $-\Delta_rH^0(R5)=-131.299$ kJ/mol, $-\Delta_rH^0(R6)=-90.130$ kJ/mol, $-\Delta_rH^0(R7)=41.169$ kJ/mol, $-\Delta_rH^0(R8)=74.873$ kJ/mol, $-\Delta_rH^0(R9)=206.172$ kJ/mol.

（2）

	1000 K	1500 K	2000 K
H_2	6.89×10^{-5}	1	120
CO	0.202×10^{-5}	1	703
CH_4	782×10^{-5}	1	11.3

（3） $T_{bt}=2402$ K.

（4） $T_b=1190$ K.

（5） $\alpha=1.0$ で 30.0%, $\alpha=1.5$ で 35.8%. したがって, 損失率は 5.8% 増加.

（6） 全圧 0.1 MPa のとき 1.51 kPa, 1 MPa のとき 7.02 kPa.

（7） (a) $r=0.571$, (b) $r=0.187$, (a) の 32% に低下, (c) $r=1.00\times10^7$, (b) の 5.54×10^7 倍に上昇.

（8） $p_A=p_B=0.409$ bar, $p_C=0.183$ bar.

第4章の演習問題

（1） 図 E-2 において, $\alpha=12.1°$, $\beta=59.4°$, $U_u=2$ m/s, $U_b=3.84$ m/s.

（2） $dD_F/dt=5.56$ m/s.

（3） $S_u=0.356$ m/s.

（4） $N=1.75$.

（5） $\delta=58.4$ μm, $\delta_r=71.2$ μm, $\delta_f=129.6$ μm.

（6） 72 L/min まで燃焼可能.

（7） $K=0.0519$.

図 E-2

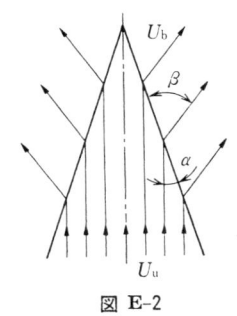

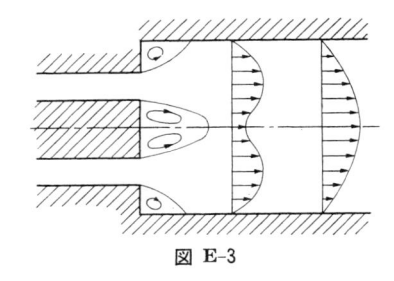

図 E-3

(8)

U_u m/s	1	2	5	10
R mm	1.15	9.80	156	1250

(9) （a）$\varepsilon=12.85$ m^2/s^3, $l_T=2.16$ mm, $l_K=0.134$ mm, $R_T=67.5$, （b）$S_T=9.8$ m/s, （c）$S_T=1.36$ m/s.
(10) （a）$S=0.354$, （b）弱い旋回流であるから，図 E-3 のようになる．
(11) $(E_c)_{p2}=0.711$ μJ．
(12) 4.5.2 C 参照．
(13) $T_u=618$℃．

第5章の演習問題

(1) $d_{m32}=22.2$ μm, $d_{med}=20.7$ μm．
(2) ロジン-ラムラーの分布関数 $R_m(d)$ から $f_m(d)$ を作り，d の指数ならびに exp の中身に注目して，抜山-柳沢の $f_m(d)$ と比較すればよい．
(3) 抜山-柳沢の分布関数で $\beta=1$ と置いたものを d_{m32} の定義式に代入すると，$d_{m32}=(\alpha+3)/B$．$f_m(d)$ で $\beta=1$ と置いたものを d で微分して零と置けば，ピークの位置が求められるから，一致するかどうか調べる．
(4) $p_j \geqq 2.66$ MPa．
(5) $d_m=125$ μm, $d_{max}=251 \sim 314$ μm．
(6) （a）$d_{m32}=75$ μm, $d_{med}=92$ μm, （b）$L=0.879$ m．
(7) $f_n'(d)=u(d)f_n(d)$, 直径が d_0 と $2d_0$ の油滴の相対出現頻度は $\exp(-Bd_0)$ から $2\exp(-Bd_0)$ に変化する．
(8) $C_{b0}=1.30$ mm^2/s, $C_b=2.06$ mm^2/s．
(9) $n_T<23$, $D<1.28$ mm：内部群燃焼
$n_T=23\sim23000$, $D=1.28\sim12.8$ mm：外部群燃焼
$n_T>23000$, $D>12.8$ mm：外殻燃焼（単滴燃焼の条件は存在しない）．
(10) （a）$x_F(\theta)/x_F(30°)=0.577\cot\theta$（線図省略），（b）$x_F \propto \dot{m}_f$, （c）$\dot{m}_a \propto \dot{m}_f$．

第6章の演習問題

（1） 揮発分発生率 53.4 kg/s，分解燃焼期間 5.6 ms．
（2） $\tau=400$ s．
（3） （a）CO と CO_2 の発生率 14.9 $m^3_N/(m^2 \cdot h)$，（b）乾き燃焼ガスの発生率 136 $m^3_N/(m^2 \cdot h)$．
（4） （a）

H_2	CO_2	CO	CH_4	N_2
0.154	0.115	0.096	0.015	0.619

   （b） 顕熱損失の差 23.6%．
（5） 65.6% に減少する．
（6） 4.75% 減少する．

第7章の演習問題

（1） $T_2=798.3$ K，$p_2=10.33$ bar．
（2） 断面1の状態に対応する点1を原点とする第1・第3象限．$\dot{m}^2<0$，すなわち $\dot{m}$ が虚数となるから．
（3） 一次元定常流れの中で最も安定；$M_2=1$；最低デトネーション速度．
（4） 層流火炎伝ばの支配因子は熱伝導と拡散．ところが一次元気体力学ではこれらを無視している．一方，デトネーションは超音速現象で熱伝導や拡散が影響しない．
（5） 基礎式（7.1）〜（7.3）は断面1と2で流れが一次元的であれば，両断面間で何が起こっていようと，それに無関係に成立．
（6） 省略．

第8章の演習問題

（1） $I_0=46.9$ kW/m^2．　　（2） $Q_r=301$ kW/m．

第9章の演習問題

（1） CO 2.29%，UHC 0.25%．　　（2） $r_{NO}=1190$ ppm．
（3） $r_{NO}=305$ ppm，$r_{SO_2}=1065$ ppm．　　（4） 3.03倍．低発熱量は40.3%に減少．

詳解は http://www.morikita.co.jp/soft/6702/ に載せてあります．ご自由にダウンロードして下さい．

索　　　引

あ

アーク炉ガス　Arc (Electric) furnace gas　23
アシッドスマット　Acid smut　219
亜炭　Lignite　3, 7
アセチレン　Acetylene (Alkyne) series　10
油バーナにおける燃焼　Oil burner combustion　160
亜歴青炭　Volatile bituminous coal　3
アロマティック　Aromatic series　10
アンチノック剤　Antiknock agent　14

い

硫黄酸化物　Sulfur oxides　222
イオンプローブ法　Ion-probe method　248, 251
一段不可逆総括反応　One-step, irreversible overall reaction　31
一酸化炭素　Carbon monoxide　212
いぶり燃焼　Smoldering　28, 170
引火点　Flash (Flashing) point　12
インラインホログラフィ　Inline holography　254

う

上込め燃焼　Overfeed firing　178
上 C-J 点　Upper C-J point　191
上チャップマン-ジュゲ点　Upper Chapman-Jouget point　191
上吹消え限界　Upper blowout limit　125
ウェル熱電対　Welled thermocouple　239
ウォールリセス型バーナ　Recessed wall type burner　102
浮き上がり火炎　Lifted flame　91, 126
浮き上がり限界　Critical velocity gradient for flame lift-up　91
渦巻き噴射弁　Swirl [type] atomizer　137, 140

え

液化石油ガス　Liquefied petroleum gas　18
液化天然ガス　Liquefied natural gas　17
液浸法　Pool trapping methed　252
液体燃料　Liquid fuel　1, 9
液体燃料の燃焼　Combustion of liquid fuel　27, 132
液体燃料の燃焼形態　Combustion mode of liquid fuel　132
液体燃料の微粒化　Atomization of liquid fuel　136
液噴流のレイノルズ数　Reynolds number for liquid jet　136
液面燃焼　Combustion on liquid surface　28, 132
エクセルギー　Exergy　69, 229
エクセルギー効率　Exergy efficiency　71
エクセルギー損失　Exergy loss　71
エクセルギーバランス　Exergy balance　69
エネルギーバランス　Energy balance　66
エマルジョン燃焼　Water-in-oil emulsion combustion　217
円管消炎距離　Circular tube quenching distance　115
遠心力集塵　Mechanical (Centrifugal) dust collection　217
エンタルピーバランス　Enthalpy balance　68

お

オーバーエア　Over-fire air　222
オイラスケール　Eulerian scale　95
オイルサンド　Oil sand　15
オイルシェール　Oil shale　15
オクタン価　Octane number　14
オレフィン　Olefin (Alkylene) series　10
音速吸引プローブ　Acoustic suction probe　248
音速法　Acoustic thermometry　236

か

加圧式バーナ　Pressure burner　135
外殻燃焼　External sheath combustion　158
塊炭　Lump coal　7
回転カップ噴霧器　Rotating cup (Rotary) atomizer　140
回転体噴霧器　Rotating body (Rotary) atom-

izer 138, 140
回転噴孔噴霧器 Rotating nozzle atomizer 138
回転ミラー/プリズム法 Rotating mirror/prism velocimetry 246
外部群燃焼 External group combustion 158
外部混合式二流体噴射弁 External mixing type twin-fluid atomizer 137
火炎形状の変更 Flame deformation 221
火炎帯 Flame zone 80
火炎伝ば Flame propagation 31
火炎伝ば速度 Propagation velocity of flame 81
火炎熱放射の計算 Calculation of thermal radiation of flame 202
火炎の形態と長さ Shape and length of flame 117
火炎の射出率 Emissivity of flame 13, 209
火炎の熱放射 Thermal radiation of flame 201
火炎の発光 Light emission of flame 197
火炎の発光と熱放射 Light emission and thermal radiation of flame 197
火炎の吹消え Flame blowout 124
火炎の吹飛び Flame blowoff 124
火炎吹消え限界 Flame blowout limit 101
火炎吹飛び限界 Flame blowoff limit 125
火炎面モデル Flame-sheet model 31
化学種の熱化学的性質表 Tables of thermochemical properties of species 257
化学的遅れ Chemical lag (delay) 144, 146
化学発光 Chemiluminescence 197
化学発光法 Chemiluminescence method 249
化学平衡 Chemical equilibrium 30, 71
化学量論式 Equation of stoichiometry 29
角運動量流量 Angular momentum flux 103
拡散火炎の形態 Configuration of diffusion flame 117
拡散火炎の構造 Structure of diffusion flame 116
拡散速度定数 Diffusion rate coefficient 174
拡散燃焼 Diffusive combustion 26, 78, 116
拡散理論 Diffusion theory (concept) 84
拡大ゼルドヴィッチ機構 Extended Zeldovich mechanism 218
確認埋蔵量 Proved reserves 3

影写真法 Shadowgraphy 236, 241
可採年 Reserve life index 4
可採埋蔵量 Recoverable reserves 3
かさ比重 Bulk specific gravity 6
ガス塊の射出率 Emissivity of gas particle (lump) 206
ガス塊の熱放射 Thermal radiation of gas particle (lump) 206
ガス化燃焼 Gasified coal combustion 183
ガス化の方法 Method of gasification 19
ガス化反応 Reactions for gasification 19
ガス化炉の形式と生成ガス Types of gasifier and their product gases 21
ガスクロマトグラフ Gas chromatograph 249
ガスタービン燃料 Gas turbine fuel 15
ガスの一次元定常流れ One-dimensional steady flow of gas 187
ガスの熱放射 Thermal radiation of gas 202
ガス放射 Gaseous radiation 197, 201
カセグレン集光光学系 Cassegrain lightcondensing system 250
ガソリン Gasoline 10
活性化エネルギー Activation energy 31, 62
活性化学種 Active species 30
褐炭 Brown coal 3
可燃濃度範囲 Flammable range of concentration 26
過濃可燃限界濃度 Rich flammability limit 27
カルロヴィッツ数 Karlovitz number 34, 93
乾き燃焼ガス質量 Mass of dry burnt gas 42
乾き燃焼ガス体積 Volume of dry burnt gas 42
間欠燃焼 Intermittent combustion 78
乾式助燃法 Dry auxiliary combustion 9
乾式燃焼 Dry (Slag-free) firing 170
乾性ガス Dry [natural] gas 18
間接液化法 Indirect liquefaction process 16
貫通距離 Penetration distance 144
緩慢混合 Slow (Retarded) mixing 221, 222
乾留 Dry distillation 7
乾留法 Dry distillation process 16, 20
還流領域 Recirculation zone 101

き

輝炎 Luminous flame 14, 197, 202

輝炎の発光　Light emission of luminous flame　199
輝炎発光　Luminous light emission　197
気孔拡散　Intrapore diffusion　175
気孔率　Porosity　6
気相停止反応　Gas-phase (Homogeneous) termination　30
気相反応　Gas-phase reaction　29
気体燃料　Gaseous fuel　1, 17
気体燃料の燃焼　Combustion of gaseous fuel　26, 78
気体燃料の燃焼形態　Combustion mode of gaseous fuel　78
希薄可燃限界濃度　Concentration at lean flammability limit　27, 152
希薄予混合燃焼　Lean premixed combustion　220
揮発速度係数　Decomposition rate coefficient　171
揮発分　Volatile constituent　4, 170
ギブスのモル自由エネルギー　Gibbs' molar free energy　65
逆反応　Reverse reaction　30
逆火　Flashback (Backfire)　91
逆火限界速度こう配　Critical velocity gradient for flame flashback　91
吸引式熱電対　Suction pyrometer　239
球形容器中心点火法　Spherical vessel central ignition technique　83
球形粒子　Spherical particle　202
吸光法　Beam absorption thermometry　244
境界層拡散火炎　Boundary-layer diffusion flame　117
境界層近似　Boundary layer approximation　120
境界層燃焼　Boundary layer combustion　133
境界層方程式　Boundary layer equations　120
凝集体　Agglomerate　202
強制点火　Forced ignition (Firing)　106, 107
強度　Strength　8
強粘結炭　Full-caking coal　7
境膜拡散　Boundary layer diffusion　175
局所層流化現象　Local laminarization　118
切込み炭　Run-of-mine coal　7
均一粒径油滴群中での火炎伝ぱ　Flame propagation in monodisperse droplet suspension (cloud)　152

索　引　277

均質燃焼　Homogeneous combustion　26
金属とその化合物　Metals and their compounds　223

く

空気過剰率　Excess-air factor　40
空気の持ち込む熱量　Heat brought in by air　54
空気比　Air ratio　39
空燃比　Air-fuel ratio　39
グラスホフ数　Grashof number　34
クリンカ障害　Clinker trouble　7, 182
群燃焼　Group combustion　158, 172
群燃焼数　Group combustion number　158

け

軽油　Gas (Light) oil　10
限界空気流量　Critical air flow rate　180
原始埋蔵量　In-place　3
現象の概要　Outline of phenomena　144
元素分析　Ultimate (Elementary) analysis　5
厳密な理論　Rigorous theory　87, 120
原料炭　Caking coal　2

こ

コヴァツネー数　Kovasznay number　34, 98
コークス　Coke　8
コークス炉ガス　Coke oven gas　20, 23
高温乾留　High-temperature carbonization　8
高温触媒燃焼　High-temperature catalytic combustion　105
高温腐食　High-temperature corrosion　223
光学的分析法　Optical analysis　249
工業分析　Proximate (Technical) analysis　4
合成液化法　Synthetic liquefaction process　16
合成天然ガス　Synthesized (Substitute) natural gas　21
合成燃料油　Synthetic fuel oil　9, 16
構造性ガス　Nonassociated gas　18
高速ディーゼル機関用燃料　Fuel for high-speed diesel engine　14
高発熱量　Higher heating value　40
後流炎　Wake flame　144
高炉ガス　Blast furnace gas　20, 23
固体推進剤燃焼　Solid-propellant combustion

28
固体燃料　Solid fuel　1
固体燃料の燃焼　Combustion of solid fuel　28, 169
固体燃料の燃焼形態　Combustion mode of solid fuel　169
固体燃料の燃焼方式　Combustion method (technique) of solid fuel　169
固体放射　Solid radiation　197, 202
固定床式ガス化炉　Fixed bed gasifier　21
固定床燃焼　Fixed-bed combustion　170, 178
固定炭素　Fixed carbon　4, 5
コルモゴロフスケール　Kolmogorov scale　95
混合気濃度の表示法　Expression of mixture strength　39
混合相火炎伝ぱ　Flame propagation in mixed phase　153
混合比　Mixing ratio (Mixture strength)　26, 39
痕跡法　Trace method　252

さ

細管式粘度計　Capillary viscosimeter　13
サイクロン　Cyclone dust collector　217
再循環ガス混入率　Recirculated gas mixing ratio　221
最小点火エネルギー　Minimum ignition energy　107
再付着　Drop back (Reattachment)　91
ザウター平均粒径　Sauter mean diameter　143
サーマルNO_x　Thermal NO_x　217
サーマルNO_xを対象とした低NO_x燃焼法　Combustion technique for thermal NO_x reduction　220
酸素　Oxygen content　5
残炭　Char (Cenosphere)　202
サンプリング法　Sampling method　248
三分子反応　Trimolecular (Termolecular) reaction　30

し

ジェット数　Jet number　34, 136
シェールオイル　Shale oil　9, 15
時間平均流速　Time mean flow velocity　94
シース熱電対　Sheathed thermocouple　239
自然通気捕集容器法　Natural-convection trapping-vessel method　252
下込め燃焼　Underfeed firing　178
下C-J点　Lower C-J point　191
下チャップマン-ジュゲ点　Lower Chapman-Jouget point　191
下吹消え限界　Lower blowout limit　125
実在ガスの射出率　Emissivity of real (non-grey) gas　204
湿式助燃法　Wet auxiliary combustion　9
湿式燃焼　Wet (Slagy) firing　170
湿性ガス　Wet [natural] gas　18
湿分　Free moisture　4
質量分布図　Mass distribution chart (diagram)　141
質量メディアン直径　Mass median diameter　143
質量累積分布図　Cumulative mass distribution chart　141
自発着火　Autoignition (Spontaneous ignition)　106, 108
自発着火性　Autoignition tendency　14
絞り比　Turn-down ratio　137
湿り燃焼ガス質量　Mass of wet burnt gas　42
湿り燃焼ガス体積　Volume of wet burnt gas　42
弱粘結炭　Semi-caking coal　7
シャボン玉法　Soap-bubble technique　83
シュヴァンクバーナ　Schwank burner　105
重質ガソリン　Heavy gasoline　10
修正アレニウス関数　Modified Arrhenius function　31
自由噴流拡散火炎　Free-jet diffusion flame　117
重油　Heavy (Heating) oil　10
縮分　Homogenized sampling　4
出熱　Heat output　53, 55
シュミット数　Schmidt number　35
主要な物理定数と単位　Important physical constants and units　268
シュリーレン法　Schlieren method　236, 241
瞬間燃空比　Instantaneous fuel-air ratio　153
瞬時空間粒度分布　Spatial distribution of droplet diameter　251
循環流　Recirculating flow　101
循環流動床燃焼　Circulating fluidized-bed combustion　181
純炭発熱量　Higher calorific value of pure

索　引　279

coal　2
準定常燃焼期間　Quasi-steady burning period　145
順反応　Forward reaction　29
省エネルギー燃焼　Energy-conservative combustion　228
消炎現象　Flame extinction (quenching)　114
消炎距離　Quenching distance　115
消炎作用　Quenching effect　90
小塊炭　Fine lump coal　7
衝撃波　Shock wave　187, 189
衝撃波管　Shock tube　187, 190
衝突エネルギー　Collision energy　61
衝突式噴霧器　Impinging atomizer　138
蒸発速度定数　Evaporation constant　145
蒸発燃焼（液体燃料の）　Prevaporized (Vaporizing) combustion　28, 135
蒸発燃焼（固体燃料の）　Evaporative (Vaporizing) combustion　169
蒸留曲線　Distillation curve　14
触媒　Catalyst (Catalyzer)　105
ショックチューブ　Shock tube　187
助燃バーナ　Subsidiary [combustion] burner　101
四流束法　Four-flux method　208
しわ状層流火炎　Wrinkled laminar flame　96, 97
伸長吹消え　Flame blowout due to stretch　93
真発熱量　Net calorific value　40
真比重　Net (True) specific gravity　6
シンプレックスタイプ　Simplex type　137

す

水蒸気改質法　Steam reforming process　21, 23
水蒸気の持ち込む熱量　Heat brought in by steam　54
水性ガス　Water gas　20
水性ガス反応　Water gas reaction　20
水素　Hydrogen content　5
水素化反応　Hydrogenation (Hydrogenating reaction)　20
水素化分解法　Hydrogenation cracking (Hydrogenolysis) process　21, 23
水素転換反応　Hydrogen-forming reaction　20

水乳化燃焼法　Emulsified oil and water combustion technique　217, 221
水分　Inherent moisture　4
水溶性ガス　Water soluble gas　18
推力　Thrust　144
すす　Soot　214
すすの射出率　Emissivity of soot　204
ステファン-ボルツマンの法則　Stefan-Boltzmann law　203
スピンデトネーション　Spinning detonation　193
スピンピッチ　Spin pitch　193
スラグ　Slug　6
スロットバーナ法　Slot burner technique　81
スロットル噴射弁　Throttling nozzle　137
スワール数　Swirl number　103

せ

正常燃焼　Normal combustion　14
生成エンタルピー　Enthalpy of formation　63
生成熱　Heat of formation　63
生成反応　Reaction of formation　63
生成平衡定数　Equilibrium constant of formation　73
静電式噴霧器　Electrostatic atomizer　139
静電探針法　Static ion-probe method　251
セイボルト粘度計　Saybolt viscosimeter　13
製油所オフガス　Off gas from oil refinery　23
赤外線バーナ　Infrared [ray] burner　105
石炭　Coal　2
石炭・油混合燃料　Coal-oil mixture　9, 16
石炭液化油　Coal-liquefied oil　9, 16
石炭系ガス　Carboniferous gas　18
石炭転換ガス　Coal gas　17, 19
石炭転換ガスの組成　Composition of coal gas　22
石炭転換ガスの発熱量　Calorific value of coal gas　22
石炭の形状　Shape of coal　7
石炭の自然発火　Spontaneous ignition (Autoignition) of coal　7
石炭の性質　Property of coal　6
石炭の特殊な燃焼技術　Special combustion technique of coal　183
石炭の比重　Specific gravity of coal　6
石炭の風化　Weathering (Aeration) of coal　7

石炭の分析　Analysis of coal　4
石炭の分類　Classification of coal　2
石炭の埋蔵状態　State of coal reserves　3
石炭の埋蔵量　Coal reserves　3
石炭・水混合燃料　Coal-water mixture (slurry)　9, 16
石炭粒子の燃焼　Combustion of coal particle　170
せき止めエンタルピー　Stagnation enthalpy　121
赤熱固体面　Red-hot solid surface　104
石油ガス　Petroleum gas　17, 18
石油系ガス　Oil field gas　18
石油系燃料　Petroleum fuel　9
石油系燃料の性質　Property of petroleum fuel　11
石油系燃料の分類　Classification of petroleum fuel　9
石油コークス　Petroleum (Oil) coke　8
石油蒸気　Petroleum vapor　17, 18
石油随伴ガス　Oil associated gas　18
石油転換ガス　Oil gas　17, 22
石油転換ガスの組成　Composition of oil gas　23
石油転換ガスの発熱量　Calorific value of oil gas　23
石油の比重　Specific gravity of oil　6, 11
石油の埋蔵状態　State of petroleum reserves　11
石油の埋蔵量　Petroleum reserves　11
セタン価　Cetane number　15
セタン指数　Cetane index　15
接触ガス化法　Catalytic gasification process　21
接触法　Intrusive method　235, 237
絶対放射強度法　Absolute emission thermometry　243
セノスフェア　Cenosphere　202
セミョーノフの爆発限界の式　Semenov's formula for explosion limit　111
セル分割法　Divided (Split) cell method　181
遷移火炎　Transient flame/Flame in transition　98, 118
遷移点　Break point　118
全エンタルピー　Total enthalpy　121
旋回度　Intensity of swirl　144
全交換面積　Total exchange area　207
全周炎　Envelope flame　144
全水分　Total moisture　4
選択的火炎伝ぱ　Preferential flame propagation　156, 157

そ

総括活性化エネルギー　Effective activation energy for overall reaction　32
総括反応式　Overall reaction formula　29
総括反応次数　Effective order of overall reaction　32
相似則　Similarity law　33
草炭　Turf　8
総発熱量　Gross calorific value　40
層流拡散火炎　Laminar diffusion flame　116, 118
層流燃焼　Laminar combustion (burning)　79
層流燃焼速度　Laminar burning velocity　81, 153
層流予混合火炎の構造　Structure of laminar premixed flame　79
層流予混合火炎の理論　Theory of laminar premixed flame　84
層流予混合燃焼　Laminar premixed combustion　79
粗ガソリン　Raw gasoline　10
素反応　Step (Elementary) reaction　29
損失を伴う場合の燃焼温度　Combustion temperature with heat loss　51

た

第一限界　First limit of explosion　113
第一ダンケラー数　First Damköhler number　33
ダイオキシン　Dioxine　224
大気汚染とその防止　Air pollution and its prevention　29
対向噴流　Opposed jet　104
対向噴流拡散火炎　Opposed-jet diffusion flame　117, 126
対向流拡散火炎　Opposed flow diffusion flame　117
第三限界　Third limit of explosion　113
第三体　Third body　29
対数正規分布関数　Logarithmic normal distribution function　143
第二限界　Second limit of explosion　113

第二ダンケラー数　Second Damköhler number　33
多孔板　Porous (Perforated) plate　105
多孔ホール噴射弁　Multi-hole injector　137
タールサンド　Tar sand　15
ダンケラー数　Damköhler number　33
単孔ホール噴射弁　Single-hole injector　136
単純噴孔噴射弁　Straight hole injector　136, 139
炭素　Carbon content　5
炭素/水素比　Carbon to hydrogen ratio　11
ターンダウン比　Turn-down ratio　17, 137
単滴燃焼　Single drop combustion　158
断熱火炎温度　Adiabatic flame temperature　48
断熱燃焼（ガス）温度　Adiabatic combustion temperature　48
断熱燃焼過程におけるエネルギーバランスとエクセルギーバランス　Energy and exergy balances in adiabatic combustion process　66
単分子反応　Unimolecular (Monomolecular) reaction　30

ち

蓄熱損失　Accumulated heat loss　56
蓄熱ペアバーナ法　Thermal-regeneration-type pair-burner method　231
窒素　Nitrogen content　5
窒素酸化物　Nitrogen oxides　217
着火　[Spontaneous] ignition　106
着火遅れ　Ignition delay (lag)　106, 108, 113, 144, 146, 177
着火遅れ期間　Ignition delay period　145
着火温度　Ignition temperature　6, 113, 177, 178
茶灯油　Brown kerosene　10
チャップマン-ジュゲ流れ　Chapman-Jouget flow　191
中塊炭　Medium lump coal　7
中カロリーガス化　Medium calorific gasification　21
中・低速ディーゼル機関用燃料　Fuel for medium/low speed diesel engine　15
超音速燃焼　Supersonic combustion　190, 191
超音波CT法　Ultrasonic computer tomography　237, 244
超音波噴霧器　Ultrasonic atomizer　139, 140
直接液化法　Direct liquefaction process　16

つ

通気性固体隔壁法　Permeable solid partition method　230
強いデトネーション　Strong detonation　191
強いデフラグレーション　Strong deflagration　192

て

ディーゼル機関用燃料　Fuel for diesel engine　14
低NO_x燃焼　Low NO_x combustion　220
低温乾留　Low-temperature carbonization　8
低温触媒燃焼　Low-temperature catalytic combustion　105
低温腐食　Low-temperature corrosion　223
低カロリーガス化　Low calorific gasification　21
低空気比燃焼　Low air ratio burning　71
泥炭　Peat　8
低発熱量　Lower heating value　40
ディレードコーカ　Delayed coker　23
ディレードコークス　Delayed coke　8
デッドスペース　Dead space　115
デトネーション　Detonation　187, 191
デトネーション限界　Detonation (Detonability) limit　192
デトネーション速度　Detonation velocity　192
デトネーションの開始　Initiation of detonation　194
デトネーション波の構造　Structure of detonation wave　193
デトネーションへの遷移　Transition to detonation　195
デトネーション誘導距離　Induction distance to detonation　195
デフラグレーション　Deflagration　191
デュアルオリフィスタイプ　Dual-orifice type　137
デュープレックスタイプ　Duplex type　137
デューロンの経験式　Dulong's formula　40
テーラースケール　Taylor scale　94

282　索　引

点火 [Forced] ignition (Firing)　106
転換率　Conversion rate　219
電気集塵　Electrostatic precipitation　217
電極間隙　Spark gap　107
天然ガス　Natural gas　17
天然ガスの分類　Classification of natural gas　17
天然ガスの埋蔵状態　State of natural gas reserves　18
天然ガスの埋蔵量　Natural gas reserves　18
伝ば燃焼　Propagating combustion on liquid surface　133
転炉ガス　LD gas　23

と

等価一次元火炎　Equivalent one-dimensional flame　80
同軸噴流拡散火炎　Coaxial-flow jet diffusion flame　117
同軸流拡散火炎　Coaxial-flow diffusion flame　117
灯心燃焼　Wick burning　28
等速吸引プローブ　Isokinetic suction probe　248
等速吸引プローブ法　Isokinetic suction probe method　248, 253
到着水分　As received moisture　4
到着炭　Coal as received　4
動粘度　Kinematic viscosity　12
等方性乱れ　Isotropic turbulence　94
灯油　Kerosene　10
当量比　Equivalence ratio　39
都市ガス　Town (City) gas　17, 24
閉じた火炎　Closed flame　123
トーチ点火　Torch ignition　107
トレーサ濃度法　Tracer densitometry　236, 242
トレーサ法　Tracer velocimerty　245, 246

な

内部群燃焼　Internal group combustion　158
内部混合式二流体噴射弁　Internal mixing type twin-fluid atomizer　138
ナフサ　Naphtha　10
ナフテン　Naphthene series　10

に

2n流束法　2n flux method　208
2競合反応モデル　Twin competing reaction model　171
二次効果法　Secondary effect velocimetry　246
二色法　Two-color thermometry　236, 243
二段燃焼　Two-stage combustion　221, 222
二段燃焼法　Two-stage combustion technique　220
二分子反応　Bimolecular reaction　30
入熱　Heat input　53
ニューマティック・プローブ法　Pneumatic-probe thermometry　237
二流束法　Two-flux method　208
二流体噴射弁　Twin-fluid atomizer　137, 140

ぬ

抜山-棚沢の分布関数　Nukiyama-Tanasawa distribution function　142
ヌッセルト数　Nusselt number　34

ね

熱解離　Thermal dissociation　30
熱勘定　Heat balance　53
熱勘定図　Chart of heat balance　56
熱勘定表　Table of heat balance　56
熱効率　Thermal efficiency　57
熱再循環燃焼法　Heat-recirculating combustion method　232
熱線追跡法　Heat ray tracing method　209
熱線風速計　Hot-wire anemometer　245
熱の性質　Thermal property　6
熱電対　Thermocouple　237
熱のカスケード利用　Cascade-like utilization of heat　229
熱爆発　Thermal explosion　108
熱分解速度　Rate of thermal decomposition　170
熱分解法　Thermal cracking process　23
熱面点火　Hot surface ignition　107
熱流束法　Flux method　208
熱量原単位　Specific heat consumption　57
熱理論　Thermal theory (concept)　84
燃空比　Fuel-air ratio　39
粘結剤練炭　Bound (Bonded) briquette　9
粘結性　Cakability (Caking property)　7

索　引　283

燃焼　Combustion　26
燃焼（ガス）温度　Combustion (Burnt gas) temperature　48
燃焼ガスと火炎の射出率　Emissivities of burnt gas and flame　203
燃焼ガスの組成　Composition of burnt gas　42
燃焼ガスの熱力学的性質　Thermodynamic property of burnt gas　65
燃焼ガスの発生量　Amount of burnt gas produced　42
燃焼ガスの持ち出す熱量　Heat carried out by burnt gas　55
燃焼管理のための空気比の計算法　Estimation of air ratio for combustion management　46
燃焼計算　Combustion calculation　35
燃焼限界火炎温度　Critical flame temperature for extinction　114
燃焼ごう音　Combustion roar　79
燃焼効率　Combustion efficiency　52
燃焼序説　Introduction to combustion　26
燃焼性硫黄　Combustible sulfur (sulphur)　5
燃焼速度　Burning velocity (rate)　81
燃焼速度定数　Evaporation constant for burning (Burning constant)　145
燃焼に要する空気量　Amount of air required for complete combustion　35
燃焼に要する酸素量　Amount of oxygen required for complete combustion　35
燃焼の基礎　Fundamentals of combustion　26
燃焼の熱力学　Thermodynamics of combustion　61
燃焼波　Combustion wave　191
燃焼反応　Combustion reaction　29
燃焼方法　Method (Technique) of combustion　170
燃焼率　Burning rate　116
粘度　Viscosity　12
燃料　Fuel　1
燃料-空気流入量比　Fuel to air ratio passing through flame front　153
燃料炭　Fuel coal　2
燃料の持ち込む熱量　Heat brought in by fuel　53
燃料比　Fixed to volatile (Fuel) ratio　5

燃料論　Fuel resources　1

の

濃淡燃焼　Lean-rich combustion　221
ノッキング　Knocking　14
ノック性　Anti-knock quality (Knocking tendency)　14
ノーマル m^3　Cubic meter normalized (at s.t.p.)　20

は

灰色ガス　Grey (Gray) gas　202，203
灰色ガス近似　Grey gas approximation　204
ばい煙生成性　Soot forming tendency　13
排煙脱硝　Flue gas denitrification　220
排煙脱硫　Flue gas desulfurization　223
排気再循環　Flue gas recirculation　221
排気中未燃成分　Unburned component in exhaust　52
ばい塵　Particulate　214
ばい塵の除去　Removal of particulate　217
灰の融点　Melting point of ash　6
灰分　Ash content　4
パイロット火炎　Pilot flame　101
パイロット火炎付きリセス型バーナ　Recess type burner with pilot flames　103
爆ごう波　Detonation wave　191
バグフィルター　Bag filter　217
爆発　Explosion　27，78，106，108
爆発遅れ　Explosion delay (lag)　108
爆発限界　Explosion limit　113
白灯油　White kerosene　10
裸熱電対　Bare thermocouple　238
80％噴霧角　80 percent spray angle　143
発光・吸収法　Emission/absorption method　247，249
発生炉ガス　Producer gas　20
発生炉ガス反応　Producer gas reaction　20
発熱量　Calorific (Heating) value　6，40
ハードグローブ指数　Hardgrove grindability index　6
バーナ火炎の逆火　Flashback (Backfire) of burner flame　89
バーナ火炎の吹き飛び　Blowoff of burner flame　89
バナジウムアタック　Vanadium attack　224
バーナ燃焼　Burner combustion　27，78

284　索　引

ハネカム　Honeycomb　105
パラフィン　Paraffin series　9
反射衝撃波　Reflected shock　191
半成コークス　Semicoke　8
半内部混合式二流体噴射弁　Semi-internal mixing type twin-fluid atomizer　138
反応エンタルピー　Enthalpy of reaction　63
反応殻　Reaction shell　61
反応性　Reactivity　8
反応速度　Reaction rate　30
反応速度定数　Reaction rate coefficient　31
反応帯　Reaction zone　80
反応帯厚み　Thickness of reaction zone　85
反応熱　Heat of raction　61, 63
反応の確率　Probability of reaction　61
反応の機構　Mechanism of reaction　29, 32
反応の実用的取り扱い　Practical treatment of chemical reaction　31
反応の速度　Rate of reaction　30, 32
反応の凍結　Freezing of reaction　212

ひ

火移り速度　Velocity of flame [transfer]　178
被加熱物から蒸発した水蒸気の持ち出す保有熱　Gross heat carried out by steam vaporized from heat receiver　55
被加熱物の化学反応による吸熱量　Heat absorbed by chemical reaction of heat receiver　55
被加熱物の化学反応による発熱量　Heat released by chemical reaction of heat receiver　54
被加熱物の持ち込む顕熱　Sensible heat brought in by heat receiver　54
被加熱物の持ち出す保有熱　Gross heat carried out by heat receiver　55
光回折法　Light diffraction method　253
光干渉法　Beam interferometry　241
火格子燃焼　Grate firing　28, 170, 178
火格子燃焼率　Grate efficiency (burning rate)　179
比重（15/4°C）　Specific gravity (15/4°)　11
比重（60/60°F）　Specific gravity (60/60°F)　11
非接触法　Non-intrusive method　247, 249
非定常蒸発期間　Unsteady evaporation period　145

非定常燃焼期間　Unsteady burning period　145
ビチューメン　Bitumen　9, 15
ピトー管法　Pitot-tube velocimetry　245
非等方性乱れ　Anisotropic turbulence　94
非粘結炭　Dry bituminous coal　7
火花点火　Spark ignition　107
火花点火機関用燃料　Fuel for spark-ignition engine　14
被覆熱電対　Coated thermocouple　238
非予混合火炎　Non-premixed flame　116
非予混合燃焼　Non-premixed combustion　26, 78
微粉炭着火温度測定装置　Pulverized coal ignition temperature measuring rig　177
微粉炭燃焼　Pulverized coal combustion　170, 182
微粉燃焼　Dust combustion　28
標準生成熱　Standard heat of formation　63
標準燃料　Reference fuel　14, 15
標準反応熱　Standard heat of reaction　64
標準物質　Reference substance　63
表面停止反応　Surface termination　30
表面燃焼　Surface combustion　28, 169, 173
表面反応　Suface reaction　32
表面反応速度定数　Rate coefficient of surface reaction　33, 173
開いた火炎　Open flame　123
微粒化　Atomization　135, 136
微粒化の方法　Method of atomization　136
頻度因子　Frequency factor　31
ピントル噴射弁　Pintle nozzle　137

ふ

フェーズドップラー法　Phase doppler method　252
不完全燃焼損失　Heat loss due to incomplete combustion　52, 55
不輝炎　Nonluminous flame　14, 202
不輝炎の発光　Light emission of nonluminous flame　197
吹消え限界　Blowout limit　125
吹消え限界流速　Critical velocity for flame blowout　101
吹込み水蒸気の持ち出す保有熱　Gross heat carried out by injected steam　56
吹飛び　Blowoff　91

吹飛び限界　Blowoff limit　125
吹飛び限界速度こう配　Critical velocity gradient for flame blowoff　91
不均質燃焼　Heterogeneous combustion　26
複合質量分率　Complex (Combined) mass fraction　122
ふく射着火遅れ測定装置　Radiant heating type ignition delay measuring rig　177
副生燃料ガス　Residuum (By-product) fuel gas　23
複筒形心上下式バーナ　Adjustable wick burner with dual perforated cylinders　134
付着水分　Free moisture　4
付着点　Point of attachment　91
物理的遅れ　Physical lag (delay)　144, 146
不燃性硫黄　Noncombustible sulfur (sulphur)　5
部分酸化法　Partial oxidation process　21, 23
部分スラッピング法　Partial slapping method　181
部分予混合燃焼　Partially premixed (Semi-premixed) combustion　27, 78
フューエル N　Fuel N　219
フューエル NO_x　Fuel NO_x　219
フューエル NO_x を対象とした低 NO_x 燃焼法　Low NO_x combustion technique for fuel NO_x　222
フューズ点火　Fuse ignition　107
フライアッシュ　Fly ash　6
プラズマ点火　Plasma ignition　107, 108
プラントル数　Prandtl number　34
フリーボード　Free board　180
フルードコーカ　Fluid coker　23
フルードコークス　Fluid coke　9
フレームトラップ　Flame trap　115
不連続火炎伝ぱ　Relay transfer of flame　154
プロンプト NO_x　Prompt NO_x　218, 219
分解燃焼　Decomposing combustion　169, 170
粉砕性　Grindability (Crushability)　6
分散反応火炎　Distributed (Diffused) reaction zone flame　96, 98
分散度　Degree of dispersion　143
分子数密度法　Molecular densitometry　241
噴射率　Injection rate　144
分子励起法　Molecule exciting thermometry　244
分析試料　Sample for analysis　4
ブンゼンバーナ法　Bunsen burner technique　82
粉炭　Fine (Slack) coal　7
分布度　Population density profile　144
噴霧円すい角　Spray [cone] angle　143
噴霧器の微粒化特性　Atomization characteristics of atomizer　139
噴霧中での火炎伝ぱ　Flame propagation in spray　154
噴霧特性の表示法　Representation of spray characteristics　141
噴霧における火炎の伝ぱ　Flame propagation in spray　152
噴霧燃焼　Spray combustion　28, 135
噴霧の蒸発率　Evaporation rate of spray　150
噴霧の着火　Ingition of spray　161
噴霧の燃焼　Combustion of spray　158
噴霧の燃焼率　Burning rate of spray　150
噴流拡散火炎　Jet diffusion flame　117
噴流拡散火炎の簡易理論　Simplified theory of jet diffusion flame　118
噴流拡散火炎の吹消え　Blowout of jet diffusion flame　124
噴流拡散火炎の吹飛び　Blowoff of jet diffusion flame　124
噴流床式ガス化炉　Entrained bed gasifier　22
噴流床燃焼　Entrained-bed combustion　170
分留性状　Fractional distillation characteristics　14
噴流長さ　Length of liquid jet　136

へ

平均粒径　Mean (Average) diameter　143
平衡断熱燃焼(ガス)温度　Adiabatic combustion temperature in equilibrium　48, 71
平衡定数　Equilibrium constant　72
並進運動量流量　Translational momentum flux　103
平板消炎距離　Parallel plate quenching distance　115
平面火炎バーナ法　Flat-flame burner technique　82
ヘスの法則　Hess' law　63
変換率　Conversion rate　219

は

放射・吸収法　Emission/absorption thermometry　236, 243
放射伝熱の数値解析法　Numerical analysis of radiative heat transfer　207
膨張波　Rarefaction (Expansion) wave (fan)　189
保炎　Flame holding　100
保炎器　Flame holder　101
放熱損失　Radiated heat loss　56
放物形　Parabolic　120
捕集容器法　Trapping vessel method　252
ポット燃焼　Pot burning　132
ポットバーナ　Pot burner　133
ボーメ度　Baume's degree　11
ホール自動弁　Straight hole automatic atomizer　139
ホール噴射弁　Hole injector (nozzle)　136
ホログラフィ　Holography　254
ホログラフィ二重露光法　Holography double exposure method　242, 254

ま

マーキング法　Marking anemometry　245
マクスウェルの速度分布　Maxwellian distribution of velocity　62
マクロスケール　Macroscale　95

み

見掛け比重　Apparent specific gravity　6
ミクロスケール　Microscale　94
ミー散乱法　Mie scattering method　253
水噴射と水蒸気噴射　Water injection and steam injection　221
乱れの絶対強さ　Absolute intensity of turbulence　94
乱れの相対強さ　Relative intensity of turbulence　94
乱れエネルギーの消散率　Dissipation rate of turbulence energy　94
未燃炭化水素　Unburned hydrocarbon　212, 214

む

無煙炭　Anthracite　3
無炎領域　Dead space　90, 115
無煙練炭　Smokeless briquette　9
霧化　Atomization　135
無次元数　Non-dimensional number　33
無次元油滴間距離　Dimensionless interdroplet distance　159
無通気捕集容器法　Nonconvection trapping vessel method　252
無粘結剤練炭　Binder-free briquette　9

め

メタノール　Methanol　9, 17
メディアン直径　Median diameter　143

も

燃えがら中未燃分　Unburned component in cinder (ash)　52
燃えがらの持ち出す保有熱　Gross heat carried out by cinder (ash)　56
戻り油式　Spill type　137
モルエンタルピー　Mollar enthalpy　65
モルエントロピー　Mollar entropy　65
モル定圧比熱　Mollar heat at constant pressure　65
モンテカルロ法　Monte Carlo method　208

ゆ

有煙練炭　Smoky briquette　9
有限領域法　Zone method　207, 208
有効エネルギー　Available energy　69, 229
有効水素　Free hydrogen　5, 42
有効熱量　Effective heat　57
誘導性火花　Inductive spark　108
油滴群燃焼　Group combustion of droplets　135, 158
油滴の温度上昇　Heating up (temperature rise) of droplet　145
油滴の蒸発　Evaporation (Vaporization) of droplets　144, 145
油滴の着火　Ignition of droplet　146
油滴の燃焼　Combustion of droplets　144, 147
油滴分散範囲　Range of dispersion of droplets　143
油滴流束分布　Flux distribution of droplets　143

よ

容器内燃焼　Combustion in vessel　27, 78

索　引　287

溶剤抽出炭　Solvent refinery coal　16
熔融床式ガス化炉　Molten bath gasifier　22
容量性火花　Capacitive spark　108
予混合火炎　Premixed flame　79
予混合燃焼　Premixed combustion　26, 78
予混合噴霧　Premixed spray　154
予混合噴霧の燃焼速度　Burning velocity of premixed spray　154
予蒸発型燃焼器　Prevaporizing combustor　135
予蒸発・予混合燃焼　Prevaporized and premixed combustion　28, 220
予蒸発・予混合燃焼器　Prevaporizing and premixing combustor　135
予熱期間　Heating-up period　145
予熱帯　Preheat zone　80
予熱帯厚み　Thickness of preheat zone　85
予燃焼室　Precombustion chamber　105
弱いデトネーション　Weak detonation　191
弱いデフラグレーション　Weak deflagration　192

ら

ラマン散乱法　Raman scattering thermometry　236
ランキン-ウゴニオの式　Rankine-Hugoniot equation　188
乱流運動のエネルギー　Kinematic (Kinetic) energy of turbulence　94
乱流拡散火炎　Turbulent diffusion flame　116, 118
乱流燃焼　Turbulent combustion (burning)　79
乱流燃焼速度　Turbulent burning velocity　96
乱流の性質と諸量の定義　Property of turbulent flow and definition of related quantities　93
乱流予混合火炎の構造　Structure of turbulent premixed flame　96
乱流予混合火炎の伝ば機構　Propagation mechanism of turbulent premixed flame　96
乱流予混合燃焼　Turbulent premixed combustion　93
乱流レイノルズ数　Turbulence Reynolds number　35

り

粒径別液滴流束分布　Size distribution of droplet flux　251
粒子画像相関法　Particle image correlation velocimetry　246
粒子個別追跡法　Particle tracking velocimetry　246
粒子の着火　Spontaneous ignition of particle　175
粒子の点火　Forced ignition of particle　175
粒状物質　Particulate (matter)　214, 216
粒数分布図　Frequency distribution chart (diagram)　141
粒数メディアン直径　Number median diameter　143
粒数累積分布図　Cumulative frequency distribution chart　141
流速の変動成分　Fluctuating component of flow velocity　94
流体化燃焼　Fluidized coal combustion　183, 184
流動床式ガス化炉　Fluidized bed gasifier　22
流動床燃焼　Fluidized-bed combustion　28, 170, 180
流動点　Pour point　12
粒度分布　Size distribution　141
量論空気量　Stoichiometric amount of air　36
量論空燃比　Stoichiomertric air-fuel ratio　39
量論係数　Stoichiometric coefficient　32, 63
量論酸素量　Stoichiometric amount of oxygen　36
量論燃空比　Stoichiometric fuel-air ratio　39
理論解析　Theoretical analysis　155
理論(量論)乾き燃焼ガス質量　Theoretical (Stoichiometric) mass of dry burnt gas　42
理論(量論)乾き燃焼ガス体積　Theoretical (Stoichiometric) volume of dry burnt gas　44
理論空気量　Theoretical amount of air　36
理論空燃比　Theoretical air-fuel ratio　39
理論酸素量　Theoretical amount of oxygen　38
理論(量論)湿り燃焼ガス質量　Theoretical (Stoichiometric) mass of wet burnt gas　42

理論（量論）湿り燃焼ガス体積 Theoretical (Stoichiometric) volume of wet burnt gas 42
理論断熱火炎温度 Theoretical adiabatic flame temperature 48
理論断熱燃焼（ガス）温度 Theoretical adiabatic combustion temperature 48, 68
理論燃空比 Theoretical fuel-air ratio 39
臨界直径 Critical diameter 147

る

ルイス数 Lewis number 34
るつぼ膨張指数 Crucible swelling number 7

れ

冷炎 Cool flame 113
レイノルズ数 Reynolds number 34
歴青炭 Bituminous coal 3
レーザドップラー法 Laser doppler velocimotry 246
レーザ二焦点法 Laser two-focus velocimetry 247
レーザ誘起蛍光法 Laser-induced fluorescence thermometry 236
レッドウッド粘度計 Redwood viscosimeter 13
レーリ散乱法 Rayleigh scattering method 236, 242
レーリー線 Rayleigh line 188
連鎖移動反応 Chain transfer 30
連鎖創始反応 Chain initiation 30
連鎖担体 Chain carrier 30
連鎖反応 Chain reaction 30
連鎖分枝爆発 Branching-chain explosion 108, 111
連鎖分枝反応 Chain branching 30
連続燃焼 Continuous combustion 78
練炭 Briquette 9

ろ

ろ過集塵 Filtering dust collection 217
六流束法 Six-flux method 208
ロジン-ラムラーの分布関数 Rosin-Rammler distribution function 142
炉内脱硝 In-furnace denitrification 222
炉内脱硫 In-furnace desulfurization 181

A～Z

A重油 A heavy oil 11
API度 API's degree 11
ASTM図表 ASTM viscosity chart 13
B重油 B heavy oil 11
BFG Blast furnace gas 20, 23
CARS Coherent Anti-Stokes Raman Scattering thermometry 236
C重油 C heavy oil 11
C-J流れ C-J flow 191
COG Coke oven gas 20, 23
COM Coal-oil mixture 9, 16
CWM Coal-water mixture 9, 16
EFG Electric furnace gas 23
GM率 Recirculated gas mixing ratio 221
JANAFの熱化学的性質表 JANAF tables of thermochemical properties 63, 257
Langmuirプローブ法 Langmuir probe method 251
LDV Lasar doppler velocimetry 246
L 2 F Laser two-focus velocimetry 246
LIF Laser-induced fluorescence thermometry 236
LNG Liquefied natural gas 17
LPG Liquefied petroleum gas 18
NaD線反転法 NaD line thermometry 236
NDIR Nondiffusive infrared gas analyzer 247
NO_xの低減対策 Measures for NO_x reduction 220
OFA Over-fire air 222
PAH Polynuclear aromatic hydrocarbon 215, 216
PCB Polychlorinated biphenyl 225
PDA Phase doppler velocimetry 252, 254
PIV Particle image correlation velocimetry 246
PTV Particle tracking velocimetry 246
Q因子 Q factor 171
SMD Sauter mean diameter 143
SNG Synthesized (Substitute) natural gas 20
SRC Solvent refinery coal 16
x-t線図 x-t diagram 190
Yジェット式噴射弁 Y-jet type injector 137
ZNDモデル ZND model 192

著 者 略 歴

水谷　幸夫（みずたに・ゆきお）
1957 年 3 月　　大阪大学工学部機械工学科卒業
1964 年 3 月　　大阪大学大学院工学研究科博士課程
　　　　　　　　（機械工学専攻）修了
　　　　　　　　同時に工学博士の学位を取得
1964 年 4 月　　大阪大学助手（工学部機械工学科）に就任
1964 年 10 月　　大阪大学助教授（工学部機械工学科）に昇任
1974 年 10 月　　大阪大学教授（工学部機械工学科）に昇任
1996 年 3 月　　大阪大学を退官，大阪大学名誉教授
1996 年 4 月　　近畿大学教授（理工学部機械工学科）に就任
2003 年 3 月　　近畿大学定年退職
2012 年　　　　逝去
　　　　　　　専　攻：熱工学，燃焼，エネルギー，環境

燃焼工学（第3版）　　　　　　　　　　　　© 水谷幸夫 2002

1977 年 9 月 28 日	第 1 版第 1 刷発行
1986 年 10 月 31 日	第 1 版第 7 刷発行
1989 年 10 月 20 日	第 2 版第 1 刷発行
2001 年 3 月 30 日	第 2 版第 10 刷発行
2002 年 4 月 26 日	第 3 版第 1 刷発行
2025 年 9 月 25 日	第 3 版第 12 刷発行

【本書の無断転載を禁ず】

著　　者　　水谷幸夫
発 行 者　　森北博巳
発 行 所　　森北出版株式会社
　　　　　　東京都千代田区富士見 1-4-11（〒 102-0071）
　　　　　　電話 03-3265-8341／FAX 03-3264-8709
　　　　　　https://www.morikita.co.jp/
　　　　　　日本書籍出版協会・自然科学書協会　会員
　　　　　　JCOPY ＜（一社）出版者著作権管理機構 委託出版物＞

落丁・乱丁本はお取り替え致します　　　印刷・製本／藤原印刷

Printed in Japan／ISBN978-4-627-67023-5

MEMO

MEMO

MEMO

MEMO